信息通信工程
建设与管理

何如龙　张青春　隗小斐　陈新华　编著

化学工业出版社
·北京·

内 容 简 介

本书旨在提高信息通信工程建设项目管理水平和相关人员管理能力，内容上强调系统性、操作性、维护性和实际应用性。全书共八章，首先概述了通信网构成、通信工程分类、配套设施和工程标准规范体系；然后以工程建设流程与管理为主线，对信息通信工程的建设流程、工程设计、建设技术要求、工程监理、定额与造价、验收与交付、标准及规范等进行了系统的论述。

本书可作为信息通信工程建设与管理人员的业务培训教材，也可作为从事信息通信工程建设工作的工程技术人员、科研人员的参考书。

图书在版编目（CIP）数据

信息通信工程建设与管理/何如龙等编著. —北京：化学工业出版社，2022.3

ISBN 978-7-122-40390-2

Ⅰ. ①信…　Ⅱ. ①何…　Ⅲ. ①信息技术-通信工程　Ⅳ. ①TN91

中国版本图书馆 CIP 数据核字（2021）第 248571 号

责任编辑：张海丽　　装帧设计：刘丽华
责任校对：李雨晴

出版发行：化学工业出版社（北京市东城区青年湖南街 13 号 邮政编码 100011）
印　　装：北京盛通数码印刷有限公司
710mm×1000mm 1/16 印张 24¾ 字数 501 千字 2022 年 3 月北京第 1 版第 1 次印刷

购书咨询：010-64518888　　售后服务：010-64518899
网　　址：http://www.cip.com.cn
凡购买本书，如有缺损质量问题，本社销售中心负责调换。

定　　价：128.00 元　

前言

随着网络技术的快速发展，我们需要不断更新网络基础设施，因此需要大量的信息通信工程设计、施工、维护和质量监管等工程建设与管理人员。为了提高信息通信工程建设项目管理水平和相关人员管理能力，我们编写了《信息通信工程建设与管理》一书。信息通信工程建设与管理是为了提高信息通信工程建设项目管理水平、规范工程管理行为、保证工程质量、提高投资效益，旨在规范信息通信工程建设单位及其管理人员，以及信息通信工程建设管理部门及其人员对信息通信工程建设项目的管理职责和行为，适用于各类信息通信工程建设项目。

本书共八章，以工程建设流程与管理为主线，对信息通信工程建设与管理进行了系统的论述。全书遵循立足当前、面向未来、能力为本、培养应用型人才的原则，尽量做到取材精炼、突出重点、流程清晰、基本理论分析简明易懂，注重对实际工程建设的借鉴与指导。希望通过本书，相关人员可了解信息通信系统构成，掌握组织工程建设的流程、方法及相关法规制度要求，理解并掌握各类信息通信工程质量控制标准和细则，进一步提高信息通信工程建设管理人员业务水平。

本书由海军工程大学何如龙组织编著并统稿，由何如龙、张青春、隗小斐、陈新华编著，感谢龙丹、段富强、戚玉华、孙剑平、喻鹏、沈钊、王旭东、杨干、杨凯新、雷海瑞、何盼等对本书编写工作的指导和帮助。

由于编写时间仓促，编写人员水平有限，不当之处恳请广大读者提出宝贵意见。

编著者

2021 年 10 月

目 录

第一章

概　　论

信息通信工程建设的目的是组建不同类型和不同规模的信息通信网络，以保障各类业务、服务需要。本章从通信网络的组成出发，介绍了信息通信网络的组成、信息通信工程的分类及一般建设内容。

第一节　信息通信网

从传统意义上讲，通信系统就是利用电信号（或光信号）传递信息的系统，是传递信息所需的一切技术设备的总和。而通信网络则是用各种通信手段，按照一定的连接方式，将终端设备、传输系统、交换系统等连接起来的通信整体。或者说，由一些彼此关联的分系统组织的完整的通信系统称为通信网。

从广义上讲，一个国家的通信网通常由国家公用通信网和电力、交通、公安以及其他部门使用的专用通信网组成。就信息通信网的所有关系属性而论，信息通信网属于专用通信网，国家公用通信网则是公共通信网。

现代通信网由用户终端设备、传输系统、交换系统、基站系统等组成，网络按设计规定的信令方式，在硬件与软件的协调配合下操作运行，实现用户间的语音、数据、图像、视频等信息的传输与交换。用户终端设备包含电话终端、传真机、电视终端、计算机终端、扫描及打印终端、移动台等，主要是完成用户信息信令的处理。传输系统设备包含 PDH、OTN、SDH、基于 SDH 的 MSTP、ASON、WDM、DCN、DXC 等数字传输设备等，负责完成终端与交换节点间的信息传输。交换系统设备包含语音交换设备、数据交换设备、移动通信交换设备、多业务数据路由交换设备、软交换设备、IP 交换设备等，进行集中和转发传输设备传递来的终端节点信息，完成信息的交换共享。

信息通信网是用于各类业务达成信息通信联络的网络体系，既包括信息通信干线网（信息通信公用网），也包括由运营商、政府部门自建的专用信息通信网；既包括固定信息通信系统，也包括各种机动信息通信系统。

第二节　信息通信工程

信息通信工程建设，是指为保障科研、管理和生活等需要，进行通信设施新建、扩建、改建和技术改造等相关建设工作，主要包含指挥通信系统、指挥控制系统、频谱管控系统、数据与服务系统建设等。信息通信工程分类方法有很多种，可按工程性质、业务类型、设计施工、专业、规模等方式进行分类。

一、按工程性质分类

信息通信工程按工程性质可以分为：新建、扩建、改建和技术改造工程。

1. 新建工程

通信设施、信息系统从无到有，新开始建设的项目、规模超过原有设施规模 2 倍的扩建工程项目，以及迁建工程项目，属新建信息通信工程。

2. 扩建工程

为适应信息通信系统建设发展，满足设备安装、人员值勤和生活使用要求，在原有通信台站、机房等设施的基础上扩建或者部分新建配套设施的建设项目，属扩建信息通信工程。

3. 改建工程

为适应信息通信系统建设发展，满足设备安装、人员值勤和生活使用要求，在原有通信台站、机房等设施的基础上对其进行更新改造的建设项目，属改建信息通信工程。

4. 技术改造工程

通过新技术、新工艺、新设备、新材料对现有信息通信系统进行更新换代、扩建增容、技术改造和补缺配套的建设项目，属技术改造信息通信工程。

二、按业务类型分类

信息通信工程按照业务类型可分为：通信系统工程、指挥控制系统工程、综合信息服务系统工程、网络安全防护系统工程、电磁频谱管理系统工程。

1. 通信系统工程

主要包括光通信工程、卫星通信工程、中长波通信工程、短波/超短波通信工程、微波通信工程、散射通信工程、流星余迹通信工程、集群通信工程、移动通信系统工程、计算机网络工程、电话网络工程、图像通信系统工程、同步网络工程、信令网络工程、综合运行维护管理系统工程，以及通信枢纽工程、通信台站工程、水下通信系统工程等。

2. 指挥控制系统工程

主要包括指挥所信息系统工程、一体化指挥平台工程、作战值班系统工程、数据链工程项目，以及预警探测系统、态势处理系统、情报处理系统等的相关配套工程。

3. 综合信息服务系统工程

主要包括信息服务系统工程、数据中心工程、数据容灾备份中心工程等。

4. 网络安全防护系统工程

主要包括网络信任体系工程、网络监控预警体系工程、网络安全服务与管理体系工程等。

5. 电磁频谱管理系统工程

主要包括电磁频谱管理中心工程、电磁频谱监测（探测、检测）系统工程、电磁频谱（空间频率轨道）资源管理系统工程等。

三、按设计施工分类

为方便设计或组织施工，一个信息通信工程往往细化成若干部分，一般分为单项工程、单位工程、分部工程、分项工程。

单项工程是指具有独立的设计文件，建成后能够独立发挥生产能力或效益的工程。单项工程是建设项目的组成部分。

单位工程是指具有独立的设计文件，可以独立组织施工的工程。单位工程是单项工程的组成部分。

分部工程是单位工程的组成部分。这类工程一般是按建筑物的主要部位、工程的结构、工种和材料结构来划分的。如建筑工程的土石方工程、桩基础工程、装饰工程、道路及排水工程、围墙及绿化工程等均属分部工程。

分项工程是分部工程的组成部分。这类工程是指通过较简单的施工过程就可以生产出来，并且可以用适当的计量单位进行计算的建筑或设备安装工程，如每单位体积的砖基础工程、钢筋工程、抹灰工程、一台设备的安装工程等。

在建筑工程中，单位工程仍然是一个复杂的综合体，不便于进行分析和估价，还要再做分解，但信息通信工程一般分到单项或单位工程为止。

四、按专业分类

信息通信单项工程按专业可分为光电缆线路工程、微波通信工程、卫星通信工程、移动通信工程、短波通信工程、通信枢纽工程、电磁频谱管控工程等。

1．光电缆线路工程

光电缆线路工程是采用光电缆作为传输介质，实现信息传输的一种通信方式，其工程建设主要包括：

（1）光缆线路工程（包括通信管道）。

（2）终端站、分路站、转接站、中继站光设备安装工程。

（3）终端站、分路站、转接站、中继站电源设备安装工程。

（4）水底光缆工程。

（5）分路站、转接站、中继站土建工程（包括机房、生进站通信管道）。

2．微波通信工程

微波通信工程主要是依托微波信道，实现信息传输的一种通信方式，其工程建设主要包括：

（1）微波设备安装工程（包括天线、馈线等）。

（2）电源设备安装工程。

（3）土建工程（包括机房、生活房屋等）。

（4）铁塔安装工程。

3．卫星通信工程

卫星通信工程主要是依托通信卫星作为中继站，实现地球卫星站之间信息传输的一种通信方式，其工程建设主要包括：

（1）卫星地球站设备安装工程（包括天线、馈线）。

（2）卫星地球站电源设备安装工程。

（3）卫星地球站中继传输设备安装工程。

（4）卫星地球站土建工程。

4．移动通信工程

移动通信工程主要是依托无线信道，实现机动平台之间信息传输的一种通信方式，其工程建设主要包括：

（1）移动交换局设备安装工程。

（2）基站设备安装工程。

（3）基站、交换局电源设备安装工程。

（4）中继传输线路工程。

（5）局（站）土建工程（包括机房、铁塔、办公、生活）。

5．短波通信工程

短波通信工程主要是依托短波信道，来实现信息传输的一种通信方式，其工程建设主要包括：

（1）发信设备安装工程。

（2）收信设备安装工程。

（3）无线控制室设备安装工程。

（4）无线报房设备安装工程。

（5）电源设备安装工程。

（6）天线、馈线工程。

（7）遥控线路工程。

（8）土建工程（包括场地、机房、办公、生活房屋等）。

（9）专用高压供电线路工程。

（10）台站外道路工程。

6．通信枢纽工程

通信枢纽工程是综合运用各种通信手段，来保障指挥机构与作战平台之间信息传输的一种通信组织方式，可分为固定通信枢纽和机动（野战）通信枢纽，其工程建设主要包括：

（1）长途程控交换设备安装工程（包括信令设备）。

（2）长途人工交换设备安装工程。

（3）市话程控交换设备安装工程。

（4）数字保密电话交换设备安装工程。

（5）光传输设备安装工程（包括数字同步设备）。

（6）会议电视电话设备安装工程。

（7）综合业务信息网设备安装工程。

（8）指挥控制设备安装工程。

（9）数据通信设备安装工程。

（10）网络管理中心设备安装工程。

（11）环境安全监控设备安装工程。

（12）总配线设备安装工程。

（13）综合布线安装工程。

（14）通信总管线工程。

（15）微波设备安装工程。

（16）无线电话设备安装工程。

（17）短波收、发信设备安装工程（包括天线、馈线）。

（18）通信电源设备安装工程。

7．电磁频谱管控工程

电磁频谱管控工程主要是采用频谱监测、探测等技术手段，实现频谱管控的一种通信方式，其工程建设主要包括：

（1）频管中心设备安装工程。

（2）短波频谱固定监测站设备安装工程。

（3）超短波频谱固定监测站设备安装工程。

（4）卫星频谱监测和干扰定位站设备安装工程。

（5）通信电源设备安装工程。

（6）土建工程（包括机房、办公、生活房屋）。

五、按工程规模分类

信息通信工程依据《国家工程建设管理条例》，按照工程规模可以分为：大型工程、中型工程、小型工程、零星工程。

第三节　信息通信建设配套工程

仅由通信网中的设备及通信线路还不能组成一个完整的信息通信网络，为了网络的可靠运行，还必须建设有与之相适应的配套系统，如通信机房、走线架、各种配线架、环境监控、空调排风、通信管道等配套设施。

1．通信机房

配电机房，用于各种配电设备、电池安装；传输机房，专用于传输设备安装；交换机房，专用于交换设备安装；数据机房，专用于数据设备安装；接入网机房，接入网综合机房或基站综合机房。

2．机房内走线架

交流电缆走线架，专用于交流电缆走线，应走上层架；直流电缆走线架，专用于直流电缆走线，应走中层架；信号电缆走线架，专用于信号电缆走线，应走下层架；光纤走线架，专用于光纤走线，应在信号电缆走线架外侧。

3．配线架

数字音频配线架，专用于数据系统设备配线；光纤配线架，专用于光纤系统设备配线；总配线架，专用于大容量交换设备的配套设施。

4．塔桅设施

通信铁塔，用于野外宏站天馈系统的升高；支撑桅杆，用于城市基站或野外微站天馈支撑。

5．空调排风系统

保障机房温度、湿度在设备允许范围内。

6．环境监控系统

用于机房或基站设备运行监测监控，环境及安全监控、报警。

7．通信管道

市内或长途通信电缆、光缆通道。

第四节　标准规范

标准从不同的角度可以有不同的分类方法，常用的分类方法有层级分类法、对象分类法、属性分类法三种。本节主要以层级分类法介绍标准规范。层级分类法是按照标准发生作用的范围或审批权限，可以分为：国际标准、国家标准、行业标准、国家军用标准等。

标准是我们组织信息通信工程建设的重要依据，技术体制的选择、新技术的应用、网络协议、链接方式、检查验收等都需要遵循标准规范。

一、国际标准

国际标准是指国际标准化组织（ISO）、国际电工委员会（IEC）和国际电信联盟（ITU）制定的标准，以及国际标准化组织确认并公布的其他国际组织制定的标准，如：

（1）ISO IEC 27000—2016 信息技术-安全技术-信息安全管理体系-概述和词汇。

（2）IEEE 802 局域网标准。

（3）IEEE 1609 无线通信标准。

二、国家标准

国家标准按照标准化对象分类，通常把标准分为技术标准、管理标准和工作标准三大类。

技术标准：对标准化领域中需要协调统一的技术事项所制定的标准。包括基础标准、产品标准、工艺标准、检测试验方法标准，及安全、卫生、环保标准等。

管理标准：对标准化领域中需要协调统一的管理事项所制定的标准。

工作标准：对工作的责任、权利、范围、质量要求、程序、效果、检查方法、考核办法所制定的标准。

1．标准的分级

按照标准的适用范围，我国的标准分为国家标准、行业标准、地方标准和企业标准四个级别。

（1）国家标准

由国务院标准化行政主管部门国家市场监督管理总局与国家标准化管理委员会制定（编制计划、组织起草、统一审批、编号、发布）。国家标准在全国范围内适用，其他各级别标准不得与国家标准相抵触。

（2）行业标准

由国务院有关行政主管部门制定，如化工行业标准（代号为 HG）、石油化工行业标准（代号为 SH）、建材行业标准（代号为 JC）。行业标准在全国某个行业范围内适用。

（3）地方标准

地方标准是指在某个省、自治区、直辖市范围内需要统一的标准。《中华人民共和国标准化法》规定："为满足地方自然条件、风俗习惯等特殊技术要求，可以制定地方标准。地方标准由省、自治区、直辖市人民政府标准化行政主管部门制定；设区的市级人民政府标准化行政主管部门根据本行政区域的特殊需要，经所在地省、自治区、直辖市人民政府标准化行政主管部门批准，可以制定本行政区域的地方标准。地方标准由省、自治区、直辖市人民政府标准化行政主管部门报国务院标准化行政主管部门备案，由国务院标准化行政主管部门通报国务院有关行政主管部门。"

地方标准编号由地方标准代号、标准顺序号和发布年号组成。根据《地方标准管理办法》的规定，地方标准代号由汉语拼音字母"DB"加上省、自治区、直辖市行政区规划代码前两位数字组成，如 DB××/T ×××（顺序号）—××（年号）或 DB××/×××（顺序号）—××（年号）。

（4）企业标准

没有国家标准、行业标准和地方标准的产品，企业应当制定相应的企业标准。企业标准应当报当地政府标准化行政主管部门和有关行政主管部门备案，企业标准在该企业内部适用。

此外，围绕当前国家技术创新体系的重要组成部分——产业技术创新战略联盟，国家标准化管理委员会目前还正在开展联盟标准试点工作。通过试点的方式，支持有条件的国家级试点联盟，探索开展联盟标准化与当前标准体系并存互相补充的标准管理方式。

2．技术标准分类

技术标准的种类分为基础标准、产品标准、方法标准、安全卫生与环境保护标准等四类。

（1）基础标准

基础标准是指在一定范围内作为其他标准的基础并具有广泛指导意义的标准。包括：标准化工作导则，如《标准编写规则　第 5 部分：规范标准》（GB/T 20001.5—2017）；通用技术语言标准；量和单位标准；数值与数据标准，如《数值修约规则与极限数值的表示和判定》（GB/T 8170—2008）等。

（2）产品标准

产品标准是指对产品结构、规格、质量和检验方法所做的技术规定。

（3）方法标准

方法标准是指以产品性能、质量方面的检测、试验方法为对象而制定的标准。其内容包括检测或试验的类别、检测规则、抽样、取样测定、操作、精度要求等方面的规定，还包括所用仪器、设备、检测和试验条件、方法、步骤、数据分析、结果计算、评定、合格标准、复验规则等。

（4）安全卫生与环境保护标准

这类标准是以保护人和动物安全、保护人类的健康、保护环境为目的而制定的标准。这类标准一般都要强制贯彻执行。

3. 标准的层次

国家标准都有特定的标准代号，主要代号如下：

强制性国家标准：GB。

推荐性国家标准：GB/T。

国家标准指导性技术文件：GB/Z。

4. 标准名称的构成

标准名称由几个尽可能短的独立要素构成，即引导要素、主体要素和补充要素。

引导要素（肩标题）：表示标准隶属的专业技术领域或类别，即标准化对象所属的技术领域范围。

主体要素（主标题）：表示在特定的专业技术领域内所讨论的主题，即标准化的对象。

补充要素（副标题）：表示标准化对象具体的技术特征。

构成标准名称的三要素，是按从一般到具体（或者说是从宏观到微观）排列的。各要素间既相互独立和补充，且内容又不重复和交叉。例如：《技术制图 图样画法 视图》（GB/T 17451—1998），其中“GB/T 17451”为标准代号，“技术制图”为引导要素（肩标题），“图样画法”为主体要素（主标题），“视图”为补充要素（副标题）。

每个标准必须有主体要素，即标准的主标题不能省略。如果主标题和副标题一起使用便可清楚、明确地表达标准的主题时，可省略肩标题，如《电工术语 低压电器》（GB/T 2900.18—2008）。

在系列标准中，每个分标准的名称中均包括副标题，如：

《机械制图 动密封圈 第1部分：通用简化表示法》（GB/T 4459.8—2009）

《机械制图 滚动轴承表示法》（GB/T 4459.7—2017）

如果主标题包括了主题的全部技术特征，则副标题也可省略。

三、国家军用标准

国家军用标准是为了满足军用要求，获得最佳秩序和经济效益，对有关重复性事物和概念所做的统一规定，分为国家军用标准和部门军用标准，其主要作为装备科研、生产、使用和其他活动的共同依据。国家军用标准简称国军标，代号为GJB，是一种标准类型。

国家军用标准按组成内容和用途可分为标准、规范、指导性技术文件等。

标准类：为获得最佳秩序，对活动或其结果规定共同的和重复使用的过程、程序、实践和方法统一的工程技术要求等制定的标准文件。通常通过法规、文件或工程项目合同工作说明纳入合同。

规范类：为支持装备订购而制定的标准文件。这类文件规定了订购对象应符合的要求及其复合性判据，以保证其适用性。规范通常由订购方根据项目的具体情况进行必要的、合理的增、减、修改后纳入项目合同的附件，作为项目合同的质量要求及验收的判据。

指导性技术文件类：为研制、生产、使用和技术管理提供有关资料和指导而制定的标准文件。这类文件通常不作为合同要求纳入合同。

四、标准及标准编制相关的术语

标准及标准编制中常用到一些术语，主要包括以下几个名词。

（1）标准：是指对重复性事物和概念所做的统一规定，它以科学、技术和实践经验的综合成果为基础，经有关方面协商一致，由主管机构批准，以特定形式发布，作为共同遵守的准则和依据。

（2）标准化：是指在经济、技术、科学及管理等社会实践中，对重复性事物和概念通过制定、发布和实施标准，达到统一，以获得最佳秩序和社会效益的活动。

（3）制定标准：是指标准制定部门对需要制定标准的项目编制计划，组织草拟、审批、编号、发布的活动。它是标准化工作任务之一，也是标准化活动的起点。

（4）标准备案：是指一项标准在其发布后，负责制定标准的部门或单位，将该项标准文本及有关材料，送标准化行政主管部门及有关行政主管部门存案以备考查的活动。

（5）标准复审：是指对使用一定时期后的标准，尤其制定部门根据我国科学技术的发展和经济建设的需要，对标准的技术内容和指标水平所进行的重新审核，以确认标准有效性的活动。

（6）标准的实施：是指有组织、有计划、有措施贯彻执行标准的活动，是标准制定部门、使用部门或企业将标准规定的内容贯彻到生产、流通、使用等领域中去的过程。它是标准化工作的任务之一，也是标准化工作的目的。

（7）标准实施监督：是国家行政机关对标准贯彻执行情况进行督促、检查、处理的活动。它是政府标准化行政主管部门和其他有关行政主管部门领导和管理标准化活动的重要手段，也是标准化工作任务之一，其目的是促进标准的贯彻，监督标准贯彻执行的效果，考核标准的先进性和合理性，通过标准实施的监督，随时发现标准中存在的问题，为进一步修订标准提供依据。

（8）标准体制：是与实现某一特定的标准化目的有关的标准，按其内在联系，根据一些要求所形成的科学的有机整体。它是有关标准分级和标准属性的总体，反映了标准之间相互链接、相互依存、相互制约的内在联系。

（9）标准化法律：从严格意义上讲，有广义和狭义之分。广义的标准化法律是指调整涉及有关标准化的社会关系和社会秩序的法律规范的总和，它包括《中华人民共和国标准化法》以及与之相配套的各项法规和规章；狭义的标准化法律，即是指《中华人民共和国标准化法》，它是我国标准化管理工作的根本法。

（10）标准化技术委员会：是制定国家标准和行业标准的一种重要组织形式，它是一定专业领域内从事全国性标准化工作的技术工作组织。

（11）国家标准：是指对全国经济发展有重大意义，需要在全国范围内统一的技术要求所制定的标准。国家标准在全国范围内适用，其他各级标准不得与之相抵触。国家标准是四级标准体系中的主体。

（12）行业标准：是指对没有国家标准而又需要在全国某个行业范围内统一的技术要求所制定的标准。行业标准是对国家标准的补充，是专业性、技术性较强的标准。行业标准的制定不得与国家标准相抵触，国家标准公布实施后，相应的行业标准即行废止。

（13）地方标准：由省、自治区、直辖市人民政府标准化行政主管部门制定；设区的市级人民政府标准化行政主管部门根据本行政区域的特殊需要，经所在地省、自治区、直辖市人民政府标准化行政主管部门批准，可以制定本行政区域的地方标准。地方标准由省、自治区、直辖市人民政府标准化行政主管部门报国务院标准化行政主管部门备案，由国务院标准化行政主管部门通报国务院有关行政主管部门。

（14）企业标准：是指企业所制定的产品标准和在企业内需要协调、统一的技术要求和管理、工作要求所制定的标准。企业标准是企业组织生产、经营活动的依据。

（15）强制性标准：是国家通过法律的形式明确要求对于一些标准所规定的技术内容和要求必须执行，不允许以任何利益或方式加以违反、变更，这样的标准称之为强制性标准，包括强制性的国家标准、行业标准和地方标准。对违反强制性标准的，国家将依法追究当事人法律责任。

（16）推荐性标准：是指国家鼓励自愿采用的具有指导作用而又不宜强制执行的标准，即标准所规定的技术内容和要求具有普遍的指导作用，允许使用单位结合自己的实际情况，灵活加以选用。

（17）指导性技术文件：是为仍处于技术发展过程中（如变化快的技术领域）的标准化工作提供指南或信息，供科研、设计、生产、使用和管理等有关人员参考使用而制定的标准文件。

（18）国际标准：是指国际标准化组织（ISO）、国际电工委员会（IEC）和国际电信联盟（ITU）制定的标准，以及国际标准化组织确认并公布的其他国际组织制定的标准。

（19）国外先进标准：是指国际上有影响的区域标准，世界主要经济发达国家制定的国家标准和其他国家某些具有世界先进水平的国家标准，国际上通行的团体标准以及先进的企业标准。

（20）采用国际标准：是采用国际标准的基本方法之一。它是指将我国标准和国外先进标准的内容，通过分析研究，不同程度地纳入我国的各级标准中，并贯彻实施以取得最佳效果的活动。

（21）等同采用国际标准：是采用国际标准的基本方法之一。它是指我国标准在技术内容上与国标标准完全相同，编写上不做或稍做编辑性修改，可用图示符号“≡”表示，其缩写字母代号为 idt 或 IDT。

（22）等效采用国际标准：是采用国际标准的基本方法之一。它是指我国标准在技术内容上基本与国际标准相同，仅有小的差异，在编写上则不完全相同于国际标准的方法，可以用图示符号“=”表示，其缩写字母代号为 eqv 或 EQV。

（23）非等效采用国际标准：是采用国际标准的基本方法之一。它是指我国标准在技术内容的规定上，与国际标准有重大差异，可以用图示符号“≠”表示，其缩写字母代号为 neq 或 NEQ。

（24）图形标志：是指用于表达特定信息的一种标志。它是由图形符号、颜色、几何形状（或边框）等元素的固定组合所形成的标志。它与其他标志的主要区别是组成标志的主要元素是标志用图形符号。

（25）指令标志：是强制人们必须做出某种行为或动作的图形标志。

（26）国家标准、行业标准和地方标准的性质分为两类：一类是强制性标准；另一类是推荐性国家标准。对于强制性标准，国家要求“必须执行”；对于推荐性标准，国家鼓励“自愿采用”。

思考与练习

（1）通信网主要包括哪些网络类型？

（2）信息通信工程主要有哪些分类方法？

（3）我国的标准体系是怎样的？

第二章

信息通信工程建设管理

本章主要介绍信息通信工程建设的基本程序，包含工程立项、验收、招标、监理、造价及结算管理在各阶段应做的主要工作等内容，旨在规范信息通信工程建设单位及其管理人员，以及信息通信工程建设管理部门及其人员对信息通信工程建设项目的管理职责和行为。

第一节　工程建设程序

根据职能分工，信息通信设施建设归口各单位信息通信管理部门负责。信息通信工程建设分为前期工作（需求收集、立项论证、可行性研究等）、任务批复（立项、设计任务书上报、批复）、勘察设计（初步设计、技术设计、施工图设计）、物资筹措（物资采购、施工招标）、施工组织、工程验收（初步验收、试运行、竣工验收）等几个阶段组织实施。

信息通信工程建设项目必须先列入建设规划，一般未列入规划的项目不予立项建设，应急突发需要等特殊情况除外。信息通信工程建设按照下列程序组织实施：

（1）报批工程立项报告。

（2）报批工程设计任务书（建设方案）。

（3）报批工程设计文件。

（4）施工准备，批准开工后组织施工。

（5）组织初步验收、试运行、竣工验收。

（6）交付使用。

信息通信工程建设项目必须坚持先勘察、后设计、再施工的原则。紧急战备工程和其他特别急需工程，经批准后，启动应急响应机制，可以边建设、边立项。

第二节　工程立项管理

信息通信工程建设项目的立项一般由信息通信工程建设主管部门或者建设单位组织实施。对技术复杂或者建设条件复杂的新建大型工程项目，还应组织对工程项目的建设地点、建设条件、建设规模、建设方案、环境影响、建设资金、原有设施利用以及社会效益、经济效益等进行可行性研究论证，并编制可行性研究报告。

一、可行性研究论证

技术复杂或者建设条件复杂的新建大型工程项目应组织可行性研究论证，提出可行性研究报告。可行性研究论证工作由信息通信工程建设主管部门或者建设单位委托勘察设计单位承担，必要时邀请相关科研单位参加。

可行性研究论证通常分为工作筹划、调查研究、优化和选择建设方案、研究论证、编制可行性研究报告等 5 个步骤进行。

二、立项工作及立项请示

在信息通信工程建设项目立项审批工作中，由担负信息通信工程建设职能的部门归口办理本单位信息通信工程建设项目相关立项申报工作。

在信息通信工程建设项目立项审批工作中，下级单位担负信息通信工程建设职能的部门归口办理本单位信息通信工程建设项目相关立项申报工作，上级单位信息通信部门负责审核所属单位信息通信工程建设项目的申报工作。

三、设计任务书编制

编制设计任务书（建设方案），应当遵循依据充分、技术先进、方案优化、规模适度、经济合理、符合技术要求的原则，严格执行国家和军队有关工程建设的方针、政策；工程建设项目的构成范围和总投资，应以批准的工程建设地点、规模、人员、装备编制、技术要求和有关建设标准为依据。任务书内容主要包括：

（1）建设项目概况，包括项目名称、代号、构成、可行性研究结果概要等。

（2）建设目的和依据。

（3）建设项目地点及征地、拆迁情况。

（4）建设内容、建设规模及建设标准。

（5）技术要求。

（6）建设条件。

（7）工程经费估算。

（8）建设周期和完成时限。

（9）要求达到的经济和社会效益。

改、扩建工程项目的设计任务书还应包括原有工程及设施的利用情况。

小型和零星工程建设项目的设计任务书（建设方案）具体内容可以适当简化。

四、立项审批

联合审核通常采取函审的形式组织，受领审核任务后，主要对建设项目的建设方案、建设规模、技术指标要求等进行审核。上级部门对建设项目的建设地点、使命任务等内容进行审核；函请相关职能部门对建设项目的建设用地、通信用房、投资需求等进行审核；联合审核完成后，审核意见反馈给立项申报单位，由其根据审核意见修改后再呈报审批。

第三节　工程建设及验收管理

信息通信工程项目立项批复后即进入工程实施阶段。工程实施阶段的管理工作主要包括工程勘察设计管理、工程采购管理、工程施工管理、工程验收管理。

一、工程勘察设计管理

信息通信工程勘察、设计采用资质准入方式进行，勘察、设计单位必须取得勘察资质证书和设计资质证书。信息通信工程一般采用两阶段设计，即初步设计、施工图设计，部分项目可采用一阶段设计。

二、工程采购管理

信息通信工程采购包括工程建设项目的勘察、设计、施工、监理、咨询采购。信息通信工程的勘察、设计、监理应主要委托单位实施，确需发包地方单位实施的，必须委托依法持有国家相应勘察设计、施工、监理和保密资质证书（或签订保密协议）的地方单位承担，并签订合同。

工程采购应当依据信息通信工程建设项目秘密等级，选用公开招标、邀请招标、竞争性谈判、单一来源和工程建设管理部门确认的其他方式，选定符合相应条件的承包单位，并按规定履行审批手续。大区域级以上单位涉及核心秘密的绝密级工程中的信息通信工程，不得对外发包。其他绝密级信息通信工程对外发包，必须上报相应部门批准（一般为项目审批同级保密、保卫部门）。绝密级工程不得公开招标，机密级、秘密级工程经脱密处理后，报经相关部门批准方可公开招标。

国防类信息通信工程采购的主要设备和器材必须取得“国防通信网设备器材进网许可证”。“国防通信网设备器材进网许可证”申请的受理和审查，由相关职能部门归口管理。优先选用国产自主可控产品，凡国产设备成熟可用的，不得采购国外设备。

三、工程施工管理

建设单位应当在工程开工前落实项目管理机构，指定或者委托工程施工和监理单位，落实装（设）备和主要器材，办理建设手续，做好施工现场环境准备工作，组织施工图技术交底，审批开工报告。

（一）技术交底

建设单位应当组织设计、监理、施工、使用和维护等单位，按下列基本程序进行施工图技术交底：

（1）由设计单位提供全套设计文件、资料。

（2）设计单位详细介绍设计的有关情况。

（3）建设单位和施工单位熟悉图纸并提出问题。

（4）设计单位解释设计文件。

（5）建设单位和施工单位提出对设计的意见建议。

（6）形成会议纪要。

施工单位应当在施工图技术交底后，及时向建设单位提交开工报告，并附施工组织设计或者施工方案；建设单位应审核完毕后，依据设计任务书要求进行审批，批准后施工单位方可开工。

（二）物资装备准备

（1）建设单位应当根据工程建设计划及时向装备部门请领有关装备。

（2）监理单位应对进场的工程物资和装备进行数量验收和质量认证，做好相应的验收记录和登记。监理单位应重点核验生产厂家、品种、出厂日期、编号、试验数据等材质证明和出厂合格证、新材料的试验鉴定书。不得使用无出厂合格证明的材料、构配件和未经试验鉴定的新材料。

（3）施工单位应保管好验收合格的进场材料，检查其防火、防雨、防盗、防风和防变质的措施，对有特殊要求的工程物资应按要求存储。

（三）进度管控

（1）建设单位与施工单位签订的合同工期，应当符合立项批准的设计任务书规定的工期目标。

（2）施工单位应在确保工程质量和安全的原则下控制工程进度，一般应按合理工期组织施工。主要工程物资的采购及供货时间应满足工期要求。

（3）监理单位应严格审查施工组织设计中的总进度计划、分进度计划及保证措施，督促施工单位改进完善，满足合同规定的工期目标。

（4）建设单位应督促施工单位履行工程进度控制的职责，及时提供设计文件及必要的技术资料，负责完成施工所需的外部协调工作。

（5）施工单位、建设单位、监理单位应严格按照规定及时组织或者参加各工序、各阶段的质量验收。

因不可抗力原因造成工期延误或者建设单位同意顺延的，应及时确认并办理顺延手续。

（四）质量管理

信息通信工程建设实行工程质量监督管理制度，建立行政监督、工程监理、施工单位管理相结合的全面质量管理机制，确保工程建设质量。

1. 各方质量要求

（1）施工单位

施工单位应建立、健全质量管理和质量保证体系，按照技术标准落实管理人员、管理制度、质量责任制等质量保证体系要求。主要内容有：

① 各分项工程应结合技术交底编制施工及验收程序，明确报验、验收、签字的条件和责任人，并下达施工人员。

② 在施工的各个阶段设立质量控制点和停止点，非经检查验收的控制点不允许施工。

③ 根据情况建立周、月、季检查制度，定期组织工程技术人员全面检查所施工的项目和内容，掌握施工质量状况，制定控制和改进质量的措施。

施工单位严格按照工程设计文件和施工技术标准施工，不得擅自修改工程设计，不得偷工减料。施工单位在施工中发现设计文件或者图纸有差错的，应当及时报告。

（2）监理单位

监理单位应当经常巡视检查施工过程。对隐蔽工程的隐蔽过程、下道工序施工完成后难以检查的重要部位，监理单位应派员进行旁站，并应根据施工单位报送的隐蔽工程报验申请表和自验结果进行现场检查。未经监理单位验收或者经验收不合格的工序不予签认，且施工单位不得进入下一道工序施工。

（3）建设单位

建设单位应当加强全面质量管理，确保工程建设项目的勘察、设计、施工质量和建设管理具有较高的水平，实现“优质、高速、安全、低耗”的创优目标。

建设单位不得迫使承包方以低于成本的价格竞标，不得任意压缩合理工期，不得明示或者暗示施工单位使用不合格材料、设备，不得明示或者暗示设计单位和施工单位违反工程建设强制性标准，降低工程质量。未经监理单位验收或者经验收不合格的材料、构配件、设备，不得在工程中使用。

2．质量问题处置

对施工中出现的质量缺陷，监理单位应当及时下达施工监理通知单，要求施工单位整改，并检查整改结果。如发现存在重大质量隐患，可造成或者已经造成质量事故时，应报告建设单位及时下达工程暂停令，要求施工单位停工整改。整改符合要求的，由建设单位签署工程复工报审表后再复工。

当工程质量不符合要求时，应按下列规定处理：

（1）经返工重做或者更换材料、设备的，应重新验收。

（2）经有资质的检测单位检测鉴定能够达到设计要求的，应予以验收。

（3）经有资质的检测单位检测鉴定达不到设计要求、但经原设计单位核算认可能够满足结构安全和使用功能的，可予以验收。

（4）通过返工或者返修仍不能满足使用要求的单位工程、单项工程，严禁验收。

3．验收要求

工程质量应当按照下列要求验收：

（1）国家技术标准。

（2）工程勘察、设计文件。

（3）参加工程质量验收的各方人员应具备规定的资质。

（4）必须在施工单位自行检查评定的基础上进行。

（5）隐蔽工程应由施工单位通知有关单位（建设、勘察、设计、监理和质量监督机构）进行验收，并形成验收文件。

（6）对涉及关键技术指标、建筑结构安全和使用功能的重要分部工程，应进行抽样检测。

4．验收方式及程序

工程质量应按下列程序和方式组织验收，合格后，有关单位及其人员方可签字确认：

（1）分项工程由监理工程师或者建设单位技术负责人组织施工单位相关人员进行验收。

（2）单位工程由总监理工程师或者建设单位技术负责人组织施工单位相关人员

进行验收。重要单位工程的验收，应通知勘察、设计单位和质量监督机构的相关人员参加。

（3）单项工程由建设单位项目负责人组织施工、勘察、设计、监理等单位的相关人员进行验收，工程质量监督机构实施监督。

（五）安全管理

施工安全管理应当贯彻“安全第一、预防为主”的方针，确保工程建设安全顺利。建设、勘察、设计、施工、监理及其他与建设工程安全生产有关的单位必须遵守安全生产法律、法规，保证建设工程安全生产，依法承担建设工程安全生产责任。

1．建设单位安全生产责任

建设单位依法承担下列安全生产责任：

（1）向施工单位提供必要的基础资料，并保证其真实、准确、完整。

（2）执行法律法规、工程建设强制性标准和合同的规定。

（3）提供必需的安全施工费用。

（4）严禁明示或者暗示施工单位购买、租赁、使用不合格产品。

（5）申领施工许可证时，应报送有关安全施工资料（适用于新建、扩建营房工程）。

（6）拆除工程应由具有相应资质等级的施工单位实施。

2．施工单位安全生产责任

施工单位应建立、健全施工安全责任制度，开展安全生产和文明施工，预防伤亡事故和其他安全事故的发生。

建设单位或者监理单位应当依据信息通信工程施工安全检查标准，对施工单位违章作业、管理混乱的行为，提出限期整改，并按合同约定给予经济处罚。

3．安全事故的处置

发生安全事故时，应当按照下列要求处理：

（1）建设单位应督促施工单位及时采取措施，防止事故扩大和恶化，保护事故现场。

（2）应以最快方式，将事故的简要情况向上级工程建设管理部门报告。等级事故应按规定及时向有关部门报告，报告内容应包括：发生事故的工程建设项目名称，发生的时间、地点、简要经过、伤亡人数和直接经济损失的初步估计，原因的初步分析判断，采取的处理措施及控制情况。

（3）应责成施工单位提交事故分析处理报告，组织专家调查分析事故原因，提出处理意见，督促施工单位及时、妥善做好事故的善后处理工作。

（六）保密管理

信息通信工程建设项目保密工作应当遵循预防为主、安全第一、突出重点、综合治理、依靠科技、全程防范的原则。建设单位与勘察、设计、施工、监理等单位之间应当签订工程建设项目保密责任书。

1. 工程发包的保密管理

对外发包的秘密级以上信息通信工程建设项目，应当由建设单位在上级保密、保卫部门指导下进行安全保密风险评估，综合分析项目对外发包可能存在的泄密风险、泄密渠道、保密薄弱环节及应当采取的防护措施，形成书面安全保密风险评估报告。安全保密风险评估合格的，可组织工程招标申请报批。

2. 投标单位的保密审查

信息通信工程建设项目实行保密审查制度。建设单位应当对投标单位进行保密审查，未经审查或者审查不合格的投标单位，不得参加信息通信工程建设项目投标。

建设单位审查投标单位的保密资格，有下列情形之一的视为不合格：

（1）企业投资背景为“三资”企业或者有外商投资背景的。

（2）企业保密机构设置不齐全，保密制度措施不完善，有保密管理不良信誉记录的。

（3）其他不符合安全保密要求的内容。

3. 招标文件的保密处理

建设单位向投标单位和承包单位提供的招标文书、设计图纸等文件资料，应当做脱密或者降密处理，经本单位保密部门审查，并履行登记、签字等交接手续；项目完成后，应当及时收回。建设单位提供的文件资料不得涉及项目真实性质、用途、坐标、关键参数等重要涉密信息。

4. 保密协议的要求

建设单位与承包单位签订承包合同，应当同时签订保密协议，向承包单位及其人员明确下列保密要求：

（1）严格遵守国家保密法律法规，建立完善保密管理制度并严格落实，健全保密管理机构，不向无关人员透露信息通信工程建设项目情况。

（2）信息通信工程建设项目图档资料专人管理、专室专柜存放，不得擅自复制、扩散。

（3）不得在连接互联网计算机中处理或者存储信息通信工程建设项目的涉密信息。

（4）不得通过普通电话、传真、邮政、快递和互联网等渠道传递信息通信工程建设项目的涉密信息。

（5）未经建设单位批准，不得在施工区域摄影、照相和录音，绝密级工程现场不得携带具有摄像、照相、录音和卫星定位功能的设备。

（6）不得将承建的涉密信息通信工程建设项目作为企业业绩进行宣传。

（7）国家规定的其他保密要求。

承包单位与建设单位签订保密协议后，应当及时将人员基本情况报建设单位，协助建设单位按照有关规定组织审查。对参与机密级以上工程项目的人员须进行政治审查，秘密级工程可根据需要组织政治考核。人员发生变动时，承包单位应当提前向建设单位申报，并办理相关手续。

5．一般保密要求

（1）进入施工现场的所有车辆和人员，必须持建设单位核发的证件；对国（境）外进口或者带有外资背景企业生产的施工车辆、工程机械和仪器设备等，应当进行技术安全保密检查，拆除 GPS 等境外定位系统。

（2）指挥防护工程和有特殊要求的建设项目施工，还应当采取工程伪装、减少暴露征候等措施。

（3）建设项目采用进口设备的，应当保证来源可靠，设备安装、使用前应委托技术安全保密检查机构进行检测。

（4）信息通信工程竣工时，必须把保密工作列入验收范围。

（5）信息通信工程文件、资料、图纸、影像带和微机软盘、光盘等涉密载体，按照有关保密规定管理。

（七）造价管理

建设单位应当以设计任务书或者初步设计文件批准的总投资，作为造价管理的依据和限额。以施工图预算控制合同价，以合同价控制结算价。应当指定专人严格按照规定管理使用工程建设经费，专款专用，不得挪用和截留。

监理单位应及时准确计量完成的工程量，严格实行现场签证手续，按照合同约定和工程进度拨付工程款。严禁超额拨付。

建设单位或者监理单位应严格管理设计变更、洽商审批手续，实行现场人员审查、技术负责人核定、有关人员签字的工作程序。

施工单位应严格执行工程结算的审查程序，编制工程结算，建设单位组织初步审查后，报上级审计部门按规定委托国家或者审计事务机构审查。

四、工程验收管理

凡列入工程建设计划的新建、扩建工程项目，建成设计文件所规定的全部内容，并具备使用条件时，均应组织验收。验收按照初步验收、试运行、竣工验收的程序组织实施，零星项目可直接组织竣工验收。

（一）初步验收

施工单位按照设计完成全部工作量后，向监理单位报送完工报告并经总监理工程师签字确认后，由建设单位组织初步验收。初步验收检查的内容参照信息通信工程验收规范执行。

信息通信建设工程初步验收，简称为初验。一般大型工程按单项工程进行，或按系统工程一并进行。工程初验应在施工完毕，并在经自检及监理预验合格的基础上，由建设单位组织。

初验工作应由监理工程师依据设计文件及施工合同，对施工单位报送的竣工技术文件进行审查，并按工程验收规范要求的项目内容进行检查和抽测。

信息通信建设工程的初验，可按《邮电通信建设工程竣工验收办法》办理。

对初验中发现的问题，应及时要求施工单位整改，整改完毕由监理工程师签署整改意见。

（二）试运行

初验通过后，项目投入试运行，由承担试运行的相关人员做详细的运行记录，并在试运行结束后撰写试运行报告。

试运行的目的是通过既定时间段的试运行，全面考察项目建设成果，并通过试运行发现项目存在的问题，从而进一步完善项目建设内容，确保项目顺利通过竣工验收并平稳地移交给运行管理部门。

（三）竣工验收

试运行期间将初验遗留问题全部解决，且试运行正常后，由建设单位组织工程参与单位和生产部门进行工程竣工验收。宣读并通过竣工验收报告后，项目投入生产。

第四节　工程招标管理

一、工程招标

（一）国家有关工程招标的相关法律法规

1．法律

国家关于工程招标的法律主要有：《中华人民共和国建筑法》《中华人民共和国招标投标法》《中华人民共和国政府采购法》。

2．行政性法规

国家关于工程招标的行政性法规主要有：《招标投标法实施条例》《政府采购法实施条例》《建设工程质量管理条例》《建设工程勘察设计管理条例》《建设工程安全生产

管理条例》等。

3．规章

国家关于工程招标的规章主要有：《必须招标的工程项目规定》《建筑工程设计招标投标管理办法》《建筑工程施工发包与承包计价管理办法》《工程建设项目施工、货物、勘察设计招标投标办法》《工程建设项目招标投标活动投诉处理办法》等。

4．法规规章

国家关于工程招标的法规规章主要有：《深化物资、工程、服务采购改革总体方案》《物资采购信息公告管理办法》《物资工程服务供应商管理规定》《物资工程服务采购评审专家管理规定》等。

（二）采购文件模板

2007 年 11 月，国家发展和改革委员会会同有关部门联合编制并以国家发展和改革委员会第 56 号发布了《中华人民共和国标准施工招标文件》。2017 年 9 月，国家发展和改革委员会会同有关部门联合发布《关于印发〈标准设备采购招标文件〉等五个标准招标文件的通知》，自 2018 年 1 月 1 日起实施。该标准文件适用于依法必须招标的与工程建设有关的设备、材料等货物项目和勘察、设计、监理等服务项目。

2018 年 10 月，相关行业统一试行《工程采购施工招标文件示范文本》。该文本的发布，对于扎实推进工程采购规范化管理，有效提高标准化程度，高效规范采购活动起到积极的促进作用，标志着工程采购改革全面启动。

目前，《工程采购施工招标资格预审文件示范文本》《工程采购施工招标文件（资格预审）示范文本》《工程采购施工招标文件（资格后审）示范文本》已经发布，后续还将发布工程勘察、设计、监理以及工程总承包（EPC）和竞争性谈判等采购文件示范文本，使示范文本体系配套完善，实现工程采购全覆盖，使集中统采、平台共享、廉洁透明的采购保障体系在全国逐步形成。

二、招标采购文件及要素

（一）招标公告编制

1．招标公告内容

《中华人民共和国招标投标法》第十六条明确：“招标人采用公开招标方式的，应当发布招标公告。依法必须进行招标的项目的招标公告，应当通过国家指定的报刊、信息网络或者其他媒介发布。

招标公告应当载明招标人的名称和地址、招标项目的性质、数量、实施地点和时间以及获取招标文件的办法等事项。”

《工程建设项目施工招标投标办法》第十四条明确："招标公告或者投标邀请书应当至少载明下列内容：①招标人的名称和地址；②招标项目的内容、规模、资金来源；③招标项目的实施地点和工期；④获取招标文件或者资格预审文件的地点和时间；⑤对招标文件或者资格预审文件收取的费用；⑥对投标人的资质等级的要求。"

2．招标公告发布媒介

《招标公告和公示信息发布管理办法》第八条明确："依法必须招标项目的招标公告和公示信息应当在'中国招标投标公共服务平台'或者项目所在地省级电子招标投标公共服务平台发布。"

另外，按照有关规定（如《物资采购信息公告管理办法》)，采用公开招标采购方式的项目，必须在采购网上发布招标公告，这是发布采购信息的权威媒体，由采购管理部门主办。

对于军队和国防领域的采购管理，按照有关规定，组织邀请招标、竞争性谈判、询价等非公开招标采购方式的竞争性采购活动时，必须先从供应商库中随机抽取供应商。采用单一来源采购方式确定的供应商，也必须先办理入库手续成为库内供应商。2016 年 8 月，相关行业开始试行《物资工程服务供应商管理规定》，只要具有企事业法人资格、成立时间满 3 年、达到一定指标的企业，就可以注册入库。企业只要符合条件并且有意向投标，都可以报名参加。如果是非公开招标的采购项目，一般不会在网上发布采购信息，而是由采购机构从供应商库中随机抽取供应商来参加。除非库内供应商无法满足需求，才会从政府采购供应商库中抽取或对外发布采购公告。

3．招标公告编制注意避免事项

（1）资格条件设置与项目具体特点和实际需要不相适应，多为低项高配。

（2）资格条件与项目具体特点和实际需要无关，多为量身定做。

（3）将特定行政区域或者特定行业的业绩、证书作为资格条件，多为意向保护。

（4）将国家已经取消的资质作为资格条件。

（5）同一项目在不同媒介上发布公告的内容不一致。

（6）招标公告发布时间不符合法规要求等。

（二）资格审查标准与分析

资格审查是对投标人能力的审查。在《工程建设项目施工招标投标办法》第二十条对于投标人的资格审查主要包括以下 5 个方面：

（1）具有独立订立合同的权利（主体合格）。

（2）具有履行合同的能力，包括专业、技术资格和能力，资金、设备和其他物质设施状况，管理能力，经验、信誉和相应的从业人员（能力合格）。

（3）没有处于被责令停业，投标资格被取消，财产被接管、冻结，破产状态（正常状态)。

(4)在最近三年内没有骗取中标和严重违约及重大工程质量问题(信用合格)。

(5)国家规定的其他资格条件(特别规定)。

这 5 个方面,对应以下资格审查因素:

(1)主体合格分解为:A、有效营业执照;B、签订合同的资格证明文件,如施工安全生产许可证、合同签署人的资格等。

(2)能力合格分解为:A、资质等级;B、财务状况;C、项目经理资格;D、企业及项目经理类似项目业绩;E、企业信誉;F、项目经理部人员职业/执业资格;G、主要施工机械配备。

(3)运行正常分解为:A、投标资格有效,即招标投标违纪公示中,投标资格没有被取消或暂停;B、企业经营持续有效,即没有处于被责令停业、财产被接管、冻结,破产状态。

(4)信用良好分解为:A、近三年投标行为合法,即近三年内没有骗取中标行为;B、近三年合同履约行为合法,即没有严重违约事件发生;C、近三年工程质量合格,没有因重大工程质量问题受到质量监督部门通报或公示。

(5)国家法律、行政法规规定的其他资格条件。

《工程建设项目施工招标投标办法》第十六条明确:“招标人可以根据招标项目本身的特点和需要,要求潜在投标人或者投标人提供满足其资格要求的文件,对潜在投标人或者投标人进行资格审查;国家对潜在投标人或者投标人的资格条件有规定的,依照其规定。”

第十七条明确:“资格审查分为资格预审和资格后审。资格预审,是指在投标前对潜在投标人进行的资格审查。资格后审,是指在开标后对投标人进行的资格审查。”

《关于加强房屋建筑和市政基础设施工程项目施工招标投标行政监督工作的若干意见》(建市[2005]208 号文)明确:“依法必须公开招标的工程项目的施工招标实行资格预审,并且采用综合评估法评标的,当合格申请人数量过多时,一般采用随机抽签的方法,特殊情况也可以采用评分排名的方法选择规定数量的合格申请人参加投标。其中,工程投资额 1000 万元以上的工程项目,邀请的合格申请人应当不少于 9 个;工程投资额 1000 万元以下的工程项目,邀请的合格申请人应当不少于 7 个。”

对潜在投标人或者投标人的资格审查必须体现公开、公平、公正的原则,不得提出高于招标工程实际情况所需要的资质等级要求。资格审查中应当注重对拟派选的项目经理的劳动合同关系、参加社会保险、正在施工和正在承接的工程项目等方面的审查。

（三）评标标准与方法

《中华人民共和国招标投标法》第四十一条明确："中标人的投标应当符合下列条件之一：

（1）能够最大限度地满足招标文件中规定的各项综合评价标准。

（2）能够满足招标文件的实质性要求，并且经评审的投标价格最低；但是投标价格低于成本的除外。"

《评标委员会和评标办法暂行规定》第二十九条明确："评标办法包括经评审的最低投标价法、综合评估法或者法律、行政法规允许的其他评标办法。"第三十一条明确："根据经评审的最低投标价法，能够满足招标文件的实质性要求，并且经评审的最低投标价的投标，应当推荐为中标候选人。"第三十五条明确："根据综合评估法，最大限度地满足招标文件中规定的各项综合评价标准的投标，应当推荐为中标候选人。"

《政府采购货物和服务招标投标管理办法》第五十五条明确："货物项目的价格分值占总分值的比重不得低于30%；服务项目的价格分值占总分值的比重不得低于10%。"

《机电产品国际招标综合评价法实施规范（试行）》第八条明确："综合评价法应当对每一项评价内容赋予相应的权重，其中价格权重不得低于30%，技术权重不得高于60%。"

《关于加强房屋建筑和市政基础设施工程项目施工招标投标行政监督工作的若干意见》明确："对于技术复杂的工程项目，可以采用综合评估的方法，但不能任意提高技术部分的评分比重，一般技术部分的分值权重不得高于40%，商务部分的分值权重不得少于60%。"

施工组织设计应包括以下几项基本内容：主要施工方法，拟投入的主要物资计划，拟投入的主要施工机械计划，劳动力安排计划，确保工程质量、工期、安全生产、文明施工的技术组织措施，施工总进度表或者施工网络图，施工总平面布置图。

综合标还应包括以下几项基本内容：项目现场管理机构配备情况、投标工期与工程质量目标的承诺及违约经济处罚措施等。

（四）货物、服务类项目评标办法

商务和技术因素的评价可以采用以下步骤：

（1）排除法：对于只需要判定是否符合招标文件要求或是否具有某项功能的指标，可以规定符合要求或具有功能即获得相应分值，反之则不得分。

【例】招标文件规定，设备应具备自动断电保护功能。评价方法为：具备该功能得3分，不具备得0分。

（2）区间法：对于可以明确量化的指标，规定各区间的对应分值，根据投标人的投标响应情况进行对照打分。采用区间法时需要特别注意区间设置要全面、连续，特别是临界点、最高值、最低值等的设定。

【例】招标文件规定，系统工作效率在90%～100%（含90%）的得3分，在75%～90%（含75%）的得2分，在60%～75%（含60%）的得1分，60%以下的得0分。

（3）排序法：对于可以在投标人之间具体比较的指标，规定不同名次的对应分值，并根据投标人的投标响应情况进行优劣排序后依次打分。

【例】按照各投标人质保期长短排序，第一名（质保期最长）得满分3，第二名得2分，第三名得1分，第四名及以后的得0分。

（4）计算法：需要根据投标人的投标响应情况进行计算打分的指标，应当规定相应的计算公式和方法。

【例】废气回收率达到97%得2分，每增加0.5%加0.5分（如97.5%得2.5分，98%得3分，依次类推，在两个值区间内的，以线性插值法计算），废气回收率低于97%得0分。

（五）招标控制价编制要点

在工程量清单计价招标中，工程量清单和招标控制价编制工作是一个重要的内容，有效地做好工程量清单和招标控制价编制对工程量的清单计价招标具有重要的影响。

招标控制价对工程招标与实施的影响有：一方面，若招标控制价偏低，较大幅度低于市场平均价，则投标人将陷于进退两难境地，低于招标控制价报价将无利可图，高于招标控制价的报价将被拒绝，因此将导致招标项目少有问津，甚至无人参与，招标失败；另一方面若招标控制价偏高，远高于市场平均价，则投标单位为了获取超额利益，就会想方设法围绕招标控制价报价，可能导致中标价偏高，达不到通过招标节约资金、有效控制投资的目的。

招标控制价的编制必须掌握以下要点：

1．编制依据准确

编制招标控制价应严格依据规范、国家或省级、行业建设主管部门颁发的计价定额和计价办法，建设工程设计文件及相关资料，与建设工程相关的标准、规范、技术资料，工程造价管理机构发布的工程造价信息等相关规定进行。

2．技术要求、图纸的研读

招标控制价编制以图纸、确定的工程量清单为基础，按相关编制规定编制。在充分理解业主技术要求、熟悉招标设计图纸、审核招标工程量清单相关要素后，对招标图纸设计深度不够、要求不明确的内容，应及时提请招标人要求设计单位深化、完善，对清单不准确的应及时调整，力求使工程招标图纸所示的内容与招标控制价反映内容相一致、工程招标控制价编制与市场价格变化相适应。

3．重视现场实际条件的调查

在进行招标控制价编制时，编制人员应重视项目实施现场的水温、地质、气候等客观条件和环境对工程造价的影响。在进行招标控制价相关信息的收集阶段重视现场实际条件的调查，力求招标控制价的费用（特别是措施项目费用）内容完整。

4．重视施工方案在招标控制价编制中的作用

常规施工方案对应的工程造价是潜在投标人共同竞价的平台。不同的施工方案所产生的措施项目及费用相差很大，对工程造价的影响不可忽视。必须根据常规施工方法进行适当市场调研，以获得相关的造价资料，力求造价准确、合理，使潜在投标人看到合理的利润，才能确保业主的投资效益最优。

（六）评标委员会组建

《评标委员会和评标办法暂行规定》第七条明确："评标委员会依法组建，负责评标活动，向招标人推荐中标候选人或者根据招标人的授权直接确定中标人。"

第九条明确："评标委员会由招标人或其委托的招标代理机构熟悉相关业务的代表，以及有关技术、经济等方面的专家组成，成员人数为五人以上单数，其中技术、经济等方面的专家不得少于成员总数的三分之二。"

《军队物资采购评审管理办法》第十六条明确："评审委员会由评审专家和采购机构代表组成，一般采购项目为 7 人以上单数，重大采购项目为 11 人以上单数。其中，技术、经济等方面的专家人数不得少于评审委员会成员总数的三分之二。一般采购项目是指单项 500 万元或者批量 2000 万元以下的物资采购项目，重大采购项目是指单项 500 万元或者批量 2000 万元以上的物资采购项目。"

《物资采购评审管理办法》第十七条明确："评审专家抽取，应当在评审前 2 日内进行，由采购机构成立的评审专家抽取组，在纪检或者审计、财务部门全程监督下，依托物资采购网或者地方政府采购网，从物资采购评审专家或者省级以上地方人民政府采购评审专家库中随机抽取。"

《招标投标法实施条例》对招标有如下要求：

第五十五条　国有资金占控股或者主导地位的依法必须进行招标的项目，招标人应当确定排名第一的中标候选人为中标人。排名第一的中标候选人放弃中标、因不可抗力不能履行合同、不按照招标文件要求提交履约保证金，或者被查实存在影响中标结果的违法行为等情形，不符合中标条件的，招标人可以按照评标委员会提出的中标候选人名单排序依次确定其他中标候选人为中标人，也可以重新招标。

第五十七条　招标人和中标人应当依照招标投标法和本条例的规定签订书面合同，合同的标的、价款、质量、履行期限等主要条款应当与招标文件和中标人的投标文件的内容一致。招标人和中标人不得再行订立背离合同实质性内容的其他协议。

（七）招标文件编制规范要求

应注意避免在招标文件中出现不合理要求或歧视性条件。常见的不合理要求或歧视性条款举例如下：

（1）设备在近××年在中国的××地区已经至少销售过××台（除对温度、海拔等环境条件特别敏感的设备之外）。

（2）在技术规格中规定某设备应采用某项专利（包括技术或外观设计等）。

（3）设备的品牌须为×××（成套系统设备中的费用占比很小的装置或部件，如从公开渠道均能采购得到则允许指定，但需作出特别说明）。

（4）投标人或其项目经理曾经获得过若干个地方性奖项（如“黄鹤楼杯”或“白玉兰奖”等，且不认可相同档次的其他奖项）或在评标中对此加分。

（5）投标人或其项目经理拥有某个地方性行业协会或政府管理部门颁发的资质等级证书。

（6）规定的使用环境条件明显高于货物实际使用过程中可能遇到的环境条件（除非业主另有专门说明）。

（7）违反了国家的有关强制性规定（如涉及安全、环保、节能和职业健康方面的相关要求，除非专门说明）。

（8）技术规格中的某项技术指标明显高于其实际的使用需求，导致只有某一家投标人能够做到。

（9）在技术规格中规定某设备的原产地应为某地。

三、现行采购特点

近年来，为确保新体制下采购工作顺畅有序运行，解决各单位分头制定限额标准、分散运行、效率效益低等突出矛盾，有关部门就物资工程服务采购限额标准和保障关系进行了统一明确。

全国新体制下物资工程服务采购管理规范性制度出台，达到限额标准的大宗项目全部由采购服务站集中采购，限额标准以下零星项目由各单位采取多种形式自行采购。

制度规定，物资服务集中采购限额标准为100万元、工程集中采购限额标准为400万元，达到限额的项目由采购服务站通过全国统一的规程和平台组织集中采购，确保大宗采购集约规范。物资服务自行采购限额标准为50万元，限额以下物资、服务项目及400万元以下工程项目，由各单位通过采购网上商城、依托本单位编设的采购机构、委托地方采购代理机构、直接面向市场等形式自行组织，保证零星采购高效便捷。

集中采购和自行采购限额标准之间作为浮动区间，区间内物资服务项目由各单位根据自身力量、供应时限及项目实际情况，选择自行组织采购或交采购服务站集中采购，增强采购保障的灵活性、适用性。

按照集约高效、通专结合、方便的原则，建立区域采购与建制采购相结合的集中采购保障关系。

目前，随着联勤体制的不断完善，采购呈现出区域采购任务重、要求急、需求杂、配送散等特点，稍有采购失误或服务不到位，就会给需求部门造成不良影响。采购机构必须按照政府采购和采购法规，优化工作流程，创新工作模式，注重信息手段，提高整体采购保障效能。

1. 强化规范、完善保障运行机制

明确采购必经程序，统一采购文本，规范业务文件，建立规则统一、流程固定、格式规范的运行机制和管理模式。

2. 注重手段创新、加强采购保障全流程信息化建设

抓好一体化指挥平台建设，实现物资采购业务管理的信息化，规范采购行为，提高采购效率。积极应用业务信息系统，全面推行网上业务流程，应用电子化评审系统，最大限度减少人为操纵空间；实现采购网上商城，协助相关单位实施网上选购和竞价，实现小额零星物资快捷高效采购。

3. 加强供应商信用体系建设

记录供应商信用状况，促进供应商诚信履约，整合各方力量褒扬诚信、惩戒失信。加大对参加采购中违规失信的个人和企业的惩罚，极个别严重违规者可终身禁止进入采购领域。

第五节　工程监理管理

信息通信工程建设实行工程监理制度。小型以上的工程建设项目必须实行工程监理。特殊情况不能实行监理的，应当报信息通信工程建设管理部门审批。

一、监理招标和监理单位选取

（一）建设工程监理招标方式

依据《中华人民共和国招标投标法》及《工程建设项目招标范围和规模标准规定》，必须进行招标的工程包括以下三类：

（1）大型基础设施、公用事业等关系社会公共利益、公众安全的项目。

（2）全部或部分使用国有资金投资或者国家融资的项目。

（3）使用国际组织或外国政府资金的项目。

以上强制性招标内容包括工程的勘察、设计、施工、监理以及与工程建设有关的设备和材料采购。

项目总投资额在3000万元以下，施工单项合同估算价在200万元以下的施工合同，单项合同估算价在100万元以下的设备材料采购合同，单项合同估算价在50万元以下的勘察、设计、监理合同，可以不进行招投标。

监理单位招标一般采用公开招标、邀请招标方式进行。

公开招标：是指建设单位以招标公告的方式邀请不特定的工程监理单位参加投标，向其发售监理招标文件，按照招标文件规定的评标方法、标准，从符合投标资格要求的投标人中优选中标人，并与中标人签订建设工程监理合同的过程。

邀请招标：是指建设单位以投标邀请书方式请特定工程监理单位参加投标，向其发售招标文件，按照招标文件规定的评标方法、标准，从符合投标资格要求的投标人中优选中标人，并与中标人签订建设工程监理合同的过程。

（二）工程监理单位及机构的选择

工程建设质量、进度、规模控制及项目管理很多工作都依赖监理单位执行，所以工程项目选取一个合适的监理单位非常重要。监理单位的选取主要考量以下几个方面：一是监理单位的基本素质，二是监理人员的配备，三是监理大纲编制情况，四是检测能力，五是监理费用。

（1）工程监理单位的基本素质主要包括：单位资质、技术及服务能力、社会信誉和企业诚信度、类似工程监理业绩和经验。

（2）工程监理人员配备主要包括：

① 项目监理机构的组织形式是否合理。

② 总监理工程师人选是否符合招标文件规定的资格及能力要求。

③ 监理人员的数量、专业配置是否符合要求。

④ 工程监理整体力量投入是否满足。

⑤ 工程监理人员的年龄结构是否合理。

⑥ 现场监理人员进退计划是否与工程进展相协调。

（3）建设工程监理大纲，要求具备全面性、针对性、科学性。

（4）试验检测仪器设备及其应用能力。

（5）建设工程监理费用报价，重点评审监理费用报价水平和构成是否合理、完整，分析说明是否明确，监理服务费用的调整条件和办法是否符合招标文件要求。

建设工程监理招标时通常采用“综合评选法”来选定，通过衡量监理单位投标文件是否最大限度地满足监理招标文件中规定的各项评价标准，对技术、企业资信、服务报价等因素进行综合评价，从而确定中标人。根据具体方式，综合评标法可分为定性综合评估法和定量综合评估法。

（1）定性综合评估法。特点是不量化各项评审指标，能在广泛深入地开展讨论分析的基础上集中各方面意见。缺点是评估标准弹性大，衡量尺度不具体，透明度不高，受评标专家人为因素影响大，可能出现评标意见相左的情况。

（2）定量综合评估法，又称打分法、百分制计分法。定量综合评估法是目前我国各地广泛采用的评标方法，其特点是量化所有评标指标，由评标委员会专家分别打分，减少了评标过程中的相互干扰，增强了评标的科学性和公正性。在招标文件中明确规定需要量化的评价因素及其权重，评标委员会根据投标文件内容和评分标准逐项进行分析记分、加权汇总，计算各投标单位的综合评分，按照综合评分高低确定中标候选人或直接选定中标人。

二、对监理单位的管理

监理单位应按照《信息基础设施工程监理实施办法》和《信息通信工程监理工作手册》实施监理，接受建设单位的监督检查。建设单位应重点监督检查监理单位的下列行为：

（1）质量保证体系建立情况。

（2）工作制度建立与落实情况。

（3）监理规划和实施细则编制与落实情况。

（4）见证及巡视、平行检验情况。

（5）质量、造价、工期和安全控制情况。

（6）合同管理情况。

（7）监理档案资料管理情况。

经批准不实行工程监理的工程建设项目，建设单位应当指派相应专业人员履行相应质量监督职责。

第六节　工程造价及结算管理

信息通信工程建设应当严格执行国家财务管理制度，确保建设经费专款专用。任何单位或者个人不得挪用、占用或者留用信息通信工程建设经费。超规模、超标准建设的经费开支不予核销，改变建设用途和经费使用性质的项目经费不予核销。

一、工程价款、变更及结算

（一）工程款

工程价款包括工程预付款、工程进度款、工程竣工价款。

1. 工程预付款

由建设单位财务部门按照合同约定，报经本单位领导批准后支付。支付工程预付款一般不高于合同金额的30%，并在工程进度款中抵扣。

2．工程进度款

由建设单位财务部门按照合同约定的方式和确定的工程计量结果，报经本单位领导批准后支付。支付工程进度款一般不超过当期完成投资的90%，总支付金额不超过合同金额的80%。

3．工程竣工价款

由建设单位财务部门根据审定的工程竣工结算，报经本单位领导批准后支付。

（二）变更

因设计变更和现场签证增加的工程价款，建设单位应当及时与施工单位签订补充合同协议，随工程进度款支付，且总支付金额不得超过合同金额的80%；未签订补充合同协议的，待工程竣工结算审定后，随竣工价款一并支付。

（三）竣工结算、决算

1．竣工结算

竣工结算由建设单位组织，施工单位根据工程完工情况编制结算文件，报建设单位审核。目前通常采用第三方审核方式组织实施，结算审核完成后，建设单位可依据结算情况支付竣工价款，预留5%质量保证金。

2．竣工决算

由建设单位负责编制，于项目竣工验收后组织，全面清理各项费用开支，依据审定的工程竣工结算和会计核算资料，编制项目竣工决算，按照规定权限逐级上报审批。

二、工程结算审核

工程结算的概念：建设项目、单项工程、单位工程或专业工程施工已完工、结束、中止，经发包人或有关机构验收合格且点交后，按照施工发承包合同的约定，由承包人在原合同价格基础上编制调整价格并提交发包人审核确认后的工程价格。它是表达该工程最终工程造价和结算工程价款依据的经济文件，包括：竣工结算、分阶段结算、专业分包结算和合同中止结算。工程结算审核内容主要包括：工程量、单价、材料价格、工程取费等几大方面。

国家推行的全面审核模式是对建设项目全过程中的八个方面开展审计，主要包括：

（1）建设程序审计：审查项目实施过程中各阶段向发改委、财政、土地、环保、建设等部门申报审批的程序及审批文件的合法性、合规性、合理性。

（2）前期决策审计：审查前期决策程序、可行性研究报告、投资决策等文件是否完整、合规。

（3）勘察设计审计：审查勘察、设计单位的资质和级别、设计收费是否符合要求。

（4）招投标审计：审查招投标相关文件，审核招投标程序、招标方式是否规范等。

（5）合同审计：审查合同管理制度是否健全以及合同相关条款是否合法合规。

（6）造价审计：审查项目的概算编制、概算执行、竣工结算、建设管理等。

（7）财务审计：审查项目资金的筹集、使用情况，项目设备、材料的采购、管理情况等。

（8）效益审计：审查评价项目的经济性、效率型、效果性。

全面审核模式的特点有：一，一般由审计部门主导；二，造价审计是审计的重要内容，但不是唯一内容，关心的不仅是结果，也关注过程。

三、工程项目造价咨询

现阶段，受信息通信工程建设力量的限制，建设过程中可以选择专业的造价咨询机构协助完成工程造价控制。造价咨询机构的工作，可按项目全生命周期划分为前期阶段、准备阶段、实施阶段、竣工阶段等几个阶段开展。

1. 前期阶段咨询机构的工作内容

编制建设项目的建议书、计划书、可行性研究报告、项目申请报告、市场分析报告、投资估算、经济评价报告等。

投资估算的作用：是制定投资计划和控制投资的有效工具，是筹集建设资金的依据，是合理分配利润和调节产业结构的手段，是评价投资效果的重要指标。

2. 准备阶段咨询机构的工作内容

编制、审核建设项目的设计概算、施工图预算（工程量清单、招标控制价）等。

设计概算的作用：是计算和控制建设项目中建筑工程所需费用和编制单项工程综合概算的依据，也是建筑工程设计方案经济合理的论证依据，是编制招标控制价的依据，是传统“三算”（设计概算、施工图预算和工程结算）对比的基础。

施工图预算的作用：是涉及阶段控制工程造价的重要环节，是控制施工图设计不突破设计概算的重要措施，是编制或调整固定资产投资计划的依据，也是承包单位投标报价以及签订施工合同的基础。

3. 实施阶段咨询机构的工作内容

施工阶段造价跟踪审计、造价信息咨询、项目阶段性工程编（审）等。

施工阶段造价跟踪审计的作用：有效提高了项目建设的质量和效益，有效避免了事后审计“虽然查出问题，但已既成事实，纠正起来难度较大”这一难题。

4. 竣工阶段咨询机构的工作内容

编制、审核工程结算、竣工财务决算等。

工程结算是反映建设项目实际造价和投资（经济）效果、核定固定资产价值、办理交付使用的依据。

竣工财务决算是整个建设工程的最终价格，是作为建设单位财务部门汇总固定资产的主要依据。

思考与练习

（1）信息通信工程建设分为哪几个阶段组织实施？

（2）工程立项管理包含哪些工作？

（3）工程采购依据信息通信工程建设项目秘密等级，可以选用哪些方式？

（4）工程施工管理包含哪些流程？

第三章

信息通信工程建设流程

本章主要介绍信息通信工程的基本建设程序、建设单位在工程建设中的管理流程和要点、管理者在各阶段应做的主要工作等内容。

第一节　建设程序

任何工程建设项目的实施，都应当遵循国家规定的基本建设程序。基本建设程序，指建设项目从决策、设计、施工到竣工验收以及后期评价整个工作过程中的各个阶段及其先后次序。

一、基本概念

基本建设程序是建设项目从设想、选择、评估、决策、设计、施工到竣工验收、投入使用整个建设过程中，各项工作必须遵守的先后次序的法则。按照建设项目发展的内在联系和发展过程，建设程序分成若干阶段，他们各有不同的工作内容，有机地联系在一起，有着客观的先后顺序，不可违反，必须共同遵守。这是因为它科学地总结了建设工作的实践经验，反映了建设工作所固有的客观自然规律和经济规律，是建设项目科学决策和顺利进行的重要保证。

建设工程项目是指为完成依法立项的新建、扩建、改建等各类工程而进行的、有起止日期的、形成固定资产、达到规定要求的一组相互关联的受控活动组成的特定过程，包括筹划、科研、勘察、设计、采购、施工、试运行、竣工验收和考核评价等一系列过程。

二、工程建设一般程序

根据基本建设的技术经济特点及其规律性，我国规定基本建设程序主要包括八项步骤。步骤的顺序不能任意颠倒，但可以合理交叉。这些步骤的先后顺序是：

（1）编制项目建议书阶段。对建设的项目的必要性和可行性进行初步研究，提出拟建项目的轮廓设想。

（2）开展可行性研究和编制设计任务书。具体论证和评价项目在技术和经济上是否可行，并对不同方案进行分析比较。可行性研究报告作为设计任务书（也称计划任务书）的附件。设计任务书对是否确定这个项目、采取什么方案、选择什么建设地点做出决策。

（3）进行设计。从技术上和经济上对拟建工程做出详尽规划。大中型项目一般采用两段设计，即初步设计与施工图设计。技术复杂的项目，可增加技术设计，按三个阶段进行。

（4）安排计划。可行性研究和初步设计，送请有条件的工程咨询机构评估，经认可，报计划部门，经过综合平衡，列入年度基本建设计划。

（5）进行建设准备。包括征地拆迁，搞好“三通一平”（通水、通电、通道路、平整土地），落实施工力量，组织物资订货和供应，以及其他各项准备工作。

（6）组织施工。准备工作就绪后，提出开工报告，经过批准，即开工兴建；遵循施工程序，按照设计要求和施工技术验收规范，进行施工安装。

（7）生产准备。生产性建设项目开始施工后，及时组织专门力量，有计划有步骤地开展生产准备工作。

（8）验收投产。按照规定的标准和程序，对竣工工程进行验收（见基本建设工程竣工验收），编制竣工验收报告和竣工决算（见基本建设工程决算），并办理固定资产交付生产使用的手续。

小型建设项目，建设程序可以简化。

三、工程建设项目的特点

（1）建设项目的时效性。建设项目具有一定的起止日期，即建设周期的限制，也即特定的工期控制。

（2）建设项目地点的特定性。不同的建设项目都在不同地点、占用一定面积的固定的场所进行的。

（3）建设项目目标明确性。建设项目以形成固定资产、形成一定的功能、实现预期的经济效益和社会效益为特定目标。

（4）建设项目的整体性。在一个总体设计或初步设计范围内，建设项目是由一个或若干个互相有内在联系的单项工程所组成的，建设中实行统一核算、统一管理。

（5）建设过程的程序性和约束性。建设项目的实施需要遵循必要的建设程序和经过特定的建设过程，并受工期、资金、质量、安全和环境各方面的约束。

（6）建设项目的一次性。按照建设项目特定的目标和固定的建设地点，需要进行专门的单一设计，并应根据实际条件的特点，建立一次性的管理组织进行建设施工，建设项目资金的投入具有不可逆性。

（7）建设项目的风险性。建设项目必须投入一定的资金，经过一定的建设周期，需要一定的投资回收期。期间的物价变动、市场需求、资金利率等相关因素的不确定性会带来较大风险。

基本建设程序是对建设工程项目从前期酝酿规划、科研评估到建成投产所经历的整个过程中的各项工作开展的先后顺序的规定。它反映的是工程建设各个阶段的内在联系，是从事工程建设的工程各有关单位和人员必须遵守的原则。

工程项目建设全过程中各项工作的先后顺序不可随意安排，而是由基本建设进程，即固定资产和功能目的建造和形成过程的规律所决定的。从基本建设的客观规律、工程特点、协作关系和工作内容来看，在多层次、多交叉、多关系、多要求的时间和空间里组织好工程建设，必须使工程建设中各阶段和各环节的工作有效相互衔接，这必须遵从基本建设程序才能实现。

第二节　项目规划阶段

项目建议书是由投资者（项目建设筹措单位）根据建设的长远规划、专业建设规划、系统布局、装备建设、国内外形势等要求，经过调查、预测分析后，对准备建设项目提出的大体轮廓性的设想和建议的文件，是对拟建项目的框架性设想，是基本建设程序中最初阶段的工作，主要是为确定拟建项目是否有必要建设、是否具备建设的条件、是否需做进一步的研究论证工作提供依据。

项目规划的主要作用是推荐一个拟建项目的初步说明，论述它建设的必要性、重要性，条件的可行性和获得的可能性，以选择确定是否进行下一步的工作。

未列入规划的项目一般不安排建设，规划一经批准后，可以进行详细的可行性研究工作，但仍不表明项目非上不可，项目规划不是项目的最终决策。

编制项目建设规划，视项目的具体情况繁简各异，其内容一般主要包括以下几个方面：

（1）建设项目提出的必要性和依据。

（2）系统方案、拟建规模和建设方案的初步设想。

（3）建设的主要内容。

（4）建设地点的初步设想情况、资质情况、建设条件、协作关系等的初步分析。

（5）投资估算和资金筹措。

（6）项目进度安排。

（7）经济效益和社会效益的估计。

（8）环境影响的初步评价。

项目规划由建设主管部门负责组织编制，编制完成后按规定报批。

第三节　可行性研究阶段

项目规划批准后，进行可行性研究工作。可行性研究是对项目在技术上是否可行和经济上是否合理进行科学的分析和论证。通过对建设项目在技术上、工程和经济上的合理性进行全面分析论证和多种方案比较，提出评价意见，推荐最佳方案，形成可行性研究报告。

可行性研究报告一般应包括以下内容：

（1）总论，包括项目提出的背景，建设的必要性和效益，可行性研究的依据、工作范围，项目概况，简要结论，存在问题和建议等。

（2）需求预测和拟建规模，包括业务预测，网络现状，从技术需要出发对通信特殊要求的考虑，拟建项目的构成范围及工程拟建规模容量等。

（3）建设与技术方案论证，包括网络组织、传输路由建设、定点选址、局站建设、通路组织、设备选型、互联互通等方案的比较和优选。

（4）建设可行性条件，包括资金来源、设备供应、建设与安装条件、外部协作条件以及环境保护等。

（5）配套及协调建设项目的建议，包括机房土建、电源、空调以及配套工程项目等。

（6）建设进度安排建议，包括立项、勘察、设计、机房建设、设备安装、试运行及竣工验收等。

（7）维护组织、劳动定员及人员培训，包括工程竣工后负责的维护单位、人员需求与新技术培训等。

（8）主要工程量与投资估算，包括主要工程量、投资估算、配套工程投资估算及单位造价等。

（9）结论分析，主要包括工程项目的简要结论，技术、经济效益分析和评价。

（10）需要说明的有关问题。

可行性研究报告的报批：报告编制完成后，建设单位按规定进行报批。

可行性研究报告经批准后，不得随意修改和变更。在建设规模、建设方案、建设地区或建设地点、主要协作关系等方面有变动以及突破投资估算时，应经原批准机关同意重新审批。经过批准的可行性研究报告，是确定建设项目、编制初步设计文件的依据。

可行性研究报告批准后即表示该项目可以进行建设，但何时列入投资计划，要根据其前期工作的进展情况以及财力等因素进行综合平衡后决定。

第四节　立项审批阶段

信息通信工程建设采取立项审批制度，未经立项审批不得组织工程建设。

一、立项审批权限

可行性研究报告完成后，可根据规划进行项目立项审批。按工程建设管理要求，立项审批按照隶属关系实施权限分级管理，不同规模、范围、重要性的项目，分属不同层级立项审批机构审批。各审批机构审批权限依据国家有关规定执行。

二、立项请示工作

信息通信工程建设项目立项请示由主件和附件两部分构成。

主件的主要内容包括：建设依据及基本情况、使命任务及体系建设定位、建设条件、建设方案及主要内容工程、组织实施、经费需求等 6 个方面。

附件为工程设计任务书。项目发包方式，或者需要指令工程保障力量承担任务的，应当纳入工程设计任务书一并报批。

对于建设规模较大、投资费用较高、技术复杂以及涉及面较广的信息通信工程建设项目，在勘察论证阶段还应组织开展可行性研究论证和环境影响评价工作，并编制可行性研究论证报告和环境影响评价报告，作为立项请示文件的附件一并上报。

三、立项阶段勘察论证工作

系统复杂的信息通信工程建设，在立项阶段应组织项目立项阶段勘察论证，主要工作内容包括：

（1）台站及其配套工程的选址。

（2）收集当地的水文、地质、能源及气象等有关资料。

（3）掌握当地的电磁环境、既设通信设施、市政设施、道路交通的状况和规划。

（4）确定通信设施的建（构）筑方式。

（5）了解网络现状及相关要素情况，明确通路组网方式。

（6）明确台站、枢纽的要素设置。

第五节　设计阶段

设计是对拟建工程的实施在技术上和经济上所进行的全面而详尽的安排，是基本建设计划的具体化，是整个工程的决定性环节，是组织施工的依据，它直接关系着工程质量和将来的使用效果。

承担项目设计的单位设计水平应与项目大小和复杂程度匹配。按现行规定，工程设计资质有工程设计综合资质（只设甲级）、工程设计行业资质（设甲、乙、丙级）、工程设计专业资质（设甲、乙、丙、丁级）、工程设计专项资质四类，低等级的设计单位不得越级承担工程项目的设计任务。设计必须有充分的基础资料，基础资料要准确；设计所采用的各种数据和技术条件要正确可靠；设计所采用的设备、材料和所要求的施工条件要切合实际；设计文件的深度要符合建设和生产的要求。

一、设计准备

可行性研究报告经批准的建设项目应委托或通过招标投标择优选择有相应资质的设计单位，按照批准的可行性研究报告的内容和要求进行设计，编制设计文件。根据建设项目的不同情况，设计过程一般划分为两个阶段，即初步设计和施工图设计。重大项目和技术负责的项目，可根据不同行业的特点和需要，在初步设计之后增加技术设计阶段。对于小型、简单的项目，是否进行初步设计，视具体情况而定。设计工作开展前，还应开展以下方面的工作：

1．设计招标

根据可行性研究报告确定的建设规模、建设地点、建设时间编制设计招标文件，并发布招标信息，进行设计招标，选定勘察设计单位。

从工程实施的意义上讲，设计质量决定工程质量。工程建设项目的质量、投资、进度与设计质量有直接的关系。因此，应根据工程建设项目的规模、技术要求，选择一个或几个有同类工程设计经验的设计单位，这是招标代理机构、评标专家和建设单位的项目管理者在设计招标中必须认真做好的工作。

2．设计任务书

设计任务书是工程建设的大纲，是确定建设项目和建设方案、编制设计文件的依据，在基本建设程序中起主导作用，一方面把企业经济计划落实到建设项目上，另一方面使项目建设及建成投产后所需的人、财、物有可靠保证。可行性研究被批准后，则由项目主管部门组织建设单位、设计单位进行设计任务书的编制。设计任务书经主管部门批准后，该建设项目才算成立。对于小型建设项目，其任务书内容可适当简化，或在可行性研究被批准后直接进行设计。

设计任务书对工程建设项目的设计内容、设计范围、设计深度、设计进度、评价标准、设计成果交付时间等，应当有明确的要求。

3．选择建设地点

选择建设地点的第一项工作是勘察。这里的勘察指工程勘察，主要内容为工程测量、水文地质勘察和工程地质勘察。其任务是查明工程项目建设地点的地形、地貌、地层土壤岩性、地质构造、水文条件等自然地质条件资料，做出鉴定和综合评价，为建设项目选址和设计、施工提供可靠依据。第二项工作是建设时所需水、电、路条件的落实。第三项工作是建设项目投产后生产人员、维护材料、机具仪表等是否具备。

信息通信工程中局站的地址选择、线路路由选择，应符合通信行业各专业的相关规范要求，充分考虑安全性、可实施性的要求。

二、工程勘察

1．勘察内容

新建项目，通过对项目建设点位及周边区域进行实地踏勘、查阅相关资料、座谈讨论，全面了解地形地貌、水文地质、土地利用、城乡规划、交通状况、安全环境、电磁环境、空域条件、施工作业条件、周边社区民情及当地工程造价、取费标准等情况，对项目建成可能的影响、保障能力进行分析评估。

改造扩建项目，主要对拟改造扩建工程进行实地勘察，摸清工程建设年代、功能布局、保障能力、现有设施可利用情况，以及施工作业条件、当地工程造价、取费标准等，对改造扩建的必要性、可行性及预期效能进行分析评估。

2．勘察方法

勘察主要采取预研、听取情况介绍、踏勘建设现场、情况调查、专家咨询、集中研究会商等方法。

（1）组织项目预研。勘察前，相关部门会同工程、财务等相关部门和专家，对大单位上报或设计单位初步编制的建设方案进行预研，重点围绕项目使命任务、建设方案、成案条件、建设规模、经费需求等进行研究分析和图上作业，确定勘察重点。

（2）听取情况介绍。到达勘察现场后，一般先听取建设单位介绍项目建设需求、勘察设计情况、建设方案论证等前期工作及存在问题。涉及征地、动迁、环保、社会稳定等问题，还应与地方政府进行座谈研究，听取意见，协商达成共识。

（3）踏勘建设场地。赴建设地域进行实地踏勘，主要是了解掌握建设地点的地理环境和地貌是否符合项目设施建设的技术要求，基础条件能否达到拟建项目标准，新建项目选址是否避开了经济热点区、地下矿藏区、旅游及风景名胜区等。对现有场地设施，主要是查看现状和使用情况。

（4）进行情况调查。通过查阅资料、到相关部门对口调查访问，进一步收集有关工程地质、水文气象、自然灾害等自然条件，地方规划、交通、水电、通信、空域、电磁环境、社情民情、征地补偿标准等社会条件，以及原有设施保障能力、利用情况等。

（5）组织专家咨询。勘察期间，应组织专家对工程选址和建设方案进行技术分析论证，对重大问题专题组织专家评审，从多个方面进行科学评估，形成专家结论性意见。

（6）集中研究会商。勘察组组织建设单位及相关部门，对勘察情况进行集中会商，对建设地点和规划设计方案进行分析比对，提出优化建设的方案意见，对下一步建设前期工作提出建议，视情况与建设单位交换意见。

3．勘察组织与保障

一般由建设单位牵头组织协调勘察工作，勘察组还应包括财务、工程部门人员，其他业务部门依项目性质视情况参加，邀请相关科研设计单位专家参加。

资料保障一般由建设单位负责，主要准备该方向工程建设的总体情况，重大项目周边设施及社情民情情况，相关指标和建设标准，前期工作进展情况和存在的主要问题，勘察地区地形图、交通图、设施部署图等。还应当准备项目选址论证报告、立项论证报告、工程建设总体规划图、场地位置示意图、建设项目及经费估算表，以及相关部门基础情况及建设任务、部署批复文件等。

4．勘察工作的开展

信息通信工程勘察包括方案论证阶段的勘察、初步设计阶段的勘察和施工图设计阶段的勘察。

方案论证阶段勘察的主要工作有：

（1）台站及其配套工程的选址。

（2）收集当地的水文、地质、能源及气象等有关资料。

（3）掌握当地的电磁环境、既设通信设施、市政设施、道路交通的现状与规划。

（4）确定通信设施的建（构）筑方式。

（5）了解网络的现状及相关要素情况，明确通路组网方式。

（6）明确台站、枢纽的要素设置。

（7）编制勘察报告。

初步设计阶段勘察的主要工作有：

（1）明确机房布局和要素设置。

（2）确定机房平面、管线路由、天线位置、电源引接、线路分支与进（出）局位置等。

（3）进行现场测试、测量，收集各项设计基础数据。

（4）掌握既有网络的现状及相关要素情况，明确通路组织方案、互联互通方案。

（5）提出通信对土建相关要求。

（6）编制勘察报告。

施工图设计阶段勘察的主要工作有：

（1）依据初步设计会审纪要，重新勘察变更项目。

（2）按照初步设计实地测量各种缆线长度、设备定位等。

（3）确定安装加固方式。

（4）核实通信对土建要求的落实情况。

（5）编制勘察报告。

三、初步设计

信息通信工程建设由工程建设管理部门或者建设单位根据批准的工程设计任务书（建设方案），委托勘察设计单位编制工程初步设计文件。规模较小、技术成熟、有可以直接参考标准设计的项目，或者有特殊情况的项目，经具有初步设计文件审批权限的相应工程建设管理部门批准后，可以不编制初步设计文件。零星项目不编制初步设计文件。

初步设计文件的编制和审批，必须符合法律法规、建设标准和技术标准，遵循设计工作程序和限额设计要求。初步设计在不改变设计任务书的建设地点、建设规模、技术指标和不超经费概算的情况下，可以对设计任务书中的单项或者单位工程建设方案内容做适当调整优化。

1. 初步设计的资料要求

编制信息通信工程初步设计文件，必须具备下列基础资料：

（1）批准的设计任务书。

（2）审定的可行性研究报告。

（3）勘察中获取的各种资料。

（4）有关设计标准、规范。

2. 初步设计内容

初步设计文件由设计说明、设计图纸和工程概算 3 部分组成，主要包括：

（1）概述（包括设计依据、建设目的和工程概况等）。

（2）建设规模。

（3）技术指标要求。

（4）性能指标计算及分析。

（5）技术方案详细论述。

（6）主要设备选型及配置要求，线缆规格及程式。

（7）新技术、新工艺、新材料、新设备的应用说明。

（8）土建工艺要求。

（9）外部协作条件。

（10）需要说明的问题。

（11）网络组织图、连接关系图、营区（阵地）平面布局图、机房布局图、拓扑结构图，以及设计深度要求的各类专业图纸。

（12）工程概算。

3．初步设计的深度

初步设计文件的深度应满足下列要求：

（1）比选和确定设计方案。

（2）指导主要设备材料的选用和土地征用。

（3）控制工程建设投资。

（4）为设备采购和施工图设计提供依据。

（5）指导工程施工准备等。

四、技术设计

技术设计是根据批准的初步设计和选择的局（站）地址，对初步设计中所采用的工艺过程、建筑和结构方面的主要技术问题进行补充和修正设计。

五、施工图设计

施工图设计是指导设备、线路施工安装，确定工程预算造价，为签订施工合同、建设单位和施工单位进行工程结算提供依据。

零星项目，规模较小、技术成熟、有可以直接参考标准设计的项目，或者有特殊情况的项目，经具有施工图设计文件审批权限的相应工程建设管理部门批准后，可开展一阶段设计。一阶段设计文件应具有初步设计及施工图设计有关部分的内容和深度。

1．施工图设计的资料要求

编制信息通信工程施工图设计文件，必须具备下列基础资料：

（1）经批准的初步设计。

（2）主要设备的订货合同。

（3）有关设备安装特殊要求的资料。

（4）有关设计标准、规范。

2．施工图设计的内容

施工图设计由设计说明、施工图纸、施工图预算三部分组成，内容一般包括：

（1）设计依据。

（2）建设规模及安装工程量。

（3）初步设计方案主要内容并对修改部分进行论述。

（4）施工工艺及安装要求。

（5）设备安装、线路施工图纸。

（6）非标器件及各部分工程详图。

（7）与原有工程之间的割接方案。

（8）工程预算。

（9）需要说明的相关问题。

3．施工图设计的深度

施工图设计的深度应满足以下要求：

（1）指导施工安装。

（2）指导设备材料筹措、施工招标。

（3）指导非标准件制作。

（4）指导工程施工组织。

（5）指导技术作业。

（6）指导工程价款结算。

六、工程造价

工程造价，习惯上称作工程预算，工程预算是一个统称，按照其不同的编制阶段，它有不同的名称和作用，一般包括投资估算、设计概算、修正概算、施工图预算、施工预算、工程结算和竣工决算等。

1．投资估算

投资估算是指在项目建议书和可行性研究阶段通过编制估算文件测算确定的工程造价。投资估算是建设项目进行决策、筹集资金和合理控制造价的主要依据。

2．设计概算

设计概算是指在初步设计阶段，根据设计意图，通过编制工程概算文件测算和确定工程造价。与投资估算造价相比，概算造价的准确性有所提高，但受估算造价的控制。

3．修正概算

修正概算是指在技术设计阶段，根据技术设计的要求，通过编制修正概算文件测算和确定的工程造价。修正概算是对初步设计阶段的概算造价的修正和调整，比概算造价准确，但受概算造价控制。

通常情况下，设计概算和修正概算合称为扩大的设计概算。

4．施工图预算

施工图预算是指在施工图设计阶段，根据施工图纸、通过编制预算文件确定的工程造价。它比概算造价或修正概算造价更为详尽和准确，但同样要受前一个阶段工程造价的控制。施工图预算是施工单位和建设单位签订承包合同和办理工程结算的依据；也是施工单位编制计划、实行经济核算和考核经营成果的依据；在实行招标承包制的情况下，是建设单位确定标底和施工单位投标报价的依据。

5．施工预算

施工预算是施工单位在施工图预算的控制下，依据施工图纸和施工定额以及施工组织设计编制的单位工程（或分部、分项工程）施工所需的人工、材料和施工机械台班数量，是施工企业内部文件。施工预算确定的是工程计划成本。

6．招标控制价

招标控制价是招标人根据国家或省级、行业建设主管部门颁发的有关计价依据和办法，按设计施工图纸计算的，对招标工程限定的最高工程造价，也可称之为拦标价、预算控制成本价或最高报价等。

7．投标报价

投标报价是投标人对承建工程所要发生的各种费用（工程费用、设备机工器具购置费、建安工程费）的计算。《建设工程量清单计价规范》规定："投标价是投标人投标时报出的工程造价。"

8．合同价

合同价是指在工程投标阶段通过签订总承包合同、建筑安装工程承包合同、设备材料采购合同，以及技术和咨询服务合同所确定的价格。

合同价是属于市场价格的性质，它是由买卖双方根据市场行情共同商定的成交价格，但它并不等于工程实际价格。按不同的计价方法，建设工程合同的类型有许多种。不同类型的合同价内涵也有所不同，常见的合同价形式有：固定合同价、可调合同价和成本加酬金合同价。

9．工程结算

工程结算是指在工程竣工验收阶段，按合同调价范围和调价方法，对实际发生的工程量增减、设备和材料差价等进行调整后计算和确定的工程造价，反映的是工程项目的实际造价。

10．竣工决算

竣工决算是指工程竣工结算阶段，以实物数量和货币指标为计量单位，综合反映竣工项目从筹建开始到项目竣工交付使用为止的全部建设费用。竣工决算是由建设单位编制的反映建设项目实际造价和投资效果的文件。

信息通信工程建设的立项设计阶段，一般按以下原则进行投资概（预）算：

（1）编制项目建议书时编制估算。

（2）编制可行性研究时编制投资估算。

（3）编制初步设计时编制设计概算。

（4）编制技术设计时编制修正概算。

（5）绘制施工图设计时编制施工图预算（纳入年度财务计划）。

七、设计会审

由项目管理者组织工程参与单位对施工图设计进行严格的会审。设计会审是工程建设中极其重要的环节，设计文件的质量直接关系着工程的技术方案、工程投资、工程质量、工程工期。因此，工程参与单位的项目管理者对设计会审必须引起足够的重视。

设计会审的主要内容有技术方案（网络拓扑结构、路由选择、实施方案、施工工艺描述等）和工程预算（工程量、取费标准/依据、取费系数——特别是土石方工程量的取费系数）。通过设计会审的设计文件必须能指导施工，且技术方案科学先进、经济投入合理。

第六节　工程采购阶段

根据采购限额和采购工作要求，遵循大宗集中、零星放开、弹性浮动的原则。采购方式按照标的类别、金额规模等主要分为集中采购和单位自行采购两种。集中采购限额和自行采购限额标准之间作为浮动区间，由各单位根据自身力量、项目情况及供应时限，选择自行采购或集中采购。

一、集中采购方式

物资集中采购一般采用以下方式：

（1）公开招标。

（2）邀请招标。

（3）竞争性谈判。

（4）询价。

（5）单一来源采购。

（6）法律、法规规定的其他采购方式。

1．公开招标

公开招标是目前采用的主要采购方式，是指采购人按照法定程序，通过发布招标公告，邀请所有潜在的不特定的供应商参加投标，采购人通过事先确定的标准，从所有投标供应商中择优选出中标供应商，并与之签订采购合同的一种采购方式。物资集中采购达到招标限额的，一般采用公开招标方式进行采购。

2．邀请招标

物资集中采购达到招标限额标准，有下列情形之一的，可以采用邀请招标方式采购：

（1）具有特殊性，只能从有限范围的供应商处采购。

（2）采用公开招标方式所需费用占采购总价值比例过大的。

评标期间，符合条件的供应商或者对招标文件作出实质性响应的供应商只有2家，经物资采购部门统一，可以比照竞争性谈判方式采用原评审方法和评审标准组织评审；符合条件的供应商或者对招标文件作出实质性响应的供应商只有1家的，经公示仍无其他供应商响应，方可申请变更采购方式。

3．竞争性谈判

采用竞争性谈判方式采购的情况有：物资集中采购达到招标限额标准，但生产技术复杂或者性质特殊、无法确定详细规格或者具体要求的；无法事先计算出物资采购项目价格总额的。组织竞争性谈判方式采购，按照下列程序组织实施：

（1）制定谈判文件，明确谈判程序、谈判内容、合同草案的条款以及评定成交的标准等事项。

（2）物资采购机构从物资采购供应商库随机抽取不少于3家供应商参加谈判，并向参加谈判的供应商提供谈判文件。

（3）成立物资采购机构代表和有关专家组成3人以上单数的谈判小组，其中专家的人数不少于成员的2/3。

（4）谈判小组所有成员集中与单一供应商分别谈判，谈判任何一方不得透露与谈判有关的其他供应商的技术资料、价格和其他信息。

（5）谈判文件有实质性变动的，谈判小组以书面形式通知所有参加谈判的供应商。

（6）谈判结束，谈判小组要求所有参加谈判的供应商在规定时间内进行最后报价。

（7）谈判小组进行评审，确定不超过3家的成交候选人。

（8）物资采购机构从谈判小组提出的成交候选人中确定成交供应商，并将结果通知所有参加谈判的供应商。

4．询价

采购物资的规格和标准统一，现货货源充足且价格变化幅度小的物资集中采购，可以采用询价方式采购。采用询价方式采购，按照下列程序组织实施：

（1）制定询价文件，明确询价程序、价格构成、合同草案的条款以及评定成交的标准等事项。

（2）从物资采购供应商库随机抽取不少于3家供应商参加询价，并向参加询价的供应商发出询价文件。

（3）成立物资采购机构代表和有关专家组成3人以上单数的询价小组，其中专家的人数不少于成员的 2/3。

（4）询价小组要求参加询价的供应商一次报出不得更改的价格。

（5）询价小组根据询价文件要求且报价最低的原则进行评审，并按供应商报价由低到高排序，确定不超过 3 名的成交候选人。

（6）物资采购机构根据询价小组提出的成交候选人排序，确定排名在先的 1 名成交候选人为成交供应商，并将成交结果通知所有参加询价的供应商。

5．单一来源采购

采用单一来源方式采购的情况有：物资采购只能从唯一供应商获得的；必须满足原有物资采购项目一致性或者配套要求，需要继续从原供应商处添购，且采购金额不超过原合同金额 10%的；发生不可预见的紧急情况，采用招标、竞争性谈判、询价等方式采购不能满足需要的。采用单一来源方式采购的，按照下列程序组织实施：

（1）制定采购文件。

（2）成立物资采购机构代表和有关专家组成 3 人以上单数的采购小组，其中专家的人数不少于成员的 2/3。

（3）向单一来源供应商发出邀请，要求供应商向采购小组提交产品成本构成和有关资料。

（4）采购小组审核产品成本构成和有关资料，提出成交建议。

（5）物资采购机构审核成交建议，确定是否与该供应商成交，并将结果通知供应商。

二、采购评审

物资采购评审方法分为最低价法、基准价法、综合评分法和性价比法等。评审方法和标准、细则，由采购机构在招标文件、谈判文件、询价文件中予以明确。

1．最低价法

最低价法指以价格为主要因素确定中标的评审方法，即在经评审后全部满足采购文件实质性响应要求前期下，以提出最低报价供应商作为成交候选供应商或者中标供应商。

最低价法适用于标准定制商品，以及其他性能、质量相同或者容易继续比较，价格可作为主要评审依据的采购项目。

2．基准价法

基准价法指评审委员会首先对投标文件进行技术和商务审查，以全部满足采购文件实质性要求的报价为有效报价，有效报价的算术平均值为基准价，基准价下浮一定比例（3%～5%）作为成交参考价的评审方法。在基准价和成交参考价之间的为第一中标（成交）候选供应商。

基准价法适用于市场资源丰富，国家标准、军队标准或者行业标准做出明确技术规范的通用物资采购。

3．综合评分法

综合评分法指在最大限度满足采购文件实质性要求前提下，按照采购文件中明确的价格、技术、财务状况、信誉、业绩、服务等因素和评分标准，对每个供应商进行综合评定，以得分最高的供应商作为第一中标（成交）候选供应商的评审方法。

综合评分法一般采用百分制，技术复杂、性能变量多、售后服务要求高的价格分值的权重为30%～40%，其他为40%～60%，价格分值采用低价优先法继续计算，即满足采购文件要求价格最低的为评审基准价，其价格为满分，其他的价格得分统一按照“价格得分=（基准价/报价）×价格分值”的公式计算。

综合评分法适用于需要对技术、服务、价格等因素进行重点评审的采购项目。

4．性价比法

性价比法指按照采购文件要求对投标文件进行评审后，计算出每个有效投标供应商除价格因素外的其他各项评分因素（包括技术、财务状况、信誉、业绩、服务、对采购文件的响应程度等）的汇总得分，并除以该供应商的报价，以商数最高的为中标（成交）供应商的评审方法。

性价比法适用于性能指标要求较高、价格难以确定，或者报价中可能出现物资技术档次差异较大的采购项目。

公开招标、邀请招标，少于3家供应商投标的不得开标；竞争性谈判、询价采购，少于3家供应商报价的，不得开始谈判和询价，采购机构应当按照流标（中止采购）处理，除改用比照竞争性谈判采购或者单一来源采购的，不得拆封供应商投标文件，应当场退还。

第七节　施工准备阶段

施工准备阶段的工作主要包括施工现场准备、材料/设备准备、施工人员准备、开工前准备工作检查等。

一、施工现场准备

施工现场准备是建设单位在施工准备阶段的重要工作。建设单位的项目管理者应当根据工程建设项目的规模、涉及的外部环境做好各方面的协商签证工作，如机房建设、基站建设的站点选择，征地，办理相关建设手续，现场施工条件准备等。

二、材料/设备准备

根据设计确定的建设规模和各专业的需要，建设单位编制材料/设备招标文件，发布招标信息，选定供应商家，签订采购合同。

历史的经验教训提示未来的工程建设管理者：供应商的优质产品是保证工程质量的首要环节，及时供货是保证工程进度的关键因素。因此，应通过采购招标来选择质量优良、供货及时的供货商。

三、施工人员准备

建设单位委托招投标代理机构编制施工、监理招标文件，发布招标信息，选择施工、监理单位。

一切生产活动中人是第一要素。工程建设的安全、质量、投资、进度目标，依靠参与工程实施的人员精心管理、精心施工来实现。在信息通信工程建设的重要实施阶段——施工阶段，决定工程建设目标的是施工单位和监理单位。因此，一定要按国家相关规定进行全面考察、审核，选择施工企业和监理单位。

四、开工前准备工作检查

开工前的准备工作直接关系到工程进度和施工质量，监理单位应检查施工单位根据建设方和设计的要求编制的施工组织方案和进度计划，并检查开工前准备工作，做好开工前准备。

开工前准备工作检查的主要内容有：

（1）检查施工单位的现场组织机构是否满足工程项目组织管理的需要。

（2）检查项目经理、技术负责人、安全负责人是否具有国家规定的相应资格证书。

（3）检查施工队伍的组织安排是否满足工程建设的需要。

（4）检查施工单位的施工机械、设备是否满足工程施工的需要。

（5）检查材料准备是否符合进度计划的安排。

（6）检查供应商的供货计划是否符合合同供货时间的约定。

第八节　施工组织阶段

施工组织阶段的工作主要包括编制施工组织方案、第一次工程协调会、现场设计交底、施工过程管理、工程资料收集整理等。

一、编制施工组织方案

由于施工工程项目的大小不同，所要求编制组织设计的内容也有所不同，但其方法和步骤基本大同小异，大致可按以下步骤进行：

（1）收集编制依据文件和材料，主要有：

① 工程项目设计施工图纸。

② 工程项目所要求的施工进度和要求。

③ 施工定额、工程概预算及有关经济指标。

④ 施工中可配备的劳力、材料和机械装备情况。

⑤ 施工现场自然条件和技术经济资料。

（2）编写工程概况，主要阐述工程的概貌、特征和特点，以及有关要求等。

（3）选择施工方案、确定施工方法，主要确定工程施工的先后顺序、选择施工机械类型及其合理布置，明确工程施工的流向及流水参数的计算，确定主要项目的施工方法等（总设计还需先做出施工总体部署方案）。

（4）制定施工进度计划，包括对分部、分项工程量的计算、绘制进度图标，对进度计划的调整平衡等。

（5）计算施工现场所需的各种资源需用量及其供应计划，包括各种劳力、材料、机械及其加工预制品等。

（6）绘制施工平面图。

二、第一次工程协调会

第一次工程协调会对于工程建设项目目标的实现有着十分重要的作用。因此，参加会议的人员应当是参与工程的设计、施工、监理、供应及建设单位的主要领导、设计负责人、项目经理、安全负责人、质量负责人、项目总监理工程师等。会议由建设单位的项目管理者组织。协调会的主要内容包括设备/器材供应商的设备/器材到场计划、施工单位的施工组织方案（进度计划、人、机、料、法、安全等）、监理单位的监理规划（监理机构的设置、现场监理的配置）、工程参与单位的组织机构及联络方式/驻地、工程参与单位在工程实施过程中必须互相配合和遵守的相关原则等。

三、现场设计交底

设计指导施工，这是设计单位的任务，也是设计质量的重要保证。大量工程建设，由于建设外部环境的变化，施工条件与设计不符合的情况经常发生。因此，建设单位应当要求设计现场技术交底。

设计师应当详细介绍设计意图、设计分工、施工界面，并说明工程中的难点、重点、施工方法和质量要求。

施工单位技术负责人应当就设计中不明确的问题向设计师提出咨询。

现场设计交底应当做设计交底记录，并将记录归档保存。

四、施工过程管理

建设单位的管理主要是对项目建设的质量、进度、投资、安全目标进行宏观管理，施工过程、施工现场主要通过监理工程师来实施监督管理。监理工程师按照“三控三管一协”对工程施工全过程实施监督管理。

施工过程中发生的急需处理的共性问题，一般情况下由建设单位组织工程周（旬）会进行研究处理，特殊个案由建设单位的项目主管、总监、设计师、施工负责人及时协调处理。信息通信工程各专业施工，按照行业相关施工及验收规范和设计文件开展施工活动。施工过程中，由于施工环境的变化会导致很多工程变更。建设单位的管理者和监理工程师对这些变更必须遵守相关的变更流程要求。

（一）施工技术管理

施工单位应紧紧围绕施工任务开展施工技术培训，采取岗前集训、以工代训、外出培训、以老带新等多种形式，培养技术业务骨干，努力提高整体施工技术水平。

分项工程正式施工前，施工单位应将各分部、分项工程的施工工艺、技术安全措施、规范要求、质量标准、设计变更情况等，向有关人员进行技术交底，以保证按要求正确施工。

对于主要工序、重点难点部位，施工单位必须制定技术方案，明确施工技术标准要求、方法和采取的技术安全措施。

技术检验由建设单位组织监理单位与施工单位共同实施。

（二）施工现场管理

施工单位负责做好施工现场的各项管理工作，建设单位和相应的信息通信工程建设主管部门应对其实行监督检查。

施工单位必须按照批准的施工组织设计进行。在施工过程中确需对施工组织设计进行重大修改者，必须报经原批准部门同意。

施工单位应按照施工总平面布置图设置各项临时设施：堆放大宗材料、成品、半成品和机具设备等，不得侵占场地道路及安全防护等设施；需要临时征用施工场地或者临时占用道路者，应依法办理有关批准手续。

工程施工中需要架设临时电网、移动电缆等时，施工单位应向相关部门提出申请，经批准后在有关专业技术人员指导下进行。

施工中需要停水、停电、封路而影响到施工现场周围地区的单位和居民时，必须经相关部门批准，并事先通告受影响的单位和居民。

施工单位进行地下工程或者基础工程施工时，发现文物、古化石、爆炸物、电缆等应暂停施工，保护好现场，并及时向相关部门报告，在按照有关规定处理后，方可继续施工。

施工现场的用电线路、用电设施的安装和使用必须符合安装规范和安全操作规程，并按照施工组织设计进行架设，严禁任意拉线接电。施工现场必须设有保证施工安全要求的夜间照明；危险潮湿场所的照明以及手持照明灯具，必须采用符合安全要求的电器。

施工机械应按照施工总平面布置图规定的位置和线路操作，不得任意侵占场内道路。施工机械进场必须经过安全检查，经检查合格方能使用。施工机械操作人员必须建立机组责任制，并依照有关规定持证上岗，禁止无证人员操作。

施工单位应保证施工现场道路畅通，排水系统处于良好的使用状态；保持场容场貌的整洁，随时清理建筑垃圾；在车辆、行人通行的地方施工，应设置沟井坎穴覆盖物和施工标志。

施工单位应当遵守国家有关环境保护的法律规定，采取措施控制施工现场的各种粉尘、废气、废水、固体废弃物以及噪声、振动对环境的污染和危害。

施工单位要按照科学施工、文明施工的标准，布置和管理施工现场，做到整齐美观、有利施工；伪装良好、确保安全；方便保障、节省投资；工完场清、不留后患。

工程建设项目由于受技术、经济条件限制，对环境污染不能控制在规定范围内者，建设单位应当会同施工单位事先报请当地人民政府建设行政主管部门和环境保护行政主管部门批准。

由于特殊原因，工程需要停止施工 60 天以上者，施工单位应将停工原因及停工时间向建设单位报告。重大工程停工应由建设单位向相应的信息通信工程建设主管部门报告。

（三）施工质量管理和监控

信息通信工程建设实行全面质量管理，建立行政监督、工程监理、施工单位管理相结合的质量管理机制。所有信息通信工程建设项目必须接受工程质量监督。

信息通信工程建设主管部门和建设单位应督促施工单位保证工程质量，不得以任何理由要求工程施工单位违反规定，降低工程质量。

建设单位和监理单位应督促施工单位建立、健全质量管理和质量保证体系，对建设项目的人力、机具、材料、方法、环境等生产要素实施全方位的质量控制。

施工单位必须对建设项目施工质量负责，应当严格按照工程设计图纸和施工技术标准施工，不得偷工减料或者擅自修改工程设计。

施工单位要建立健全质量检查制度，严格落实以下质量检查要求：

（1）各分项工程要结合技术交底编制施工及验收程序，明确报验、验收、签字的条件和责任人，并以施工细则的形式下达施工人员；

（2）在施工的各个阶段设立质量控制点和停止点，非经检查验收的控制点不允许施工；

（3）各级施工单位应根据自身情况建立周、月、季检查制度，定期组织工程技术人员对所施工的项目和内容进行全面检查，对施工质量状况进行判断、评估，掌握质量状况和趋势，制定控制和改进质量的措施；

（4）对规模较大、工期较长的项目施工，建设单位要适时组织监理单位、施工单位、设计单位开展工程质量大检查，检查的重点是关键部位和带有普遍性的质量通病，对查出的问题要分析原因，总结教训，共同商定处理措施。

未经建设单位进行资格审核或审核不合格的施工分包单位、供货分包单位，不得承担工程分包和供货分包任务；未经监理单位验收或经验收不合格的材料、构配件、设备，不准在工程中使用；未经监理单位验收或经验收不合格的工序，不予签认，且施工单位不准进入下一道工序施工。

信息通信工程施工质量管理应结合行政管理的特点，着重抓好以下工作：

（1）加强组织领导，注重全员质量意识教育，积极推行全面质量管理，建立健全质量监督和质量保证体系。

（2）教育、指导相关单位严格依照施工图设计和技术规范、标准施工，自觉接受上级信息通信工程建设主管部门、设计单位和监理单位的检查监督，并对本单位施工的工程质量负责。

（3）明确质量目标，制定切实可行的计划和措施，在组织、技术和保障上确保目标的实现。

（4）积极开展岗位练兵，不断提高施工人员和质量检查人员的技术、政治和思想素质。

（5）组织开展工程质量竞赛和工程创优活动，促进工程质量提高。

监理单位在对施工质量的控制中，根据实际需要，可选用以下查验方式：

（1）巡视：到现场对施工质量情况做巡视检查。巡视以了解情况和发现问题为主，方法以目视和记录为主。

（2）旁站：到现场对关键部位或关键工序的施工质量做旁站检查。旁站是以确保关键工序或关键操作必须符合规范要求为目的，除了目视外，必要时辅以常用的检测工具。

（3）资料检查：对各种由文字记载的资料、证件、单据等进行检查。

项目管理机构和监理单位应对施工过程经常进行巡视检查。对隐蔽工程的隐蔽过程、下道工序施工完成后难以检查的重要部位，监理单位应派员进行旁站，并应根据施工单位报送的隐蔽工程报验申请表和自验结果进行现场检查，符合要求予以签认，不合格者拒绝签认，并不得进入下一道工序施工。

对施工中出现的质量缺陷，监理单位应及时下达施工监理通知单，要求施工单位整改，并检查整改结果。如发现存在重大质量隐患，可造成或已经造成质量事故时，应报告建设单位及时下达工程暂停令，要求施工单位停工整改。整改完毕后经项目管理机构和监理单位复查符合规定后，由建设单位及时签署工程复工报审表后再复工。

（四）施工安全管理和监控

建设项目施工必须坚持安全第一、预防为主的管理方针。施工单位对施工安全负责，建设单位、相应的各级信息通信工程建设主管部门有权对其实行监督检查。

施工单位必须执行国家和有关安全生产和劳动保护的法规，建立安全生产责任制，加强规范化管理，从严落实施工组织设计（方案）中的安全技术措施及安全生产操作规程，认真进行安全交底、安全教育和安全宣传，严格执行安全技术方案。

施工单位必须建立完善施工交接班制度，交班人应将本班组工作情况及有关安全措施、安全隐患向接班人交代清楚，并做相应记录。

施工单位应在施工现场设置符合规定的安全警示标志，暂停施工时应做好现场防护；施工现场在市区的，周围应当设置遮挡围栏，防止无关人员擅自进入施工现场。

施工单位应当做好施工现场安全保卫工作，采取必要的防盗措施，在现场周边设立围护设施。

高空、爆破、水下、带电作业等危险性较高的工作，施工单位必须设置专职安全员；对从事此类作业和安全检查的人员，施工单位应进行专门培训，经考核合格后方可上岗。对存在安全隐患的部位或地段，施工单位必须设立警示标志，必要时指派专人看守。

施工现场的各种机械设备、安全设施和劳动保护器具，施工单位应指定专人进行维护保养，必须定期进行检查和维护，及时消除隐患，保证其安全有效，不合格的严禁使用。

施工现场应当设置各类必要的生活设施，并符合卫生、通风、照明等要求；施工人员的膳食、饮水供应等应当符合卫生要求。

施工单位应当严格按照《中华人民共和国消防条例》规定，在施工现场建立和执行防火管理制度，设置符合消防要求的消防设施，并保持完好的备用状态。在容易发生火灾地区施工或者储存、使用易燃易爆器材的，施工单位应当采取特殊的消防安全措施。

建设单位在开工前应会同有关单位对施工现场进行安全检查，并督促施工单位对施工人员进行安全教育，落实各工序安全防护措施。

施工过程中，当施工作业可能对毗邻设备、管线等造成损害时，监理单位应当要求施工单位采取防护措施；当发现存在安全事故隐患时，监理单位应当要求施工单位整改；情况严重的，监理单位应当责令施工单位暂停施工并报建设单位。

施工中发现险情应迅速报告现场指挥员，及时采取处置措施。施工现场发生的工程建设重大事故的处理，必须依照相关规定执行。

（五）施工保密管理

担负信息通信工程建设施工的管理单位，在上级国家工程安全保密主管部门的领导下，负责本单位的信息通信工程建设项目安全保密工作，相应的政治部门负责安全保密教育、人员政治审查工作，并协助国家工程安全保密主管部门，做好安全保密工作。

信息通信工程建设项目施工，特别是涉及保密要求的信息通信工程建设和改造，应当实施全程伪装，减少暴露征候，严格执行以下规定：

（1）工程施工废弃物采取遮盖措施运离现场，需就地卸弃的，应当采取伪装措施。

（2）施工材料或大型机具尽量远离工程口部，无法远离的，应当采取伪装措施。

（3）严禁使用地方人员和机械、车辆进入工程区域内施工，确需地方送货时，必须在工程区域外指定送货地点。

（4）施工现场必须设置警戒，严格检查进入工程区域的人员和机械、车辆及工程内部使用的设备材料。

（5）大规模施工行动时，应当规避敌卫星侦察监视。

信息通信工程建设项目所需设备、材料的订购，不得涉及工程代号、性质和用途等内容；必须涉及者，使用“某工程”字样。

参与重要信息通信工程建设施工的人员，应当政治可靠、社会关系清楚、现实表现良好。

担负信息通信工程建设施工的单位，应当每月进行一次安全保密教育。

五、工程资料收集整理

工程资料是管理者的管理依据，因此，工程周报/月报及其他资料收集、分析、处理与管理也是项目管理者的重要工作。信息通信工程建设周期短，一般采用“周报”。

建设单位的项目主管，一般都会根据建设项目的规模、特点，编制工程“周报”模板供施工、监理单位采用。

信息管理也是监理工程师的工作内容。监理工程师应当按照“周报”模板的内容要求施工单位和参与工程的其他单位及时报送工程信息。

工程资料必须具有真实性、准确性、及时性。

第九节　工程验收阶段

工程验收是指在工程竣工之后，根据相关行业标准，对工程建设质量和成果进行评定的过程。

工程验收贯穿整个施工阶段。材料进场检验、施工过程质量检查、单项工程验收、工程完工后的自检和预验收等，都是工程验收的过程。工程质量是靠精心施工做出来的，不是靠监理工程师监理出来的，更不是靠工程验收检查出来的。

工程验收根据规模、施工项目的特点，一般分为初步验收和竣工验收。按工程验收的验收规范，可分为随工检验、工程初步验收、工程试运行及工程终验几个阶段。随工检验，监理人员应当对工程隐蔽部分边施工边验收，竣工验收时一般可不再对隐蔽工程进行复查。当初步验收合格后便转入试运行，试运行由建设单位组织维护部门或代维部门具体负责实施，竣工验收时提供试运行报告。

一、验收组织

信息通信工程验收由工程建设主管部门或者建设单位组织，设计、施工、监理、建设、使用、维护等部门和单位参加，视情况邀请上级工程建设主管部门和同级财务部门参加，必要时邀请配套工程施工单位和地方有关部门参加。

初步验收和竣工验收应当成立工程验收委员会或者工程验收组。验收委员会（组）设主任委员（组长），成立技术测试、工艺检查、竣工资料审查等单项验收小组。

二、初步验收

信息通信工程完成设计文件所规定的建设内容，处理完毕施工过程中出现的问题，初步具备使用条件后可申请组织初步验收。初步验收前应当做好准备工作，按照下列程序实施初步验收：

（1）验收委员会（组）听取施工单位施工情况汇报，审定初步验收计划和验收大纲。

（2）各单项验收小组按照初步验收计划和初步验收大纲规定的程序和内容，进行测试和检查，向验收委员会（组）提交小组验收报告。

（3）验收委员会（组）听取验收小组汇报，审查小组验收报告，做出初步验收评价，汇总并提出有关问题的处理意见。

（4）建设单位向工程建设主管部门呈报初步验收报告和会议纪要。

三、竣工验收

试运行期间将初步验收遗留问题全部解决，且试运行正常，由建设单位组织工程参与单位和生产部门进行工程竣工验收。

1．竣工验收的范围和标准

竣工验收是工程建设过程的最后一个环节，是全面考核项目基本建设成果、检验设计和工程质量的重要步骤。

根据国家现行规定，凡新建、扩建、改建的基本建设项目和技术改造项目，按批准的设计文件所规定的内容建成，符合验收标准的，必须及时组织验收，办理固定资产移交手续。

进行竣工验收必须符合以下要求（前提条件）：

（1）项目已按设计要求完成，能满足生产使用。

（2）主要工艺设备配套设施经联动负荷试车合格，形成生产能力，能够生产出设计文件所规定的产品（产能）。

（3）环保设施、劳动安全卫生设施、消防设施已按设计要求与主体工程同时建成使用并通过验收；其他各专业验收已经完成。

（4）建设项目竣工资料编写完成，并汇编成册。

2．申报竣工验收的准备工作

竣工验收依据：批准的可行性研究报告、初步设计、施工图和设备技术说明书、现场施工技术验收规范以及主管部门有关审批、修改、调整文件等。

建设单位应认真做好竣工验收的准备工作，主要包括：

（1）整理工程技术资料。各有关单位（包括设计、施工单位）将资料系统整理，由建设单位分类立卷，交生产单位或使用单位统一保管。

（2）绘制竣工图纸。竣工图纸与其他工程技术资料一样，是建设单位移交生产单位或使用单位的重要资料，是生产单位或使用单位必须长期保存的工程技术档案，也是国家的重要技术档案。竣工图必须准确、完整、符合归档要求，方能交付验收。

（3）编制竣工决算。建设单位必须及时清理所有财产、物资和未用完的资金或应收回的资金，编制工程竣工决算，分析预（概）算执行情况，考核投资效益，报主管部门审查。竣工决算是反映工程项目实际造价和投资效益的文件，是办理交付使用新增固定资产的依据。

（4）竣工审计。审计部门进行项目竣工审计并出具审计意见。

3．竣工验收程序

（1）根据建设项目的规模大小和复杂程度，整个项目的验收可分为初步验收和竣工验收两个阶段进行。规模较大、较为复杂的建设项目，应先进行初步验收，然后进行全部项目的竣工验收；规模较小、较简单的项目，可以一次进行全部项目的竣工验收。

（2）建设项目在竣工验收之前，由建设单位组织施工、设计及使用等单位进行初步验收。初步验收前由施工单位按照国家规定，整理好文件、技术资料，向建设单位提出交工报告。建设单位接到报告后，应及时组织初步验收。

（3）建设项目全部完成，经过各单项工程的验收，符合设计要求，并具备竣工图表、竣工决算、工程总结等必要文件资料，由项目主管部门或建设单位向负责验收的单位提出竣工验收申请报告。

4．竣工验收的组织

竣工验收一般由建设单位或委托项目主管部门组织，由生产、安全、环保、劳动、统计、消防及其他有关部门组成的验收委员会进行竣工验收，建设单位、施工单位、勘察设计单位参加验收工作。验收委员会负责审查工程建设的各个环节，听取各有关单位的工作报告，审阅工程资料并实地查验工程建设和设备安装情况，并对工程设计、施工和设备质量等方面做出全面的评价。

不合格的工程不予验收；对遗留问题提出具体解决意见，限期落实完成。

5．后评估阶段

后评估阶段一般由投资计划管理部门来负责。项目后评估是在项目建成投产或投入使用后的一定时期，对项目运行进行全面评价，即对项目的实际费用、效益进行系统的审核，将项目决策的预期效果与项目实施后的实际结果进行全面、科学、综合的对比考核，对建设项目投资产生的财务、经济、社会和环境等方面的效益与影响进行客观、科学、公正的评估。

项目后评估的目的是总结项目建设的经验教训，查找在决策和建设中的失误和原因，以利于对以后项目投资决策和工程建设的科学性，同时对项目投入生产或使用后存在的问题提出解决办法，弥补项目决策和建设中的不足。

思考与练习

（1）基本建设程序主要包括什么？步骤的顺序是否可以任意颠倒或交叉？

（2）立项审批的权限如何划分？

（3）设计准备工作包括什么？

（4）施工准备阶段的工作主要包括什么？

第四章

信息通信工程设计

本章主要围绕信息通信工程勘察及信息通信工程设计进行介绍。信息通信工程勘察是根据工程建设法律规范要求，查明、分析评价建设场地的气候环境、地形地貌、地表土壤、电气、电磁及建筑等条件，编制建设工程勘察文件的活动；信息通信工程设计是根据建设工程的要求、勘察的数据，对建设过程所需的技术、经济、资源、环境等条件进行综合分析、论证，编制建设工程设计文件的活动。

第一节 勘察、设计文件基本要求

勘察、设计文件应满足建设工程勘察设计文件的编制与实施、信息通信工程设计文件质量特性和质量评定实施指南等要求。从事信息通信工程勘察、设计的单位必须取得国家核发的甲、乙、丙级勘察资质证书和设计资质证书。信息通信工程勘察、设计单位应当建立健全勘察、设计质量保证体系，甲、乙级单位应取得质量体系认证证书。

一、勘察的基本要求

工程项目建设是建立在设计的基础上的，设计是建立在勘察的基础上的。因此，勘察是设计的前期工作，是设计的基础。任何一个工程项目，必须有翔实的勘察纪要并经当地建设单位的勘察配合人员签字确认。

信息通信工程勘察报告一般应包括任务要求、勘察工作情况概要、建设条件概述、有利因素和不利因素分析、存在问题和建议等。信息通信工程勘察中，勘察人员要深入现场，实地选勘，全面获取资料，掌握真实数据，反复研究论证，选择最佳方案，为信息通信工程设计奠定基础，为上级主管部门决策提供可靠依据。

勘察工作是工程设计的重要阶段，现场勘察所取得的资料是设计的重要基础资料。通过现场勘察，搜集工程设计所需的各种业务技术资料，为设计工作提供准确和必要的依据。

1．勘察前的准备工作

（1）成立工程勘察小组，明确工作任务及分工，拟定勘察计划。

（2）研究设计任务书，明确本工程的设计内容、进度要求以及与相关单位（如建设单位、土建设计单位等）或其他专业的分工合作关系。对任务书中不够明确的或需补充完善的问题，应请示主管部门予以明确和补充。

（3）收集与本工程有关的资料，如来往公文、设计标准、与工程相关的原设计文件等。

（4）初步确定沿线各站所需安装设备的类型和数量。

（5）准备勘察工作需要的仪表、工具、车辆等。

（6）与建设单位联系，请他们做必要的配合和准备工作。

2．现场勘察工作

（1）搜集核对机房的设备平面布置图，标注各列设备名称、排列位置、机列面向、列间距离及其他相关尺寸。

（2）测量机房原安装设备的机架高度、机座高度等。

（3）搜集核对机房槽道（走线架）安装图及尺寸（安装高度、槽道或走线架宽度、进线孔洞的位置等）。

（4）调查机房的走线方式及走线路由。

（5）调查与本工程有关的既设光缆情况，如芯数、类型、距离、纤芯使用情况、在 ODF 上的端子位置、近期的测试数据等，如条件允许，最好进行测试。

（6）调查设备的供电方式（头柜供电、配电柜供电、开关电源直接引入等），直流压降分配、各配电设备的熔丝分配及使用情况。

（7）了解有关通信电源的情况，如市电油机情况、电源设备的容量、型号、生产厂家、现工作电流、工作情况等。

（8）调查机房设备的接地方式、接地点的位置、接地电阻等情况。

（9）在需要引入外时钟的站，调查 BITS 设备的情况（如输出路数、使用情况），以及 BITS 时钟信号 DDF 位置及端子情况。

（10）在网管站，须调查网管机房的情况，如机房平面布置、工作台设置情况，网管线缆走线方式、路由等。

（11）与建设单位、维护使用单位初步协商新装设备的安装位置，对原有设备利旧、调制等事宜。

（12）记录机房及负责人的电话。

3．总结汇报工作

勘察结束后，应将勘察的全面情况向设计单位领导作详细汇报，对勘察获得的资料进行整理。对勘察工作中发现的问题进行全面梳理，有关工程建设的重大问题，应报上级主管部门审批，并及时清点归还借用的设计文件、仪表工具等。

二、设计文件的基本要求

设计建立在可靠的勘察纪要上，设计必须符合设计规范的要求。设计文件中的图（图纸标识）、表（表格数据）、文（文字描述）必须准确、真实。设计文件中引用的标准、规范必须准确有效。概（预）算中的取费标准必须提供可查询的依据。

三、设计文件的评定要求

1．目的和使用范围

对设计成品和半成品的质量评定等级、评定内容和方法进行规定。通过设计成品的质量评定，以确保设计产品的质量和提高设计人员的质量责任意识。

2．评定单位

（1）基础工程设计（初步设计）以项目为单位，按专业分别进行质量评定。

（2）详细工程设计（施工图设计）以主项或单体工程（如单台设备、单个建构筑物）为单位，按专业分别进行质量评定。

3．评定原则

评定项目质量的基准是符合国家方针政策及有关标准、规范、规定，以求切合实际、技术先进、经济合理、安全可靠、能达到预期的效果。

第二节　设计阶段划分

信息通信工程设计一般按初步设计、施工图设计两阶段进行。有些复杂的工程，可增加技术设计阶段，即按初步设计、技术设计、施工图设计三阶段进行；技术改造项目，按照技术设计和施工图设计两阶段进行；规模较小、技术成熟或套用标准设计的工程，可按一阶段设计。

初步设计通常在初步设计勘察结束后六十天内完成；施工图设计通常在具备设计条件后四十五天内完成。工程项目设计任务书对完成设计时限有特殊要求的以该时限为准。

紧急战备和应急信息通信工程，经上级信息通信工程主管部门批准可适当简化程序。

一、初步设计

初步设计的内容是依据设计任务书规定的工程内容和建设规模确定设计方案，进行详细的通路（网络）组织，提出设备器材选型要求及配置数量，列出主要工程量，设计图纸，编制工程项目投资总概算。经过批准的初步设计文件是设备招标采购及编制施工图设计的重要依据。

初步设计由设计说明、工程概算、工程图纸三部分组成。

设计说明：重点是把握设计方案的技术性、经济性、可行性和合理性。通信台站建设工程主要包括网络结构、系统容量、局站设置、通路组织、设备供电及接地要求等；线路工程主要是线路路由的选择与确定。应详细说明设计所采用的技术方案的具体内容，从技术性、经济性、可行性方面重点论述，并通过相关（各专业计算书）计算验证方案的预期目标。要求设计方案的内容论述清楚、准确、全面。

工程概算：根据设计方案及工程量表编制工程概算。

工程图纸：视具体工程项目内容回执（各专业设计例图）。

二、技术设计

技术复杂的和技术改造信息通信工程项目，应进行技术设计。技术设计必须提供技术实施方案，设备器材选型及数量，主要工程量、设计图纸、工程项目概算或修改概算。

三、施工图设计

施工图设计的主要内容是将批准的初步设计方案、设备配置按一定的工序步骤进行具体实施，实现工程最终目标。设计文件的内容比初步设计更加具体、精确。施工图设计的主要作用是指导工程中各种设备的安装施工。施工图设计文件由设计说明、预算、工程图纸三部分组成。

设计说明：应扼要论述初步设计方案的主要内容，重点把握根据初步设计会审确定的修改意见和主设备的订货情况，对初步设计进行必要的修改、补充、完善，完成通信设备（通信线路）的施工安装设计主要包括设备平面布置、安装加固、线缆布放、设备供电及接地，通信线路的施工方法和线路的防护措施等。施工图说明文字部分主要是配合施工图纸，说明图中无法表达的内容，根据所选用设备材料的型号、规格、尺寸和数量明细，详细地说明施工安装要求，列出其他必要的说明等内容。扩建工程或改建工程还应说明详细的搬迁割接方案。

施工图预算：根据具体的设备订货合同及详细工程量统计情况，编制施工图预算。

工程图纸：根据所选用设备、材料的型号、规格和数量，绘制出全套的工程施工安装图纸。

注意事项：

（1）施工图设计不得随意改变已批准的初步设计方案。因条件变化必须改变时，应按原审批权限报批，获准后方可改变。针对修改部分在施工图设计说明中重点论述。

（2）施工图设计文件中如采用通用图纸时，应将其编入全套施工图纸或单独编册，原有图纸的图号不变。

（3）施工图设计文件必须经具备设计资质的施工图设计文件审查机构审查后，方可进行施工图设计审查。

设计文件册的内容和编制要点：每个综合性信息通信工程建设项目的设计文件都应编制总体设计部分（即总册），其内容包括设计总说明、总概（预）算、各项设计总图等。

设计总说明：根据设计阶段列出相关的设计依据。

初步设计：批准的设计任务书，有关本工程项目重大问题的函件及会议纪要，参照的国家、相关标准、规范，建设单位与有关主管部门协商取得的协议批准文件。应说明设计依据文件的日期、发文单位、文号和名称。

施工图设计：批准的初步设计，有关本工程项目重大问题的函件及会议纪要，参照的国家、相关标准、规范，建设单位与有关主管部门协商取得的协议批准文件。应说明设计依据文件的日期、发文单位、文号和名称。

工程概况：工程建设的必要性、性质与作用，分期建设应说明工程的近、远期情况和特点，如属改、扩建工程应说明利用原有设备和局站房屋的情况和处理意见，建设与设计特点等。

设计范围与分工：说明相关单位所承担的设计项目、分工范围等。

设计文件编册：说明本工程设计文件包括的各单项工程分册及名称。

工程建设规模：列出各单项工程规模及工程量表。

工程总投资：总投资数额、综合造价及其分析。

设计方案论述，初步设计总册：重点论述设计（总体）方案的具体内容，可参考各单项设计内容摘要缩写。另外，对建设项目的近、远期业务预测发展规划、站（局）的整体布局、光（电）缆割接方案、采用重大技术措施等应做系统的论述。

施工图设计总册：扼要论述设计（总体）方案，具体内容可参考各单项设计内容摘要缩写。重点论述根据初步设计会审确定的修改意见和主设备的订货情况，对初步设计（或技术设计）进行必要的修改、补充、完善的具体内容。另外，对建设项目的施工安装设计进行必要的说明。

需要说明的其他有关问题有：

（1）提请上级主管部门在设计文件会审和审批时，需要解决和确定的主要问题。

（2）有关科研项目的提出和定型设备的生产落实问题。

（3）需与有关单位配合和取得协议文件的问题。

（4）总投资是否超出任务书或规定，如有超出应说明理由，并列出和说明其中的主要因素。

总概（预）算编制说明：依据列出总概（预）算编制依据的文件、规定等的名称、发文单位、日期等，对规定以外取费标准和费用计算方法的说明。其他应说明的问题：本建设项目总投资额及主要技术经济指标，概（预）算表、概（预）算汇总表、各单项工程概（预）算总表、其他费用概（预）算汇总表、各单项工程其他费用概（预）算总表、图纸（各单项工程总图）。

四、一阶段设计

按一阶段设计的工程项目，设计文件应具有初步设计及施工图设计有关部分的内容和深度要求。一阶段设计文件应包括设计说明、图纸和工程预算。

第三节　设计内容及要求

交付建设单位的设计文件必须是通过设计单位的内部质量评定的合格产品，设计文件应有各级质量责任人（勘察、设计、校对、审校、批准人）的签署，并由院（所）印刷。设计文件必须是通过建设单位或其他上级主管单位组织的各阶段设计文件的会审评定，被确认为合格的产品。

本节主要介绍有线通信系统建设、短波通信系统建设、卫星通信系统建设、信号台系统建设、通信导航系统建设、指控系统建设、电磁频谱管理系统建设单项工程的初步设计及施工图设计要点。

一、初步设计要点

（一）有线通信系统初步设计

有线通信系统工程初步设计包括对传输系统、光缆线路、话音系统、数据网络接地系统等内容进行设计。

1．传输系统安装初步设计

传输系统设计包括网络结构、系统容量、局站设置、波长分配、通路组织、网管系统、同步系统、公务系统等，这些都是方案设计和初步设计的主要内容。初步设计需绘出由光缆终端至ODF，经DWDM设备、SDH设备至ODF、DDF、RJ45配线架（DXC、PCM、VDF）之间的各种设备的名称、数量、连接关系以及各种连接线缆的型号、数量等。

设备配置应考虑维护使用和扩容的方便，DWDM设备和SDH设备应根据传输系统及通路组织进行配置。

ODF的配置应能满足光缆终端及传输设备的各种光接口的配线要求。用于终端光缆的ODF、波分光口的ODF以及SDH业务光接口的ODF 宜安排在不同的子架或模块上。条件允许时，不同速率的支路光接口也宜安排在不同的子架或模块上。

DDF应满足传输设备所有电接口的配线要求，并结合各站现有的DDF形式及配线方式进行配置，适当留有余量。

传输设备应采用-48V直流供电，输入电压允许变化范围为-57～-40V。一般应自列头柜引入，根据机房规模和设备配置情况，也可自直流配电屏或自开关电源直接引入。在既设机房安装设备时，应结合机房原有的供电方式。自直流配电屏至列头柜至机架均应采用主备电源分开引接方式。按设备机架满配耗电量的1.2～1.5倍核算所用熔丝的容量。不允许两个小负荷熔丝并联代替大负荷熔丝使用。220V交流电供仪表和网管设备使用。网管设备宜采用UPS或逆变器供电。绘制列头柜熔丝分配图，标明总熔丝及分熔丝的数量、容量，以及熔丝的使用分配情况。

机房应采用联合接地。接地电阻值在最新规范《通信局（站）防雷与接地工程设计规范》（YD 5098—2005）中没有明确规定，但在《通信局（站）电源系统总技术要求》（YD/T 1051—2018）中，规定了综合通信楼不大于1Ω，光缆终端站不大于5Ω，可以作为参考。

一般通信设备保护接地应从列头柜或就近机房的接地汇流排上引接，ODF上的光缆金属构件（金属加强芯和护套）专用接地端子应接至机房的第一级接地汇流排上。地线布放应尽量短直，多余线缆应截断，严禁盘绕。绘制线缆布放路由图及线缆计划表。在线缆布放路由图上标明各种线缆的编号、起止点及实际路由。线缆计划表以表格的形式标明各种线缆的编号、名称、型号、起止点（设备名称、接线端子）、长度、条数、合计长度等。对于布放要求应以文字形式在图纸或设计说明中加以说明。

2．光缆线路初步设计

光缆线路工程设计是国家通信网建设的重要一环，是保证信息通信工程建设质量的重要保障，是控制工程投资、进行工程决算的重要依据。

光纤通信系统从二十世纪九十年代初开始建设，通过自建、合建相结合的方式，使光缆网得到了快速的发展。

光缆线路工程初步设计的内容和要求见表 4-3-1。

◈ 表 4-3-1　光缆线路工程初步设计的内容和要求

内容		主要要求
设计说明	概述	设计依据；设计内容与范围；设计分工；文件编册；主要工程量，概算总额
	对所选路由的技术论述	沿线自然条件的简述；干线路由方案及选定的理由
	光缆的主要技术指标和光缆施工的技术措施	光缆结构、型号和光、电参数；单盘光缆的光、电主要参数；光缆接续及接头保护；光缆的敷设方法和埋深，光缆的防护要求；中继站、转接站、终端站建筑方式
	需要说明的其他问题	概算依据；有关费率及费用的取定；有关问题的说明
概算	概算说明	概算总表；安装工程费用概算表；安装工程量概算表；施工机械使用费概算表；主要设备及材料表；维护仪表、机具及工具表；次要材料表；其他费用概算表
	概算表	光缆线路工程路由图；线路传输系统配置图；进局管道光缆线路路由图；水底光缆路由图；光缆剖面图
图纸	初步设计所要求的图纸	光缆线路工程路由图；线路传输系统配置图；进局管道光缆线路路由图；水底光缆路由图；光缆剖面图

光缆线路工程初步设计与其他工程的初步设计相比有其特殊之处。由于光缆线路工程的现场设计与施工是在野外进行的，因此除了需要确定其他工程初步设计都有的设计方案、技术要求等内容外，还要解决与沿线地方单位的协调工作、工程设计有关资料的收集和相关手续的办理等问题。通常需要协调的单位包括规划、水利、电力、交通、铁路、航运、气象、电信等部门，收集的资料包括沿线的水文、气象、签订必要规划等，需要与光缆线路沿线铁路、公路、电力、电信等部门工程施工时的保护协议和交越时的相关审批手续。这些工作对光缆线路工程施工设计的开展非常重要。

光缆线路初步设计与其他工程初步设计的共同点是工程技术方案的设计、论证和优化，不同之处是有大量的现场查勘、资料的收集、与相关单位的协调，以及有关手续的审批等工作。这些工作是开展施工设计的前提和基础。

在初步设计阶段侧重的是光缆路由大的走向和建设方案，需要根据实际情况制定两个以上建设方案供建设单位选择，并详细论述每个方案的优缺点和投资对比。初步设计阶段需要完成的设计图纸主要有：光缆线路路由总图、光缆线路配置图。

3．话音系统初步设计

话音系统是由程控交换系统、人工交换系统和密话交换系统构成。

话音系统初步设计具体内容包括系统网络组织、中继方式、网同步方式、电话号码分配、设备选型及配置等设计。

4．数据网络初步设计

数据网络系统由 IP 承载网和综合信息网系统构成。

各节点通过散射、微波、卫星无线链路以及光缆有线链路互连实现各交换节点的信息传输交换，通过卫星无线链路以及光缆有线链路与岸基节点互连，实现了岛礁与岸基的信息传输交换。

综合信息网接入系统为各节点提供接入综合信息网络的能力，充分发挥宽带灵活、方便、快捷的优势，为指挥通信提供灵活高速的信息接入，并与传统的组网方式互为备份，提高有线网络的生存与通信保障能力。

5．视讯系统初步设计

视讯系统设计内容包括系统网络组织、设备选型与连接、供电与防护等。

6．岸舰综合信息接入系统初步设计

岸舰综合信息接入系统由舰载综合信息接入系统和岸基综合信息接入系统两部分组成。

岸舰综合信息接入系统设计内容包括系统组成、设备选型与配置、设备布线等。

7．台站自动化管理系统初步设计

台站自动化管理系统建设包括网络平台建设、监控中心建设、监控单元建设、视频指挥调度单元建设等四部分。

8．通信电源及接地系统初步设计

通信电源及接地系统建设工程包括各传输站点的交直流供电系统设计及设备配置，包括防雷接地系统、电源缆线选择及敷设、直流供电系统的参数设定、交直流供电系统运行方式和电源设备选型技术要求等内容。

（二）短波通信系统初步设计

1．短波通信工程初步设计意义

短波通信以其特有的组织运用灵活、传输距离远以及通信建立快速等优势，一直是通信的重要组成部分，具有不可替代的地位和作用。

2．初步设计深度要求

初步设计的深度应满足以下要求：

（1）比选和确定设计方案。

（2）确定主要设备、材料的选用和土地征用。

（3）控制工程建设投资。

（4）为施工图设计提供依据。

（5）为工程施工准备提供参考等。

3．初步设计勘察要点

初步设计阶段勘察是在方案论证勘察的基础上，对备选台址的机房、天线场、馈线路由等相关项目进行详细勘测，并以此为基础，得出合理的工程建设方案，形成初步设计勘察报告。初步设计勘察报告应内容完整，数据准确，分析清楚，结论明确。

可按以下步骤进行：

（1）根据任务明确通信方向，计算出与各收（发）信对象所在地之间的大圆距离及通信角度。

（2）选定各通信方向采用的天线程式和工作波长，并计算出天线架高，列出明细表。

（3）现场对预架设的天线位置逐个进行定位测量，进行合理布局，并测量馈线引入路由，画出天线场平面布置（收信台根据需要可进行电磁环境测试）。

（4）调查当地气象资料、环境资料，提出天线基础、拉线等对土建的工艺要求。

（5）绘出图纸，计算出材料的数量等。

台站选址：无线电波收信台、发信台和天线场的选址，应根据建台目的行动要求与地形地貌等情况综合考虑。

所选站址应满足技术要求和通信质量，节省投资，便于施工、维护和管理，便于电力引接。场地要坚实、稳固，避开有山崩、滑坡、断层、洪水、雪崩、下沉、塌陷等地区，应选择交通比较方便，便于器材运输和生活保障，水质好无地方病，有利于人身健康以及社情较安全的地方。收信台应靠近指挥机关，附近具备天线架设场地，可采用天线信号远距离传输设备，将天线场与收信台分开，增加收信台隐蔽性。发信台选址应选择较隐蔽、易伪装的地点，尽量避开名胜古迹、旅游胜地、人口稠密和工业污染严重地区，远离易燃易爆设施。发信台周围应有满足通信需要的天线场地。收信台与发信台的间距必须满足电磁辐射干扰保护要求，满足某些条件下隐蔽收信台的要求。

天线场勘察内容有：

（1）测量（或从地形图上记录）天线场的经纬度。

（2）按照拟定天线布局方案进行天线场勘察测量，对天线进行初步定位。

（3）天线场应开阔平坦，天线的通信方向如有地物阻挡，遮挡角应小于该天线所需要的发射或接收仰角。测量各天线遮挡角，记录被测点周围天线的特征点数据。

（4）天线应尽量靠近机房，缩短馈线距离，减小馈线损耗。明馈线应尽量沿直线架设，距离地面不低于 3m，转角大于 120°，长度不宜大于 500m。天线周围 5m、明馈线两边 1.5m 内无建筑物、树木、丛林等障碍物。

（5）确定各天线与工程口部（或机房）相对位置（距离、方位角）。

（三）卫星通信系统初步设计

卫星站设计主要包括：卫星通信系统网络组织、系统组成、链路计算、设备选型、机房平面、天线场规划、天线定位、馈线路由、天线场防雷接地等方案设计及工程概算。

各卫星区域站在卫星通信地面应用系统构建的新型保障模式中主要担负的业务是：

（1）指挥通信。军队、公安、边防、电视广播、抢险等各级指挥所通过使用 Ka/Ku 双频段舰载站、车载站或其他站型加入 FDMA/TDMA 综合业务网，建立指挥、协同、情报通信。采取频率按需分配、网状组网方式，实现指控、情报、水文地理等信息系统互连，提供话音、数据、视频业务；通过卫星区域站接入栅格网达成对上通信。

（2）指挥所、兵力和平台通信。利用广播双向站对指挥员及前出分队实施伴随保障；利用 UHF 频段机载站或 Ka/Ku 双频段机载站对直升机、车载平台实施保障。

（3）综合信息服务。固定指挥机构、机动指挥机构、应急指挥机构等使用卫星数据广播接收设备，接收各类情报和态势信息、目标定位信息等。

（四）信号台系统建设

工程设计安装超短波通信和视觉通信相关设备、值班值勤管理相关设施设备和必要的配套附属设施。工程建设完成后，可具备视距范围内无线电和信号通信能力，满足对进出和停靠码头的舰船进行指挥通信的保障任务需求。

（五）通信导航系统初步设计

通信导航系统设计主要由对空通信系统、对空导航系统及微波着陆引导台构成，初步设计要点主要包括天线选型、馈线选型、主要设备选型、阵地防雷接地等。通信导航系统对飞机出航、巡航、归航和着陆等飞行过程实施航行引导，主要包括无方向性信标-无线电罗盘测角系统、塔康测角测距系统、着陆（舰）引导系统和卫星导航系统等。

（六）电磁频谱管理系统初步设计

频谱管理系统的主要设计内容包括：斜测站设备和闪烁站设备安装；固定式频谱监测测向设备安装；光缆、音频及电力电缆线的布放和安装设计；超短波测向天线、斜测天线、闪烁天线、时统天线等的布局、架设；馈线电缆路由选取、敷设；UPS 电源及蓄电池组的安装设计；天线场区的防雷接地等方案设计和与之相关的工程概算。

（七）指控系统初步设计

指控系统工程建设主要为装备配套工程建设，包括指控机房、综合布线、空调供电等配套建设内容。

1．机房环境设计

（1）通信区土建工程已全部竣工，机房主要出、入门的高度、宽度及开启方向等符合设计要求，房门的锁和钥匙配套齐全，房门的标牌清楚、齐全、一致。

（2）各类通信机房及指挥大厅照度，插座、应急照明灯的容量、数量应符合设计要求，安装工艺良好，满足使用需求。

（3）各类机房的新风量、洁净度、温度、湿度应符合设计要求。

（4）信息通信工程用电应符合两路稳定可靠的独立380V/220V交流市电电源从不同口部引入，一路油机供电的设计要求。

（5）铺设活动地板的机房，地板板块铺设严密、平稳、坚固，符合设计、安装工艺要求，每平方米水平误差应不大于2mm。地板支柱应接地良好，防静电措施应符合要求。

（6）通信机房地线应设置完备，接地电阻值应符合设计要求。

机房内机架设备位置安装应符合设计要求：

（1）用吊锤测量，机架安装垂直度偏差不得超过1‰。列架机面平直，偏差不大于3mm。

（2）主走道侧必须对齐成直线，误差不得大于5mm。相邻机架应紧密靠拢，整列机面应在同一平面上，无凹凸现象。

（3）各种螺栓必须拧紧，同类螺丝露出螺帽的长度应基本一致。

（4）机架上的各种零件不得脱落或损坏，漆面如有脱落应予补漆。各种文字和符号标志应正确、清晰、齐全。

（5）告警显示单元安装位置端正合理，告警标示清楚。

（6）不带电金属应与机房内接地网可靠连接。

机房设备防静电手环应配备齐全。

2．综合布线设计

电缆、光缆、光纤（含尾纤）布放要求如下：

（1）布放电缆、光缆、光纤的规格、路由、截面和位置应符合设计要求，电缆排列必须整齐，外皮无损伤，光纤（含尾纤）宜采用加软管或护套保护。

（2）交、直流电源的馈电电缆必须分开布放，电源电缆、信号电缆、用户电缆与中继电缆应分离布放。各缆线间的最小净距应符合设计要求，达不到要求的应采用金属板隔离。

（3）电缆、光缆转弯应均匀圆滑，弯弧外部应保持垂直或水平成直线。缆线的弯曲半径应符合下列规定：

① 水平走线道应与列架保持平行或直角相交，水平度每米偏差不超过2mm。

② 屏蔽对绞电缆的弯曲半径应至少为电缆外径的6～10倍。

③ 光缆的弯曲半径应至少为光缆外径的20倍。

④ 布放走线道电缆必须绑扎。绑扎后的电缆应互相紧密靠拢，外观平直整齐。绑扎线扣间距均匀，松紧适度。

（4）布放槽道电缆可以不绑扎，槽内电缆应顺直，尽量不交叉。电缆不得溢出槽道。在电缆进出槽道部位和电缆转弯处应绑扎或用塑料扎带捆扎固定。

（5）布放的缆线两端必须有标识，标识内容包括缆线起始和终点的位置、缆线规格、缆线长度及缆线编号等。

(6) 在活动地板下布放的缆线，应注意顺直不凌乱，尽量避免交叉，并且不得堵住送风通道。

插接架间电缆及布线设计要求如下：

(1) 插接架间电缆布放必须依据设计文件进行，电缆的走向及路由应符合规定。

(2) 架间电缆及布线的两端必须有明显标志，不得错接、漏接。

(3) 插接部位应紧密牢靠，接触良好。插接端子不得折断或弯曲。

(4) 架间电缆及布线插接完毕应进行整理，外观平直整齐。

3. 供电设计

(1) 安装机房电源线的路由、路数、电源线及铜/铝接线端子、螺栓、螺母的规格/型号及布放位置应符合设计要求，机柜内部电源线与信号线要有不同路由；使用导线(铝、铜条或胶皮线) 的规格、器材绝缘强度及熔丝的容量均应符合设计要求。

(2) 电力电缆和信号电缆在电缆走道或地槽内应分侧敷设，如受条件限制同侧敷设时，其间距应符合《建筑物电子信息系统防雷技术规范》(GB 50343—2012) 中相关要求。

(3) 电缆从地槽引出时，应用粗麻线捆扎成圆形或方形线束，用 1～1.5mm 的铁皮卡子固定在机架或墙壁上，宜用麻线捆扎在走道横铁上。线束的固定应平直，线卡漆色应与机架漆色一致，单根电力电缆出地槽也应固定。

(4) 低压电力电缆严禁中间接头，个别特殊情况应做到芯线紧密绞合，可用细铜线缠扎，并用焊锡或压接法将接头接续牢固，在竣工技术文件中详细说明位置。

(5) 电源线接续时应连接牢固，接头接触良好，保证电压降指标及对地电位符合设计要求。

(6) 通信设备使用的交流电源线必须有接地保护线。

(7) 直流电源线、交流电源线、信号线应分开敷设，避免在同一线束内。

(8) 电源线应走线方便、整齐、美观，与设备连线越短越好，同时不应妨碍今后维护工作。

(9) 电源线敷设时，应保持其平直、整齐，绑扎间隔适当、松紧合适，塑料扎头应放在隐蔽处，外皮完整，中间严禁有接头和急弯处。

(10) 机房布线、架间连线及各部件连线应无差错，接触良好，焊接光滑，不得碰地、断路、短路，严禁虚焊、漏焊。

(11) 电源线与设备连接时应符合下列要求：

① 截面在 $10mm^2$ 以下的单芯或多芯电源线可与设备直接连接，即在电线端头制作接头圈，线头弯曲方向应与紧固螺栓、螺母的方向一致，并在导线与螺母间加装垫片，拧紧螺母。

② 截面在 $10mm^2$ 以上的多芯电源线应加装接线端子，其尺寸与导线线径相吻合，

用压接工具压接牢固，接线端子与设备的接触部分应平整、紧固。

③ 电源线与设备端子连接时，不应使端子受到机械压力。

④ 较粗的电源线进入设备一端应将外皮剥脱，并缠扎塑料绝缘胶带，各电源线缠扎长度一致；较细的电源线进入设备时，在端头处可直接套上带有色谱的绝缘套管，套管松紧适度，长度为2～3cm。

（12）沿地槽布放电源线时，电缆不宜直接与地面接触，宜采用橡胶或横木条垫底。

（13）沿墙布放电源线时，应将其牢固地卡在建筑物上，间隔均匀、平直。如电缆为铅皮应接地良好；如电缆为塑料外套，应使用绝缘子绝缘。电源线、信号线穿越上、下层或水平穿墙时，应用非燃烧封堵材料将洞孔堵实。

（14）布放消防系统的导线、电缆均应采用铜芯阻燃型或耐火型，消防配电线路除设在金属梯架、金属线槽、电缆沟及电缆井等处外，其余应采用绝缘导线穿金属管敷设。穿越通信机房的管线应暗敷或按设计规定。

（15）电源线穿钢管或塑料管时应符合下列要求：

① 钢管管径、位置应符合要求，管内清洁、平滑。

② 电源线穿越后，管口两端应密封。

③ 非同一级电压的电源线不得穿在同一管孔内。

（16）电源线弯曲时，弯曲半径应符合规定。铠装电力电缆的弯曲半径不得小于外径的12倍，塑包线和胶皮电缆不得小于其外径的6倍。

（17）电源线安装完毕，其单线对地及线间绝缘电阻应大于1MΩ/500V。测试其电压降值应符合设计要求。

（18）通电1h后，在现用负荷下测量电源线接线端子处、电源线与设备连接处温度不大于65℃。

二、技术设计要点（技术方案）

（一）系统设计要点

对于光传输设备安装工程，在初步设计阶段，关注的重点是整个光传输系统的建设方案，主要包括网络结构、系统容量、局站设置、波长分配、通路组织、网管、同步、公务系统等，要从总体上把握传输系统建设的技术性、经济性、可行性和合理性。

要想做好光传输系统的设计工作，设计人员除了要具备扎实的专业理论基础和熟练的基本设计技能外，还需熟练掌握有关设计规范，并做好现场勘察工作。

1. 通信系统设计

通信系统设计的内容包括网络结构、系统容量、局站设置、波长分配、通路组织、网管系统、同步系统、公务系统等，这些都是方案设计和初步设计的主要内容。在施工图设计阶段，应根据初步设计会审确定的修改意见和主设备的订货情况进行必要的修改、补充、细化。

2．局站系统连接

绘制各站的系统连接图。绘出由光缆终端至ODF，经DWDM设备、SDH设备至ODF、DDF、RJ45配线架（DXC、PCM、VDF）之间的各种设备的名称、数量、连接关系，以及各种连接线缆的型号、数量等。

3．设备配置

（1）设备配置应考虑维护使用和扩容的方便。

（2）DWDM设备和SDH设备应根据传输总体及通路组织进行配置。

（3）ODF的配置应能满足光缆终端及传输设备的各种光接口的配线要求。

（4）用于终端光缆的ODF、波分光口的ODF以及SDH业务光接口的ODF宜安排在不同的子架或模块上。

（5）条件允许时，不同速率的支路光接口也宜安排在不同的子架或模块上。

（6）DDF应满足传输设备所有电接口的配线要求，并结合各站现有的DDF形式及配线方式进行配置，适当留有余量。

（7）不同速率的电接口也宜安排在不同的单元上。

（8）ODF、DDF配置时应考虑利旧的可能。

（9）其他如列柜、槽道等按需要进行配置。

4．设备平面布置

（1）设备平面布置应符合下列要求：应根据近、远期规划统一安排，以近期为主；应使设备间的布线路由合理，减少往返，布线距离短；便于维护和施工；便于抗震加固；在有利于提高机房面积利用率的基础上适当考虑整齐美观。

（2）在既设机房安装设备时，应充分结合原有机房的设备布置方式。

（3）机房面积较小，安装设备不多时，可采用一列或L型的排列方式。此时，可根据设备连接关系安排设备的安装位置。

（4）当安装设备较多，且在机房条件允许的情况下，宜采用分列式布置的方式，设备列间宜采用面对面或背对背的单面排列方式。此时，主机设备、ODF、DDF宜分别成列或相对集中。

（5）设备排列间距的要求

① 主要走道宽度：不小于1.3m。

② 次要走道宽度：短机列机房不小于0.8m，个别突出部分不小于0.6m；长机列机房不小于 1.2m，个别突出部分不小于 1.0m。面对面排列时，相邻机列面与面之间净距1.2～1.4m，背与背之间净距0.7～0.8m。面对背排列时，相邻机列面与背之间净距1.0～1.2m，机面与墙之间净距 0.8～1.0m，机背与墙之间净距 0.6～0.8m。机房面积受限时可略小于上述规定。

③ 绘制各站的设备平面布置图，标注各种尺寸，并以列表的形式反映安装设备的名称、型号、数量、外形尺寸等。

5．槽道（走线架）设计

根据机房平面布置，绘制槽道（走线架）安装平面图，标明列架间、列架与建筑物间的相关尺寸，标明加固点位置及加固方式，以列表方式标明各种材料的名称、数量等。

槽道（走线架）必须采取措施与建筑物进行加固，常用的加固方式有：

（1）延长上梁加固，或采用旁侧撑铁与侧墙或房柱加固。

（2）连固铁与上梁、端墙加固。

（3）列间撑铁与上梁、端墙加固。

（4）主槽道与端墙、上梁加固。

（5）过桥槽道与主槽道、连固铁加固。

（6）列架与房柱加固（包柱子）。

（7）头尾柜、立柱与地面、上梁加固。

（8）必要时主槽道、过桥槽道应采取吊挂式加固。

具体加固方法参见《电信机房铁架安装设计标准》（YD/T 5026—2005）。

6．设备安装加固

安装设备必须采用抗震加固措施，常用的措施有：

（1）当机房不设活动地板时，机架底部应与地面采用膨胀螺栓加固。

（2）当机房设活动地板时，应设抗震机座，机座与地面采用膨胀螺栓加固，机架底部与机座采用螺栓加固。

（3）当机房地面有垫层时，在膨胀螺栓锚固位置下方应灌注聚酯型树脂胶泥或其他膨胀型合成材料，应增强锚固强度。

（4）机架顶部与槽道（走线架）上梁应采取加固件或抗震夹板加固。

（5）相邻机架的侧面应采用螺栓将同列的机架连为一体。

（6）绘制设备安装加固要求图（底座加工图，机架与底座、底座与地面、机架与地面的加固方式图，机架与上梁加固方式图等）。

7．缆线选择

（1）通信线缆选择

① 通信线缆要满足传输速率、衰减、特性抗阻、串音防卫度等要求，具有足够的机械强度和阻燃性能，还要注意线缆与连接器的匹配。

② 尾纤与光线跳线应与 ODF 适配器、设备光接口相匹配（FC、SC、LC）。

③ 同轴电缆（包括外时钟引接线）应满足布线长度（电接口允许衰减）的要求，电缆选定后，应将电缆的型号及物理尺寸告知 DDF 生产厂家，以选择合适的压接件。

④ 告警信号线适宜选用音频信号线。

⑤ 公务联络线宜选用音频隔离线。

（2）电源线、地线选择

① 传输设备电源线、地线宜选用阻燃低烟无卤铜芯电力电缆。

② 直流电源线应根据允许压降计算导线截面，计算公式如下：

$$S=IL/K\Delta U$$

式中，S 为导线的截面面积，mm^2；I 为流过导线的最大电流，A；L 为计算段导线回路长度（电源线+地线），m；K 为导线的导电率（铜=57，铝=34），$m/\Omega \cdot mm^2$；ΔU 为允许压降，V。

根据计算结果选择，但要注意电缆类型不宜太多。

③ 通信机房使用交流负荷较小，一般不必计算，选用 3mm×2.5mm 或 3mm×4mm 即可。

④ 单机架的保护地线一般要求截面积不小于 $16mm^2$。

8．线缆布放

设计中应明确机房的布线方式，一般有三种：上走线、下走线、上下走线结合的方式。规范要求新建机房采用上走线方式。如果是采用上下走线结合的方式，应明确槽道（走线架）内布放何种线缆，活动地板下布放何种线缆。

机房电源线、光纤连接线、通信线缆应分开布放。

线缆布放位置应合理，不影响日常维护及测试工作。

光纤连接线在布放时应考虑保护措施。

各种线缆布放时要求整齐、有序，线缆要理顺，不能交叉、扭曲。

布放时长度要留有一定的余量，余线绑扎整齐，并确保连接可靠。

各种线缆要有统一明晰的标识，线缆两端要贴标签。

导线截面积大于 $10mm^2$ 的电源馈线应采用铜接线端子连接，电源馈线与铜接线端子应采用压接方式，并做灌锡处理，确保接触良好。

9．设备供电

传输设备应采用-48V 直流供电，输入电压允许变化范围为-57～-40V。一般应自列头柜引入。根据机房规模和设备配置情况，也可自直流配电盘或自开关电源直接引入。在既设机房安装设备时，应结合机房原有的供电方式。

自直流配电屏至列头柜至机架均应采用主备电源分开引接方式。

按设备机架满配耗电量的 1.2～1.5 倍核算所用熔丝的容量。不允许两个小负荷熔丝并联代替大负荷熔丝使用。

220V 交流电供仪表和网管设备使用。网管设备宜采用 UPS 或逆变器供电。

绘制列头柜熔丝分配图，标明总熔丝及分熔丝的数量、容量，以及熔丝的使用分配情况。

10．保护接地

机房应采用联合接地。在《通信局（站）防雷与接地工程设计规范》（YD 5098—2005）中，规定了接地电阻值：综合通信楼不大于 1Ω，光缆终端站不大于 5Ω，可以作为参考。

一般通信设备保护接地应从列头柜或就近机房的接地汇流排上引接，ODF 上的光缆金属构件（金属加强芯和护套）专用接地端子应引接至机房的第一级接地汇流排上。

地线布放应尽量短直，多余线缆应截断，严禁盘绕。

绘制线缆布放路由图及线缆计划表。在线缆布放路由图上标明各种线缆的编号、起止点及实际路由。线缆计划表以表格的形式标明各种线缆的编号、名称、型号、起止点（设备名称、接线端子）、长度、条数、合计长度等。对于布放要求应以文字形式在图纸或设计说明中加以说明。

11．告警系统

一般应将列内各机架的告警输出（急告、非急告、铃）用音频线引至列头柜的告警输入端子。必要时，将列柜告警输出接至总站告警。

绘制告警系统图，标明每列各机架告警输出与列柜告警输入的连接关系。

12．其他图纸

（1）时隙分配图

根据通路组织图绘制，标明各站 SDH 系统的具体分配情况。

（2）ODF、DDF 端子分配图

标明 ODF、DDF 架及子架（模块）的数量、容量、编号，每个模块各端子连接的线缆编号（与计划表一致），各端子的用途及电路的通达方向等。

（3）传输设备面板图

标明传输设备机架的组成及各槽位的电路板名称。

13．编制预算

（1）预算编制的主要依据

预算编制的主要依据有：设计图纸、《通信建设工程概算、预算编制办法》《通信建设工程预算定额》《工程勘察设计收费标准》、主要设备的订货合同，有关的设备、材料价格信息等。

（2）预算编制的基本步骤及要求

① 收集资料，熟悉图纸。

② 根据图纸，统计工程量，套用定额。工程量要与图纸所反映的工程量一致，套用定额要标准，不多项、漏项。要注意定额中每章的说明、每节的工作内容及标注，否则容易造成定额套用不准确。

③ 统计各种设备、器材的数量，确定价格和费率。数量要与图纸反映得一致，

价格要合理，费率要准确。按概预算编制办法的要求，确定其他直接费、间接费、工程建设其他费的各种费率或计算方法（勘察设计费可按《工程勘察设计收费标准》计算）。反复核查，确保准确无误。

编制预算，各种设备的数量、价格以订货合同为准；工程量与材料的数量要与图纸一致；各种费率的取定与实际情况相符。

（二）配套设施设计要点（通信机房）

通信机房是通信系统或信息网络的心脏，机房内设备的安装是信息通信工程施工的一个重要项目，优质的安装质量是通信设备良好运行的基础，高水平的设备安装技术是提高安装质量的根本保证，设备的可靠稳定运行是信息通信工程施工的目标。

通信机房工程也是一个整体工程，机房的通信设备及配套设备、机房的监控设备、强电与弱电供电系统作为整体工程的重要组成部分，都应从技术的先进性、运行的可靠性、经济上的合理性等各个方面考虑，以保证形成整体效能。

通信机房工程也是一项专业性很强的综合性工程，必须统筹计划和管理设备、配电、空调、通风、监控、防雷、接地、布线、消防等各个方面的设计和施工，并严格按照上级关于通信机房设计和施工的技术规范与标准，如《通信机房建筑设计规范》《通信机房静电防护通则》《建筑物防雷设计规范》等规范性文件实施，使通信机房能适应各种通信设备的安装要求，保证设备正常运转和维护需要。

1．通信机房的选址

通信机房建设的选址是一项重要的基础性工作。每一个通信机房建设的质量将直接影响整个通信系统的稳定可靠运行，也影响通信网络布局的合理性和经济的有效性。通信机房的选址，首先应满足通信网络组织及通信技术要求，并结合水文、地质、地震、交通、城市规划计划、投资效益等因素及生活设施进行综合比较后选定。此外，还应考虑将通信机房选在地形平坦、地质良好的地段，避开断层、地坡边缘、古河道和有可能塌方、滑坡和有开采价值的地下矿藏或古迹遗址的地方，选择在不易受洪水淹灌的地区。机房应有较好的卫生环境，远离易燃、易爆物品和产生粉尘、油烟、有害气体的场所。机房应远离高压电站、电气化铁道等外界干扰源等，其最小距离：至行车繁忙的公路为 1km，至 35kV 以下架空输电线为 1km，至电气化铁道为 2km，至工业干扰源为 3km。收信机房与无线发信机房、大功率广播电视、雷达的距离，原则上不小于 10km。无线电发信机房应选择在天线场中心或靠近天线场的位置，以减小天馈线的长度，提高发射效率。在大厦楼顶架设天线时应尽可能靠近通信机房。通信机房选址还应满足通信安全、保密、人防和消防等要求。

2．机房的建筑要求

通信机房的建筑也是一项重要的基础性工作。每一个通信机房建筑的质量将直接影响整个通信系统的安全、可靠运行，也影响通信设备安装和线缆布放的合理性及其效能的发挥。通信机房在机房的面积、地面承载能力、通道、楼梯和门宽度、机房管线或线槽、抗震、耐火、消防安全等诸多方面应符合国家现行的标准、规范以及有关房屋建筑设计的规定。

（1）机房面积

通信房屋的建筑面积指标应参照《军用通信房屋建筑设计标准》（GJB 5146—2004）规定执行。

终端用户单位通信专业用房面积标准应符合表4-3-2规定。

◈ 表4-3-2　终端用户通信专业用房面积标准

类别	建筑面积/m^2
一级	2000
二级	1500
三级	1000
四级及其他	300

独立的长途光通信站营房（含通信机房）面积的标准应符合表4-3-3的规定。

◈ 表4-3-3　独立的长途光通信站营房面积标准

类别	建筑面积/m^2
一级光通信站	1200
二级光通信站	800
三级及其他光中继站	200

独立短波通信台站机房建筑面积标准应符合表4-3-4规定。

◈ 表4-3-4　独立短波通信台站机房建筑面积标准

类别		建筑面积/m^2
一级	收信台	900～1350
	发信台	850～1250
二级	收信台	550～950
	发信台	550～900
三级	收信台	300～400
	发信台	300～400
四级及其他	收信台	60～80
	发信台	60～80

卫星通信地球站机房建筑面积标准应符合表4-3-5规定。

◈ 表 4-3-5　卫星通信地球站机房建筑面积标准

类别	建筑面积/m^2
一级（中央）站	800+N×110
二级站	600
三、四级站	80

注：1. 一级站指各卫星通信网的主站，通常设置在总部的卫星通信地球站中心站内。
2. 二级站指各卫星通信网的大型区域站，通常设置在各区域中心的卫星业务指导站及总部指定的卫星通信地球站内。
3. 三级站指各卫星通信网的区域站，通常设置在省中心及其他大单位的卫星通信地球站内。
4. 四级站指各卫星通信网的小型固定卫星通信地球站，通常设置在县市级以下单位的卫星通信地球站内。
5. N 为卫星通信系统数量。

独立的自动电话交换局机房建筑面积标准应符合表 4-3-6 规定。

◈ 表 4-3-6　独立的自动电话交换局机房建筑面积标准

类别		建筑面积/m^2
一级长途汇接局		150
二级长途汇接局		100
三级长途汇接局		100
本地交换局	1000 回线	80
	(n)×1000 回线	80+(n)×35

独立的宽带网交换机房建筑面积标准应符合表 4-3-7 规定。

◈ 表 4-3-7　独立的宽带网交换机房建筑面积标准

类别	建筑面积/m^2
主干节点	150
区域骨干节点	80
城域网节点	60
用户节点	50

会议电视室的建筑面积标准应符合表 4-3-8 的规定。

◈ 表 4-3-8　会议电视室建筑面积标准

类别		建筑面积
设备机房和控制室	一级节点	170m^2
	二级节点	85m^2
	三级节点	70m^2
	四级及其他节点	60m^2
会议室		3.6m^2/人

（2）机房净高

机房净高主要由安装设备的高度确定。目前，有关机房净高的设计规范规定如下：

• 程控机房 3m（低架），3.4m（高架）。
• 微波机房 3.0～3.3m。
• 移动通信机房 3.0～3.3m。
• 计算机房 2.8～3.3m。
• 会议电视会议室 3.5m，控制室、传输室 3.0m。
• 光（数）传输机房 3.0～3.3m。
• 总配线室 3.0～3.5m。
• 高压配电室≥4.0m（按进线方式和设备要求定）。
• 低压配电室 4.0m（按进线方式和设备要求定）。
• 变压器室 4.0～5.6m（按进线方式和设备要求定）。
• 油机房，设备容量＜80kW 时，3.5m；设备容量≥80kW 时，≥4.0m。

（3）机房地面

机房地面的设计内容包括地面载荷与地面水平度。

① 地面载荷。地面载荷与设备重量、底部尺寸、安装排列方式有关，通信房屋楼面等效均布活荷载的标准值，应根据工艺设计提供的通信设备重量、底部尺寸、安装排列方式以及建筑结构梁板布置等条件，按内力等值的原则计算确定，见表 4-3-9。

◈ **表 4-3-9　通信建筑楼面等效均布活荷载**

序号	房间名称		标准值/（kN/m^2）							准永久值系数 Ψ_q
			板			次梁			主梁	
			板跨≥1.9m	板跨≥2.5m	板跨≥3.0m	板跨≥1.9m	板跨≥2.5m	板跨≥3.0m		
1	电力室	有不间断电源开间	16.00	15.00	13.00	11.00	9.00	8.00	6.00	0.8
		无不间断电源开间（单机重量大于 10kN 时）	13.00	11.00	9.00	8.00	7.00	7.00	6.00	
		无不间断电源开间（单机重量大于 10kN 时）	9.00	7.00	6.00	5.00	4.00	4.00	4.00	
2	蓄电池室	一般电池（48V 电池组单层双列摆放 GFD-3000）	13.00	12.00	11.00	11.00	10.00	9.00	7.00	
		阀控式密闭电池（48V 电池组四层单列摆放 GM-3045）	10.00	8.00	8.00	8.00	8.00	8.00	7.00	
		阀控式密闭电池（48V 电池组四层双列摆放 GM-3045）	16.00	14.00	13.00	13.00	13.00	13.00	10.00	
3	高压配电室		7.00	7.00	6.00	5.00	5.00	5.00	4.00	
4	低压配电室		8.00	7.00	6.00	6.00	6.00	6.00	4.00	

续表

<table>
<tr><th rowspan="3">序号</th><th rowspan="3" colspan="2">房间名称</th><th colspan="7">标准值/（kN/m²）</th><th rowspan="3">准永久值系数Ψ_q</th></tr>
<tr><th colspan="3">板</th><th colspan="3">次梁</th><th rowspan="2">主梁</th></tr>
<tr><th>板跨≥1.9m</th><th>板跨≥2.5m</th><th>板跨≥3.0m</th><th>板跨≥1.9m</th><th>板跨≥2.5m</th><th>板跨≥3.0m</th></tr>
<tr><td>5</td><td colspan="2">光传输机室</td><td>10.00</td><td>8.00</td><td>7.00</td><td>7.00</td><td>7.00</td><td>7.00</td><td>6.00</td><td rowspan="11">0.8</td></tr>
<tr><td rowspan="2">6</td><td rowspan="2">数字传输设备室</td><td>单面排</td><td>10.00</td><td>9.00</td><td>8.00</td><td>8.00</td><td>7.00</td><td>7.00</td><td>6.00</td></tr>
<tr><td>背靠背排</td><td>13.00</td><td>12.00</td><td>10.00</td><td>9.00</td><td>9.00</td><td>9.00</td><td>7.00</td></tr>
<tr><td>7</td><td colspan="2">数字微波室</td><td>10.00</td><td>8.00</td><td>7.00</td><td>7.00</td><td>7.00</td><td>7.00</td><td>6.00</td></tr>
<tr><td>8</td><td colspan="2">人工交换机室</td><td>3.00</td><td>3.00</td><td>3.00</td><td>3.00</td><td>3.00</td><td>3.00</td><td>3.00</td></tr>
<tr><td>9</td><td colspan="2">程控机室</td><td colspan="3">6.00</td><td colspan="3">—</td><td rowspan="2">—</td></tr>
<tr><td>10</td><td colspan="2">计算机室</td><td colspan="3">4.50</td><td colspan="3">—</td></tr>
<tr><td rowspan="2">11</td><td rowspan="2">地球站机房</td><td>GCE 室</td><td>13.00</td><td>13.00</td><td>13.00</td><td>10.00</td><td>10.00</td><td>1.000</td><td>6.00</td></tr>
<tr><td>HPA 室（高功放室）</td><td>13.00</td><td>12.00</td><td>10.00</td><td>6.00</td><td>6.00</td><td>6.00</td><td>6.00</td></tr>
<tr><td rowspan="2">12</td><td rowspan="2">移动通信机房</td><td>有电池时</td><td>10.00</td><td>8.00</td><td>8.00</td><td>8.00</td><td>8.00</td><td>8.00</td><td>6.00</td></tr>
<tr><td>无电池时</td><td>5.00</td><td>4.00</td><td>4.00</td><td>4.00</td><td>4.00</td><td>4.00</td><td>4.00</td></tr>
</table>

通常，新建工程应对各类机房楼面均布活荷载值进行协调统一，以提高机房的应变能力。利旧机房应根据工艺设计提供的通信设备的重量、底部尺寸、安装排列方式及原有机房建筑结构的梁板布置和配筋情况进行核算。

② 地面水平度。地面面层表层对水平面的允许偏差，不应大于房间相应尺寸的0.2%，最大偏差不应大于 30mm。

机房装修：机房的室内装修应符合国标《建筑内部装修设计防火规范》（GB 50222—2017）的规定，见表 4-3-10。

◈ **表 4-3-10　通信机房地面、墙面、顶棚面装修材料**

名称	地面面层	墙面、顶棚面面层
主机房	防静电水磨石、防静电半硬质塑料、活动地板、地板砖	乳胶调和漆、防静电涂料、铝扣板等
蓄电池室	耐酸瓷砖、耐酸涂料	耐酸油漆等
辅助房间	水泥砂浆、水磨石、半硬质塑料	涂料、乳胶调和漆等

对门的要求是：开启方便，关闭紧密，坚固耐用，造型比例美观大方，根据机房特殊要求选用具有隔音、保温、防火功能的类型。

门的尺寸：一般单扇门宽不小于 1.0m，双扇门宽不小于 1.5m，门高不小于 2m。

门的位置：一般单扇门靠一边墙，双扇门在中间，2 个门靠机房两头。机房的门一般均向外开。

对窗户的要求：应具有较好的防尘、防水、隔热、抗风的性能。一般常年需要空调和无人值守的机房不设窗户。

3．抗震等级

（1）建筑抗震设防分类

民用建筑：《建筑工程抗震设防分类标准》（GB 50223—2008）按建筑使用功能的重要性，将其抗震设防划分为甲、乙、丙、丁四个类别。

甲类建筑：（特殊设防类）指使用上有特殊设施，涉及国家公共安全的重大建筑工程和地震时可能发生严重次生灾害等特别重大灾害后果，需要进行特殊设防的建筑。

乙类建筑：（重点设防类）指地震时使用功能不能中断或需尽快恢复的生命线相关的建筑，以及地震时可能导致大量人员伤亡等重大灾害后果，需要提高设防标准的建筑。

丙类建筑：（标准设防类）指大量的除甲、乙、丁类以外按标准要求进行设防的建筑。

丁类建筑：（适度设防类）指使用人员稀少且震损不致产生次生灾害，允许在一定条件下适度降低要求的建筑。

《通信建筑抗震设防分类标准》（YD/T 5054—2019）中关于通信建筑的抗震设防类别划分见表 4-3-11。

◎ 表 4-3-11 通信建筑抗震设防类别

类别	建筑名称
特殊设防类（甲类）	国际通信业务出入口局 国际通信信道出入口局 边境地区国际通信出入口局
重点设防类（乙类）	省中心及省中心以上通信枢纽楼 长途传输干线局站 国内卫星通信地球站 本地网通信枢纽楼或通信生产楼 应急通信用房 A 级数据中心楼 承担特殊重要任务的通信局 大型客服呼叫中心 省级以上网管中心
标准设防类（丙类）	甲、乙、丁类以外的通信生产用房
适度设防类（丁类）	单层低值仓储用房

通信建筑的辅助生产用房，应与生产用房建筑的抗震设防类别相同。

（2）耐火等级划分

《建筑设计防火规范》（GB 50016—2014）规定，建筑物的耐火等级分为四级，见表 4-3-12。

◈ 表 4-3-12　建筑物构件的燃烧性和耐火极限

<table>
<tr><th colspan="2" rowspan="3">构件名称</th><th colspan="4">燃烧性能和耐火极限/h</th></tr>
<tr><th colspan="4">耐火等级</th></tr>
<tr><th>一级</th><th>二级</th><th>三级</th><th>四级</th></tr>
<tr><td rowspan="6">墙</td><td>防火墙</td><td>不燃烧体 3.00</td><td>不燃烧体 3.00</td><td>不燃烧体 3.00</td><td>不燃烧体 3.00</td></tr>
<tr><td>承重墙</td><td>不燃烧体 3.00</td><td>不燃烧体 2.50</td><td>不燃烧体 2.00</td><td>难燃烧体 0.50</td></tr>
<tr><td>非承重外墙</td><td>不燃烧体 1.00</td><td>不燃烧体 1.00</td><td>不燃烧体 0.50</td><td>难烧体</td></tr>
<tr><td>楼梯间、电梯井的墙、住宅单元之间的墙、住宅分户墙</td><td>不燃烧体 2.00</td><td>不燃烧体 2.00</td><td>不燃烧体 1.50</td><td>难燃烧体 0.50</td></tr>
<tr><td>疏散走道两侧的隔壁</td><td>不燃烧体 1.00</td><td>不燃烧体 1.50</td><td>不燃烧体 0.50</td><td>难燃烧体 0.25</td></tr>
<tr><td>房间隔墙</td><td>不燃烧体 0.75</td><td>不燃烧体 0.50</td><td>难燃烧体 0.50</td><td>难燃烧体 0.25</td></tr>
<tr><td colspan="2">柱</td><td>不燃烧体 3.00</td><td>不燃烧体 0.50</td><td>不燃烧体 2.00</td><td>难燃烧体 0.50</td></tr>
<tr><td colspan="2">梁</td><td>不燃烧体 2.00</td><td>不燃烧体 1.50</td><td>不燃烧体 1.00</td><td>难燃烧体 0.50</td></tr>
<tr><td colspan="2">楼板</td><td>不燃烧体 1.50</td><td>不燃烧体 1.00</td><td>不燃烧体 0.50</td><td>燃烧体</td></tr>
<tr><td colspan="2">屋顶承重构件</td><td>不燃烧体 1.50</td><td>不燃烧体 1.00</td><td>燃烧体</td><td>燃烧体</td></tr>
<tr><td colspan="2">疏散楼梯</td><td>不燃烧体 1.50</td><td>不燃烧体 1.00</td><td>不燃烧体 0.50</td><td>燃烧体</td></tr>
<tr><td colspan="2">吊顶（包括吊顶格栅）</td><td>不燃烧体 0.25</td><td>难燃烧体 0.25</td><td>难燃烧体 0.15</td><td>燃烧体</td></tr>
</table>

行业标准《通信建筑工程设计规范》（YD 5003—2014）将通信建筑耐火等级分为二级。

通信建筑高度超过 50m 或任意一层建筑面积超过 1000 ㎡的属于一类高层建筑，一类高层建筑的耐火等级应为一级。

其余的高层通信建筑属于二类高层建筑，二类高层建筑以及单层、多层通信建筑的耐火等级均不低于二级。

油浸变压器的耐火等级应为一级。

与高层主体建筑相连的附属建筑，其耐火等级应不低于二级；高层通信建筑地下室的耐火等级应为一级。

（3）通信建筑防火分区

行业标准《邮电建筑防火设计标准》（YD 5002—2005）规定了通信建筑防火分区的最大允许建筑面积不应超过表 4-3-13 的规定。

◈ 表 4-3-13　通信建筑防火分区

<table>
<tr><th>建筑类型</th><th>每个防火分区建筑面积/m²</th></tr>
<tr><td>一、二类高层通信建筑</td><td>1500</td></tr>
<tr><td>单层、多层通信建筑</td><td>2500</td></tr>
<tr><td>一、二类高层通信建筑地下室</td><td rowspan="2">750</td></tr>
<tr><td>多层通信建筑地下室</td></tr>
</table>

（4）耐久年限

高层通信建筑的耐久年限为100年以上，其他通信建筑的耐久年限为50～100年。

4．机房的工作环境要求

通信机房的设备一般由电子元件、集成电路等器件构成，而其电气特性容易受温度、环境湿度的影响，为保障设备运行可靠和方便工作人员工作，通信机房对环境有特别严格的要求。

通信机房环境条件要求参照《通信局（站）机房环境条件要求与检测方法》（YD/T 1821—2018）的规定执行。

通信机房的级别分为一类、二类、三类通信机房，见表4-3-14。

◈ **表4-3-14　各类通信机房及设备设置所在地**

一类通信机房	二类通信机房	三类通信机房
DC1、DC2长途交换机；骨干/省内转接点；骨干/省内智能网SCP；一、二级干线传输枢纽；骨干/省内数据设备；国际网设备；省际网设备；省内网设备；全国数据业务骨干网；全国集中建设承担全网一级干线设备；动力机房	汇接局；关口局；本地智能网SCP；本地传输网骨干接点；本地数据骨干节点；IDC机房；VIP机站；服务与重要用户的交换设备；传输设备；数据通信设备的通信机房；动力机房	市话端局通信机房；城域网汇聚层数据机房及所属动力机房；长途传输中继站；*普通基站；*边际网机站；*网优基站

注：1．处于分界不清的通信机房或设备处于交集所在地机房，建议按上一级机房环境要求执行。

2．*号项对环境要求严格按本规定执行，对环境要求比较宽松的可按YD/T 1712—2007《中小型电信机房环境要求》执行。

3．对于一类机房中不属于重要的动力机房可按二、三类环境要求执行。

（1）温度、相对湿度

通信机房对温度、相对湿度的要求的目的是保障设备工作在最佳环境和维护人员舒适的工作条件。

通信机房的温度、相对湿度及温度变化率可根据通信设备自身的技术要求及对环境的不同要求而确定。

通信机房内温度、相对湿度的要求，一般应按设备厂家提出的要求进行设计。如不能取得具体的数据，可参照有关设计标准提出。

通信机房内的温度、相对湿度划分为三类，见表4-3-15。

◈ **表4-3-15　通信机房温度、相对湿度的要求**

类别	温度/℃	相对湿度/%
一类	10～26	40～70
二类	10～28	20～80
三类	10～30	20～85

通信机房内的温度变化率应小于5℃/h（不得凝露）。

对室温变化范围有特殊要求的机房参数见表 4-3-16。

◈ 表 4-3-16　特殊机房温度、湿度的要求

机房类别	温度/℃	相对湿度/%
IDC 机房	20～25	40～70
蓄电池机房	15～30	20～80
发电机组机房、变配电机房	5～40	—

注：机房的温度、湿度是指在地面上 2m 和设备前方 0.4m 处测量的数值。

（2）热转换系数（设备发热量）

设备耗电，实际上电能通过设备转换成其他形式的能，如光、声、机械能和热能等，除辐射出去的以外，均转换成热能。

热转换系数，目前一般机房按电能 95%～100%变为热能计算。

（3）洁净度和新风量

通信机房内应满足灰尘粒子浓度、气体浓度、新风量要求。

① 灰尘粒子浓度。

通信机房内的灰尘粒子浓度不能是导电的、铁磁性的和腐蚀性的粒子，其浓度分为三级，见表 4-3-17。

◈ 表 4-3-17　通信机房灰尘粒子浓度

级别	直径大于 0.5μm 的灰尘粒子浓度/（粒/L）	直径大于 5μm 的灰尘粒子浓度/（粒/L）
一类	≤350	≤3
二类	≤3500	≤30
三类	≤18000	≤300

各类通信机房内灰尘粒子浓度要求见表 4-3-18。

◈ 表 4-3-18　通信机房内灰尘粒子浓度要求

机房类别	灰尘粒子浓度
一类通信机房	二级
二类通信机房	二级
三类通信机房	三级
IDC 机房	一级
蓄电池室	三级
变配电室	三级
发电机组机房	—

② 气体浓度。

通信机房防止流入对通信设备有腐蚀性的气体和对人体有害的气体以及易燃易爆的气体。

通信台站在选址时，应选择远离散发有害气体的工业企业、垃圾处理场、军火库、核电站等危险区。

蓄电池放出的有害气体应排出室外。

③ 新风量。

对有人值守的机房必须保证机房内有足够的新风量（以同时工作的最多工作人员计算，每人新鲜空气不小于 $30m^3/h$）。

（4）噪声

一般情况下，通信机房内的背景噪声应不宜大于 62dB（A）。

对于要求较高的机房，如电话会议室、电视会议室、人工交换室等，要从电声方面考虑提出允许噪声和最佳混响时间的要求。例如，电视会议室允许噪声≤40dB（A），人工交换室允许噪声 45dB（A），电话会议室允许噪声 50dB（A）。电视电话会议室容积 $100m^3$ 的最佳混响时间为 0.4s，$200m^3$ 为 0.5s，$500m^3$ 为 0.6s。

（5）电磁场干扰

通信设备的电磁防护有两个方面：一是防止外来电磁波的干扰，使设备免受损伤；二是防止设备本身产生的电磁波辐射出去，造成失密或对其他设备的干扰。

通信机房内的电场强度和磁场干扰按照《计算机场地通用规范》（GB/T 2887—2011）中 4.3.5 条要求，即：

① 无线电干扰环境场强。机房内无线电干扰场强，在频率范围 0.15～1000MHz 时不大于 126dB。

② 磁场干扰场强。机房内磁场干扰场强不大于 800A/m。

（6）静电干扰

① 对地静电电压值要求。

程控机房及控制室、数字传输机房等机房，机房内地板、工作台、通信设备、操作人员等对地静电电压绝对值要求应不小于 200V。

② 地面防静电要求。

通信机房敷设防静电地板时，防静电地板应符合《防静电活动地板通用规范》（GB/T 36340—2018）规定的技术要求。

③ 墙壁和顶棚防静电要求。

墙壁和顶棚表面应光滑平整，减少积尘。允许采用具有防静电性能的材料。

④ 工作台、椅、终端台防静电要求。

机房内的工作台、椅、终端台应是防静电的。台面静电泄漏的系统电阻及表面电阻均为 1×10^5～$1\times10^9\Omega$。

（7）防雷接地

① 防雷接地要求。

安装单一通信设备的通信机房应按设备厂家提出的要求进行设计，综合性通信枢纽应按《通信局（站）防雷与接地工程设计规范》（GB 50689—2011）执行。该规范详细规定了通信局（站）防雷与接地的通用规定，综合通信楼的防雷接地，有线通信局（站）的防雷接地，移动通信局（站）的防雷接地，小型无线通信站的防雷接地，微波、卫星地球站的防雷接地，通信局（站）的过电压保护设计等内容。进行工程设计必须要掌握这些内容。

通信局（站）防雷系统的技术要求与检测方法按《通信局（站）在用防雷系统的技术要求和检测方法》（YD/T 1429—2006）中相关要求执行。

通信局站（房屋）接地电阻值取定按《军用通信房屋建筑设计标准》（GJB 5146—2004）并参照《通信局（站）电源系统总技术要求》（YD/T 1051—2018）执行，具体要求见表 4-3-19。

◈ **表 4-3-19　通信机房接地电阻值要求**

适用范围	接地电阻/Ω
综合楼、汇接局、万门以上程控交换局、2000 线以上长话局	＜1
2000 门以上 10000 门以下的程控交换局、2000 线以下长话局	＜3
2000 门以下的程控交换局、光终端站、卫星地球站、微波枢纽站、带 BSC 的移动通信基站	＜5
不带 BSC 的移动通信基站、微波中继站、光中继站、小型卫星地球站	＜10
微波无源中继站	＜20
适用于大地电阻率小于 100Ω·m，电力电缆与架空电力线接口处防雷接地	＜10
适用于大地电阻率小于 101～500Ω·m，电力电缆与架空电力线接口处防雷接地	＜15
适用于大地电阻率小于 501～1000Ω·m 电力电缆与架空电力线接口处防雷接地	＜20

注：当土壤电阻率太高，难以达到 20Ω 时，可放宽到 30Ω。

② 防雷要求。

通信台站（枢纽楼）和天线应有性能良好的接地装置，避雷装置的地线与设备、电源的地线必须按联合接地的要求进行连接。

（8）供电要求

① 市电引入方式。

根据国家供电规定，通信用电属于保证电源，一般设专用线路和设备，不与其他用户共用。

根据所在地区的用电条件、线路引入方式及运行状态，目前将供电方式分为四类：

第一类：从两个稳定可靠的独立电源引入两路供电线，不应有同时的检修停电，事故停电极少。

第二类：由两个以上的独立电源构成稳定可靠的环形网上引入一路供电线；或由一个稳定可靠的独立电源或从稳定可靠的输电线路上引入一路供电线。二类供电允许有计划检修停电，事故停电不多；一次停电时间不超过 12h。

第三类：由一个电源上引入一路供电线，电源不可靠，停电次数多，一次停电时间有时超过 24h。

第四类：由一个电源上引入一路供电线，经常昼夜停电，供电无保证；有季节性长时间停电或无市电可用。

进行通信台站设计时根据其规模容量、战略地位及重要性确定市电引入种类。

② 通信设备供电方式。

通信设备供电包括交流供电系统和直流供电系统，系统组成方式有集中供电、分散供电、混合供电、一体化供电。可根据通信设备的用电种类（AC/DC）、用电量（W/A）、电压变化范围、脉动电压值、蓄电池放电时间等，提出设备的具体供电要求，由电源专业人员根据所提要求确定供电方式和进行电源系统设计。

（9）照明要求

① 照明方式。

照明方式分为三种：一般照明、局部照明、混合照明。机房以电气照明为主，避免阳光直射入机房内和设备表面上。

一般照明：指在整个房间内普遍地生产规定的视觉条件的一种照明。

局部照明：指安装在机架或工作台上的灯具所产生的照明。

混合照明：指二者皆有的照明。

② 照明种类。

照明种类分为三类：常用照明、保证照明、事故照明。

常用照明：通常市电供给的照明。

保证照明：一般指油机供给的照明。

事故照明：在市电中断、油机未启动前，用蓄电池供给的照明。

③ 照明光源。

机房的照明光源应采用荧光灯作为主要照明光源。电缆进线室、油机房、水泵房、传真洗片室等，应以白炽灯作为主要照明光源；对于需要防止电磁波干扰的场所，或因频闪效应影响视觉作业时，不宜采用荧光灯。

防酸隔爆蓄电池室采用防爆型安全灯，室内不得安装电气开关、保安器等；当选用阀控式密闭电池时，可按一般机房照明设计。

地下进线室应采用具有防潮性能的安全灯，灯开关装于门外。

水平工作面的照度参考高度为距地面 0.75m，垂直面照度（直立面）的参考高度为距地面 1.4m，厕所、走道、门厅等以地面为计算点。

通信机房照度标准值要求见表 4-3-20。

◈ 表 4-3-20 通信机房照度要求

机房类别	参考平面及高度	照度标准值/LX
一类机房	0.75m 水平面	500
二类机房	0.75m 水平面	500
特殊机房照度要求		
IDC 机房	0.75m 水平面	500
蓄电池机房	地面	200
发电机机房	地面	100
风机、空调机房	地面	100

（10）弱电系统

弱电系统包括电源插座、电话插座、广播、环境安全监控、集中告警、火灾报警等。

数量位置：数量，根据需要提出；位置，电源插座一般距地 300mm，电话插座距地 300～500mm。

《通信工程建设环境保护技术标准》（GB/T 51391—2019）对通信工程建设环境保护提出了新的要求，主要针对通信工程项目建设和运营对外部环境的影响而制定了相关内容。其中强制性条款有：

① 对于产生环境污染的通信工程建设项目，建设单位必须把环境保护工作纳入建设计划，并执行“三同时制度”，即与主体工程同时设计、同时施工、同时投产使用。

② 严禁在崩塌滑坡危险区、泥石流易发区和易导致自然景观破坏的区域采石、采砂、取土。

③ 工程建设中废弃的沙、石、土必须运至规定的专门存放地存放，不得向江河、湖泊、水库和专门存放地以外的沟渠倾倒；工程竣工后，取土场、开挖面和废弃的沙、石、土存放地的裸露土地，应植树种草。

④ 通信工程建设中不得砍伐或危害国家重点保护的野生植物。未经主管部门批准，严禁砍伐名胜古迹和革命纪念地的林木。

⑤ 通信工程中严禁使用持久性有机污染物做杀虫剂。

⑥ 必须保持防治环境噪声污染的设施正常使用；拆除或闲置环境噪声污染防治设施应报环境保护行政主管部门批准。

⑦ 严禁向江河、湖泊、运河、渠道、水库及最高水位线以下的滩地和岸坡倾倒、堆放固体废弃物。

（11）通信设备的布置

1）设备布置的原则

机房一般采取功能分区布置原则，分为设备区、控制区、终端区等，需要随时监视或操作的设备布置要方便使用。

机房最好设计成套间，里间装机器，外间装控制设备，里外间的隔墙应便于维护和领班人员观察机器工作状况；或将机器与控制台装在同一间房子内，便于值班和维护人员直接观察和操作机器。

机房内设备布放一般包括三种形式，即矩阵形式布放、面对面形式布放和背靠背形式布放，通常以矩阵形式布放居多。设备应随机房格局，采用统一的列柜或承载机台布置，设备侧向间距离应根据使用、维护要求确定，保证设备距墙不小于 0.8m，室内走道净宽不小于 1.2m。设备列柜安装时，设备上下应留有一定的空隙，特别是南方地区，应充分考虑设备的通风、散热、防潮、除湿等问题。

2）机房布线的原则

机房中的线缆按照用途可分为射频信号电缆、音频信号电缆、控制电缆、计算机网线、电源线和地线等。机房是各种线缆的汇集与交汇点，其布线的合理与否直接影响通信设备能否正常运行，因此施工时应特别重视，并遵循下列原则：

一般布线原则，可采用地沟、线槽、金属管或 PVC 管等方式布线，线缆的总截面不能超过线槽截面积的 40%，设计时要充分考虑地沟、线槽和管子的大小。每类电缆应提供独立通道。射频信号电缆、音频信号电缆、光缆、电源线和建筑物内其他弱电系统的电缆应分开布放。采用线槽布线时，普通信号电缆应与其他非信号电缆分开布放，距离不小于 30cm，与大功率、高辐射设备的电缆距离应不小于 60cm。若不能满足，应考虑安装屏蔽设施或选用全屏蔽的金属线槽。采用地沟桥架布线时，底层为接地母线，其上覆盖绝缘胶皮；第二层为电源线，第三层为射频信号电缆，第四层为计算机网线、音频信号电缆及控制电缆。

电缆走道安装时，应符合以下要求：

① 走道支铁应垂直、端正、整齐、牢固。

② 水平走道的各支铁应在一条直线上。

③ 走道边铁应垂直，不得出现扭曲、弯曲及倾斜。

④ 走道横铁平直并与边铁垂直，横铁应每隔 1m 装 1 根。

⑤ 走道的升降及转弯处应用垂直接头卡子连接，并且成直角。

⑥ 水平走道应与地面保持水平，水平度每米偏差小于或等于 20mm。

⑦ 垂直走道应与地面垂直，垂直度每米偏差小于或等于 30mm。

电缆的布放应平直，不得出现扭曲、打圈、缠绕等现象，不得受到外力挤压和损伤，电缆长度应做适当预留。各类电缆应分类绑扎、排列整齐、转弯圆滑无交叉。电缆和网线应整段布放，禁止中间续接，计算机网线最大长度应小于 100m。电缆端头的处理应平整，清洁无毛刺，接触良好。电缆屏蔽层应按规定接地，接地应准确、可靠并确保整体屏蔽的连续性。布放的电缆两端应贴有标签或标识，标明电缆的编号、起始和终止的位置，书写应正确、工整、字迹清晰，能永久保存。

① 射频线的布放。

射频线是指发射机或接收机到天线之间的高频信号传输线，也称高频线。射频馈线分为明馈线和射频电缆两类，射频线布放时应注意以下问题：

a. 在布设电缆时，应尽量保持平直，需要转弯时，其弯曲角不得小于120°。

b. 射频电缆中间不得有接头，塑料绝缘外皮应无断裂，电缆应无挤压、变形现象。

c. 布放在墙壁线槽内的射频电缆，应排列整齐紧密、顺直，拐弯圆滑无交叉，每隔一定距离用铁皮卡子固定在壁槽上。

d. 在地槽内布放射频电缆应顺直无扭曲，绑扎线扣均匀，单独编成一线把，布放在音频信号线把与电源线把的中间。

e. 射频电缆的线把一般不与其他线把交叉。

f. 芯线插入电缆座的长度合适，端口平整，清洁无毛刺，接触良好。

g. 电缆剖头不应过长，芯线插入后不应露铜芯。

h. 电缆头内套旋入座后，翻折部分应紧贴、无毛刺。

i. 电缆头外套旋入座后，不得露屏蔽层皮，电缆不松动。

② 音频线的布放。

机房中音频线的布放原则，通常也适用于控制线、计算机网线等敷设。具体要求是：

a. 音频线径、数量等规格的选择应符合设备连接的要求。

b. 布放音频线缆之前，应检查电缆绝缘，用 250V 兆欧表，测试芯线与铅皮间、芯线与芯线间的绝缘电阻，要求每百米不小于 200MΩ，塑料电缆外皮无扭损及断裂。

c. 电缆转弯应均匀圆滑，弯弧以外应保持平直并称直角，电缆转弯的最小曲率半径应大于60mm，严禁拐成死角。

d. 音频线及电源线在电缆走道或地槽内应分开布放在接地母线的两侧，音频线束应与电源电缆减少交叉，如有交叉时，音频线束应走在电源电缆的上面。

e. 布放电缆应顺直、无扭曲、无错放、无漏放。

f. 电缆绑扎应整齐、间距均匀、松紧适度、呈直线。

g. 电缆剖头处应平齐，不得损伤芯线及绝缘。

h. 分线应按色谱顺序，保持每组芯线的扭绞。

③ 电源线的布放

电源线一般采用穿管或地槽布线方式，对非屏蔽电源线布放应选金属管。市电、油机等电源的配电屏有多块时，屏间相互连接的导线亦可直接在屏架内布放。电源线布放的具体要求是：

a. 穿管敷设时，一般应提供独立通道。埋设管子时应注意拐弯角度不可太小，一般应大于 90°，埋设在砖墙内时曲率半径不得小于管子外径的 6 倍，埋设在混凝土基础内时曲率半径不得小于管子外径的10倍，管口需加套管或将管口锉圆滑，以防穿线时割伤导线绝缘外皮。

穿管管径的选择应符合下列原则：管内穿放电缆时，直线管路的管径利用率一般为 50%～60%；弯管的管径利用率一般为 40%～50%；管内穿放绞合导线时，管子的截面利用率一般为 20%～25%；管内穿放平行导线时，管子的截面利用率一般为 25%～30%（导线的截面积是指包括绝缘层的截面）。

b．地槽布线时，地槽可建成有盖板的明槽或暗槽，穿越主要通道的地槽布线以采用暗槽式布线为宜。明槽的布线方式有：以木板平铺在槽底，电源线布放其上，在槽内将同一系统的电源线绑扎成束；距槽底 50mm 处，沿地槽走向每隔 250mm 埋放一根圆形钢筋作为走线架，电源线绑扎在钢筋上；将电源线直接放在槽底，槽底不加衬垫，使用这种办法的机房必须要保证干燥，槽内应不会由于地面积水而使电源线受潮。

若槽内需要布放多种线缆时，电源线和信号线可分开布放在槽内两侧，接地母线布放在槽底，电源电缆距信号电缆不小于 30cm。

c．沿墙或户外敷设时，一般采用线卡、绝缘子（安装在扁钢或角钢架之上）等进行加固，线束的固定应平直。

d．多股导线敷设时，$10mm^2$ 以上的铜芯电缆和多股铝导线在与设备上的接线端子连接时均需使用铜鼻子，芯线与铜鼻子应焊接端正、牢固，无假焊、松动，焊锡应填满。

e．绝缘要求，电缆布放后的芯线间和芯线对地的绝缘电阻应大于或等于 100MΩ（相对湿度小于或等于 80%）。

f．尽量使用通信设备自带的电源线。

④ 地线的布放。

机房内敷设的接地线，一般指接地导线的汇集线、总地线排或接地母线和设备接地线，通常用紫铜带、铜编织线和粗铜芯线制成。机房地线布放的具体要求是：

a．接地母线应采用 $50mm^2$ 以上的紫铜带或ϕ8mm 以上的铜芯线。

b．接地母线应敷设在机房地槽的底部，尽可能构成环路以保证设备接地安全可靠。若接地母线沿建筑物墙壁水平敷设，应离地面高度 250～300mm。

c．接地母线的连接应采用搭接焊，其搭接焊长度应符合下列要求：搭接铜皮应平直无明显锤痕；搭接长度不小于铜皮宽度；搭接处应两面镀锡，镀锡长度应稍长于接触面，焊接应牢固。

d．设备接地线一般采用 $16mm^2$ 的镀锌铜编制线或ϕ6mm 以上铜芯线与接地母线相连接，对要求较高或功率较大的设备接地线，可直接用接地母线接地。

e．设备的接地与母线连接应尽量采用焊接，焊接必须牢固无虚焊，以减小接地电阻。若不能焊接时，应用镀锌螺栓连接。

f. 每个电气装置的接地应以单独的接地线就近与接地母线相连接，不得在一个接地线中串接几个需要接地的电气装置。

三、施工图设计要点

在初步设计方案经过设计会审通过，并被主管部门正式批准以后，就可以按照批准的初步设计方案开展施工图设计。

（一）光缆线路施工图设计

概括地讲，光缆线路施工图设计就是在对线路进行现场勘察、测量的基础上，绘制出满足施工要求的图纸，根据实际情况编制设计说明和工程预算。有关设计说明的内容、工程预算和施工图纸的深度要求详见表 4-3-21、表 4-3-22。

◈ 表 4-3-21 光缆线路施工图设计的内容与设计深度要求

设计说明的内容	设计深度与要求
概述	设计依据；设计内容与范围；设计分工；本设计变更初步设计的主要内容；主要工程量表
光缆路由情况描述	光缆线路路由；沿线自然与交通情况；穿越障碍情况；市区及管道光缆路由；光缆线路引接、分支情况
主要技术指标、光缆敷设的技术要求和措施	光缆结构及应用场合；单盘光缆的技术要求和技术指标；中继段主要光、电指标，光缆的敷设与安装要求；光缆的防护要求和措施；特殊地段和地点的技术保护措施；光缆进局的安装要求；维护机构、人员和车辆的配置
需要说明的问题	施工注意事项和有关施工的建议；对外联系工作；建设单位与本工程同期建设项目有关说明；其他有关需要说明的问题

◈ 表 4-3-22 光缆线路工程预算和施工图纸要求

工程预算和施工图纸的内容	设计要求
编制依据	编制依据；有关文件；资料名称
编制要求	包括的项目与内容；有关费用的计算方法；其他需要说明的问题
预算表格	预算总表；安装工程费用预算表；安装工程量预算表；安装工程施工机械使用费预算表；器材预算表工程建设其他费用预算表
施工图纸	光缆线路路由图；光缆传输系统配置图；光缆配置图；光缆线路施工图；大地电阻率及排流线布放图；直埋光缆埋设及接头安装方式图；特殊地段施工图；特殊地段防护加图；进局光缆安装方式图；管道光缆路由图，光缆接头在人孔中的安装方式图；监测标石加工图等

（二）短波施工图设计

1．设计依据

短波通信台站工程设计应以设计任务书（或批准的可行性研究报告）、有关本工程项目重大问题的函件及会议纪要、建设单位与有关主管部门协商取得的协议批准文件为依据进行。

业务主管部门在设计前需对本工程的建设规模、使命任务、技术指标、网络需求、组网方式、网络的工作性质（专向、收听、协同等）、通信联络时间、应用工作频段、相关设备如收发信机的型号、工程完成时间及工程投资控制等内容提出明确的要求。

2．设计内容

工程设计任务包括以下内容：

（1）选择适当的天线形式和数量来满足通信业务需求，这是最主要的。

（2）选择良好的场地，并将天线合理布局，使天线的效能得以充分发挥。

（3）根据场地和天线情况选择馈线的类型，并优化馈线路由。

（4）天线、馈线、收发信机的交换系统。

对天线和馈线的杆塔、基础和拉锚等采用合理的结构设计，便于架设和维护。

3．设计原则

（1）应在满足技术要求的条件下，要简单、隐蔽、牢固、不易破坏、便于修复。

（2）以能保证沟通联络为主，不提用不到的指标。

（3）天线要求能在较宽波段内工作。

（4）注意运用天线交换器和共用器等方法，以减少天线的数量，并保证通信的可靠性。

（5）天线应尽量可以互相代用，天线交换方式要简单迅速。

（6）对船舶和飞机等活动目标，天线应有适当的覆盖扇面。

对重要的通信对象应有 2 副或 2 副以上的天线来保障，以提高可靠性。

4．短波通信台站天馈线系统设计的基本程序

（1）根据任务书明确的台站建设使命任务，计算各通信对象的距离、方位，通信保障扇面角度，需同时开通的网络数量。

（2）选定各通信方向采用的天线程式和工作频段。

（3）根据天线的程式和数量，选择满足架设要求的场地，条件允许时，可对场地进行测绘。

（4）对预架设的天线进行合理布局，并优化设计馈线，引入路由。

（5）画出天线场天馈线平面布置图，并在图中显示天线场周围地形、地物和机房位置。

（6）调查了解当地气象资料，根据气象资料进行天线杆塔抗载荷力度设计。

（7）绘制各种程式天线施工设计图。

（8）根据设计做出工程器材和经费概预算，拟写设计说明，与设计图纸装订成册，并呈报上级审核。

5. 天线选型

天线选型要根据发射机功率（收信不存在功率问题）和通信距离及覆盖扇面角度来选择合适的天线，选择天线需要考虑以下因素：

（1）天线的工作频带。

（2）天线的方向性。

（3）天线增益。

（4）天线极化方式。

天线性能分类如下：

（1）按天线的工作频段宽窄（阻抗特性）分类有：窄带天线、宽带天线、不加载宽带天线、加载宽带天线。

（2）按方向性分类有：定向天线、全向天线、垂直极化全向天线、水平极化全向天线。

（3）按极化特性分类有：垂直极化天线、水平极化天线、椭圆极化天线。

根据天线性能分析可得出天线选型的一般原则：

一般情况下，应选用宽带天线。中远距离点对点定向通信尽量选用定向天线。中远距离的全向通信可选用功率大、辐射效率高的全向天线，如立锥、伞锥宽带天线；近距离全向通信可采用低架水平双极类天线、倒 V 形宽带天线或宽带鞭天线（有盲区）。

如果同时需要近距离与中远距离通信，小功率电台要用水平双极类天线，如双锥宽带天线、三线天线。工作于低频时，天线具有高仰角辐射，适合近距离通信；工作于高频时，天线方向性增强，波瓣仰角降低可用于远距离通信。

10kW 以上的大功率固态发信机，没有天线调谐器，只能采用宽带天线。对于固定台站，如架设场地允许，尽量选择不加载的宽带天线。定向天线可选用对数周期天线、菱形天线，全向天线可选用双锥宽带天线或立锥、伞锥形宽带天线。

对于海域通信，应选用波瓣宽度满足扇面夹角要求的天线。当服务范围较大时，一副天线如不能覆盖，应该把距离分段、方位分片，把服务范围分为几个小区域，每个小区域的中心点按定点通信的设计方法由一副天线覆盖，且相邻扇面天线的水平张角要有 3°～10° 的重合区。

6. 天线场地的选择

确定天线场场址是天线台站设计的重要环节。它关系到通信质量的好坏、建设费用是否经济、生活和管理是否方便以及隐蔽、保密等问题。所以必须经过认真勘察、详细研究、多方比较才能选出合适的天线场位置。

新建台站首先要了解该地域城市建设、电力网、交通（包括铁路、公路、机场、河道等）的现状和规划，根据城市范围和规划情况、收发信分区情况、电力网情况、交通有关情况，进一步拟定几个可能的台址位置，作为现场勘察的主要对象。

其次要搜集场地地质、地形地貌、地震、矿产和附近地区的工程地质与岩土工程资料及当地建筑经验。初步了解场地的主要地层、构造、岩土性质、不良地质现象及地下水的情况。对工程地质与岩土条件较复杂，已有资料及踏勘尚不能满足要求的场地，应进行地质测绘及必要的勘探工作。

天线场地的选择具体要求如下：

（1）场地地质。天线场地应选用耐较大压力且稳定的地质，宜避开下列地区或地段：

① 不良地质现象发育，对场地稳定性有直接危害或潜在威胁的地段。

② 沼泽地、流沙地、大孔性土壤、植物性土壤等地带。

③ 地基性质严重不良的地段。

④ 9 度及 9 度以上高烈度地震区。

⑤ 洪水或地下水对建筑物和构筑物有严重威胁或不良影响的地段。

⑥ 地下有未开采的有价值的矿藏或不稳定的地下采空区。

（2）当确实无法避开时，应专题论证。特殊地区选择场地时还应考虑下列因素：

① 建台场地内有无滑坡现象、断层破碎带。

② 施工过程中，因挖方、填方、堆载和卸载等对山坡稳定性的影响。

③ 建筑地基的不均匀性。

④ 岩溶、土洞的发育程度。

⑤ 出现崩塌、泥石流等不良地质现象的可能性。

⑥ 地面水、地下水对建筑地基和建台地区的影响。

为了减少高频电磁能传播损耗和易于得到良好的地阻值，需要地下水位较高、大地导电率高的地区，但地下水位过高又不利于建筑。因此，应予全面综合考虑，最好是地下水位不高于地下 1.5m，地质为砂质、黏土。

（1）场地地形

天线辐射场是天线直射波与地面反射波的矢量和，所以天线前方应尽量平坦，避免高低不平的地面和树木，以免使场地反射波偏斜或被吸收、减弱。对于射束集中的强定向天线，关系极为重要。此外，高低不平的地面将给天线杆的设计和架设带来困难，天线下面的树木也会给天线的架设带来麻烦。如不能保证整个场地的平整，应尽量使天线的第一菲涅耳反射区（图 4-3-1）保持平整，其对应的尺寸计算如下。

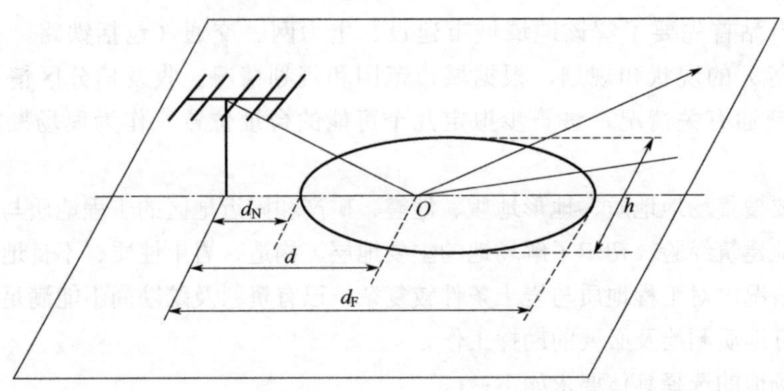

图 4-3-1 天线的第一菲涅耳反射区

天线底部到反射点 O 的距离为：

$$d = \frac{h}{\tan D}$$

天线底部到第一菲涅耳区近端的距离为：

$$d_{\mathrm{N}} = \frac{h}{\tan D}\left(3 - \frac{2\sqrt{2}}{\cos D}\right)$$

天线底部到第一菲涅耳区远端的距离为：

$$d_{\mathrm{F}} = \frac{h}{\tan D}\left(3 + \frac{2\sqrt{2}}{\cos D}\right)$$

菲涅耳区的最大宽度为：

$$W=5.66h$$

式中，D 为通信仰角；h 是相对于菲涅耳区地面的天线高度，$h = \frac{l}{4\sin D}$。

对远距离通信电路，仰角较小，在场地受限的条件下，可以降低对场地的要求，第一菲涅耳区参数可以改为：

$$d'_{\mathrm{F}} = (0.6\sim1)d_{\mathrm{F}}$$
$$d'_{\mathrm{N}} = (1\sim1.6)d_{\mathrm{N}}$$
$$W' = (0.7\sim1)W$$

此时，按最小反射区计算，使用降低场地要求的办法将使系统性能下降 2dB（约下降 37%）。

另外，天线场地应有适当坡度，坡度小于 0.5° 时，会使排水不畅通，但天线场地及其发射方向外围 500m 内的地势应较平坦，坡度一般不超过 5%为好。

布置天线时，应充分利用场地地形的有利因素，避开场地地形和四周环境的不利因素，天线前方的障碍物的仰角应小于天线主瓣仰角的1/4。远距离通信用的天线（如鱼骨天线）前方，障碍物的仰角应不大于 2°。特殊情况下可架设高仰角天线，用增加电波频率跳变次数的方法解决。

（2）台址与城市、交通、厂矿的关系

发射台应在城市规划的发射区内选择台址，在可能条件下应尽量靠近城市（节约遥控线费用和方便生活），其主要通信方向的天线辐射主瓣射线应避免通过所在城市。当发射机输出功率 $P<5$kW 时，台站距市区边缘一般不小于 2km，以免在城市中产生过大的场强，影响居民收听广播和收看电视。

（3）台址与机场、铁道、河流等的关系

① 与机场的关系。

台站天线场地外缘至飞机跑道的最小距离为3km，在跑道方向及其左右 15° 范围内，建筑物（包括天线杆、塔）的高度不得超过按下面计算的结果：

$$D=70(H+30)$$

式中，D 为建筑物与飞机场跑道中心的距离，m；H 为建筑物的高度，m。

当发射机输出功率 $P<5$kW 时，发射台天线场地外缘距机场塔台的距离不得小于 2km。

② 与铁道的关系。

一般来说，铁道距天线场地外缘应大于 200m（主干铁道应大于 1km）。

③ 与河流的关系。

主要考虑在大雨、洪水季节水淹没电台或天线场地，以及河流、湖泊等的水域变化和整治等的影响。对于水库，应勿置于水库较近的下方。为了避免对台站金属的锈蚀，应尽量远离海岸，一般不小于 4km。

（4）台址与厂矿的关系

对于有烟尘废气的厂矿，台站应位于其主要方向的上方，且距离不应小于 2km，对有害气体的厂矿，应遵守卫生部门的规定距离办理。

（5）与人为干扰源和干扰电台的距离要求

中波和长波发信台在短波收信台的天线场地所产生的场强应小于 100mV/m。

7. 天线的平面配置

天线的配置原则：重要方向和远距离通信区域优先配置。在场地条件允许的情况下，天线尽可能离机房就近配置，以减小馈线损耗。从发射天线到架空输电线或架空通信线路之间的最小距离应符合有关规定。

天线在场地上的配置方式有两种方式，如图 4-3-2 所示。

在环形配置中，在对角线上也配上天线，如图 4-3-3 所示，这样可减少天线杆数，提高天线杆利用率。但是多数天线杆上挂有三副以上天线，各天线轴间夹角小于 120°，因而使天线间互相影响大，方向性和效率变低。因此，这种架设方法只对要求不高时或天线场地受条件限制时才使用。临时架设天线也可采用。

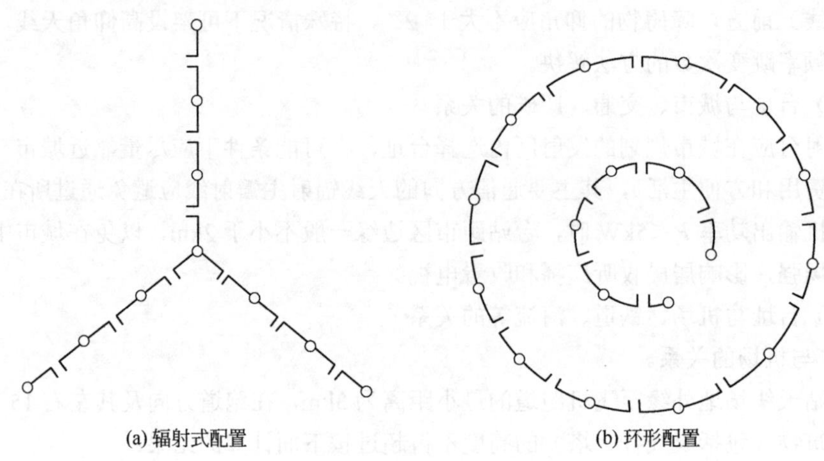

图 4-3-2　天线配置方式

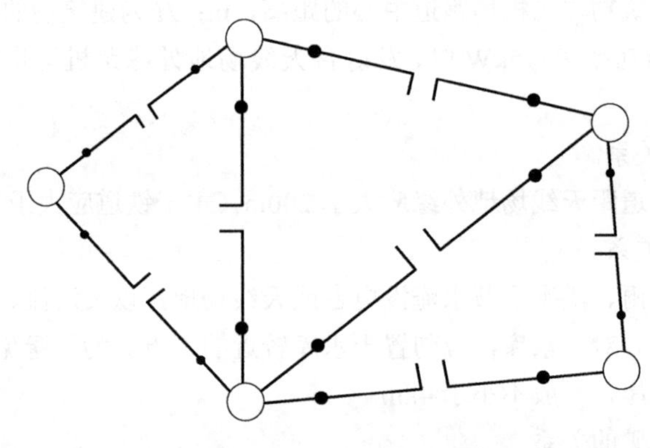

图 4-3-3　天线的平面配置

天线的配置需要两个准备条件：天线场的地形地物图、各天线的准确安装尺寸。

对于天线形式简单、数量较少的场合，或场地较充裕时，可大概描绘场地的主要地形地物，粗略配置后到实地做适当调整即可。

当天线数量较多或场地比较紧张时，最好能获取场地的 1∶2000 以上的地形图。城市周边场地地形图有时可以从当地规划部门取得，条件允许也可请测绘部门进行测量，主要对场地的地形、主要地物（如建筑、电力和通信线路等）进行测量。

8．馈线选型

馈线选型应考虑的因素有：发信馈线的功率容量、馈线的插入损耗。

同轴电缆的损耗与生产工艺和材料有关，需参考生产厂家详细的资料。

选择馈线时，除考虑电气性能以外，还需结合工程实际情况，如在某些场合下，需考虑施工难度、价格因素、日常维护等。明馈线成本低、使用寿命长，但制作相对复杂，且需要架空；同轴电缆特别是低损耗同轴电缆价格较高，但无需经常维护，埋地铺设需要开挖电缆沟会增加工程量。因此，在工程中，必须结合实际情况做出合理选择。

第四节　设计文件质量评定

设计文件会审分为可行性研究报告会审、初步设计会审和施工图设计会审（或交底）。设计文件提交会审前，必须进行内部审核，内部审核通过后方可申请由建设单位或主管机关组织会审。

一、设计文件质量评定标准

设计文件质量评定标准按照《各类通信建设工程各阶段设计文件质量特性质量评定标准》执行。

各层次内部审核和外部评审指出的质量问题，设计修正后复审符合规定要求的文件即为合格品。

内部各级审核和外部评审确定设计文件质量存在下列情况之一者，应判定为不合格品：

（1）设计文件对功能性、政策性、安全性、经济性等项质量特性偏离了规定要求或缺少其中一项特性时，应判定为不合格品。

（2）设计文件对可信性、可实施性、适应性、时间性等项质量特性严重偏离了规定要求或缺少其中一项特性时，应判定为不合格品。

设计文件质量评定主要从功能性、政策性、安全性、经济性、可信性、可实施性、适应性、时间性等方面进行。

1．功能性

（1）设计确定的建设内容、规模符合设计委托书（任务书）的要求。

（2）各期业务预测的依据充分可靠，能满足企业发展需要。

（3）符合通信行业电话网总体设计方案。

（4）各局出局主干光（电）缆容量满足本期业务需要。

（5）长话、市话中继线路网及市话局间中继线路网改造设计能保证全网话务畅通。

（6）无线覆盖范围、所开放的业务及工程规模容量符合设计任务书和可行性研究审定批复方案的要求。

（7）通信系统功能和覆盖范围内的主要技术指标符合部颁设计规范规定。

（8）各小区覆盖范围能满足越区切换的要求。

2．政策性

（1）管线设施和管线建设规划必须纳入本地网（或城市）范围内的城市建设规划。

（2）设计方案符合现行部颁技术体制、技术政策，以及现行部颁通信行业相关建设标准。

（3）用户线路调整尽量不改变原有用户号码。

（4）网络组织、设备制式和频段的选用符合现行部颁技术体制及技术政策的要求。

（5）局间中继线路、信令方式、接口参数、编号方式符合现行部颁通信行业建设标准。

3．安全性

（1）主要中继线路应采用两个不同路由或环形网方案。

（2）新建局站应满足防火、防水、防爆要求。

（3）埋式线路敷设位置应避开腐蚀地段、矿区及采矿地段，与其他地下管线的最小净距应符合设计规范要求。

（4）通信管道和地下其他管线及建筑物最小净距应符合设计规范要求（管道设计应有路由红线、地下资源描述），管道路由中应明确标明穿越公路、其他车行道、特殊地段的具体位置和保护方法。

（5）光（电）缆进线室内严禁通过煤气管道，并具有防火性能及采用防火铁门。

（6）架空线路过公路、桥梁、河流及“三线交越”“飞线”等，应有明确的指导方案。

（7）架空线路在多雷区应有明确的防雷接地方案。

（8）光缆金属加强芯和金属护层在ODF架的连接，必须严格按照《通信线路工程验收规范》（YD 5121—2010）的规定做防雷接地，严禁将防雷接地线接在机房保护地排上。

（9）站址周围的环境条件符合防火、防震、防爆、防噪声、防洪等要求。

（10）防火设计方案符合现行《邮电建筑防火设计标准》（YD 5002—1994）要求。

（11）接地、防雷符合设计规范要求。应当根据基站所处位置的地质条件、年平均雷暴日等，提出可靠且可实施的防雷接地方案，明确铁塔接地、机房保护接地、交流引入接地的具体位置。

（12）对土建、铁塔要求有足够的抗震、抗载荷、抗风荷的能力。

（13）铁塔基础建筑必须执行《塔桅钢结构工程施工质量验收规范》（CEC 38—2006）。

（14）铁塔基础建筑，应根据铁塔所在位置勘测地质条件、调查气象资料，根据铁塔的高度测算基础开挖方案和基础建筑方案。

（15）铁塔建筑位置应与其周围的公路、铁路、电力线路、油库、学校等其他重要建筑有足够的距离，其隔距应大于铁塔地面高度的1.3倍。

（16）铁塔塔形的选择以安全第一为第一要素。

（17）城镇建筑物上，原则上不建筑铁塔。升高架、桅杆的高度应控制在安全范围内，设计中应用确保安全的详细施工方案。

（18）铁塔的安装，应有确保安全的详细施工方案。必须执行《塔桅钢结构工程施工质量验收规程》（CECS 80—2006）。

（19）电磁辐射限值应符合《电磁环境控制限值》（GB 8702—2014）要求。

4．经济性

（1）工程投资总概算不超过设计任务书提出的投资控制数的±10%，企业另有规定的按企业标准执行。

（2）概算文件编制有充分依据（地质系数取定应有路由现场取样数据）。

（3）主干电缆芯线使用率合理。

（4）配线方式、交换区容量等选定合理。

（5）基础建筑设计，一定要根据地质、气象、塔高、负荷等条件进行科学的计算，要纠正“要使铁塔稳，坑基一定要深，多用水泥和钢筋”的错误设计。

（6）铁塔高度的选择，应满足无线信号传输和覆盖的需要，考虑网络优化的需要，要纠正“平原建高塔”“丘陵选高山”“山区塔比众山高”的村务设计。

（7）设备选型应经济合理。

5．可信性

（1）交接区、配线区划分合理，新建区与原区的改扩建设计综合协调合理。

（2）各种计算及依据参数正确，无计算差错。

（3）工程割接原则正确可靠（制定可指导割接操作人员具体操作的割接方案）。

（4）交接箱安装位置落实。

（5）地下进线室设计合理，便于施工及维护。

（6）同频复用距离符合相关规定。

（7）机房平面布局合理，能满足维护管理要求。

（8）基础建筑施工图设计，应杜绝“一图通用”（过去的铁塔基础建筑中，不按各站点的地质条件设计，一张施工图纸用于多个基站甚至于上百个基站，既不安全也不经济。这种设计不具备可信性）。

6．可实施性

（1）设计文件内容及深度符合部颁标准。

（2）设计说明能充分阐明设计意图，文字精练，提供可指导施工的施工图设计。

（3）配合建设单位同工程建设的外部协调单位，设计方案应与当地主管单位及城市建设单位等协商，能保证建设进度要求。

（4）通信线路工程在勘察过程中，对勘察确认的路由应设置路由标记，为施工阶段的路由复测提供可实施的依据。

（5）基站建设站点具备施工（维护）道路、用电、用水等建设基本条件。

（6）配合建设单位同工程建设的外部协调单位协商，如基站用地、租用机房、租用城市建筑等，设计单位应与当地主管单位及城市建设单位等协商，确保施工队伍能按勘察设计选定的站点进场施工，能保证建设进度要求。

可实施性是设计师的责任，不能将不可实施的方案转移给建设单位或施工单位。

7. 适应性

局部线路网中交接区和配线区划分应适应后期业务发展及线路改造扩建方案的要求。光缆干线或环路中，光缆芯数容量的选择应充分考虑后期基站建设的需要。

基站和天线铁塔设置、频道配置及设备选用等，符合近远期结合原则，能满足发展的需要。

8. 时间性

符合建设进度计划的要求，按设计任务书规定的时间交付设计文件。

其他类通信工程设计质量评价，参照《通信工程设计文件质量特性和质量评定实施指南》执行。

二、设计文件的内部审核

设计文件的内部审核程序分三个层次进行，即指定的审核人对设计人出手质量的审核，设计室（处）主管对设计文件出室质量的审核，设计单位主管对出院（所）设计文件的质量审核评定。

各个层次审核发现的质量问题和不合格问题应如实、即时记入审核意见表，设计人员应逐项注明是否已修改或重做，修正稿应按原程序复审，确定质量合格后由院（所）主管审核批准，作为质量合格品交付。

施工图设计图图签是设计文件质量的集中表现，应当纠正施工图图签中无人签字、签字不全、签字人用电脑打印签字的错误做法。

三、设计质量外部评定

设计文件质量外部评定，一般采用设计会审的方式进行，参照现行《通信工程设计文件编制和审批办法》执行。

1. 可行性研究报告审查内容及审查程序

信息通信工程建设项目可行性研究是在勘察的基础上，对工程项目进行技术、经济论证，并做多方案比选，提出可行性研究报告。它是编制和审批信息通信工程设计任务书的依据。

信息通信工程项目可行性研究工作，由勘察设计单位承担，必要时邀请相关科研单位参加。可行性研究报告由工程建设主管部门审批。

可行性研究通常分为开始筹划、调查研究、优化和选择建设方案、详细研究、编制可行性研究报告书等五个步骤进行。

可行性研究报告一般应包括以下内容：

（1）总论。包括项目提出的背景，建设的必要性和效益，可行性研究的依据、工作范围、项目概况、简要结论、存在问题和建议等。

（2）需求预测和拟建规模。包括业务预测，网络现状，从技术需要出发对通信特殊要求的考虑，拟建项目的构成范围及工程拟建规模、容量等。

（3）建设与技术方案论证。包括网络组织、传输路由建设、定点选址、局站建设、通路组织、设备选型、互联互通等方案的比较和优选。

（4）建设可行性条件。包括资金来源、设备供应、建设与安装条件、外部协作条件以及环境保护等。

（5）配套及协调建设项目的建议。包括机房土建、电源、空调以及配套工程项目等。

（6）建设进度安排建议。包括立项、勘察、设计、机房建设、设备安装、试运行及竣工验收等。

（7）维护组织、劳动定员及人员培训。包括工程竣工后负责的维护单位、人员需求与新技术培训等。

（8）主要工程量与投资估算。包括主要工程量、投资估算、配套工程投资估算及单位造价等。

（9）结论分析。主要包括工程项目的简要结论，技术、经济效益分析和评价。

（10）需要说明的有关问题。包括对方案中需要特殊说明的问题，需要上级机关审定的相关事宜等。

技术比较简单的小型项目，其可行性研究的内容和步骤，根据实际需要可适当简化。

2．初步设计审查内容及审查程序

初步设计是按照设计任务书规定的内容和规模确定建设方案，对主要设备进行选型，编制本期工程概算。

编制信息通信工程初步设计文件，必须具备下列基础资料：

（1）批准的设计任务书。

（2）审定的可行性研究报告。

（3）勘察中获取的各种资料。

（4）有关设计标准、规范。

初步设计文件由设计说明、图纸、工程概算三部分组成，一般包括：

（1）设计依据和基本原则。

（2）建设规模。

（3）技术指标要求。

（4）工程中的性能指标计算及分析。

（5）技术方案详细论述。

（6）主要设备选型及配置，线缆规格及程式。

（7）新技术、新工艺、新材料、新设备的采用情况。

（8）土建工艺要求。

（9）外部协作条件。

（10）需要说明的问题。

（11）平面布置图、线路路由图、系统图等各类图纸。

（12）工程概算。

（13）扩（续、改）建工程，应说明原有工程的情况及新旧工程的关系。

初步设计文件的深度应满足以下要求：

（1）比选和确定设计方案。

（2）主要设备材料的选用和土地征用。

（3）控制工程建设投资。

（4）为施工图设计提供依据。

（5）工程施工准备等。

初步设计采用的基础资料要齐全、可靠，要多方案比选，设计要符合国家、地方、行业颁发的设计标准、规范和有关规定。

按照规定需要进行三阶段设计的建设项目，应在初步设计的基础上进行技术设计，对初步设计中的重大技术问题做进一步深化，明确结论和决定。必要时，可以对初步设计概算进行修正。批准后的初步设计和技术设计，作为施工图设计和设备采购的依据。

3. 施工图设计会审（或交底）及审查程序

设计文件会审分为可行性研究报告会审、初步设计会审和施工图设计会审（或交底）。

可行性研究报告会审和初步设计会审由设计单位申报，工程主管部门组织会审并审批，建设、使用、维护等单位参加。施工图设计会审（或交底）由工程主管部门组织并审批，建设、施工、使用、维护等单位参加。

可行性研究报告会审的重点内容包括：

（1）是否符合国家方针政策及国家有关技术标准。

（2）是否符合使用需求。

（3）建设方案的科学性、可行性、经济性。

（4）投资估算是否能准确反映建设内容。

可行性研究报告会审按下列基本程序进行：

（1）由设计单位提供全套文件、资料。

（2）参加审查人员熟悉设计文件、资料。

（3）按专业分工或集体逐项论证。

（4）提出对报告的结论性意见。

（5）编写和呈报会审纪要。

初步设计会审的重点内容包括：

（1）是否符合设计任务书的要求。

（2）是否符合国家方针政策及国家有关技术标准。

（3）设计方案的可行性、正确性及经济性。

（4）设计中采用的新技术、新工艺、新材料、新设备是否安全、可靠。

（5）概算是否能准确反映设计内容。

（6）图纸是否齐全、准确。

初步设计会审按下列基本程序进行：

（1）由设计单位提供全套设计文件、资料。

（2）参加审查人员熟悉设计文件、资料。

（3）按专业分工或集体逐项论证设计。

（4）提出对设计的结论性意见。

（5）编写和呈报会审纪要。

施工图设计会审（或交底）的重点内容包括：

（1）内容是否与批准的初步设计文件相符。

（2）施工图设计深度能否达到指导施工的要求。

（3）采用的施工方法及施工技术标准是否可行。

（4）工程量是否准确。

（5）设备材料的品种、型号、数量是否准确。

（6）施工图预算是否准确。

施工图设计会审（或交底）按下列基本程序进行：

（1）由设计单位提供全套设计文件、资料。

（2）设计单位详细介绍设计的有关情况。

（3）建设单位和施工单位熟悉图纸并提出问题。

（4）设计单位解释设计文件。

（5）提出对设计的结论性意见。

（6）编写和呈报会审纪要。

信息通信工程勘察、设计活动按照下列基本程序进行：

（1）组织工程前期方案论证。

（2）进行可行性研究论证。

（3）编制设计任务书。

（4）组织勘察及初步设计。

（5）组织审批初步设计。

（6）组织勘察及施工图设计。

（7）组织审批施工图设计。

（8）设计服务。

四、不合格品的处理

对被判定为不合格品的设计文件，设计单位或部门必须采取纠正措施，对其中不合格部分进行修改或重做，并按原审核程序审定为合格后才能交付。

为防止同样质量问题重复发生，设计单位或部门应采取预防措施，即查明和分析不合格项产生的潜在原因，在技术和管理上制定消除及防止再产生不合格项的有效措施规定，通报本单位所有设计人员执行。全部预防措施资料应有记录文件备查。

思考与练习

（1）信息通信工程设计阶段可以划分为哪些？

（2）设计文件的内部审核程序是什么？

第五章

信息通信工程建设技术要求

本章对信息通信工程建设技术及要求进行介绍，主要包括：工程建设标准、光（电）缆线路建设、设备安装工程建设、综合布线工程建设、卫星地球站建设、短波收发信台建设、通信导航台建设、海底光缆通信系统建设、信号台建设。

第一节　光（电）缆线路建设

通信线路传输模型根据《通信线路工程设计规范》（GB 51158—2015）中我国国内最长标准假设参考通道（HRP）制定。长途节点间最长传输距离为6500km，本地网中本地节点与长途节点间最长传输距离为150km，接入网中通道端点与本地节点间最长传输距离为50km。

长途传送网一般是指干线传送网，包括省际干线（一级干线）和省内干线（二级干线）。

通信线路网应包括长途线路、本地线路和接入线路，其网络构成见图5-1-1。

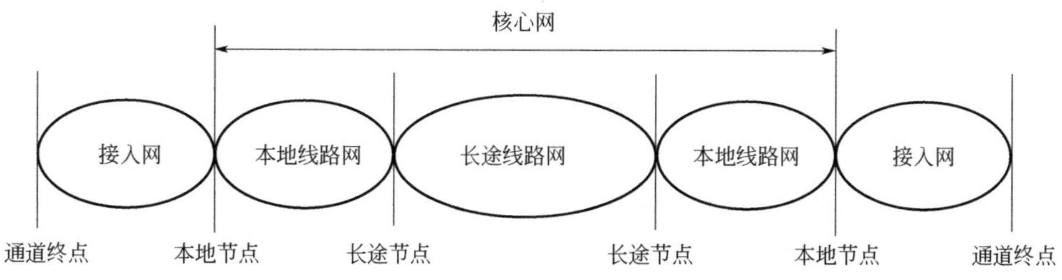

图5-1-1　通信线路网参考模型

长途线路是连接长途节点与长途节点之间的通信线路，长途线路网是由连接多个长途交换节点的长途线路形成的网络，为长途节点提供传输通道。

一、线路路由选择

1. 路由选择的一般原则

（1）线路路由的选择，应以工程设计委托书和通信网络规划为基础，进行多方案比较。工程设计必须保证通信质量，使线路安全可靠、经济合理，且便于施工和维护。

（2）选择线路路由时，应以现有的地形地物、建筑设施和既定的建设规划为主要依据，并充分考虑城市和工矿建设、铁路、公路、航运、水利、长输管道、土地利用等有关部门发展规划的影响。

（3）在符合大的路由走向的前提下，线路宜沿靠公路或街道选择，有利于施工、维护和抢修；但不宜紧贴公路敷设，应顺路取直，避开路边设施和计划扩建的路段。若有关部门对路由位置有具体要求，则应按规划位置敷设。

（4）通信线路路由的选择应充分考虑建设区域内文物保护、环境保护等事宜，减少对原有水系及地面形态的扰动和破坏，维护原有景观。同时将沿线居民的影响降低到可接受的范围内。

（5）通信线路路由的选择应考虑强电影响，不宜选择在易遭受雷击、化学腐蚀和机械损伤的地段，不宜与电气化铁路、高压输电线路和其他电磁干扰源长距离平行或过分接近。

（6）扩建光（电）缆网络时，应结合网络系统的整体性，优先考虑在不同道路上扩增新路由，以增强网络安全。

2. 本地网光缆路由的选择原则

本地网光缆分为局间中继光缆和用户网光缆。路由选择既要遵循城市发展规划要求，又要适应用户业务需要，保证使用安全，便于施工和维护。具体应考虑以下因素：

（1）光缆线路路由方案的选择，应以工程设计任务书和通信网路规划为依据，必须满足通信需要，保证通信质量，使线路安全可靠、经济合理，便于维护和施工。为了使线路路由更合理，应进行多方案比较。

（2）光缆线路路由应选择在地质稳固、地势较平坦、地势起伏变化不剧烈的地段，避开水塘和陡峭、沟坎、滑坡、泥石流以及洪水危害、水土流失的地方，尽量考虑到有关部门的发展规划对光缆线路的影响。

（3）光缆线路路由及其走向必须符合城市建设规划要求，顺应街道形状，自然取直拉平。

（4）光缆线路不宜穿越大型公路、铁路、房屋及其他影响城市美观的地方，如不能避开，应采用较隐蔽敷设方式。线路路由应尽量不靠近目标。

（5）中继光缆一般不宜采用架空方式，在市区和近郊尽量采用管道敷设方式；远郊区的光缆线路宜采用直埋方式敷设，但如果经过技术和经济比较适合管道方式，则选择管道敷设方式。

（6）进入局（站）的光缆线路，宜通过局（站）前人孔进入进线室，再引入机房。

3．长途光缆路由的选择原则

（1）长途光缆线路路由方案的选择，必须以工程设计任务书和光缆通信网路的规划为依据，必须满足通信需要，保证通信质量。

（2）线路路由应进行多方案比较，确保线路的安全可靠、经济合理，便于维护和施工。

（3）应尽量选择短捷的路由，不与本地网光缆同吊线敷设（尽量避免同杆路）。

（4）通常情况下，干线线路不宜考虑本地网的加芯需求，不宜与本地网线路同缆敷设。

（5）综合考虑是否可以利用已有管道，尽量避免与本地网光缆敷设在同一管孔内。同时应尽量避免多条干线光缆同路由、同管孔，确实无法避免多条干线同路由时，应选择不同的管孔进行敷设，光缆敷设位置应尽量选择在靠管群底层中间管孔，同一光缆中继段应选择同一孔位。

（6）长途光缆线路应沿公路或可通行机动车辆的大路，但应顺路直行并避开公路用地、路旁设施、绿化带和规划改道的地段。

（7）光缆线路穿越河流，应选择在符合敷设水底光缆要求的地方，并应兼顾大的路由走向，不宜偏离过远。

（8）光缆线路不宜穿越大的工业基地、厂矿区、城镇小区，尽量少穿越村庄。如果不可避免，必须采取保护措施。

（9）长期经验和市场局势表明，光缆线路通过森林、果园、茶园、苗圃及其他经济区或防护林带，或迁移、干扰其他地面、地下设施时会导致高额的赔补费用，同时办理相应的批准手续将增加工程建设工期，因此应尽量避开上述地区。

（10）长途架空光缆路由选择原则

长途架空光缆路由应选择距离公路边界 15～50m，靠近铁路时应在铁路路界红线外；遇到障碍物时可适当绕避，但距离公路不宜超过 200m；并避开坑塘、打麦场、加油站等潜在隐患位置。一般情况下应不选择或少选择下列地点：

① 应尽量避免长距离与电力杆路平行，并避开或远离输变电站和易燃易爆的油气站。

② 应尽量避开易滑坡（塌方）的新开道路路肩边和斜坡、陡坡边，以及易取土、易水冲刷的山坡、河堤、沟渠等。

③ 应尽量避开易发生火灾的树木、森林和草丛茂盛的山地。

④ 应尽量避开易开发建设范围的经济开发区、新道路规划、市政设施规划、农村自建房用地等。在测量前和测量后，一定要征求当地村镇规范部门、村民意见。

⑤ 应尽量避开易发生枪击、盗案或赔补纠纷的村庄。

⑥ 架空光缆不同路由敷设原则：应尽量避免多条干线光缆同路由、同杆路、同吊线，确实无法避免多条干线同路由时，应选择不同的吊线进行敷设。

(11) 通过勘察和论证，排除可能有地质灾害产生或人为的狩猎、采集、种植、挖掘、倾弃和堆放等活动，可能危害光缆安全的地点。

二、缆型选择及敷设方式

(一) 光缆的结构与类型

光缆按其结构分为层绞式、中心束管式、带状、骨架式、单位式、软线式等多种。目前常用的有层绞式、中心束管式。

1. 以光缆的结构进行分类（表 5-1-1）

◈ 表 5-1-1 光缆分类（按结构分类）

结构	光缆
网络层次	核心光缆
	接入网光缆
	中继网光缆
光纤状态	紧套光缆
	分离光纤光缆
光纤形态	光纤束光缆
	光纤带光缆
	中心管式光缆
缆芯结构	层绞式光缆
	骨架式光缆
	带状光缆
	软线式光缆
敷设方式	架空光缆
	管道光缆
	直埋光缆
	水底光缆

2．按使用环境进行分类（表 5-1-2）

◈ 表 5-1-2　光缆分类（按使用环境分类）

<table>
<tr><th colspan="2">使用环境</th><th>光缆</th></tr>
<tr><td colspan="2" rowspan="3">室内光缆</td><td>多用途光缆</td></tr>
<tr><td>分支光缆</td></tr>
<tr><td>互连光缆</td></tr>
<tr><td colspan="2" rowspan="2">室外光缆</td><td>金属加强件</td></tr>
<tr><td>非金属加强件</td></tr>
<tr><td rowspan="5">特种光缆</td><td rowspan="3">电力光缆</td><td>缠绕式光缆</td></tr>
<tr><td>光纤复合式光缆</td></tr>
<tr><td>全介质自承式架空光缆</td></tr>
<tr><td rowspan="2">阻燃光缆</td><td>室内阻燃光缆</td></tr>
<tr><td>室外阻燃光缆</td></tr>
</table>

目前常用光缆为松套管、金属加强型光缆，结构一般为中心束管式和层绞式。光缆结构的选择通常取决于光缆芯数。当光缆芯数为 4～12 芯时，通常采用中心束管式结构；光缆芯数为 12～96 芯时，通常采用层绞式结构。局内架间跳接用光缆常采用软线式光缆。随着城域网的兴起，适用于大芯数光缆的带状光缆和骨架式光缆也逐渐得到广泛应用。

（二）光缆的选择

（1）目前技术水平下，松套填充层绞结构的光缆各项指标比较适合长途干线使用。

（2）干线光缆使用无金属线对的光缆，接入网中可使用含有金属线对的光缆。

（3）根据《核心网用光缆-层绞式通信用室外光缆》（YD/T 901—2001），适用于强电磁危害区域的非金属加强构件光缆，不适宜作直埋使用，不可避免时应考虑保护措施（如塑料管保护等）。

（4）阻燃光缆、防蚁光缆均为其他主要形式的派生型式，故不再单独列出。

（三）敷设方式

线路敷设方式一般可分为管道、架空、直埋、特殊敷设方式。

1．管道敷设方式

管道敷设方式的选择条件如下：

（1）城镇及市区应采用管道敷设方式为主，对不具备管道敷设方式的地段，可采用简易塑料管道、槽道或其他适宜的敷设方式。

（2）局间、局前以及重要节点之间光缆（核心层和骨干层光缆）应采用管道敷设方式。

（3）不能建设架空线路地区建设的传输光缆。

（4）骨干节点至主要光缆分线设备间的光缆。

（5）建筑物较为密集及地形起伏变化不大的区域。

管道路由应选择在公路内侧敷设，尽量避开易滑坡（塌方）、水冲、开发建设等范围，以及各种易燃易爆等威胁大的位置。一般情况下应不选择或少选择下列地点：

（1）易滑坡（塌方）新开道路路肩边，易取土、易水冲刷的山坡、河堤、沟边等斜坡、陡坡边。

（2）易水冲的山地汇水点、河流汇水点、桥涵的护坡边缘。

（3）易开发建设的经济开发区、新道路规划、市政设施规划、农村自建房用地等范围。

（4）地下大型、隐蔽的供水、供电、排污沟渠，以及易燃、易爆的其他管线。

（5）避开含有酸、碱强腐蚀或杂散电流，电化学腐蚀严重的地段。

2．架空敷设方式

一般在地形起伏变化较大（不能太大），水塘、沟渠颁布较密，沿途建筑物或障碍物较少，无条件铺设管道和不利于直埋的地段可以采用架空敷设方式。将光（电）缆吊挂在墙壁上也是一种架空方式。

（1）采用架空杆路的条件

光缆线路在下列情况下可采用局部架空敷设方式：

① 只能穿越峡谷、深沟、陡峻山岭等采用管道和直埋敷设方式不能保证安全的地段。

② 地下或地面存在其他设施，施工特别困难，原有业主不允许穿越或赔补费用过高的地段。

③ 因环境保护、文物保护等原因无法采取其他敷设方式的地段。

④ 受其他建设规划影响，无法进行长期性建设的地段。

⑤ 局部地表下陷、地质不稳定的地段。

⑥ 管道或直埋敷设方式费用过高，且架空方式不影响当地景观和自然环境的地段。

⑦ 道路规划未定，或受条件限制不宜在地下敷设电（光）缆时。

⑧ 由于投资或器材的限制，又急需通信线路时；临时性的线路，用后需要撤除的场合。

（2）杆路路由的选择原则

杆路路由是架空杆路建筑的基础，既要遵循城市发展规划的要求，又要适应用户业务需要，保证使用安全。具体勘测中应考虑以下因素：

① 杆路路由及其走向必须符合城市建设规划要求，顺应街道形状自然取直、拉平。

② 通信杆路与电力杆路一般应分别设立在街道的两侧，避免彼此间的往返穿插，确保安全可靠，符合传输要求，便于施工及维护。

③ 杆路应与城市的其他设施及建筑物保持规定的间隔。

④ 杆路应尽量减少跨越仓库、厂房、民房；不得在醒目的地方穿越广场、风景游览区及城市预留建筑的空地。

⑤ 杆路的任何部分不得妨碍必须显露的公用信号、标志以及公共建筑物的视线。

⑥ 杆路在城市中应避免用长杆档或飞线过河，尽量在桥梁上支架或采用接入电缆从桥上通过。

⑦ 杆路路由的建筑应结合实际、因地制宜、因时制宜、节省材料、减少投资。

（3）杆路路由应避开的场合

杆路路由避免从以下地方通过：

① 有严重腐蚀的气体或排放污染液体的地段。

② 发电厂、变电站、大功率无线电发射台及飞机场边缘。

③ 开山炸石、爆破采矿等安全禁区。

④ 地质松软、悬崖峭壁和易塌方的陡坡以及易遭洪水冲刷、坍塌的河岸边或沼泽地。

⑤ 规划将来建造房屋，修筑铁路、公路，及开挖或加宽河道的地方。

⑥ 地形起伏太大的地区也应避开，这是因为吊线的坡度变更要求有严格的限制。

⑦ 架空光缆不适用于冬季气温很低的地区，这是从光纤光缆特性、吊线受力状态和维护抢修难度等方面考虑的。但是在选用温度特性较好的光缆、传输距离不长且线路级别略低的情况下，仍然可以采用。

3．直埋敷设方式

（1）直埋敷设方式选择的条件

光缆在野外非城镇地段、对建设管道和杆路都比较困难且无其他可利用设施的地区，如公园、风景名胜区、大学校园等地区，可适当选用该敷设方式。一般情况不建议使用。

（2）直埋敷设方式需要考虑的因素

直埋路由应选择地质稳固、地势平坦的丘陵地区或平原地区耕地、山地，一般情况下应不选择或少选择下列地点：

① 易滑坡（塌方）地点。应减少或远离新开道路边，易取土、易被水冲刷的山坡、河堤、沟边等斜坡、陡坡。

② 易水冲的地点。应减少在山地汇水点、河流汇水点、桥涵边缘、山区河（沟）。

③ 易开发建设范围。尽量离开或减少在经济开发区、新道路规划、市政设施规划、农村自建房和鱼塘、果树用地等范围。

④ 威胁大的各种设施。现有地下管线、高压干线、输变电站、独立大树等，应符合隔距要求。当确实无法满足隔距要求时，要进行加固保护。

⑤ 避开含有酸、碱强腐蚀或杂散电流、电化学腐蚀严重影响的地段。

三、管道敷设技术要求

（一）管道光缆敷设安装要求

（1）敷设管道光缆的孔位应符合设计要求。

（2）管道光缆按人工敷设方式考虑，有条件时也可采用机械牵引敷设。在一个管孔内先穿放子管（一般在外径 98 大管内为 4 根 30/25mm 子管、110 大管内可穿放 5 根子管），光缆穿放在子管内，子管口用自粘胶带塞子封闭。子管在人（手）孔中应伸出管道 5～20cm（注：验收规范要求 20～40cm，根据施工经验，子管在人（手）孔中伸出太长会妨碍其他缆线的穿放），本期工程不用的子管，管口应安装塞子。同一工程光缆应尽量穿放在同色的子管内。

（3）光缆在人（手）孔内用纵剖聚乙烯螺旋管或网状塑料管保护（螺旋管伸入子管内 5cm），并用尼龙扎带绑固在电缆托板上，做好预留。为便于维护，光缆在人（手）孔内应挂上小标志牌。

（4）距离较长的本地网光缆也有采用硅芯管穿放的，硅芯管内壁摩擦系数较小，可采用先进的气流穿放方法。

（5）硅芯管应具有良好的密封性，管内充气压力达到 80～100psi[1]的情况下，2min 内的压降应不大于 20psi。

（6）光缆在各类管材中穿放时，管材的内径应不小于光缆外径的 1.5 倍。

（7）子管敷设要求：

① 连续布放子管的长度不宜超过 300m，牵引子管的最大拉力不应超过材料的抗张强度，牵引速度要求均匀。

② 同一管孔中子管颜色应为不同色谱。布放子管前，应将 4 根子管用铁线捆扎牢固。子管不得跨人（手）孔敷设，子管在两人（手）孔间的管道段内不应有接头。

（8）光缆敷设要求：

① 光缆出管孔 150mm 内不得做弯曲处理，在敷设过程中不能出现小于规定曲率半径的弯曲以及拖地、牵引过紧现象。

② 穿放光缆前，所用管孔必须清刷干净。穿放光缆后在人（手）孔内、子管外的光缆应按设计要求保护。

---

[1] psi 为压强单位，1psi≈6.895kPa。

③ 管道落差大的地方不能采用机械牵引布放光缆。

④ 光缆穿入管孔或管道拐弯或存在交叉时，应采用导引装置或者喇叭口保护管，不得损伤光缆外皮，根据需要可在光缆周围涂中性润滑剂。

⑤ 光缆一次牵引长度一般不超过 1000m，超长时应采取盘倒“8”字分段牵引或中间加辅助牵引。不允许断缆布放。气流敷设一般单向长度不超过 2000m。

⑥ 光缆占用的子管或硅芯管应用专用堵头封堵管口。

⑦ 在每个人（手）孔内的光缆上，均应按照设计要求或建设单位的规定安装识别标志。

（9）当光缆在公路管道中（该管道建筑在软土地基上）敷设时，公路沉降对光缆线路的危害比较突出，特别是在路桥接合部的不均匀沉降会导致管道变形、人（手）孔开裂等问题，其他大孔径管道和光缆管道同沟时也存在类似的问题。因此，应尽量在沉降稳定后的管道中敷设光缆。

（二）光缆交接箱安装要求

光缆交接箱的安装方式应根据线路情况和环境条件选定，且满足下列条件。

（1）具备下列条件时可设落地式交接箱：

① 地理条件安全平整、环境相对稳定。

② 有建设手孔和交接箱基座的条件，并与管道人（手）孔距离较近，便于沟通。

③ 接入交接箱的馈线（主干）光缆和配线光缆为管道方式或埋式。

（2）具备下列条件时可设架空交接箱：

① 接入交接箱的配线光缆为架空方式。

② 郊区、工矿区等建筑物稀少的地区。

③ 不具备安装落地式交接箱的条件。

（3）交接设备也可以安装在建筑物内，室外落地式交接箱应采用混凝土底座，底座与人（手）孔间宜采用管道连通，不得采用通道连通。底座与管道、箱体间应有密封防潮措施，安装的位置、高度应符合设计要求，箱体安装必须牢固、可靠、安全，箱体的垂直度偏差应不大于 3mm。交接箱必须单独设置地线，接地电阻不得大于 10Ω。

交接箱位置的选择应符合下列要求：

① 符合城市规划，不妨碍交通，不影响市容观瞻的地方。

② 靠近人（手）孔便于出入线的地方。

③ 无自然灾害、安全、通风、隐蔽、便于施工维护、不易受到损伤的地方。

（4）下列场所不得设置交接箱；

① 高压走廊和电磁干扰严重的地方。

② 高温、腐蚀、易燃易爆工厂仓库、容易淹没的洼地附近及其他严重影响交接箱安全的地方。

③ 其他不适宜安装交接箱的地方。

（5）交接箱位置设置在公共用地的范围内时，应获得有关部门的批准文件；交接箱设置在用户院内时，应得到业主的批准。

（6）交接箱编号应与出局馈线（主干）光缆编号相对应，应符合电信业务经营者有关本地线路资源管理的相关规定。

（7）光缆及尾纤、跳纤、适配器在光缆交接箱内的安装位置、路由走向及固定方式应符合设计要求，并符合交接箱说明书的要求。

（8）架空交接箱应安装在 H 杆的工作平台上或建筑物的墙壁上，工作平台的底部距地面应不小于 3m，且不影响地面通行。

（9）交接箱装备零件应齐全，接头排无损坏，端子牢固，编扎好的成端应在箱内固定，并进行对号测试和绝缘测试，漆面应该完好。

（10）光缆引入交接箱应排列绑扎整齐，弯曲处满足曲率半径的要求，交接箱号、光缆编号、纤序的漆写（印）应符合设计要求。

（11）交接箱内跳纤应布放合理、整齐、无接头，且不影响模块支架开启。

四、架空敷设技术要求

1．划分负荷区的气象条件标准与原则

划分负荷区的气象条件标准应按以下原则考虑：

（1）划分负荷区必须要符合国情，结合实际，根据准确的气象条件和已建线路多年使用与维护经验，深入调查研究，详细掌握有关资料，正确使用数据，恰当地划分负荷区，切忌生搬硬套。从实际气象情况来看，各地出现的最大冰凌和最大风速的机遇是不一致的，有些地方出现比较频繁，而有些地方出现的次数很少，甚至若干年只出现过一次。如以曾出现过一次最大冰凌来选定负荷区，则可能在某些地区采用较高的建筑标准，在杆路寿命期内不一定会重复出现第二次、第三次最大负荷，这在经济上是很不合理的。

（2）选定负荷区应以近二三十年来平均每 10 年出现一次的导线上最大冰凌厚度、风速和最低温度等气象条件为依据，掌握历年气象变化客观规律。

（3）以气象资料作为选定负荷区依据时，必须结合杆路使用年限和杆路寿命的长短来考虑，在杆路使用年限和杆线寿命期内，正确分析气象条件，灵活掌握。

（4）结冰时的最大风速超过 10m/s、无冰时的最大风速超过 25m/s 或冰凌严重的个别地段，应根据实际气象条件，单独划段进行特殊设计，不得全线提低就高。

（5）选定负荷区时，应考虑线路便于施工、便于维护，简化器材品种，节省建设投资。

2．划分负荷区的气象条件

线路负荷区的划分标准见表 5-1-3。

◈ 表 5-1-3　线路负荷区的划分标准表

项目	轻负荷区	中负荷区	重负荷区	超重负荷区
导线上冰凌等效厚度/mm	≤5	≤10	≤15	≤20
结冰时温度/℃	-5	-5	-5	-5
结冰时最大风速/（m/s）	10	10	10	10
无冰时最大风速/（m/s）	25	—	—	—

注：1．冰凌的密度为 $0.9g/cm^2$；如果是冰霜混合体，可按其厚度的 1/2 折算为冰厚。

2．最大风速以气象台（站）自动记录 10min 的平均最大风速为依据。

3．气象台（站）测风仪标准高度距地面 12m，而通信线平均架设高度一般为 5～6m，在实际计算风速时，应按气象台（站）记载或预报的风速乘以高度系数 0.88。

4．房屋屏蔽系数不予考虑。

五、直埋敷设技术要求

1．光缆埋深要求

光缆的埋深直接影响到光缆的安全、寿命，对光缆传输系统正常运行至关重要，在工程中应严格执行相关规范对光缆埋深的有关条款。光缆埋深应符合表 5-1-4 的规定。

◈ 表 5-1-4　光缆埋深标准表

敷设地段及土质		埋深/m
普通土、硬土		≥1.2
砂砾土、半石质、风化石		≥1.0
全石质、流砂		≥0.8
市郊、村镇		≥1.2
市区人行道		≥1.0
公路边沟	石质	边沟设计深度以下 0.4
	其他土质	边沟设计深度以下 0.8
公路路肩		≥0.8
穿越铁路、公路		≥1.2
沟渠、水塘		≥1.2
农田排水沟		≥0.8
河流		按水底光缆要求

注：1．边沟设计深度为公路或城建管理部门要求的深度。

2．石质、半石质地段应在沟底和光缆上方各铺 100mm 厚的细土或沙土。此时光缆的埋深相应减少。

3．上表中不包括冻土地带的埋深要求，其埋深在工程设计中应另行分析取定。

2．直埋光缆的敷设

（1）光缆沟线路尽量取直。

（2）按当地土质达到设计的深度，直埋光缆线路埋设深度符合规定，其埋深一般土质不小于 1.2m，因沙砾土、坚石等条件限制时，或小于规定埋深的 2/3，需有相应的水泥封沟或其他保护措施。

（3）直埋光缆光缆沟宽度适中，一般上宽 60cm，底宽 30cm，沟底平整无碎石；石质、半石质沟底应铺 10cm 厚的细土或沙土。

（4）拐弯点要成弧形，最小曲率半径应不小于规范要求值。两转弯点间的光缆沟应成直线，与中心的偏差不应超过±50cm，不应挖成蛇弯，直线上遇有障碍物时可以绕开，但在绕开后仍应回到原来的直线位置上，否则应按转弯处理。

（5）光缆宜采用人工铺设方式。光缆在敷设过程中不能出现小于规范要求的曲率半径的弯曲以及拖地、牵引过紧现象。

（6）光缆敷设在坡度大于 20°、坡长大于 30m 的斜坡上时，宜采用“S”形敷设。在坡度大于 30°、较大坡长的斜坡地段敷设时宜采用特殊结构光缆（一般为钢丝铠装光缆）。

（7）若同一工程采用两条或多条光缆同沟敷设，隔距应不小于 10cm，同沟敷设光缆不得交叉、重叠。

（8）在石质沟底铺设光缆时，应在其上、下方各铺 10cm 厚的碎土或砂。在石质公路边沟如减少埋深，造成排流线与光缆间无法达到 300mm 隔距要求时，排流线与光缆隔距可以适当减小，但排流线不得与光缆直接接触。

（9）沟底要平坦、顺直，不能出现局部梗阻或余土塌方减少沟深口光缆必须平放沟底，不得腾空和拱起。沟坎及转角处应将光缆沟抄平和裁直，使之平缓过渡。

（10）直埋光缆穿越保护管的管口处应封堵严密。

（11）埋式光缆进入人（手）孔处应设置保护管，光缆铠装保护层应延伸至人（手）孔内距第一个支撑点约 100mm 处。

（12）直埋光缆在桥上敷设时，环境比较特殊，除剧烈温度变化、车辆通过振动外，据安装位置的不同，还可能受到风摆、紫外线辐射和桥梁伸缩等因素的影响，工程中应综合考虑。

（13）光缆在布放完后，经检查确认符合质量标准后，方可回填土。回填土前应将石块等硬物检出，先回填 100mm 厚的砂或碎土，严禁将石块、砖头等推入沟中，应采用人工踏平，然后每回填 30cm 应采用人工踏平一次，回填土应高出地面 100mm。

（14）埋设后的单盘光缆，应检测金属外护层对地绝缘电阻，使用高阻计 500V DC 2 分钟或在兆欧表指针稳定后显示值指标应不低于 10MΩ·km，其中允许 10%的单盘光缆不低于 2MΩ。

3．直埋光缆接头盒安装

（1）光缆接头盒的埋深应符合施工设计要求。

（2）光缆接头盒平放在街头坑底部，接头盒与光缆走向保持平行。

4．冻土层直埋光缆的敷设

（1）在高原高寒的冻土地带开挖光缆沟非常困难。目前的办法是采用火烧地面，烧一段挖一段，进展缓慢。

（2）在高原高寒地域，光纤熔接机因温度太低而无法正常工作。目前的办法是在现场搭建帐篷，将帐篷内的温度上升到光纤熔接机能正常工作时再接续。

5．水底光（电）缆敷设要求

（1）水底光缆的规格型号

短期抗张力强度为20000N及以上的钢丝铠装光缆（GYTA 33——单细圆铠装光缆，GYTA 333——双细圆铠装光缆）。

短期抗张力强度为40000N及以上的钢丝铠装光缆（GYTS 333——双细圆铠装光缆，GYTS 43——单粗圆铠装光缆）。

钢丝直径：单细圆0.8～2.9mm，单粗圆3.0～4.0mm；另外，还有特殊设计的加强型钢丝铠装光缆。

（2）水底光缆规格型号选用原则

① 河床及岸滩稳固、流速不大但河面宽度大于150m的一般河流或季节性河流，采用短期抗张强度为20000N及以上的钢丝铠装光缆。

② 河床及岸滩不太稳固，流速大于3m/s或主要通航河道等，采用短期抗张强度为40000N及以上的钢丝铠装光缆。

③ 河床及岸滩不稳定、冲刷严重，以及河宽超过500m的特大河流，河流采用特殊设计的加强型钢丝铠装光缆。

④ 穿越水库、湖泊等静水区域时，可根据通航情况、水工作业和水文地质状况综合考虑决定。

⑤ 河床稳定、流速较小、河面不宽的河道，在保证安全且不受未来水工作业影响的前提下，可采用直埋光缆过河。

⑥ 如果河床土质及水面宽度能够满足定向钻孔施工设备的要求，也可选择定向钻孔施工方式，此时可采用钻孔中穿放直埋光缆或管道保护光缆过河。

6．水底光缆的过河位置选择

水底光缆过河位置，应选择在河道顺直、流速不大、河面较窄、土质稳定、河床平缓无明显冲刷、两岸坡度较小的地方。下列地点不宜敷设水底光缆：

（1）河流的转弯与弯曲处、汇合处，水道经常变动的地方以及险滩沙洲附近。

（2）水流情况不稳定、有漩涡产生，或河岸陡峭不稳定增长，有可能遭受猛烈冲刷导致坍塌堤岸的地方。

（3）凌汛危害段落。

（4）有扩宽和疏洗计划，或未来有抛石、破堤等导致河势可能改变的地点。

（5）河床土质不利于光缆布放、埋设施工的地方。

（6）有腐蚀性污水排泄的水域。

（7）附近有其他水下管线、沉船、爆炸物、沉积物等的水域。

（8）码头、港口、渡口、桥梁、锚地、避风港和水上作业区附近。

水底光缆接头位置选择及水底光缆埋深要求有：

（1）水底光缆应尽量避免在水中设置光缆接头。

（2）特大河流、重要的通航河流等可根据干线光缆的重要程度设置备用水底光缆。主、备用水底光缆应通过连接器箱或分支接头盒进行人工倒换，也可进行自动倒换。为此可设置水线终端房。

（3）水底光缆的埋深，应根据河流的水深、通航情况、河床土质等具体情况分段确定。

7．水底光缆的敷设长度要求

（1）有堤的河流，水底光缆应伸出取土区，伸出堤外不宜小于 50m。无堤的河流，应根据河岸的稳定程度、岸滩的冲刷程度确定，水底光缆伸出岸边不宜小于 50m。

（2）河道、河流有拓宽或有改变规划的河流，水底光缆应伸出规划堤 50m 以外。

（3）土质松散易受冲刷的不稳定岸滩部分，光缆应有适当预留。

（4）主、备用水底光缆的长度宜相等，如有长度偏差，应满足传输要求。

8．水底光缆的施工方式和方法

工程设计应根据现场勘察的情况和调查的水文资料，规定水底光缆的最佳施工时节和可靠的施工方法。

（1）水底光缆的施工方式，应根据光缆规格、河流水文地质状况、施工技术装备和管理水平以及经济效益等因素进行选择，可采用人工或机械挖沟敷设（现行定额中挖沟敷设分为水泵冲槽、人工截流挖沟和挖冲机 3 种手段）、专用设备冲槽敷设等方式。对于石质河床，可视情况采取爆破成沟方式。水底光缆敷缆分为拖轮布放、抛锚布放、人工布放和挖冲机布放 4 种，其中挖冲机作业时挖沟与敷缆一次性完成。

（2）光缆在河底的敷设位置，应以测量时的基线为基准向上游按弧形敷设。弧形敷设的范围，应包括洪水期间可能受到冲刷的岸滩部分，弧形顶点应设在河流的主流位置上，弧形顶点到基线的距离，应按弧形弦长的大小和河流的稳定情况确定，一般可为弦长的 10%，根据冲刷情况和水面宽度可适当调整比率。如受敷设水域的限制，按弧形敷设有困难时，可采取“S”形敷设。

（3）布放两条及以上水底光缆，或同一区域有其他光缆或管线时，相互间应保持足够的安全距离。

（4）水底光缆接头处金属护套和铠装钢丝的接头方式，应能保证光缆的电气性能、密闭性能和必要的机械强度要求。

（5）靠近河岸部分的水底光缆，如有可能受到冲刷、塌方、抛石护墩和船只靠岸等危害时，可选用下列保护措施：

① 加深埋设。

② 覆盖水泥板。

③ 采用关节型套管。

④ 砌石质光缆沟（应采取防止光缆磨损的措施）。

（6）光缆通过河堤的方式和保护措施，应保证光缆和河堤的安全，并符合以下要求：

① 应保证光缆和河堤的安全，并严格符合相关河堤管理部门的技术要求。

② 光缆穿越河堤的位置应在历年最高洪水位以上，对于呈淤积态势的河流应考虑光缆寿命期内洪水可能到达的位置。

③ 光缆在穿越土堤时，宜采用爬堤敷设方式，光缆在堤顶的埋深不应小于 1.2m，在堤坡的埋深不应小于 1.0m，堤顶部分兼为公路时，应采取相应的防护措施。若达到埋深要求有困难时也可采用局部垫高堤面的方式，光缆上垫土的厚度不应小于 0.8m。河堤的复原与加固应按照河堤主管部门的规定处理。

④ 穿越较小的、不会引起次生灾害的防水堤，光缆可在堤基下直埋穿越，但应经河堤主管单位同意。

⑤ 光缆不宜穿越石砌或混凝土河堤。必须穿越时，其穿越位置与保护措施应与河堤主管部门协商确定。

（7）水底光缆的终端固定方式，应根据不同情况分别采取下列措施：

① 对于一般河流，水陆两段光缆的接头，应设置在地势较高和土质稳固的地方，可直接埋于地下，为维护方便也可设置人（手）孔。在终端处的水底光缆部分，应设置 1～2 个“S”弯作为锚固和预留的措施。

② 较大河流、岸滩有冲刷的河流，以及光缆终端处的土质不稳定的河流，除上述措施外还应对水底光缆进行锚固。

（8）水线标志牌的设置

敷设水底光缆的通航河流，在过河段的河堤或河岸上设置标志牌。标志牌的数量及设置方式应符合海事及航道主管部门的规定。无具体规定时，可按以下要求执行：

① 水面宽度小于 50m 的河流，在河流一侧的上下游堤岸上，各设置一块标志牌。

② 水面较宽的河流，在水底光缆上下游河道两岸均设置一块标志牌。

③ 河流的滩地较长或主航道偏向河槽一侧时，需在近航道处设置标志牌。

④ 有夜航的河流，可在标志牌上设置灯光设备。

（9）禁止抛锚区的设置

敷设水底光缆的通航河流，应划定禁止抛锚区域，其范围应根据航政及航道主管部门的规定执行。无具体规定时，可按以下要求执行：

① 水面宽度小于 500m 的河流，上游禁区距光缆弧度顶点 50～200m，下游禁区距光缆路由基线 50～100m。

② 河宽为 500m 及以上时，上游禁区距光缆弧度顶点 200～400m，下游禁区距光缆路由基线 100～200m。

③ 特大河流，上游禁区距光缆弧度顶点大于 500m，下游禁区距光缆路由基线大于 200m。

六、线路保护及维护

光（电）缆的防护主要包括防机械损伤、防强电、防雷、防腐蚀、防鼠和防蚁等内容。

（一）光缆的防护

光缆虽然具有一定的强度，但仍然较脆弱，经不起弯转、扭曲和侧压力的作用。光缆又承担较重的通信任务，设计施工时，要做好光缆的防护工作。

1．机械损伤防护措施

光缆的机械防护主要保护光缆不受外力作用而造成损坏。一般地，光缆线路穿越铁路、公路和街道等不能开挖地段时，应采取顶管方式，用钢管或塑料管加以保护，通常在放缆前就已采取了这种保护措施。光缆穿放时，应先在钢管内穿好塑料管，然后穿放光缆，且在管口处用油麻或其他材料堵塞。对于在简易公路或乡村大道等地方的穿越保护，一般采取在光缆上方加盖水泥盖板或铺红砖保护。当采用砖保护时，应先在光缆上方覆盖 20cm 厚的碎土，然后再竖铺红砖；同沟敷设两条光缆时，应横铺红砖进行保护。

2．防强电措施

为防止强电线路对通信线路的干扰和发生危险，可采取下列措施：

（1）在选择光缆路由时，应与现有强电线路保持一定的隔距。当不得不与之接近时，应通过计算保证在光缆金属构件上产生的危险影响不超过光缆的容许值。

（2）光缆线路与强电线路交越时宜垂直通过；在困难情况下，其交越角度应不小于45°。

（3）光缆接头处两侧金属构件不做电气连通，也不接地。

（4）当上述措施无法满足安全要求时，可增加光缆绝缘外护层的介质强度，也可采用非金属加强心或无金属构件的光缆。

（5）在与强电线路平行地段进行光缆施工或检修时，应将光缆内的金属构件做临时接地。

3. 防雷措施

在光缆中光纤是非金属材料，不受雷电的影响。但由于光缆中还有金属护套、金属加强心或有少量的铜线，因此光缆线路也会受到雷电的危害。光缆线路的通信容量大，一旦光缆被雷电击坏，将对通信造成巨大损失，所以采取防雷措施，提高光缆的防雷能力是至关重要的。年平均雷暴日大于 20 天的地区、有雷击历史的地段、有金属材料或有金属构件的直埋光缆线路都要防雷。防雷可采用如下措施：

（1）直埋式光缆架设防雷地线，防雷地线的电阻值要小于 100Ω。当光缆在野外长途塑料管道中敷设时，可将光缆接头处两侧的金属构件不做电气连通；局站内的光缆金属构件应接防雷地线；雷害严重地段，光缆可采用非金属加强心或无金属构件的结构形式。

（2）架空光缆线路应尽量避绕雷暴危害严重地段的孤立大树、杆塔、高耸建筑、人行道树木以及树林等易引雷目标。在无法避开时，应采用消弧线、避雷针等措施对光缆线路进行保护。光缆吊线需要间隔接地，雷害特别严重地段可装设架空地线。

4. 防腐蚀措施

光缆的塑料外护套、金属护套或铠装已具有良好的防腐蚀作用，故对光缆通信线路，可以不考虑外加的防电化学腐蚀措施。但在光缆的生产、运输和施工过程中，光缆的塑料护套有可能会受到局部损伤，致使光缆金属护套对地绝缘性能下降，还可能透潮气或进水。可采取以下防护措施：

（1）在光缆的接头点设置监测路缘石，通过监测路缘石中的光缆监测线来监测光缆内金属护套对地的绝缘和电位。

（2）由土壤和水引起的腐蚀，可根据土壤腐蚀性的强弱，采用塑料管保护或在光缆上包沥青油麻、沥青玻璃丝带等。

5. 防蚁措施

白蚁不仅啃咬光缆，而且还分泌蚁酸，加速对金属护套的腐蚀。根据白蚁的生态习性，在敷设光缆线路时，应尽量避开白蚁滋生的地方，如森林、木桥、坟场和堆有垃圾的潮湿地方等。当光缆线路必须经过白蚁活动的地区时，可采用防蚁毒土埋设光缆，包括在沟底喷洒药液，以及用药浸过的土壤填沟等。

6. 防鼠措施

鼠类有磨牙齿的天性，当遇到地下光缆阻挡它们的通道或寻找食物时，就会咬坏光缆。根据鼠类的习性，可采用以下措施：

（1）在光缆的路由选择上应避免一些多鼠的地方，如桥头、涵洞等。在穿越农田的田埂、河堤及经济作物坡地时，尽量垂直通过，减少在其边缘的敷设长度；沿山坡公路敷设时，应在靠山坡一侧通过。由于鼠类的活动范围多在耕作层，因此应保证光缆埋深，符合规定要求，可减少鼠类的危害。

（2）在不得不经过鼠类活动频繁的地带时，用硬塑料管或钢管来保护光缆，并且用土夯实。不要用石块及硬物塞进光缆沟，做到沟内不留缝隙。

（3）对于管道光缆来说，将光缆穿进子管内，并将子管用油麻或热缩管封闭，也是很有效的防鼠措施。

（二）电缆的防护

电缆防护的内容和方法大部分与光缆相似，但由于电缆线路常用于用户终端，建设环境复杂，易受外界影响，具有一些自身的防护特点，除采用光缆的防护措施外，还常采取以下防护措施：

（1）电缆敷设遇建筑物的突出部分时，可采取绕过或穿越障碍物的敷设方法。

（2）电缆如在墙内角转弯，而墙内角中有较大障碍物时，可将电缆附挂在一根铁管或撑铁上。

（3）电缆与其他障碍物交叉时，电缆应敷设在墙壁与障碍物之间，并使电缆距障碍物保持 2cm 以上，必要时可将电缆嵌入墙内，以使电缆与障碍物交叉处能有 2cm 以上的距离。如电缆不能嵌入墙内时，可设法将电缆从障碍物上面穿过，在电缆护层外包缠绝缘胶布等进行保护。

（4）卡钩式敷设的墙壁电缆，如有受外界损伤可能时，可用 U 形铁罩、角钢、木槽板或竹板进行保护；对个别小部位，也可用缠包铅皮带等方法进行保护。

（5）墙壁电缆在房屋建筑内部穿越时，电缆应用钢管或硬质塑料管保护，保护的高度一般应距地面不小于 2m，保护管的内径一般为电缆外径的 15～20 倍。

（6）电缆与电力线交叉时，电缆一般从电力线与墙壁之间通过，达不到最小隔距要求时，可把电缆嵌入墙内敷设。另外，可在电缆外层缠包两层绝缘胶布，或套塑料管、石棉管等加以保护，并避免其互相碰触。

（7）墙壁电缆与保护地线交叉时，电缆应在其内侧；达不到隔距要求时，在电缆上套绝缘管、包缠胶布或将电缆嵌入墙内。

（8）墙壁电缆与热力管交叉达不到隔距要求时，可将电缆上套以石棉管保护；墙壁电缆与不包封的热力管交叉，其隔距小于 10cm 时，则禁止交叉敷设。

（9）墙壁电缆与给水管、煤气管平行或交叉敷设时，应妥善加固，不应互相碰触。

第二节 设备安装工程建设

一、通信局站选址

（1）在光（电）缆线路传输长度允许的条件下，局站应首先考虑设置在现有机房内。

（2）无现有机房可利用时，应新建局站。新建局站的位置应能满足目前主流技术传输距离的需求，并适当兼顾新技术的运用。

（3）新建局站的地点应满足以下要求：

① 靠近居民点、现有通信维护等安全有保障、便于看管的地方，不应选择在易燃易爆的建筑物或堆积场附近。

② 地势较高，不受洪水影响，地势平坦、土质稳定适于建筑的地点，避开断层、土坡边缘、河道和有可能塌方、滑坡和地下存在矿藏及古迹遗址不可采用的地方。

③ 交通便利，有利于施工和维护抢修。

④ 不偏离光（电）缆线路路由走向过远，方便光（电）缆、供电线路的引入。

⑤ 易于保持良好的机房内外环境，可满足安全及消防要求。

⑥ 便于地线安装，接地电阻较低，避开强电及干扰设施和其他防雷接地装置。

（4）局站建筑方式选择原则

① 新建局站时应选择用地上的建筑方式。环境安全或设备工作条件有特殊要求时，局站机房也可采用地下或半地下结构的建筑方式。

② 新建局站的机房面积应根据通信容量以及中远期设备安装数量等因素综合考虑。

③ 新建、购买或租用同站机房，均应符合《通信建筑工程设计规范》（YD/T 5003—2014）和其他相关标准的要求。

④ 当利用原有其他用途的房屋作为机房时，除位置应符合站址选择要求外，其承重、消防、高度、面积、地平、机房环境等指标也应符合相关要求。

（5）本地网光缆局站的设置

本地光缆网局站选择应注意以下几点：

① 应选择在地质稳定、适宜建筑的区域。

② 应选择在光缆进出较方便的地段，如选择在市区或乡镇内，宜有至少两个不同方向进出局管道。

③ 应选择在供电、供水方便的地区。

④ 交通要便利，以方便维护、电路调度和抢修。

（6）长途光缆局站的设置

① 局站的设置应当在能满足当前系统建设的同时，考虑以后工程建设和系统扩容升级的便利。

② 段站的设置与当时传输系统及技术有关。目前一般按 32×10Gbit/s DWDM 系统技术水平设置局站。局站的选择有等距与不等距的区分，一般情况下，为节省投资及简化维护，采取不等距设置局站。

③ 沙漠、戈壁滩或超长距离没有居住区的地区可考虑设置无人中继站。

二、传输系统设备安装

传输系统是包括了调制、传输、解调全过程的通信设备的总和。它是先把语音、数据、图像信息转变成电信号，再经过调制，将频谱搬移到适合某些媒质传输的频段，并形成有利于传输的电磁波传送到对方，最后经过解调还原为电信号。作为信道时，传输系统可连接两个终端设备从而构成通信系统，也可以作为链路连接网络节点的交换系统构成通信网。

在传输信号的过程中，传输系统会遇到一些导致信号质量劣化的因素，如衰减、噪声、失真、串音、干扰、衰落等，这些都是不可避免的。为了提高传输质量、扩大容量，从而取得技术和经济方面的优化效果，传输技术必须坚持不懈地发展和提高。传输媒质的开发和调制技术的进步情况标志着传输系统的发展水平，可以从传输质量、系统容量、经济性、适应性、可靠性、可维护性等多个方面综合评价。有效扩大传输系统容量的重要手段，包括提高工作频率来扩展绝对带宽、压缩已调制信号占用带宽来提高频谱利用率等。

传输系统按其传输信号性质可分为模拟传输系统和数字传输系统两大类，按传输媒质可分为有线传输系统和无线传输系统两类，见图 5-2-1。

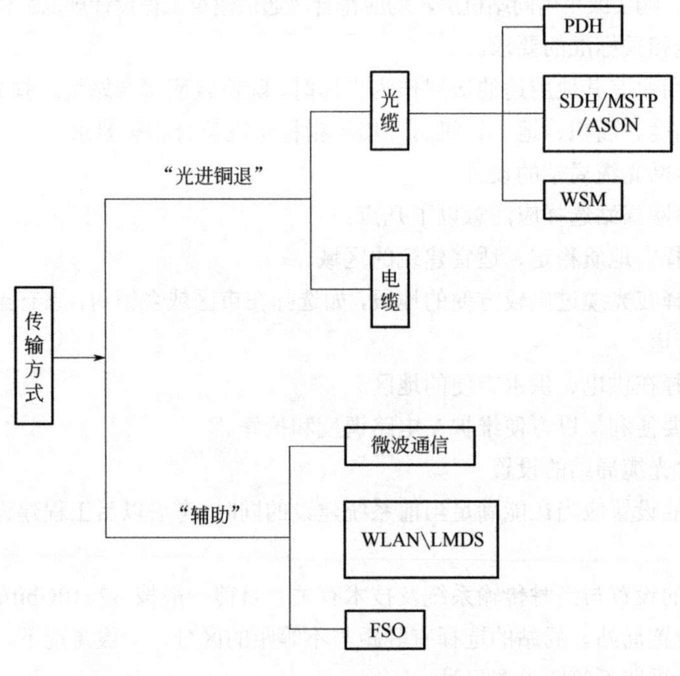

图 5-2-1　传输方式分类

1．模拟传输系统

模拟传输系统的信号随时间连续变化，必须采用线性调制技术和线性传输系统。在金属缆线的应用中，由于其频带受限，故适合采用单边带调制，它的已调信号的带宽可与原信号相同，有着更高频谱利用率的复用系统。为了克服无线传输系统的干扰和衰落，模拟基带信号的二次调制大多采用调频方式。考虑到扩大容量，某些特大容量的模拟微波接力系统中会出现采用调幅方式的情况。模拟传输系统的缺点是接力系统的噪声及信号损伤均有积累，它只适用于早期业务量很大的模拟电话网。

2．数字传输系统

数字传输系统的抗干扰及抗损伤能力变强，因为其信号参量在等时间间隔内取 2^n 或 2^n+1 个离散值，接收信号之后只需取参量与各标称离散值的差值即可判决，接收信号无需保持原状。因此，信号经过每个中继器都可以逐段再生，无噪声及损伤的积累。同时，数字传输系统可用逻辑电路来处理信号，设备简单，易于集成。它不仅适用于数据等数字信号传输，也适用于传输数字语音信号以及其他数字化模拟信号，从而为建立包容各种信号的综合业务数字网提供条件。尽管数字化模拟信号的频谱利用率远低于原信号，但如果采用高效调制技术、高效编码技术和高工作频段的传输媒质等方法，依然可以相应地提高频谱利用率。这些优点使数字传输系统受到了更多关注，其发展也变得迅速起来。

3．有线传输系统

有线传输系统是以线状金属导体（如同轴电缆、双绞线电缆等）及其周围或包围的空间为传输媒质，或者以线状光导材料（光纤）为传输媒质的传输系统。有线传输系统的传输质量相对稳定，其中，受外界电磁场辐射交连或集肤效应制约的金属缆线，其可用频带严重受限，大体上只适用于模拟载波系统。借助缩小中继距离，可以在一定程度上提高金属缆线的系统容量。光导纤维是利用其构成的有线链路，以及光线射到两种不同介质交界面时会产生折射和反射的原理，使携带信号的光线可在光纤的纤芯中长距离传播。其优点是传输衰减小、距离长、频带宽、容量大、体积小、重量轻，同时抗电磁干扰，传输质量较好。当然，光纤也存在一些不足之处，如容易断裂，需要专业工具接续等。由于光纤具有良好的传播特性，现已成为有线传输系统的主要传输媒质。

4．无线传输系统

无线传输系统是以自由空间为媒质的传输系统，其信道大体上可分为卫星信道和地面无线信道两大类。卫星信道基本可以认为是恒参信道，只是由于电波超长距离地在空中传播，会造成明显的时延。同时，大气环境会影响卫星信道，致使其传播损耗不稳定。卫星信道的主要优点是代价低、使用方便、传输容量巨大，据测算，装有 10 个转发器的一到两颗卫星即可使世界上最大的国家能成功地进行通信；同时，其覆盖面宽，具有广播信道特性，可构成优良的无线传送信道，尤其是远程无线传送信道，现已成为远程无线传输的重要手段。在地面无线通信系统中，收端与发端之间是一种由直射波、绕射波、反射波、散射波、地表波等多个电波传播方式协同的信号传输模式。收发天线间的直射波传播要受到反射波、绕射波和散射波等干扰的影响，它们会对直射波产生干涉，形成多径效应。而沿地球表面传播的地表波，其能量随着传播距离增加而迅速减小，衰耗随着频率增高而急剧加大，多径效应反倒可以忽略不计。微波接力通信系统、特高频接力通信系统以及无线局域网（WLAN）、自由空间光通信系统（FSO）等都应用了地面无线信道。

无线传输系统的传输质量不能保证稳定，容易受到干扰，必须采取各种抗干扰措施，并且进行频率的管理和系统间协调。另一方面，由于无线传输系统无需实体媒质，故其成本相对较低，建设工期短，调度灵活。同时，配合不同的天线，它还可以方便地进行定向或全向广播通信。

5. 传输网分层结构

传输网能够分为省际干线（一级干线）、省内干线（二级干线）和本地传输网 3 个层面。

其中，省际干线用于连接各省的通信网元，省内干线则完成省内各地市间业务网元的连接，传输各地市间业务及出省业务，干线网络传输距离长、速率高、容量大、业务流向相对固定，业务颗粒也相对规范，它既肩负海量数据传送的任务，又需要有非常强大的网络保护和恢复能力。这一层布设的应当是 DWDM 和 ASON 这一类设备，利用 DWDM 系统卓越的长途传输能力和大容量传输的特性，以及 ASON 节点十分灵活的调度能力和宽带容量，加之足够多的光纤资源相互交织成的网络，可以基本满足干线系统的需求。在相互之间和与本地传输网之间的沟通中，ASON 节点可以完成传统 SDH 设备需要行使的所有功能，还能够提供更大的节点宽带容量，同时更灵活和更快捷地调度电路，进一步降低网络的建设和运营费用。

本地传输网是指在本地电话网范围内为各种业务提供传输通道的传送网络，相较于干线网络，它有以下不同特点：

（1）中继距离相对干线较短，业务种类繁杂，颗粒大小不一，需要各种类型接口。

（2）业务具有不确定性，受用户应用影响大，需要有比较强的调度和电路配置能力。

（3）要求网络有较强的可扩展性，以适应网络变化。

（4）技术多样性，每种技术都有其应用空间。

（5）接入环境复杂多变，设备数目众多，需要强大的网管。

（6）对成本敏感，如何降低运营成本成为重要因素。

（7）基于 IP 的应用逐渐成为主流，传统语音和专线服务已逐渐变为次要的收入来源。

从结构上来看，本地传输网又可以再细分为骨干层、汇聚层和接入层 3 个层面，每个层面则包含多种混合组网设备。骨干层主要解决各骨干节点之间业务的传送、跨区域的业务调度等问题。汇聚层实现业务从接入层到骨干节点的汇聚。接入层则提供丰富的业务接口，实现多种业务的接入。通过 3 个层面的配合，实现全程全网的多业务传送。

骨干层网络上联省内干线，主要由几个核心数据机房构成，比较大型的城市，往往业务量巨大，需要骨干层有足够的带宽和速率，所以这一层面也会选用 DWDM 和 ASON 设备组网。ASON 节点所能提供的单节点交叉容量可以大大缓解网络中节点的“瓶颈”问题。

汇聚层网络主要由网络中的业务重要节点和通路重要节点组成，多会布设 ASON 和 PTN 等设备。ASON 可以基于 G.803 规范的 SDH 传送网实现，也可以基于 G.872 规范的光传送网实现，因此，ASON 可与现有 SDH 传输设备混合组网。PTN 设备也可以与 SDH 传输设备混合组网。ASON 和 PTN 与现有传输网络的融合是一个渐进的过程，在现有的 SDH 网络中组建 ASON 或 PTN 的基础上，逐步形成完整的 ASON 或 PTN，并取代原有网络。这一发展过程与 PDH 向 SDH 设备的过渡非常相似。

接入层网络的节点就是所有业务的接入点，包括通信基站、大客户专线、宽带租用点和小区宽带集散点等，它们的业务需求多种多样，网络结构也各有不同，针对这种情况，可以布设 PTN 设备和 PON 设备。PTN 一种设备就可以满足所有各式的业务需求，同时结合 PON 系统，实现“一网承送多重业务”。这个目标的实现需要一个渐进的过程，目前这层网络中的设备既有 PTN 也有 SDH，应当首先在有多业务需求的节点布设 PTN 设备，再逐步过渡到全网 PTN 设备组网。

6. 机房环境

机房环境需要关注的方面包括：

① 机房内严禁存放易燃、易爆等危险物品。

② 孔洞位置、尺寸应满足设计要求。

③ 孔洞封堵必须采用不低于楼板耐火等级的不燃烧材料封堵。

④ 机房楼面等效均布活荷载、室内温度、机房照明、防尘、防静电和防鼠应满足《通信建筑工程设计规范》（YD 5003—2014）的相关规定。

7. 铁架安装

（1）槽道和走线架的安装应符合下列要求：

① 槽道和走线架的平面位置应符合设计平面位置要求，偏差不得超过 50mm。

② 列槽道和列走线架应成一条直线，水平偏差不得超过 3‰，高度符合设计要求。

③ 连固件连接应牢固、平直、无明显弯曲，电缆支架应安装端正、牢固、间距均匀。

④ 主槽道（主走线架）宜与列槽道（列走线架）立体交叉，高度符合设计要求。

⑤ 列间撑铁应在一条直线上，两端对墙加固应符合设计要求。

⑥ 吊挂安装应垂直、牢固，位置符合设计要求，膨胀螺栓打孔位置不宜选择在机房主承重梁上。确实避不开主承重梁时，孔位应选在距主承重梁下沿 120mm 以上的侧面位置。

⑦ 铁件的漆面应完整无损，如需补漆，其颜色与原漆色应基本一致。

（2）光纤护槽的安装应符合下列要求：

① 光纤护槽宜采用支架方式，并安装在电缆支铁或槽道（走线架）的梁上。

② 安装完毕的光纤护槽应牢固、平直、无明显弯曲。

③ 光纤护槽在槽道内的高度宜与槽道侧板上沿基本平齐，尽量不影响槽道内电缆的布放，在主槽道和列槽道过渡处和转弯处可用圆弧弯头连接。

④ 光纤护槽的盖板应方便开合操作，位于列槽道内的部分，侧面应留出随时能够引出光纤的出口；出口宜采用喇叭状对接，以防转弯处伤及光纤。

（3）机架安装应符合下面要求：

① 各种机架的安装位置应符合设计要求，其偏差不大于 10mm。

② 各种机架的安装应端正牢固，垂直度偏差不应超过机架高度的 1.0‰。

③ 列内机架应相互靠拢，机架间隙不应大于 3mm 并保持机架门开关顺畅；机面应平直，每米偏差不大于 3mm，全列偏差不大于 15mm。

④ 机架应采用膨胀螺栓对地加固，机架顶部宜采用夹板（或 L 形铁）与列槽道（列走线架）上梁加固。所有紧固件应拧紧适度，同一类螺丝露出螺帽的长度宜基本保持一致。

⑤ 在铺设了防静电地板的机房安装设备，设备下面应安装机架底座，底座安装应满足设备安装要求。

⑥ 机架的抗震加固应满足设计要求。

⑦ 设备端子板的位置、安装排列顺序及各种标识应符合设计要求。

⑧ 光纤分配架（ODF）上的光纤连接器安装应牢固，方向一致，盘纤区固定光纤的零件应安装齐备。

⑨ 机架和部件以及它们的接地线应安装牢固。防雷地线与设备保护地线安装应符合设计要求。

（4）设备子架安装应符合下面要求：

① 设备子架安装位置应符合设计要求。

② 子架与机架的加固应牢固、端正，符合设备装配要求，不得影响机架的整体形状和机架门的顺畅开合。

③ 子架上的饰件、零配件应装配齐全，接地线应与机架接地端子可靠连接。

④ 子架内机盘槽位应符合设计要求，插接件接触良好，空槽位宜安装空机盘或假

面板。

（5）光纤连接线布放应满足下面要求：

① 光纤连接线布放路由应符合设计要求，收信、发信排列方式应符合维护习惯。

② 不同类型纤芯的光纤连接线外皮颜色应满足设计要求。

③ 光纤连接线宜布放在光纤护槽内，应保持光纤顺直，无明显扭绞。无光纤护槽时，光纤连接线应加穿光纤保护管，保护管应顺直绑扎在电缆槽道内或走线架上，并与电缆分开放置。

④ 光纤连接线从护槽引出宜采用螺纹光纤保护管保护。

⑤ 严禁用电缆扎带直接捆绑无套管保护的光纤连接线，宜用扎线绑扎或自粘式绷带缠扎，绑扎松紧适度。

⑥ 光纤连接线活接头处应留一定的富余，余长应依据接头位置等情况确定，一般不宜超过 2m。光纤连接线余长部分应整齐盘放，曲率半径应不小于 30mm。

⑦ 光纤连接线必须整条布放，严禁在布放路由中间做接头。

⑧ 光纤连接线两端应粘贴标签，标签应粘贴整齐一致，标识应清晰、准确、文字规范。

（6）通信电缆的布放和成端应符合下面要求：

① 电缆的规格程式应符合设计要求。

② 电缆的布放路由、走向应符合设计要求。

③ 电缆在槽道内或走线架上布放应顺直，捆扎牢固，松紧适度，没有明显的扭绞。

④ 电缆成端处应留有适当富余量，成束缆线留长应保持一致。

⑤ 电缆开剥尺寸应与缆线插头（座）的对应部分相适合，成端完毕的插头（座）尾端不应露铜。

⑥ 芯线焊接应端正、牢固、焊锡适量，焊点光滑、圆满、不成瘤形。

⑦ 屏蔽网剥头长度应一致，并保证与连接插头的接线端子外导体接触良好。

⑧ 组装好的电缆、电线插头（座），应配件齐全、位置正确、装配牢固。

（7）电力电缆/线布放安装应符合下列要求：

① $10mm^2$ 及以下的单芯电力线宜采用打接头圈方式连接，打圈绕向与螺钉固紧方向一致，铜芯电力线接头圈应镀锡，螺钉和接头圈间应安装平垫圈和弹簧垫圈。

② $10mm^2$ 以上的单芯电力电缆应采用铜鼻子连接，铜鼻子的材料应与电缆相吻合。

③ 铜鼻子的规格必须与电源线规格一致，剥露的铜线长度适当，并保证铜缆芯完整接入铜鼻子压接管内，严禁损伤和剪切铜缆芯线。

④ 安装在铜排上的铜鼻子应牢靠端正，采用合适的螺栓连接，并安装齐备平垫圈和弹簧垫圈。铜鼻子压接管外侧应采用绝缘材料保护，正极用红色、负极用蓝色、保护地用黄色。

⑤ 电力电缆芯线与地线间的绝缘电阻应满足设计要求。

（8）网管设备安装应符合下列要求：

① 网管设备安装位置应符合设计要求。

② 网管设备的操作终端盒显示器等应摆放平稳、整齐。

③ 网管设备供电方式和电源保护方式应满足设计要求。

三、通信电源

通信电源是通信设备的心脏，在通信系统中，具有举足轻重的地位。通信设备对电源系统的要求为：可靠、稳定、小型、高效。通信局（站）电源系统应有完善的接地与防雷设施，具备可靠的过压和雷击防护功能，电源设备的金属壳体应有可靠的保护接地；通信电源设备及电源线应具有良好的电气绝缘层，绝缘层包括足够大的绝缘电阻和绝缘强度；通信电源设备应具有保护与告警功能。

在蓄电池安装中，由于电池组荷重较大，应用 $2cm^2$ 以上的铁垫进行调整，蓄电池柜摆放需要按照厂家说明书的要求进行。

1．通电前的注意事项

（1）通电前，检查开关、接触器动作是否灵活、适度，接触是否良好，如不正常应立即修复。

（2）断掉直流配电屏内负荷输出熔断器及相应告警熔断器。

（3）断开蓄电池组的输出线，并做绝缘处理。

（4）关掉交流配电屏内的阻隔开关、输出分路开关及告警插件。

（5）通电时，除操作者外应另有一个或两个人在机后侧观察，如有异常（烟、声响等）立即通知操作人员断电检查，排除障碍后，方可再进行试机。

2．通电调试前检查

（1）按设备原理图检查各个元器件的连线是否正确，有无接地、短路、虚焊和接触松动等现象。

（2）检查仪表有无卡阻、碰针现象，并校准指针为零位。

（3）机架地线连接是否良好。

（4）熔断器容量应符合设计标准或部颁要求，并做好标记。

3．通电试验操作

（1）将负载接到直流配电屏输出端上。

（2）合上交流配电屏的隔离开关及相应的输出开关，检查市电是否缺相和供电电压是否符合规定。

（3）开启整流设备正常后，输出到直流配电屏内，检查直流电压输出是否正常。

（4）将交、直流配电屏的通电状态及整流器模块的各项输出指示做好记录。

四、通信油机

通信油机主要用作储备，用于在停电后蓄电池电量消耗完毕之前，由维护人员到达现场将油机启动进行电池充电，从而带动基站正常工作。

机组搬运安装应在防震基础坚固后进行，搬运中要统一指挥，分工明确，按计划布置摆放平整，并做好地面固定螺栓。

1．质量要求

（1）各加固点一定要牢固，固定螺栓对准预留孔。

（2）排气管安装应横平竖直，机器端应略高于外伸侧。

（3）伸出端应加防雨或切斜口，必要时应安装防护网。

（4）水管、油管、气管不应有渗漏现象。

（5）排气管高度按设计进行，如无设计，距地不得小于 2.5m。

（6）排气管的吊挂处要牢固，排气管应自由吊在空中与机器接口连接。

（7）水管、油管内壁安装前应清洗。

（8）地下管如不用镀锌管应涂防锈漆。

2．管路油漆要求

（1）油漆表面光亮、均匀，防锈漆涂刷一遍，油漆涂两遍。

（2）进水管刷浅蓝色，出水管刷深蓝色。

（3）机油管刷黄色，燃油管刷红色，回油管刷浅红色。

（4）排烟管刷银粉漆。

3．试机前检查

（1）机组安装牢固，原始记录齐全。

（2）控制屏接线无误，发电机绝缘良好。

（3）燃油、润滑油、冷却水等符合说明书技术要求。

（4）各管路接头无漏油、漏水和漏气现象。

（5）机组接地保护良好，符合设计要求。

（6）有条件情况下应摆动主机几圈，看有无碰撞。

（7）安全消防器具齐全。

4．操作方法

试运转。按说明书方法起动机器进行低速运转，检查仪表指示是否正常，有无漏油、漏水和漏气现象，无异常后进入指定转数空机运转。如果机组厂家规定机组需研磨走合，按技术说明书规定进行走合后方可试机加载。

加载实验时，先开机达到额定转数，检查并记录油机压力、温度、水温及转速；正常后，合上机组开关，检查控制屏上的电压、功率和频率表；正常后，加足负载，检查电流输出情况；无异常后结束试机，按说明书规定将各开关位置恢复到再起动位置。

第三节　综合布线工程建设

一、综合布线技术

1．综合布线系统的起源

过去设计大楼内的语音及数据业务线路时，常使用各种不同的传输线、配线插座以及连接器件等。例如，用户电话交换机通常使用对绞电话线，而局域网络（LAN）则可能使用对绞线或同轴电缆。这些不同的设备使用不同的传输线来构成各自的网络，同时，连接这些不同布线的插头、插座及配线架均无法互相兼容，相互之间达不到共用的目的。而办公布局及环境改变的情况是经常发生的，当需要调整办公设备或随着新技术的发展需要更换设备时，就必须更换布线。这样因增加新线缆而留下不用的旧线缆，天长日久，导致了建筑物内线缆杂乱，造成很大的维护隐患，使得维护不便，要进行各种线缆的敷设改造也十分困难。

随着全球社会信息化与经济国际化的深入发展，人们对信息共享的需求日趋迫切，就需要一个适合信息时代的布线方案。美国电话电报（AT&T）公司贝尔实验室的专家们经过多年的研究，在办公楼和工厂试验成功的基础上，于 20 世纪 80 年代末期率先推出结构化综合布线系统（Structured Cabling System，SCS）标准。从此，随着智能化建筑的兴起，随着信息化建设的蓬勃发展，综合布线系统逐步取代了传统的布线系统。我国综合布线国家标准中，如 GB 50311—2016 和 GB/T 50312—2016，将综合布线系统（Generic Cabling System）简称为 GCS。

2．综合布线系统的定义与功能

综合布线系统将所有语音、数据、图像及多媒体业务设备的布线网络组合在一套标准的布线系统上，它以一套由共用配件所组成的单一配线系统，将各个不同制造厂家的各类设备综合在一起，使各设备相互兼容，同时工作，实现综合通信网络、信息网络及控制网络间的信号互连互通。应用系统的各种设备终端插头插入综合布线系统的标准插座内，再在设备间和电信间对通信链路进行相应的跳接，就可运行各应用系统了。

综合布线系统以其开放的结构可以作为各种不同工业产品标准的基准，使得配线系统具有更大的适用性、灵活性，而且可以利用最低的成本在最小的干扰下对设于工作地点的终端设备重新安排与规划。当终端设备的位置需要变动或信息应用系统需要变更时，只需做一些简单的跳线，这项工作就完成了，而不需要再布放新的电缆以及安装新的插座。

综合布线是一种预布线，除满足目前的通信需求，还能满足未来一段时间内的需求。设计时信息点数量裕量的考虑，满足了未来信息应用系统数量、种类的增加，采用 5E 类和 6 类布线产品能满足未来 1Gbit/s 到桌面的应用需求，若采用 6A 则可以达到 10Gbit/s。在确定建筑物或建筑群的功能与需求以后，规划能适应智能化发展要求的相应的综合布线系统设施和预埋管线，可以防止今后增设或改造时造成工程的复杂性和费用的浪费。

综合布线系统实现了综合通信网络、信息网络及控制网络间信号的互连互通。智能建筑智能化建设中，楼控设备、监控、出入口控制等系统的设备在提供满足 TCP/IP 协议接口时，使用综合布线系统作为信息的传输介质，为大楼的集中监测、控制与管理打下了良好的基础。

3．综合布线系统的特点

（1）兼容性

兼容性是指其设备或程序可以用在多种系统中的特性。综合布线系统将语音信号、数据信号与监控设备图像信号的配线经过统一的规划和设计，采用相同的传输介质、信息插座、交连设备和适配器等，把这些性质不同的信号综合到一套标准的布线系统中。这样与传统布线系统相比，可节约大量的物质、时间和空间。在使用时，用户可不用定义某个工作区的信息插座的具体应用，只把某种终端设备接入这个信息插座，然后在管理间和设备间的交连设备上做相应的跳线操作，这个终端设备就被接入到自己的系统中。

（2）开放性

对于传统的布线方式，用户选定了某种设备，也就选定了与之相适应的布线方式和传输介质。如果更换另一种设备，原来的布线系统就要全部更换，这样做给用户增加了很多麻烦和投资。综合布线系统由于采用开放式的体系结构，符合多种国际上流行的标准，包括计算机设备、交换机设备和几乎所有的通信协议等。

（3）灵活性

在综合布线系统中，所有信息系统皆采用相同的传输介质和物理星型拓扑结构，因此所有的信息通道都是通用的。每条信息通道都可支持电话、数据和多用户终端。所有设备的开通和更改均不需改变系统布线，只需增减相应的网络设备以及进行必要的跳线管理即可。另外，系统组网也可以灵活多样，甚至在同一房间可有多用户终端，为用户组织信息提供了必要条件。

（4）可靠性

综合布线系统采用高品质的材料和组合压接方式构成了一套高标准的信息通道。所有器件均通过 UL、CSA 和 ISO 认证，每条信息通道都要采用物理星型拓扑结构，点到点端接，任何一条线路故障均不影响其他线路的运行，为线路的运行维护及故障检修提供了极大的方便，从而保障了系统的可靠运行。各系统采用相同传输介质，因而可互为备用，提高了备用冗余。

（5）先进性

综合布线系统通常采用光纤与双绞线混合布线方式，这种方式能够十分合理地构成一套完整的布线系统。所有布线采用最新通信标准，信息通道均按布线标准进行设计，按 8 芯双绞线进行配置，通过敷设超 5 类、6 类、6A 类的双绞线，数据最大传输速率可达 10Gbit/s。对于需求特殊的用户，可将光纤敷设到桌面（Fiber-to the Desk），通过主干通道可同时传输多路实时多媒体信息。同时，星型结构的物理布线方式为未来发展交换式网络奠定了基础。

（6）经济性

衡量一个建筑产品的经济性，应该从两个方面加以考虑，即初期投资和性能价格比。一般来说，用户总是希望建筑物所采用的设备在开始使用时应该具有良好的实用性，而且还应有一定的技术储备，在今后的若干年内应保护最初的投资，即在不增加新的投资情况下，还能保持建筑物的先进性。与传统的布线方式相比，综合布线就是一种既具有良好的初期投资特性，又具有很高的性能价格比的高科技产品。

综合布线系统由不同系列和规格的部件组成，其中包括传输介质、相关连接硬件（如配线架、插座、插头和适配器）以及电气保护设备等。

综合布线系统一般采用分层星型拓扑结构。综合布线系统应为开放式网络拓扑结构，应能支持语音、数据、图像、多媒体业务等信息的传递。该结构下的每个分支子系统都是相对独立的单元，对每个分支子系统的改动都不影响其他子系统，只要改变节点连接方式就可使综合布线在星型、总线型、环形、树状等结构之间进行转换。

二、综合布线材料和设备

根据网络传输介质的不同，计算机网络通信分为有线通信系统和无线通信系统。有线通信利用电缆或光缆作为信号传输载体，通过连接器、配线设备及交换设备将计算机连接起来，形成通信网络；而无线通信系统则是利用卫星、微波、红外线作为信号传输载体，借助空气来进行信号的传输，通过相应的信号收发器将计算机连接起来，形成通信网络。

在有线通信系统中，线缆主要有铜缆和光纤两大类，铜缆又可分为同轴电缆和双绞线电缆两种。同轴电缆是 10Mbit/s 网络时代的数据传输介质，目前已退出计算机通信市场，现在主要应用于广播电视和模拟视频监控。随着视频监控进入网络视频监控时代，网络视频监控的网络通信介质以双绞线电缆为主。

目前，在实际网络建设中，计算机通信主要采用主干（建筑群子系统、干线子系统）用光缆、配线子系统用双绞线电缆，无线通信作补充的方式构建计算机网络传输系统。无线网络是近年来迅速发展起来的计算机网络系统，随着通信标准、通信速率、成本制约和环境干扰等问题的逐步解决，无线通信可能不仅仅是作为补充解决有线通信系统不易敷设、覆盖的问题，还与有线通信网络并驾齐驱，取长补短，相互融合，为传输数据服务。

在综合布线系统中，除传输介质外，传输介质的连接也非常重要。不同区域的传输介质要通过连接件连接，从而形成通信链路。连接件主要是指那些用于端接电缆的电缆部件，包括连接器或者是其他布线设备。连接器既可以用于铜缆，也可以用于光缆。在铜缆中，连接器设计成与铜缆中的导线有物理电气接触，这样连接器就可以与另一个配套连接器固定在一起，构成一个电气连接。

（一）双绞线

1．双绞线结构

双绞线由两根 22～26 号绝缘铜导线相互缠绕而成，如果把一对或多对双绞线放在一个绝缘套管中便构成了双绞线电缆。在双绞线电缆（也称双扭线电缆）内，不同线具有不同扭绞长度。把两根绝缘的铜导线按一定密度互相绞合在一起，可降低信号干扰的程度，每一根导线在传输中辐射出来的电波会被另一根线上发出的电波抵消，一般扭线越密其抗外来电磁信号干扰的能力就越强。电缆护套外皮有非阻燃（CMR）、阻燃（CMP）和低烟无卤（Low Smoke Zero Halogen，LSZH）3 种材料。电缆的护套若含卤素，则不易燃烧（阻燃），且在燃烧过程中，释放的毒性大；电缆的护套若不含卤素，则易燃烧（非阻燃），且在燃烧过程中所释放的毒性小。因此，在设计综合布线时，应根据建筑物的防火等级，选择阻燃型线缆或非阻燃型线缆。

用于数据通信的双绞线为 4 对结构，为了便于安装与管理，每对双绞线有颜色标示，4 对 UTP 电缆的颜色分别为：蓝色、橙色、绿色和棕色。每对线中，其中一根的颜色为线对颜色加上白色条纹或斑点（纯色），另一根的颜色为白底色加线对颜色的条纹或斑点。具体的颜色编码如表 5-3-1 所示。

◈ 表 5-3-1　4 对 UTP 电缆颜色编码

线对	颜色色标	缩码
线对 1	白-蓝 蓝	W-BL BL
线对 2	白-橙 橙	W-O O
线对 3	白-绿 绿	W-G G
线对 4	白-棕 棕	W-BR BR

2．非屏蔽双绞线与屏蔽双绞线电缆

（1）屏蔽双绞线（UTP）

顾名思义，它没有用来屏蔽双绞线的金属屏蔽层，只在绝缘套管中封装了一对或一对以上的双绞线，每对双绞线按一定密度互相绞在一起，提高了系统本身抗电子噪声和电磁干扰的能力，但不能防止周围的电子干扰。UTP 中还有一条撕剥线，使套管更易剥脱。

UTP 电缆是通信系统和综合布线系统中最流行使用的传输介质，常用的双绞线电缆封装 4 对双绞线，配上标准的 RJ45 插座，可应用于语音、数据、音频、呼叫系统以及楼宇自动控制系统，UTP 电缆可同时用于干线子系统和配线子系统的布线。封装 25 对、50 对和 100 对等大对数的双绞线电缆，可应用于语音通信的干线子系统中。

非屏蔽双绞线电缆的优点是：无屏蔽外套，直径小，节省所占用的空间；质量小，易弯曲，易安装；将串扰减至最小或加以消除；具有阻燃性。

（2）屏蔽双绞线

随着电气设备和电子设备的大量应用，通信链路受到越来越多的电子干扰，这些电子干扰来自诸如动力线、发动机、大功率电源线和雷达信号之类的其他信号源，如果这些信号产生在附近，则可能带来称为噪声的破坏或干扰。另一方面，电缆导线中传输的信号能量的辐射，也会对邻近的系统设备和电缆产生电磁干扰（EMI）。在双绞线电缆中增加屏蔽层就是为了提高电缆的物理性能和电气性能，减少电缆信号传输中的电磁干扰。该屏蔽层能将噪声转变成直流电。屏蔽层上的噪声电流与双绞线上的噪声电流相反，因而两者可相互抵消。屏蔽电缆可以保存电缆导线传输信号的能量，电缆导线正常的辐射能量碰到电缆屏蔽层时，由于电缆屏蔽层接地，屏蔽金属箔将会把电荷引入地下，从而防止信号对通信系统或其他对电子噪声比较敏感的电气设备的电磁干扰（EMI）。

3．双绞线电缆类型

（1）1 类双绞线（Cat1）

缆线最高频率带宽是 750kHz，用于报警系统或语音系统。

（2）2 类双绞线（Cat2）

缆线最高频率带宽是 1MHz，用于语音、EIA-232。

（3）3 类双绞线（Cat3）

3 类 IC 级电缆的频率带宽最高为 16MHz，主要应用于语音、10Mbit/s 的以太网和 4Mbit/s 令牌环，最大网段长为 100m，采用 RJ 形式的连接器。目前，4 对 3 类双绞线已退出市场，市场上的 3 类双绞线产品只有用于语音主干布线的 3 类大对数电缆及相关配线设备。

（4）4 类双绞线（Cat4）

缆线最高频率带宽为 20MHz，最高数据传输速率为 20Mbit/s，主要应用于语音、

10Mbit/s 的以太网和 16Mbit/s 令牌环，最大网段长为 100m，采用 RJ 形式的连接器，未被广泛采用。

（5）5 类双绞线（Cat5）

5 类 ID 级电缆增加了绕线密度，外套为高质量的绝缘材料。在双绞线电缆内，不同线对具有不同的绞距长度。一般来说，4 对双绞线绞距周期在 38.1mm 内，按逆时针方向扭绞，一对线对的扭绞长度在 12.7mm 以内。线缆最高频率带宽为 100MHz，传输速率为 100Mbit/s（最高可达 1000Mbit/s），主要应用于语音、100Mbit/s 的快速以太网，最大网段长为 100m，采 RJ 形式的连接器。用于数据通信的 4 对 5 类产品已退出市场，目前只有应用于语音主干布线的 5 类大对数电缆及相关配线设备。

（6）超 5 类双绞线（Cat5e）

超 5 类 ID 级双绞线（Enhanced Cat 5）或称为“5 类增强型”“增强型 5 类”，简称 5e 类，是目前市场的主流产品。超 5 类双绞线与普通的 5 类 UTP 比较，其衰减更小，同时具有更高的衰减串扰比 ACR 和回波损耗 RL，更小的时延和衰减，因此性能得到提高。

（7）6 类双绞线（Cat6）：6 类 IE 级双绞线是 1000Mbit/s 数据传输的最佳选择，自 TIA/EIA 在 2002 年正式颁布 6 类标准以来，6 类布线系统已成为市场的主流产品。

（二）双绞线连接器件

双绞线的主要连接件有配线架、信息插座和接插软线（跳接线）、信息插座采用信息模块和 RJ 连接头连接。在电信间，双绞线电缆端接至配线架，再用跳接线连接。

1．信息模块与 RJ 连接头的结构

信息模块与 RJ 连接头一直用于双绞线电缆的端接，在语音和数据通信中有 3 种不同尺寸和类型的模块：四线位结构、六线位结构和八线位结构。通信行业中将模块结构指定为专用模块型号，这些模块上通常都有 RJ 字样，RJ 是缩写，表示“已注册”。RJ11 指代四线位或者六线位结构模块，RJ45 代表八线位模块结构。

四线位结构连接器用“4P4C”表示，这种类型的连接器通常用在大多数电话中。六线位结构连接器用“6P6C”表示，这种类型的连接器主要用于老式的数据连接，与小型机和大型主机相连的数据终端会用到这种连接器。八线位结构连接器用“8P8C”表示，这种结构是目前综合布线端接标准，用于 4 对 8 芯水平电缆（数据和语音）的端接。

2．信息模块与 RJ 连接头连接标准

信息模块/RJ 连接头与双绞线端接有 T568A 或 T568B 两种结构，它们都是 ANSI/TIA/EIA568A 和 ANSI/TIA/EIA 568 B 综合布线标准支持的结构。按照 T568B 标准布线的接线和按照 T568A 标准接线，信息模块/RJ 连接头的引针与线对的分配如图 5-3-1 所示。

从引针 1 至引针 8 对应的线序如下：

（1）T568A：白-绿、绿、白-橙、蓝、白-蓝、橙、白-棕、棕。

（2）T568B：白-橙、橙、白-绿、蓝、白-蓝、绿、白-棕、棕。

注意，在同一个工程中，只能采用一种连接标准；否则，就应标注清楚。

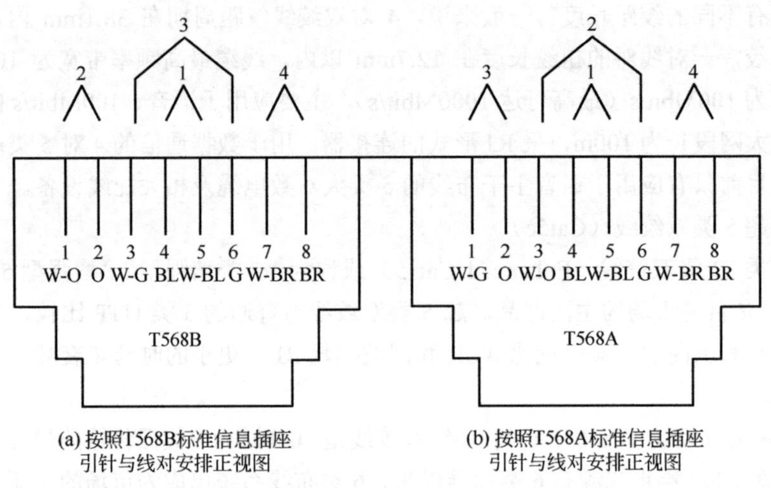

图 5-3-1　信息模块引针与线对分配

（三）光缆

通信光缆自 20 世纪 70 年代开始应用以来，现在已经发展成为长途干线、市内电话中继、水底和海底通信以及局域网、专用网等有线传输的骨干，并且已开始向用户接入网发展，由光纤到路边（FTTC）、光纤到大楼（FTTB）等向光纤到户（FTTH）、光纤到桌面（FTTD）发展。针对各种应用和环境条件等，通信光缆有架空、直埋、管道、水底、室内等敷设方式。

在此主要讨论局域网中常用的光缆。局域网中的光缆产品主要包括布线光缆、光纤跳线、光纤连接器、光纤配线架/箱/盒等。

（四）光纤连接器件

一条光纤链路，除了光纤外还需要各种不同的硬件部件，其中一些用于光纤连接，另一些用于光纤的整合和支撑。光纤的连接主要在设备间/电信间完成，它的连接是这样完成的：光缆敷设至设备间/电信间后连至光纤配线架（光纤终端盒），光缆与一条光纤尾纤熔接，尾纤的连接器插入光纤配线架上光纤耦合器的一端，耦合器的另一端用光纤跳线连接，跳线的另一端通过交换机的光纤接口或光纤收发器与交换机相连，从而形成一条通信链路。

三、综合布线系统

综合布线是建筑物内或建筑群之间的一个模块化、灵活性极高的信息传输通道，是智能建筑的“信息高速公路”。综合布线系统采用模块化的结构。它既能使语音、数据、图像通信设备和交换设备与其他信息管理系统彼此相连，也能使这些设备与外部通信网络相连接。它包括建筑物到外部网络、电信局线路上的连接点与工作区的语音、数据终端之间的所有线缆及相关联的布线部件。综合布线系统由不同系列的部件组成，其中包括传输介质（铜线或者光纤）、线路管理及相关连接硬件（如配线架、连接器、插座、插头、适配器等）、传输电子线路和电器保护设备等硬件。

综合布线系统可以划分为6个子系统，从大范围向小范围依次为：建筑群子系统、干线（垂直）子系统、设备间子系统、管理子系统、水平子系统、工作区（终端）子系统。

1. 建筑群子系统

连接各建筑物之间的传输介质和相关支持设备（硬件）组成了建筑群子系统。与建筑群子系统有关的硬件设备有光纤、铜线缆、防止线缆的浪涌电压进入建筑物的电气保护设备和必要的交换设备。

2. 干线子系统

干线子系统由设备间或者管理子系统与水平子系统的引入口之间的连接线缆组成，它提供建筑物的干线（馈电线）线缆的路由，是楼层之间垂直（水平）干线线缆的统称。

3. 设备间子系统

设备间是每一座建筑物安装进出线设备、进行综合布线及其应用系统管理和维护的场所。设备间可以摆放综合布线系统的建筑物进出线设备及语音、数据、图像等多媒体应用设备和交换设备，还可以有保险设备和主配线架。

4. 管理子系统

管理子系统一般设置在配线设备的房内，由配线间（包括设备间、中间交换间和二级交换间）的配线硬件、I/O 设备及相关接插软线等组成。每个配线间和设备间都有管理子系统，它提供了与其他子系统连接的方法，使整个综合布线系统及其相连的应用系统构成一个有机的整体。

5. 水平子系统

水平子系统是由每层配线间至信息插座的配线线缆和工作区子系统所用的信息插座等组成。它与垂直干线子系统的主要区别在于：水平子系统总是在一个楼层上，沿着大楼的地板或者顶棚布线，而垂直干线子系统大多数是要穿越楼层垂直布线。

6. 工作区子系统

工作区子系统由用户的终端设备连接到信息点（插座）的连线所组成，它包括装配软线、连接和连接所需的拓展软线以及终端设备和I/O之间的连接部分。工作区子系统是和普通的用户离得最近的子系统。用户工作区的终端设备可以是电话、PC，也可以是一些专用仪器，如传感器、检测仪器等。

按每个子系统的作用，依照《综合布线系统工程设计规范》（GB 50311—2016）执行设计。

四、综合布线安装与测试

（一）安装规范

由于光纤传输和材料结构方面的特性，在施工过程中，如果操作不当，光源可能会伤害到人的眼睛，切割留下的光纤纤维碎屑会伤害人的身体，因此在光缆施工过程中要采取有效的安全防范措施。当然也不要过分小心，在工作中缩手缩脚。光缆传输系统使用光缆连接各种设备，如果连接不好或光缆断裂，会产生光波辐射；进行测量和维护工作的技术人员在安装和运行半导体激光器时也可能暴露在光波辐射之中。固态激光器、气态激光器和半导体激光器虽是不同的激光器，但它们发出的光被都是一束发散的波束，其辐射通量密度随距离很快发散，距离越大，对眼睛伤害的可能性越小。从断裂光纤端口辐射的光能比从磨光端接面辐射的光能多，如果偶然地用肉眼去观察元端接头或损坏的光纤，且距离大于15cm，一般不会损伤眼睛。但是决不能用光学仪器，如显微镜、放大镜或小型放大镜去观察已供电的光纤终端，否则一定会对眼睛造成伤害。如果间接地通过光电变换器，如探测射线显示器（FIND-R-Scope）或红外（IR）显示器，去观察光波系统，那就安全了。用肉眼观察无端接头的、已通电的连接器或一根已损坏的光纤端口，当距离大于30cm时不会对眼睛造成伤害，但是这种观察方法应该避免。具体要遵守以下安全规程：

（1）参加光缆施工的人员必须经过专业培训，了解光纤传输特性，掌握光纤连接的技巧，遵守操作规程。未经严格培训的人员不许参加施工，严禁操作已安装好的光纤传输系统。

（2）在光纤使用过程中（即正在通过光缆传输信号），技术人员不得检查其端头。只有光纤为深色（即未传输信号）时方可进行检查。由于大多数光学系统中采用的光是人眼看不见的，所以在操作光传输通道时要特别小心。

（3）折断的光纤碎屑实际上是很细小的玻璃针形光纤，容易划破皮肤和衣服，当它刺入皮肤时，会使人感到相当的疼痛。如果该碎片被吸入人体内，对人体会造成较大的危害。因此，制作光纤终接头或使用裸光纤的技术人员必须戴上眼镜和手套，穿上工作服。在可能存在裸光纤的工作区内应该坚持反复清扫，确保没有任何裸光纤碎屑，应该用瓶子或其他容器装光纤碎屑，确保这些碎屑不会遗漏，以免造成伤害。

（4）决不允许观看已通电的光源、光纤及其连接器，更不允许用光学仪器观看已通电的光纤传输器件。只有在断开所有光源的情况下，才能对光纤传输系统进行维护操作。如果必须在光纤工作时对其进行检查的话，特别是当系统采用激光作为光源时，光纤连接不好或断裂会使人受到光波辐射，因此操作人员应佩戴具有红外滤波功能的保护眼镜。

（5）离开工作区之前，所有接触过裸光纤的工作人员必须立即洗手，并对衣服进行检查，用干净胶带拍打衣服，去除可能粘在衣服上的光纤碎屑。

（二）测试

在整个建网、用网、管网的过程中，综合布线系统的质量都需要保持较高的水准，只有达到了质量标准的布线系统才能放心大胆地支持各种高速、复杂的应用，而不是临到要开通、升级应用时才发现系统存在的潜在质量问题，导致巨额损失。

为了达到持续的质量水准和高可靠性的目的，需要在建网、用网、管网的过程中进行相应的测试。这些测试包括选型测试、进场测试、随工测试/监理测试、验收测试、诊断测试、再认证测试和定期维护测试等。

要提高综合布线系统的质量，第一，在建网时需要有一支素质高、经过专门训练、实践经验丰富的施工队伍来完成工程施工任务，更重要的是需要一套科学有效的测试方法来监督保障工程的施工质量。第二，在产品选型、进场检测等环节要把好质量关，避免有质量问题的产品从施工现场进入布线系统。第三，在用网、管网环节，对投入运行的综合布线系统要定期维护和检测，在调整、变动网络结构或升级网络、故障诊断及恢复运行前，均需要对布线系统进行再认证测试。只有这样，才能保证布线系统始终如一的高品质和高可靠性。第四，对高可靠性系统，还需要对布线系统或备份链路定期进行维护性测试。

布线测试按照测试的难易程度一般分为验证测试、鉴定测试和认证测试 3 个类别，其中的认证测试按照测试参数的严格程度又被分为元件级测试、链路级测试和应用级测试。布线测试按照测试对象、工程流程和测试目的可分为选型测试、进场测试、监理测试/随工测试、验收测试/第三方测试、诊断测试、维护性测试等。下面分别简单地介绍这些常用的测试项目及适用场合。

1．验证测试

验证测试是要求比较简单的一种测试，一般只检测物理连通性，不对链路的电磁参数和最大传输性能等进行检测。随工测试时经常采用验证测试，一般是边施工边测试，主要检测线缆的连通性、安装工艺等，及时发现并纠正所出现的问题，避免等到工程完工时才发现问题而重新返工，耗费不必要的人力、物力和财力。监理测试时也部分使用验证测试。验证测试不需要使用复杂的测试仪，对于电缆链路只要能测试接线图（线序）、串绕线、线缆长度和开短路的测试仪即可，因为在安装过程中，线序错误、开路、短路、反接、线对交叉、链路超长等一类的问题占整个工程质量问题的 80%，这些质量问题在施工初期可以通过及时地重新端接、调换线缆、更换模块、修正布线路由等措施来解决；对于光缆链路则只要能检查极性和通断即可。如果等到了工程完工的验收阶段才批量地发现这些问题，那么解决起来就比较困难了，因为那时已经穿管走槽完成、绑扎固定结束、装饰装修完工，甚至设备也已经安装完毕。

2．鉴定测试

鉴定测试是对链路支持应用能力（带宽）的一种鉴定，比验证测试要求高，但比认证测试要求低，测试内容和方法也简单一些。例如，测试电缆通断、线序等属于验证测试，而测试链路是否支持某个应用和带宽要求，如能否支持 10/100/1000Mbit/s，则属于鉴定测试；只测试光纤的通断、极性、衰减值或接收功率而不依据标准值去判定“通过/失败”，也属于鉴定测试；依照标准对衰减值和长度进行“通过/失败”，则属于认证测试。鉴定测试在安装、开通、故障诊断和日常维护的时候被广泛使用。随工测试、监理测试、开通测试、升级前的评估测试和故障诊断测试等都可以用到鉴定测试，这些可以减少大量的停工返工时间，并避免资金的浪费。

3．认证测试

认证测试是按照某个标准中规定的参数进行的质量检测，并要求依据标准的极限值对被测对象给出“通过/失败”或“合格/不合格”的结果判定。认证测试与鉴定测试最明显的区别就是测试的参数多而全面，且一定要在比较标准极限值后给出“通过/失败”判定结果。认证测试是验收测试中最重要的测试项目，其测试报告也是验收报告中必备的报告内容。认证测试被用于工程验收时是对布线系统的一次全面检验，是评价综合布线工程质量的科学手段，但这也造成对认证测试的一种长期误解：认为认证测试就是验收测试。实际上，综合布线系统的初期性能（建网阶段）不仅取决于综合布线方案设计和在工程中所选的器材的质量，同时也取决于施工工艺；后期性能（用网阶段）则取决于交付使用后的定期测试、变更后测试、预防性测试、升级前评估测试等质保措施的实施。认证测试是真正能衡量链路质量的测试手段，在建网、管网、用网的整个过程中，即整个综合布线的生命周期中都会被经常使用。例如，一个 Cat6A 系统，计划使用期限是 25 年以上，验收测试全部合格，但实际上测试报告是伪造的，系统交付使用后先期运行 10/100/1000Mbit/s 非常优秀，但在第三年的时候准备部分链路升级启用 10Gbit/s 服务器连接（电口 10Gbit/s 比光口 10Gbit/s 的价格便宜 40%），结果发现全部服务器都无法实现接入，经过再认证测试发现链路只能达到 Cat5e 的标准，是一个伪 Cat6A 系统。

工程验收中的认证测试通常分为两种类型：自我认证测试和第三方认证测试。

（1）自我认证测试（自测自检）

自我认证测试由施工方（乙方）自行组织，按照设计所要达到的标准对工程所有链路进行测试，确保每一条链路都符合标准要求。如果发现未达标链路，应进行整改，直至复测合格，同时编制成准确的测试技术档案，写出测试报告，交业主存档。测试记录应当做到准确、完整，使用查阅方便。由施工方组织的认证测试可以由设计、施工、监理多方参与，建设方也应派遣网络管理人员参加自我认证测试工作，了解整个测试过程，方便日后管理和维护布线系统。

验收过程中的认证测试是设计方和施工方对所承担的工程进行的一个总结性质量检验，施工方执行认证测试工作的人员应当经过测试仪表供应商的技术培训并获得认证资格。例如，使用FLUKE公司的DSP和DTX系列测试仪，最好能获得FLUKE布线系统测试工程师“CCTI”资格认证，这些资质认证被正规供应商、设计方、监理方、建设方及第三方等单位广为接受。

（2）第三方认证测试

综合布线系统是计算机网络的基础工程，工程质量将直接影响业主的计算机网络能否按设计要求顺利开通，能否保障网络系统正常运转，这是业主最为关心的问题。随着支持千兆以太网的5e类及6类综合布线系统的推广应用和光纤在综合布线系统中的大量应用，工程施工工艺要求越来越高。越来越多的业主既要求布线供应商提供必要的质保证书，也要求施工方必须提供布线系统的自我认证测试报告，同时还委托第三方对系统进行验收测试，以确保布线施工的质量。这逐渐成为综合布线系统验收质量管理的规范化做法。

目前采取的第三方测试的测试方法有以下两种：全测和抽测。

（1）全测。由于确实存在测试报告作弊的事实，所以对工程要求高，使用器材类别高和投资大的工程，业主除要求施工方做自测自检外，还需要请第三方对工程做全面验收测试。

（2）抽测。业主在要求施工方做自我认证测试的同时，邀请第三方对综合布线系统链路做抽样测试。按工程大小确定抽样样本数量，一般1000个信息点以上的工程抽样30%，1000个信息点以下的工程抽样50%。

衡量、评价一个综合布线系统的质量优劣，唯一科学、有效的途径就是进行全面现场测试。目前，综合布线系统是工程界中少有的、已具有完备的全套验收标准的，并可以通过验收测试来确定工程质量水平的项目之一。

其他的验收测试方式有甲方测试、甲乙方联合测试等。

4．元件级测试

认证测试按照参数的严格程度等级分为元件级测试、链路级测试和应用级测试。元件级测试就是对链路中的元件（电缆、跳线、插座模块等）进行测试，其测试标准要求最严格。进场测试最好要求进行元件级测试。正确的现场链路元件级参数测试方法是将100m电缆（元件）两端剥去外皮直接插入DTX-1800电缆分析仪LABA适配器的8个插孔中，直接在仪器中选择电缆测试标准（元件级标准）而不是链路标准进行测试，测试结果“通过”则表明电缆是合格的；如果要检测跳线（也须使用元件级标准），则可将被选跳线插入到DTX电缆测试仪的跳线适配器（DTX-PCU6S）中，选择Cat6 元件级跳线测试标准进行测试；如果要检测插座（元件级标准），则可以选择模块检测适配器和对应的元件级标准进行测试。

元件级测试主要用于“进场测试”“选型测试”和升级、开通前的跳线测试，对防止假冒伪劣产品的“入侵”起到了非常有效的作用。元件级测试也被用于生产线的成品检测和部分研发测试等。

元件级测试、链路级测试和应用级测试对参数的要求各不同。标准中对元件级测试的参数要求最严格。链路由众多的元件串接而成的，链路中每增加一个元件（如模块），参数就会下降一些，所以链路级测试的参数要求比元件级测试要低。应用是在链路的基础上开发的，所以应用级测试的参数标准一定不能超过链路级的参数水平，否则应用无法被支持。

5．链路级测试

链路级测试是指对“已安装”的链路进行的认证测试。由于链路是由多个元件串接而成的，所以链路级测试对参数的要求一定比单个的元件级测试要求低。被测对象是永久链路和信道两种（已基本上退出市场），工程验收测试时一般都选择链路级的认证测试报告作为验收报告，这作为一种行业习惯已被多数乙方、第三方和监理方所选择。

一个经常被咨询的问题是：为什么用户实际在用的链路是信道（Channel），而验收报告却多以永久链路认证测试报告为主？这是因为综合布线系统刚安装完毕的时候，许多链路的设备跳线还没有安装到位（也许几年内都不会安装），此时只能对永久链路进行测试，如果人为添加一根跳线去“仿真”信道并进行测试（测试后继续用这根跳线去测下一个信道），则因为与今后实际使用的跳线不符，不能保证今后的链路质量一定合格，这种做法也一直不被业界专家认可。其次，链路在使用过程中往往会因为拓扑结构的改变和网络应用的改变而多次更换设备跳线，每次更换跳线以后链路参数就和初始验收报告中的参数不同了，这将同样地无法保证新链路的质量一定符合要求（因为每次更换的跳线质量可能差异很大，如质量很差或兼容性很差）。第三，信道测试由于不包含被测链路两端的水晶头，即使通过了测试，传输信号的误码率仍然可能超标，因为跳线上的水晶头本身可能存在严重质量问题。所以，验收测试一般建议测试永久链路并存档作为验收报告（永久链路因其结构特点，如穿管或走桥架，其安装位置一般不再发生变化，链路参数也基本保持恒定），更换跳线后可使用信道标准进行开通前测试。

最可靠的方法是采购跳线进场或更换跳线前对跳线进行元件级认证测试（进场测试，包括兼容性检查在内），这样可以保证加上跳线后整条链路一定能100%合格，而不只是表面上看似“通过”了信道测试。

6．应用级测试

部分甲方会要求乙方或维护外包方给出链路是否能支持高速应用的证明。例如，证明链路能否支持升级运行1000Bate-T和10GBase-T等应用，可以选择DTX电缆分析仪中的 1GBase-T 和 10GBase-T 等应用标准来进行测试，这种基于应用标准要求的测试就是应用级测试。需要特别指出的是，对于电缆链路而言，应用级测试标准一定是低于同等水平的链路级测试标准的参数规定值的。因此，链路级测试合格的电缆链路一定能支持对应水平的应用，但反之则不成立。也就是说，通过了应用级测试的电缆链路不一定能通过链路级测试。

工程验收一般使用链路级测试标准，且多为永久链路。工程实践中经常发现的验收测试报告的错误就是乙方在链路级测试不合格的情况下，改用应用级标准进行测试，这样就有可能将不合格的链路级测试报告变成（应用级测试）合格的报告，并以此提交给甲方作为验收存档报告。例如，用 Cat5e 链路标准测试不合格，但改用 1000Base-T 标准检测却可能合格。

与电缆链路不同，对于光纤来讲，应用级测试则可以确保链路测试时忽略的长度限制和最大链路衰减值限制等符合要求。所以，开通应用前一般建议做光纤的应用级测试（主要是 1Gbit/s/10Gbit/s 等应用需要注意长度和最大衰减值限制，10/10Mbit/s 则对此不敏感）。

7．选型测试

在一些大中型项目和可靠性较高的数据中心项目中，甲方会要求对布线产品进行选型测试，以确保质量达到一定的水准。缺少进场测试环节的工程项目，在验收时有时会发现批量不合格的链路或标有很多“星号”的合格链路出现，这经常导致停工、返工。追溯原因时，除了部分可确认原因是工艺水平问题外，往往发现是由选用的布线产品存在质量缺陷或者兼容性不良引起的。这类“事故”除了直接影响工程进度，给建设方带来时间和业务损失外，施工方和供应商都会不可避免地承受巨额损失，同时监理方的声誉也会受到连带责任的损害。由于合同不完善，往往缺少有关选型测试、进场测试和兼容性测试的明确要求，很多中小规模的布线工程中出现的质量“争议”最后都不了了之，多数由建设方独自承担“妥协”后的检测结果。这种现象近年来开始引起设计方、建设方和咨询公司的关注，少数知名品牌的施工方将选型测试引入到自己的工程质量管理体系中。

选型测试内容很简单，一般是对供应商提供的样本或者建设方自己抽检的样本进行元件级测试和兼容性测试。例如，对供应商提供的电缆、跳线、模块等进行元件级测试，合格者则入选项目供应商目录。目前普遍流行的错误方法是用链路级标准来对电缆、跳线等产品进行选型测试，然后就将这种所谓的“合格”产品列入设计和采购选项清单中。例如，用信道标准去测试一条两端各打上一个模块且加上设备跳线的 100m 仿真信道，如果合格则认为产品合格。事实上，其中的电缆和模块质量可能是不合格的，因为信道最多可以支持四个模块接入到链路中，这种只有两个模块的链路自然很容易“通过”这样的选型测试。

8．进场测试

进场测试是指对进入施工现场的货品进行入库验收或现场检测，以便为施工人员随时提供合格的安装产品。进场测试和选型测试使用的方法是相同的，均需要对电缆、跳线等布线产品进行元件级测试，如果电缆、跳线和模块是由建设方或施工方自己选配的不同品牌供应商的“产品组合”，则必须进行兼容性测试。目前，普遍流行的错误做法是用 DTX 电缆分析仪选择信道标准去测试两端打上水晶头的 100m 电缆，通过则表示电缆的进场测试“合格”。部分施工方会使用永久链路去测试 90m 电缆（两端打上模块），通过则表示“合格”。这些做法流行已久，都是用要求较低的链路标准去代替元件标准进行进场检测，其潜在危害是难于估计的。类似的错误方法也被用来检验跳线，用信道标准去检测跳线，如果合格，则表明跳线的进场测试或者选型测试合格。

9. 仿真测试和兼容性测试

先来看看永久链路的兼容性认证测试。

由于 Cat6/Cat6A 链路各个供应商或厂家之间的产品是不兼容的，也就是说尽管甲/乙两种或者更多品牌的产品本身通过了选型测试，但将它们混用后组成的一条链路却不一定能通过认证测试，这种现象就叫作不兼容。原因是各厂商产品的参数在设计和定型制造的时候，各自参数、偏离方向、参数补偿值、补偿方向等都不是按照统一的电磁和几何标准设计的。仿真测试就是将一家（或多家）供应商的产品人为地搭成 100m 的仿真信道或者 90m 的仿真永久链路，然后用 DTX 电缆分析仪选择对应的信道或永久链路标准进行认证测试，如果合格则表明选择的产品基本上是兼容的。为了获得“广泛的”兼容性，只是 100m 或者 90m 的链路是不够的，需要搭建 100m/50m/20m 长的 3 条仿真信道进行测试，而且在链路中还要再加上两个模块（因为标准允许链路中最多可以安装 4 个模块，仿真测试时也要达到这个模块数极限，如在中间增加一个 CP 点和一个二次跳接点就构成了四连接器信道），这种兼容性测试方法被称作“3 长 4 连法”，即 3 种长度 4 个连接器。如果使用永久链路来进行兼容性测试，则可以选择 90m/50m/20m 3 种长度和 3 个连接器（含一个 CP 点，但不含二次跳接点）来进行兼容性测试。这种测试模式被称作“3 长 3 连法”，即 3 种长度 3 个连接器。

第四节　卫星地球站建设

一、卫星通信系统

1. 卫星通信总体技术要求

卫星通信网的组成方式可分为：星状网、网状网和混合网。

卫星通信网组建应满足下列应用要求：

（1）对通信业务和系统控制必须要求采取加密措施。

（2）网络系统必须具有较高的可靠性、较好的稳定性，并能在环境条件较差的情况下工作，当网络系统受到破坏时应能迅速恢复工作。

（3）卫星通信网络系统应便于扩容，并能与多种地面业务相连接。

（4）地球站的组成要灵活、方便，具有应变能力。

（5）设备操作、维护要简单方便。

2．卫星通信地球站级别划分

根据业务性质和设备性能，卫星通信地球站主要分为四级：

一级站是中央站，其设备性能应达到 INTELSATB 类站的标准。

二级站是指主要配置在各大区域的业务指导，其设备性能应达到 INTELSATF-3 类站的标准。

三级站是指主要配置在省中心的地球站，其设备性能应达到 INTELSATF-2 类站的标准。

四级站是指主要用于主要县市、要地及某些边远地区的地球站，其设备性能达到 INTELSATF-1 类站的要求。

3．地球站设备的组成

地球站设备的基本组成有：天线分系统、发射设备分系统、接收设备分系统、地面通信设备分系统、终端设备分系统、监控分系统、电源分系统。

一个地球站可以设一副或多副天线，天线的数目取决于需要同时通过几颗卫星进行通信。天线及接收设备分系统一般是公用的，基带到射频和射频到基带设备的数量取决于通信信道的数量和类别。

4．信道质量

（1）卫星固定业务中，数字传输系统的假设参考通路如图 5-4-1 所示。

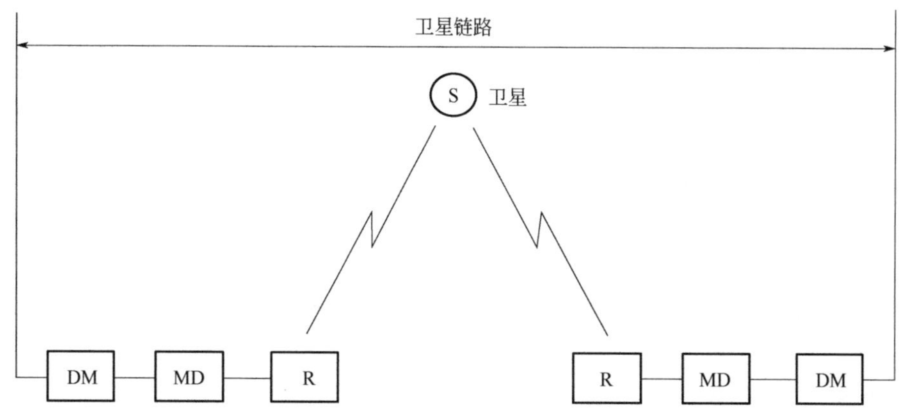

图 5-4-1　数字传输系统假设参考通路

① 在卫星固定业务中采用数字传输系统的假设参考数字通路应由一条地面-空间-地面链路组成，其中空间段可包括一条或多条卫星对卫星链路。

② 直接数字接口设备，对于数字复用设备假设参考通路应包括时分复用、数字话音插空、低速率编码设备以及为补偿卫星链路传输时间变化的效应而需要的任何设备。

③ 在假设参考通路中，不应包括与其相关的数字交换中心之间的地面链路，应包括与地面通信网在相应数字分配架上的有关接口设备。

④ 假设参考通路中不应包含数模转换设备。

⑤ 对于 SCPC 数字系统，应包括编译码设备。

（2）对于（1）假设参考通路中，脉码调制电话用的假设基准数字通道输出端的容许误码率如下：

① 任何一个月的 20%以上时间，十分钟平均值不超过 1×10^{-6}。

② 任何一个月的 0.3%以上时间，一分钟平均值不超过 1×10^{-4}。

③ 任何一个月的 0.05%以上时间，一秒钟平均值不超过 1×10^{-3}。

注：上列误码率指标中，包括由于干扰噪声、大气吸收噪声以及降雨噪声所产生的误码事恶化量。

（3）卫星固定业务中，载波容量与载波调制方式、多址方式应符合下列规定：

① 32 路（64 路）MCPC 业务。

每载波容量：32 路（或 64 路）。

载波调制方式：BPSK。

多址方式：FDMA。

收发码元速率：1024Kbit/s（32 路）。

2048Kbit/s（64 路）。

通信体制：CVSD/TDM/BPSK/FDMA/PA。

② SCPC（单路单载波）业务。

每载波容量：1 路。

载波澜制方式：BPSK。

多址方式：FDMA。

收发码元速率：32Kbit/s。

通信体制：CVSD/ BPSK/ FDMA/ PA 或 CVSD/ BPSK/ FDMA/ DAMA SCPC 数据业务。

③ SCPC 话务业务。

每载波容量：1 路。

载波调制方式：QPSK。

多址方式：FDMA。

收发码元速率：64Kbit/s。

通信体制：QPSK/FDMA/PA 或 QPSK/FDMA/DAMA。

注：对于 SCPC 话音业务，FDMA 与 SCPC 具有相同含义。SCPC 数据业务基带复用方式根据情况确定。

④ 其他业务：根据设备具体情况确定。

（4）标称工作点上的误码率应符合下列规定：

① SCPC/BPSK/CVSD 误码率（E_b/n_0=11.2dB）应≤1×10^{-4}。

② SCPC/QPSK（E_b/n_0＝11.2dB）应≤1×10^{-4}（信道误码率特性）；

应≤1×10^{-7}（带纠错，不带扰码）；

应≤1×10^{-9}（带纠错，带扰码）。

③ MCPC（32 路或 64 路）误码特性（E_b/n_0=9.4dB），误码率应≤1×10^{-3}。

④ 其他根据设备具体要求确定。

注：SCPC/PSK/FDMA（32Kbit/s，CVSD）假设参考通路解设备输出端的误码率 BER，在任何月份 20%以上时间，一分钟平均值不超过 1×10^{-4}，此时 E_b/n_0 等于 11.2dB，±1kHz 频率偏差。

（5）卫星通信系统中，考虑到传输质量的恶化因素，地球站上行线路 EIRP 应留有 1dB 储备量，下行线路载波功率与噪声比应留有 2.5dB 储备量。

（6）为了减轻卫星通信网络之间的相互干扰，最有效地使用无线电频谱和静止轨道，地球站偏轴辐射到空间的最大 EIRP 频谱密度应不超过下列规定值：

① SCPC/PSK 有话音激活系统 dB（W/kHz）：

$$45-25\lg\theta \quad 2.5^\circ \leqslant\theta\leqslant 48^\circ$$

$$3 \quad 48^\circ \leqslant\theta\leqslant 180^\circ$$

② 除上述条件外的其他调制方式 dB（W/4kHz）：

$$32-25\lg\theta \quad 2.5^\circ \leqslant\theta\leqslant 7^\circ$$

$$11 \quad 7^\circ \leqslant\theta\leqslant 9.2^\circ$$

$$35-25\lg\theta \quad 9.2^\circ \leqslant\theta\leqslant 48^\circ$$

$$-7 \quad 48^\circ \leqslant\theta\leqslant 180^\circ$$

式中，θ 值表示研究方向与波束主轴方向的夹角，单位为度。

（7）在租用卫星系统中，地球站发射机多载波工作时，在 5925～6425MHz 频带内互调产生的 EIRP 分量不应超过下面指标：

① 对于 SCPC 载波：

$$31.5-0.2(\alpha-10) \quad \text{dBW} \quad 2\leqslant N\leqslant 7$$

$$48.5-20\lg N-0.02(\alpha-10) \quad \text{dBW} \quad N>7$$

② 对于 SCPC 载波与其他载波：

$$21-0.02(\alpha-10) \quad \text{dB(W/4kHz)}$$

式中，α 为地球站的工作仰角，单位为度；N 为配置的已考虑了话音激活率的 SCPC

信道数。

（8）卫星固定业务中开放电话业务时，在一个通话连接中只允许“一跳”卫星电路，在特殊情况下，可允许“两跳”卫星电路，但应严格控制。对单项的非话业务允许使用“两跳”。

二、卫星地球站选址

1．基本要求

（1）站址选择应以通信网络规划和通信技术要求为主，结合水文、地质、地震、交通、城市规划、投资效益及维护管理等因素综合比较选定。

（2）一、二类地球站站址宜设在城市朝向卫星一侧的郊区且有屏蔽的地理环境内，适当靠近城市、交通方便的地方，并满足以下要求：

① 当地球站工作在 C 频段时，天线在静止卫星轨道可用弧段内的工作仰角与天际线仰角的夹角不宜小于 5°。

② 当地球站工作在 Ku 频段时，天线在静止卫星轨道可用弧段内的工作仰角与天际线仰角的夹角不宜小于 10°。

（3）地球站天线波束与共用频段的无线接力微波站应避免在大气层内出现交叠。

（4）地球站与共用频段的无线接力微波站应避免构成视通路径，天线主波束偏离角应大于 5°。

（5）对站址所在地区潜在的雷达干扰应做一定的测试和评估。

对于数字传输系统，地球站接收机输入端的信号功率与雷达干扰功率之比（即载干比）应满足：

$$C/I \geqslant (C/N)_{th} + 10$$

式中，C/I 为载干比，地球站接收机输入端的信号功率与雷达干扰功率比，dB；$(C/N)_{th}$ 为传输不同数字信号时，对应误比特率门限载噪比，dB。

（6）地球站天线波束与飞机航线（特别是起飞和降落航线）应避免交叉，地球站与机场边沿的距离不宜小于 2km。

（7）地球站不应设在无线电发射台、变电站、电气化铁道以及具有电焊设备、X 光设备等其他电气干扰源附近，地球站周围的电场强度应执行《工业、科学和医疗设备 射频骚扰特性 限值和测量方法》（GB 4824—2019）的规定。

（8）高压输电线不应穿越地球站场地，距 35kV 及以上的高压电力线应大于 100m。

（9）站址选择应有较安静的环境，避免在飞机场、火车站以及发生较大震动和较强噪声的工业企业附近设站。

（10）站址选择应有较好的卫生环境，应避开产生烟雾、尘粒、散发有害气体的场所和腐蚀性排放物的工业企业。

（11）站址选择应有一定的安全环境，不应选择在易燃、易爆的仓库以及地震带和易受洪水淹灌的地方，应避开断层土坡边缘、古河道及有可能塌方、滑坡、有开采价值的地下矿藏或古迹遗址的地方。

（12）站址选择应保证天线前方的树木、烟囱、塔杆、建筑物、堆积物、金属物等不影响地球站天线的电气特性。

（13）站址选择应考虑易从附近变（配）电站架设可靠的专用输电线。

（14）站址选择应考虑与长途交换中心的距离不宜太远，两者可用光缆、微波直接连通，当采用微波传输时，应对频率的选用进行协调。

（15）站址所在地区应有充足的水源，水质应符合《生活饮用水卫生标准》（GB 5749—2006）。

2．卫星通信系统与地面微波接力系统的干扰协调

（1）卫星通信系统与地面微波接力系统共用同一频段时，应进行干扰协调，并由后建者承担干扰协调工作。

（2）干扰协调应按照《卫星通信地球站与地面微波站之间协调区的确定和干扰计算方法》（GB/T 13620—2009）进行计算，地球站协调区应分发送协调区和接收协调区。

（3）干扰协调区含有别国领土时，应与有关主管部门进行协调，并提交正式文件，同时向国内有关部门备案。

（4）干扰协调可按下述程序进行：

① 确定干扰协调区；

② 干扰预排除；

③ 干扰计算。

（5）在进行干扰计算时，应以实际线路参数为基础。

3．卫星通信地球站天线近场电气特性和电磁波辐射环境保护

（1）从地球站天线口面至 $0.25d_0(d_0=2D^2/\lambda)$处（$D$为天线直径、$\lambda$为工作波长）以天线口面为截面的管状波束内不准有诸如树木、堆积物、建筑物、金属物等各种障碍物；对波束边沿以外宜有大于 10° 的保护角。

（2）严防地球站无线电磁辐射对周围环境的污染和危害，应根据《电磁环境控制限值》（GB 8702—2014）的要求，向有关管理部门提交《地球站天线前方场区保护范围》的文件，待审批及备案。

三、卫星通信设备安装技术要求

（一）机房环境检查

（1）机房的墙面、顶棚、地面装修应竣工。

（2）机房预留孔洞、预埋件的规格、数量、位置尺寸等应符合工程设计要求。

（3）地槽的走向路由、规格应符合工程设计要求，地槽盖板严密、坚固，地槽内不得渗水。

（4）机房通风、采暖、空调、照明、消防等设备应安装完毕。

（5）机房温度为18～25℃，湿度为40%～80%。

（6）旧机房设备电源引接、设备安装位置、走线架情况、机房整体环境应满足设计要求。

（7）室外工作、保护、防雷接地装置应完工，接地母线已引入室内，接地电阻应符合工程设计要求。

（二）室外方舱/射频机房检查

方舱基础的设计施工应按照产品供货方所提供的方舱基础设计及施工技术要求进行。方舱的主体设备、配套设备、随机配件和技术资料齐全。方舱结构具有良好的工艺性、兼容性，并保证具有足够的机械强度，良好的防雨功能、电磁兼容性及散热性，便于安装、维修和运输。接插件装配焊接符合设备出厂说明书要求，插拔方便，接触可靠。天线场应施工完毕。场地内回填土应夯实，以便安全承载吊车作业时的荷重；场地应有一定坡度以利于排水，排水沟排水顺畅。场地的面积应能预留有发展空间。天线安装地点与所用卫星及预留星位之间的视线应无遮挡。

天线基础检查：

（1）天线基础完工后应有足够的养护期，基础应稳固。

（2）天线基础定位、预埋螺栓位置应符合工程设计要求。

（3）天线基础高度、方位及承载强度应符合工程设计要求。

（4）天线基础的顶面平整，允许水平偏差不大于1.5mm。

（5）基础预埋螺栓定位尺寸的允许偏差不大于2mm；螺栓与地面不垂直度应小于0.3°，并涂有防锈油。

（6）多点支撑天线的基础标高在同一水平面内允许偏差不大于0.5mm；由于地质不均匀沉降造成整个天线基础的倾斜应小于0.05°，均匀沉降应小于15mm。

电缆走道及槽道：

（1）电缆走道及槽道的位置和尺寸应符合工程设计要求，左右偏差不得大于50mm。

（2）电缆走道安装要求：①电缆走道应平直，无明显起伏或歪斜现象；②水平走道应与墙壁或列架保持平行或垂直相交，每米允许水平偏差不大于2mm；③垂直走道应与地面保持垂直，垂直度偏差不大于3mm；④安装多层电缆走道时，层与层间距不小于200mm；⑤走道吊架的安装应整齐、垂直、牢固，吊架构件与走道漆色一致。⑥电缆走道的地面支柱安装应垂直稳固，允许垂直偏差为1.5‰；同一方向的立柱应在同一条直线上，立柱妨碍设备安装时，可适当移动位置；⑦走道的侧旁支撑、终端加固角钢的安装应牢固、端正、平直；⑧电缆走道穿过楼板孔洞或墙洞处应加装保护框，当电缆放绑完毕应用非燃烧材料的盖板封住洞口，保护框和盖板均应刷漆，其颜色应与地板或墙壁一致。

（3）所有支撑加固用的膨胀螺栓余留长度一致（螺帽紧固后余留5mm左右）。

（4）电缆走道（或槽道）刷漆（或补漆）均匀，漆皮完整、漆色一致，不留痕，不起泡。

（三）布放电源线和信号线

1．一般要求

（1）线缆的规格型号、数量、路由走向应符合工程设计要求。

（2）布放走道线缆必须绑扎。绑扎后的线缆应紧密靠拢，外观平直整齐。绑扎线扣间距均匀，松紧适度，绑扎线应粗细一致。

（3）布放槽道线缆应顺直、不交叉。

（4）布放的线缆两端必须有明确的标识，标识的内容包括：线缆起点和终点的位置、线缆规格及线缆编号。长度超过10m的线缆，中间应增设标识。

（5）线缆转弯应均匀、圆滑一致，其曲率半径不小于电缆外径的15倍。

（6）馈线弯曲半径满足最小半径要求：1-1/4"同轴电缆 300mm，7/8"同轴电缆250mm，1/2"软馈线120mm。

2．线缆连接要求

（1）线缆剖头不应伤及芯线，剖头长度一致，在剖头处套上合适的套管，其长度和颜色应一致。

（2）线缆芯线采用绕接时，必须使用绕线枪，并符合下列要求：

① 在一个端子上绕接两根芯线时，两根芯线不得同时并绕；

② 绕接芯线应从端子根部开始，不接触端子的芯线部分不宜露铜。

（3）线缆芯线采用卡接时，必须使用专用的卡接工具，余线长度一致，排列整齐美观。

（4）$10mm^2$及以下的单芯电缆端头宜采用打圈方法连接，打圈的方向与螺帽紧固方向一致。铜芯电缆接头圈应镀锡。

（5）$10mm^2$以上的多芯电缆应加装接线端子，其尺寸与导线线径相吻合，用压接工具压接牢固，接线端子与设备的接触部分应平整紧固。

3．电源线布放要求

（1）电源线应用整条线料，不得中间接头，外保护层应完整无损。

（2）电源线布放完毕，其单线对地及线间绝缘电阻应大于1MΩ/500V。测试其电压降值应符合设计要求。

（3）电源线应与中高频电缆、信号线分开布放，间隔不小于300mm。若机房内安装的是双层电缆走道，要求电源线和中高频电缆、信号线分层布放。

4．射频同轴电缆布放要求

电缆接头与芯线的焊接应光滑、牢固，无虚焊、假焊现象。焊剂宜用松香酒精溶液，严禁使用焊油。

5．地线布放要求

（1）扁钢地线接头搭接长度不小于宽度的二倍，铜皮或铜排接头的搭接长度不小于宽度。

（2）扁钢与扁钢连接至少有三面满焊，焊接处外涂沥青；铜排与铜皮宜用焊接或铜铆钉铆接。

（3）扁钢或铜排与机架接地线宜用螺栓连接。

（四）设备安装工艺检查

1．一般要求

（1）设备安装应符合工程设计要求。如有设备安装位置变更，必须征得设计和建设单位的同意，并办理设计变更手续。

（2）设备的机线连接符合工程设计要求。设备上相关标志正确、清晰、齐全。

（3）设备的防震加固必须符合《电信设备安装抗震设计规范》（YD 5059—2005）和工程设计要求。

（4）所有设备均要接地，接地线型号应符合工程设计要求。

2．机架设备

（1）同排机架的机面应成一条直线，允许前后偏差不大于3mm；相邻机架的缝隙应不大于3mm；机架安装应垂直，允许垂直偏差不大于1.0‰；全列偏差不大于15mm。

（2）列架主走道侧必须对齐成直线，误差不得大于5mm。

（3）地面不平使用垫片时，垫片不得露出机架底座外。

（4）机架按设计要求固定后，设备内的部件应安装牢固端正，无活动和歪斜现象。

（5）机架漆色一致，漆皮完整。

3．天线设备

（1）天线的方位及俯仰应符合工程设计要求。

（2）天线安装平稳、牢固。紧固螺栓齐全，紧固螺母上紧上齐，旋转部位及天线驱动丝杆应有充足的润滑油，不得锈蚀、损坏。丝杆罩应完好适用。

（3）独立支架安装的天线主立柱不垂直度应不大于0.7°。

（4）天线安装调整完毕后，主反射面精度均方根值应不大于0.5mm，主反射面各单块面板之间的径间间隙应为3mm，最大缝隙处应不大于4mm，天线副反射面与主反射面纵偏应不大于0.5mm，横偏应不大于1mm，转角应不大于1°。

（5）驱动分机、各限位开关和传感器的安装应符合工程设计要求，控制电压应符合说明书要求。

（6）驱动马达应起动、运转灵活，俯仰、方位马达空载时，温升应符合设备技术指标要求，变速箱应无明显噪声；加载时，马达运转应均匀，无卡阻现象。

（7）天线的防雷保护接地系统应良好，接地电阻阻值小于5Ω。天线应处于避雷针的保护范围之内。天线处于避雷针下45°角的保护范围内，安装在屋顶的天线与避雷针之间的水平间距不小于2.5m。

（8）天线安装完毕后，天线整体应漆面均匀完整，无油漆脱落。

4．馈源系统安装

（1）馈源必须在干燥充气机和充气管路安装完毕，并在可以连续供气的条件下才能安装。馈源系统安装应符合工程设计要求。

（2）连接极化器的直波导应无变形，内壁洁净，无锈斑。必要时用柔软、干净的丝绸沾四氯化碳进行清洁。

（3）严防螺栓、螺帽或其他异物掉进馈源系统。严禁用手触摸馈源内壁。

（4）馈源各接口处应用销钉准确定位，无缝隙和台阶状。密封圈应安装正确，螺栓应配套齐全，螺帽紧固。

（5）馈源安装完毕后应及时密封并充干燥空气。充气机的气压和起动间隔应符合馈源及充气机说明书要求，防止损坏喇叭辐射器窗口密封片。充气后做气闭测试，应无明显泄漏。

5．低噪声放大器

（1）低噪声放大器安装应牢固可靠，接线正确，接地良好。

（2）在装、拆时应保持其与馈源系统的相对位置，不得强行连接，以免接收馈源网络受损。

（3）半钢性电缆应保持出厂时的形状和弯度，严禁重新弯曲。

6．高功率放大器

（1）高功率放大器安装应牢固可靠，接地良好。各部件连接正确，接触良好。

（2）风机工作正常，不应有异常震动现象，风筒排风通畅。

（3）安装排风管时，室外高度应低于室内设备接口处高度，防止排风管内积水倒流进入设备。

四、卫星通信系统测试

（一）天馈线及伺服跟踪系统测试

1．旁瓣特性

（1）指标要求

第一旁瓣：≤-14dB。

旁瓣包络：29−25lgθ dB(1° ≤θ≤20°)；−3.5dB(20° <θ≤26.3°)。

（2）测试框图

利用地球同步轨道上的通信卫星对天线方向图进行测试。发射频段旁瓣特性测试框图如图 5-4-2 所示，接收频段旁瓣特性测试框图如图 5-4-3 所示。

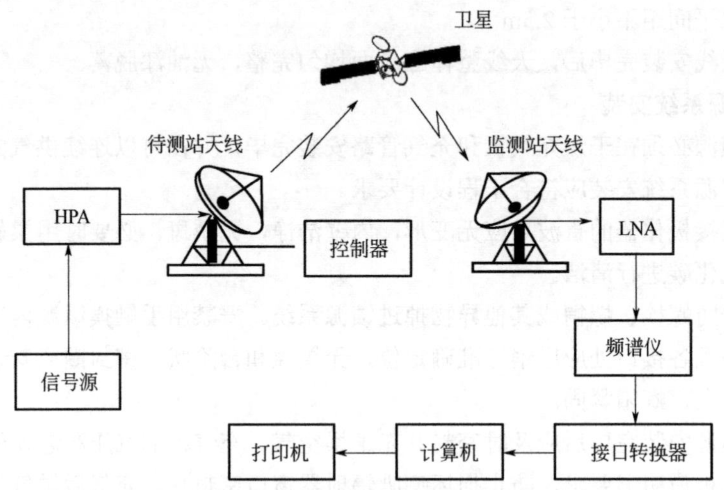

图 5-4-2　发射频段旁瓣特性测试框图

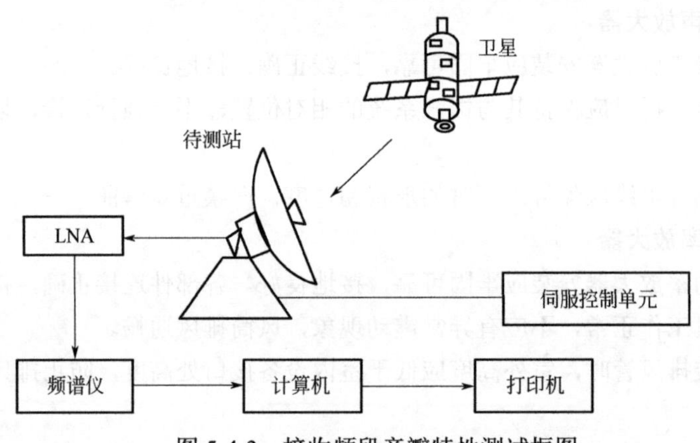

图 5-4-3　接收频段旁瓣特性测试框图

（3）测试方法和步骤

天线发射方向图测试步骤如下：

① 按照图 5-4-2 所示，建立天线发射方向图测试系统，加电预热使测试系统仪器设备工作正常。

② 利用卫星信标，使待测站天线的波束中心对准卫星，调整待测天线极化与卫星极化匹配。

③ 在监测站的指导下，按照测试计划规定的频率、极化，待测站发射一个未经调

制的单载波，并且缓慢地调整发射功率，直至辅助站认为测试信号电平满足测试要求。

④ 在监测站的指导下，固定天线俯仰角，将天线方位逆时针旋转，偏离波束中心$-\theta$（θ为测量角度范围，可根据测试要求合理选择）。

⑤ 注意待测站开始和结束的口令，使天线通过波束中心，顺时针旋转至$+\theta$的位置，天线回到波束中心，固定天线方位角。

⑥ 在监测站的指导下，将天线向下转动，偏离波束中心$-\theta$。

⑦ 注意待测站开始和结束的口令，使天线从下向上转，并通过天线波束中心，转动至$+\theta$的位置，然而将天线回到波束中心。

⑧ 利用计算机采集频谱仪测量的方向图数据，并对测量结果进行处理，可获得待测天线方向图第一旁瓣电平和波束宽度的大小，以及天线方向图的旁瓣包络特性，用打印机输出测量结果。处理测量数据获得方向图的第一旁瓣特性、宽角旁瓣特性及3dB、10dB波束宽度。

天线接收方向图测试步骤如下：

① 按照图5-4-3所示，建立天线接收方向图测试系统，加电预热使测试系统仪器设备工作正常。

② 利用卫星信标，使待测站天线的波束中心对准卫星，调整待测天线极化与卫星极化匹配，此时频谱仪接收信标信号电平最大。

③ 固定天线俯仰，将天线方位逆时针转动，偏离波束中心$-\theta$（θ角度由技术要求或频谱仪动态范围来确定，下同）。

④ 注意开始和结束的口令，顺时针转动天线并通过波束中心，转动至$+\theta$的位置，同时频谱仪记录测试曲线，此时得到天线的方位方向图，天线回到波束中心。

⑤ 固定天线方位，将天线向下转动，偏离波束中心$-\theta$。

⑥ 注意开始和结束的口令，使天线从下向上转动并通过波束中心，转动至$+\theta$位置，同时频谱仪记录测试曲线，可得到天线的俯仰方向图，并使天线回到波束中心。

⑦ 用计算机采集测试数据，处理测试数据获得方向图的第一旁瓣电平、3dB及10dB波束宽度和宽角旁瓣特性，并打印测试结果。

（二）业务通信功能测试

业务功能测试均在加密条件下结合系统组网试验进行。

1．FDMA综合业务网业务功能

测试项目：话音、异步数据、视频业务。

（1）测试步骤

① 使用电话1拨打陪测站型话机2，观察话音通信功能是否正常。

② 在计算机终端上启动超级终端软件，使用AT命令集进行呼叫，观察异步数据通信功能是否正常，记录通信是否成功。

③ 启动图像编解码器，并配置合适的 IP 地址、编码速率等参数，呼叫陪测站型，记录视频通信是否成功。

（2）合格判据

所测得的各项业务种类、工作模式满足指标要求，该项指标合格。

2．FDMA 综合业务网组网功能

FDMA 综合业务网组网功能测试框图如图 5-4-4 所示。

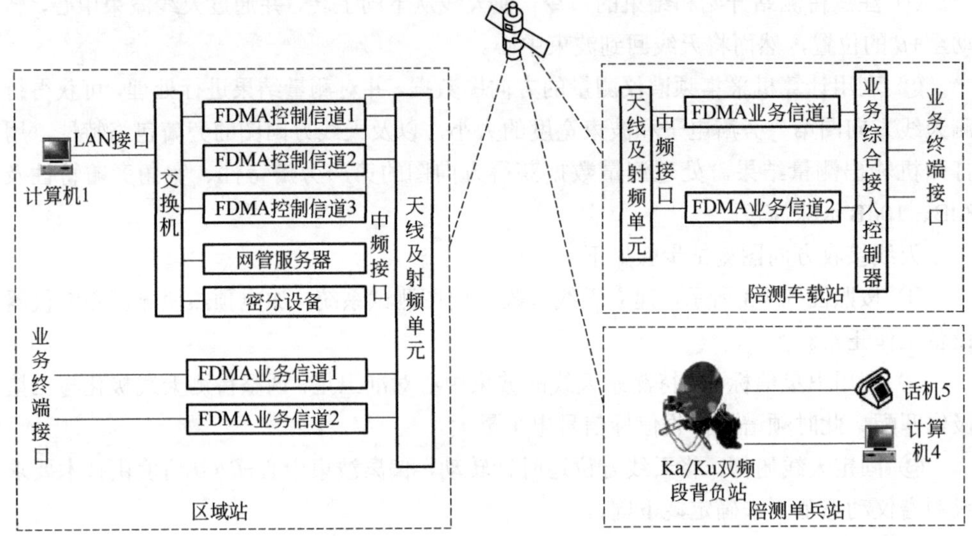

图 5-4-4　FDMA 综合业务网组网功能测试框图

（1）指标要求

主要用于管理卫星转发器资源和网内卫星地球站。

（2）测试步骤

① 按照设计连接设备及相关配试仪器。

② 在 FDMA 网管参数中配置 TDM 速率为 64Kbps 模式，配置本站 FDMA 业务信道工作在 64KbpsTDM 模式，配置陪测站工作在 64KbpsTDM 模式，分别进行入退网、进行话音功能检查，记录测试结果。

（3）合格判据

所测得的网控功能、控制信道工作模式满足指标要求，该项指标合格。

五、卫星通信系统接地保护及维护

1．接地与防雷装置

（1）业务站应采用联合接地方式，并采取等电位连接措施，联合接地电阻应满足设计要求。当天线场距离机房较远时，可分区进行联合接地，联合接地电阻应满足设计要求。接地体位置、埋深应符合工程设计要求。

（2）接地装置应按隐蔽工程处理，经检验合格后再回填土。回填土时，要分层夯实，不应将石块、乱砖、垃圾等杂物填入沟内。

（3）地球站生产用房的工作接地、保护接地和防雷接地应采用三合一的联合接地系统，接地系统的工频接地电阻不应大于 5Ω。

2．接地保护及维护

（1）地球站接地系统应围绕天线基础和生产用房做成闭合环路，天线基础的闭合接地环与生产用房的闭合接地环在地下应有两处以上可靠地连接在一起。

（2）引入机房的接地体母线应在机房四周就近引入，引入线不得少于两根，并应做防腐处理；裸露地面部分应有防机械损伤的措施。

（3）生产用房的屋顶应设避雷带，屋顶装有其他突出物时，还应设避雷针，使屋顶上所有物体都在其保护范围内，避雷针和避雷带必须就近与接地环路焊接连通。

（4）地球站输电线路以及进站电缆线路的防雷措施，在线路设计时应予以考虑。

（5）地球站天线支架与围绕天线基础的闭合接地环路应有良好的电气连接，地球站天线口面上沿应设有避雷针，避雷针直接引至天线基础旁的接地体。

（6）馈线波导和电缆外皮应有两处接地，分别在天线附近及在引入机房前的入口处与接地体连接。

（7）LNA 的安装底板应用镀锌扁钢或多股铜线与接地体连接，室内所有设备的外壳应与接地母线可靠连接。

（8）当地球站设在易遭雷击的地区，应采取特殊的防雷措施。

（9）除满足以上要求外，地球站的防雷接地系统还应符合《通信局（站）防雷与接地工程设计规范》（YD 5098—2005）的有关规定。

第五节　短波收发信台建设

一、短波天线场选址

1．选址通用要求

短波通信天线场选址应以任务需求为依据，综合考虑台站建设的目的、规模、地理位置、覆盖区域、通信对象、业务种类、组网方式、工作频段以及工程投资等因素。

选址应优先选择有自主产权的土地，具备交通、供水、供电、线路引接等基本条件，能够充分利用既有机房、传输、电源等相关基础配套资源，便于施工、维护和管理。如涉及征用地方土地，必须与地方规划部门预先进行协商，按照当地有关规定办理征用手续。

选址应尽量避免与周围已建或规划的设施、火车站、机场、铁路、公路、矿山等重大目标的相互影响。天线场应尽量避开名胜古迹、旅游景点、人口稠密和工业污染严重地区。大型天线场或远程通信天线场不宜建在城区内或未来可能规划的城区内。

场地要求坚实、稳固、安全，避开有山崩、滑坡、断层、洪水、雪崩、下沉、塌陷等地质灾害地区，避开矿产开采或可能开采区，避开金属矿区，避开腐蚀性气体及粉尘散发区，远离易燃易爆设施。

天线场应尽量选择地势平坦、视野开阔、地面导电率较大的地区（电导率参考表 5-5-1）。大型天线场场地及其外围 500m 范围内，总坡度不宜超过 5%；发射天线前方 1km 以内，总坡度一般不应超过 3%。在地形复杂的地区建设天线场，应论证地形对通信电路的影响。（参考 GY/T 5069—2020）

◈ **表 5-5-1 地面导电率与相对介电常数**

地面种类	地面导电率 σ/(S/m)	相对介电常数 ε_r
海水	4	80
淡水	5×10^{-3}	80
沿海干沙地	2×10^{-3}	10
有林木平地	8×10^{-3}	12
肥沃农田	1×10^{-2}	15
丘陵地区	5×10^{-3}	13
岩石地区	2×10^{-3}	10
山岳地区	1×10^{-3}	5
城市住宅区	2×10^{-3}	5
城市工业区	1×10^{-4}	3

天线场遮挡情况必须满足短波通信覆盖要求，通信方向的遮挡角应小于最低通信仰角的四分之一。对于 2000km 以上的远程通信天线场，遮挡角不宜大于 2°。

选址应综合地形、地貌、水文、地质、面积、周围环境等实际情况确定，应搜集以下相关信息：

① 地质构造、磁偏角、地下矿藏、地震史；

② 土壤电阻率、容许承载力、容重、密度、含水量；

③ 水文和气象资料；

④ 当地岩土工程及建筑工程经验数据；

⑤ 材料费、人工费、征地费等相关费用。

对于个别因素不满足要求的预选天线场，如任务需要确需建设的，应由工程建设和值勤维护部门对其不利因素共同进行专题论证后确定。

选址应按照“短波通信天线场勘察选址规程”执行，并形成勘察选址报告。

2．收信天线场选址

短波无线电收信天线场分级为：大型收信天线场对应一级台（站）；中型收信天线场对应二级台（站）；小型收信天线场对应三级台（站）（参考 GB 13614—2012）。

短波无线电收信天线场对中波和长波发射台的保护间距应符合表 5-5-2 规定（参考 GB 13614—2012）。

◈ 表 5-5-2　短波无线电收信天线场对中波和长波发射台的保护间距要求

发射机功率/kW	保护间距/km		
	大型	中型	小型
＜100	10	7	3
100～200	15	10	5
＞200	20	12	7

短波无线电收信天线场对短波发信台的保护间距应符合表 5-5-3 规定（参考 GB 13614—2012）。

◈ 表 5-5-3　短波无线电收信天线场对短波发信台的保护间距要求

发射机功率/kW	保护间距/km		
	大型	中型	小型
0.5～5	4	2	1.5
5～25	4～10	2～6	1.5～3.0
25～120	10～20	6～10	3.0～5.0
＞120	＞20	＞10	＞5.0

短波无线电收信天线场对定向天线 3dB 波瓣宽度以外的保护间距应符合表 5-5-4 规定（参考 GB 13614—2012）。

◈ 表 5-5-4　短波无线电收信天线场对定向天线 3dB 波瓣宽度以外的保护间距要求

发射机功率/kW	保护间距/km		
	大型	中型	小型
0.5～5	2	1	0.7
5～25	2～5	1～3.5	0.7～1.5
25～120	5～10	3.5～5	1.5～2.5
＞120	＞10	＞5	＞2.5

短波无线电收信天线场对高压架空线路的保护间距应符合表 5-5-5 规定（参考 GB 13614—2012）。

◈ 表 5-5-5　短波无线电收信天线场对高压架空线路的保护间距要求

电压等级/kV	保护间距/km		
	大型	中型	小型
500	2	1.1	0.7
220～330	1.6	0.8	0.6
110	1.0	0.6	0.5

短波无线电收信天线场对公路的保护间距应符合表 5-5-6 规定（参考 GB 13614—2012）。

◈ 表 5-5-6　短波无线电收信天线场对公路的保护间距要求

公路级别	保护间距/km		
	大型	中型	小型
高速、一级公路	1.0	0.7	0.5
二级公路	0.8	0.5	0.3

短波收信天线场对交流电气化铁路的防护间距应符合表 5-5-7 规定（参考 TB/T 2679—1995）。

◈ 表 5-5-7　短波收信天线场对交流电气化铁路的防护间距要求

交流电气化铁路	防护间距/m		
	大型	中型	小型
一般要求	800	250	100

短波无线电收信天线场对工业、科学、医疗设备的保护间距应符合表 5-6-8 规定（参考 GB 13614—2012）。

◈ 表 5-5-8　短波无线电收信天线场对工业、科学、医疗设备的保护间距要求

工业、科学、医疗设备	保护间距/km		
	大型	中型	小型
一般设备	3.0	1.4	0.7
多台大功率设备	5.0	3.5	1.5

利用建筑物楼顶架设收信天线时，应避免选择有集中空调室外冷却机组、大型标

语牌等设施的楼顶。

收信天线场选址时应充分考虑射频信号的传输方式。采用射频电缆传输的，天线场应选择距离收信机房尽可能近的地点；采用射频信号光缆传输方式的，应根据其性能指标确定可通距离，并充分考虑光缆敷设、设备供电、场地施工和值勤维护的难易程度。

3．发信天线场选址

发信天线场选址必须考虑与附近电子、通信、导航等设施的电磁兼容性，并根据功率等级，留有 1～5km 的保护距离。

发信天线场应尽量靠近发射机，以减少射频电缆的损耗。如果天线场规模较大，应考虑分散布设发信机房的可能性。也可以考虑使用远程发射系统，将射频发射单元设置于天线底端，以提高发射效能，但同时要考虑室外机柜（或方舱）、设备供电等配套设施建设。

短波发信天线场对所在城市规划基本市区的保护间距应符合表 5-5-9 规定。

◈ 表 5-5-9　短波发信天线场对城市规划基本市区的保护间距要求

序号	发信台最大发射机的输出功率/kW	最小距离/km
1	$0.1<P\leq 5$	2
2	$5.0<P\leq 10$	4
3	$10<P\leq 25$	7
4	$25<P\leq 120$	10
5	$P>120$	>10

短波发信天线场对架空载波通信线或架空输电线的保护间距应符合表 5-5-10 规定。

◈ 表 5-5-10　短波发信天线场对架空电路的保护间距要求

<table>
<tr><th rowspan="2">序号</th><th rowspan="2">天线名称</th><th colspan="3">最小距离/m</th></tr>
<tr><th>至架空载波通信线路</th><th>至 1kV 及以下的输电线路</th><th>至 1kV 以上的输电线路</th></tr>
<tr><td>1</td><td>定向天线
（在主波瓣范围内）</td><td>300</td><td rowspan="3">按电力部门规定的安全防护距离加以该天线施工和维修工作活动范围决定，但应大于相邻最高天线杆高的 1.5 倍</td><td>500</td></tr>
<tr><td>2</td><td>定向天线
（在其他辐射方向）</td><td>50，但不小于
天线杆高的 1.5 倍</td><td>50，但不小于
天线杆高的 1.5 倍</td></tr>
<tr><td>3</td><td>弱定向天线和
全向天线</td><td>200</td><td>200</td></tr>
</table>

注：当发射机功率大于 10kW 时，保护距离应按照功率等级线性增加。

短波发信天线场分别在作业区和生活区产生的总辐射功率密度，应不大于 GJB 5313A—2017 中的限值要求。

二、短波天线选型及布局

1. 天线选型

天线选型需综合考虑通信距离、通信方向、覆盖范围、场地情况、发射机功率和业务需求等因素，选择性能最佳的天线程式。

一般通信业务应选择宽带天线，如有特殊需求，可根据实际选择天线程式。

同一天线场应尽量选择多种程式天线，避免使用单一程式天线。近距离通信应采用高仰角、弱方向性天线，远距离通信应采用低仰角、强方向性、高增益天线，具体选型可参考表 5-5-11。

◈ **表 5-5-11　短波通信天线选型**

天线类型	频率范围/MHz	方向性	通信能力/km	适宜的天线安装方式		
				楼顶	地面	移动
宽带三线天线	3～30	弱定向	1000	是	是	否
窄带三线天线	带宽 7	弱定向	1000	是	是	否
宽带三线天线（倒 V 架设）	3～30	弱定向	600	是	是	是
窄带三线天线（倒 V 架设）	带宽 7	弱定向	600	是	是	是
宽带双极天线	2～30	弱定向	800	是	是	是
窄带双极天线	带宽 6	弱定向	800	是	是	是
宽带笼形天线（含分支笼）	3～30	弱定向	1500	否	是	否
窄带笼形天线（含分支笼）	带宽 7	弱定向	1500	否	是	否
宽带鞭状天线	2～30	全向	600	是	是	是
窄带鞭状天线	带宽 4	全向	600	是	是	是
竖笼天线	2～30	全向	2000	是	是	否
三角形天线	2～30	全向	1000	是	是	否
固定对数周期天线	3～30	定向	3000	否	是	否
旋转对数周期天线	3～30	定向	3000	是	是	否
双对数天线	3～30	定向	3000	否	是	否
菱形天线	3～30	强定向	4000	否	是	否
鱼骨天线	3～30	强定向	4000	否	是	否
水平对数周期天线阵列	3～30	组合全向	8000	否	是	否
垂直对数周期天线阵列	3～30	组合全向	8000	否	是	否
圆形天线阵列	3～30	组合全向	10000	否	是	否

利用天波通信时应选用水平极化天线，利用地波通信时应选用垂直极化天线。

2．天线场布局

天线应架设在平坦的场地内，地面应有良好的导电性，天线周围不应有大型金属物体和高大建筑物（楼顶架设的天线除外）。当天线通信方向有障碍物（包括近处和远处）时，从天线在地面上的投影中心到障碍物上界的仰角，不应大于最低通信仰角的四分之一，对于2000km以上通信，遮挡角应不大于2°。当天线周围有障碍物（如树木等)时，天线辐射体应高于障碍物工作频段中最大波长的十六分之一。(参考GY/T 5069—2020）

优先布设大型远程通信天线，并保证馈线相对短直。其次，布设其他近程通信的小型天线，但要尽量减少对大型天线的影响。

一般情况下，全向天线应布设在天线场内侧，定向天线应按照通信方向布设于天线场外侧。

如天线场和机房同址建设，则天线布局应以机房为中心，在周围布设，以减少馈线的平均长度。

天线间要留有一定的保护距离，以保证主要通信方向上天线间耦合不大于-30dB。一般情况，全向天线与全向天线最小间距为波长的四分之一，全向天线与定向天线非主瓣方向最小间距为波长的四分之一，全向天线与定向天线主瓣方向最小间距为一个波长，定向天线间主瓣方向最小间距为一个波长。

在不影响天线性能的前提下，部分程式天线可采取共杆架设的方式，如果对天线性能有影响，应对其影响程度进行评估后确定。对于可共杆架设的天线，应保证主通信方向波束不交叉，架设角度不影响天线辐射参数。可共杆架设的天线和角度可参考表5-5-12。

◈ 表 5-5-12　短波天线共杆架设角度

序号	天线程式	通信方位角相差/（°）	备注
1	三线水平宽带天线	0～60	
2	笼形、分支笼形天线	0～60	
3	同相水平天线（帘幕阵天线）	0～180	反射屏共杆
4	固定水平对数周期天线的高杆	0～180	
5	单向通信鱼骨天线的后杆	0～180	
6	双向通信鱼骨天线的侧杆	0	
7	菱形天线钝角杆	0～20	

天线架设必须能覆盖各个通信方向，定向天线架设方位角必须与通信对象方位角一致。在具备条件的情况下，对于重要方向应保障2副以上可通天线。

对于窄带天线，如需配置天线调谐器，应尽量将其设置于靠近天线端，可采用室外安装的方式。

馈线路由应尽量短直，应优先确定大型天线、高增益天线、重要通信方向天线等的馈线路由布设，以其作为主路由，其他天线路由在性能指标允许的情况下，向主路由靠拢，并沿主路由进行布设。

馈线应优先采用射频同轴电缆。对于因地形条件限制需天线拉远，或有核电磁脉冲防护要求的工程，在满足系统指标要求的前提下，可采用射频信号远距离传输设备，通过光缆进行信号引接。

采用架空明馈线引接时，收信馈线应使用特性阻抗为 208Ω的四线交叉型对称架空明馈线，发信馈线宜使用特性阻抗为 600Ω的二线式架空明馈线。当发射机的平均输出功率大于或等于 50kW 时，必须采用特性阻抗为 300Ω的四线式架空明馈线。

在馈线选型合理的情况下，馈线系统的设计应保证总损耗最小，针对系统最高使用频率，发信馈线系统总损耗不宜大于 1.5dB，收信馈线系统总损耗不宜大于 6.0dB。针对大型天线场的设计，要严格规范馈线型号和接头数量，明确施工工艺要求，确保馈线系统损耗满足指标要求。如因建设需要，确需布设长路由时，可适当放宽指标要求，但应严格控制施工工艺。各种馈线系统的衰减指标见表 5-5-13、表 5-5-14，同轴电缆选型参考表 5-5-15。

◎ **表 5-5-13　明馈线的衰减指标**

馈电线程式	导线直径/mm	30MHz 时总损耗/（dB/km）
发信二线 600Ω	3.0	3.6
	4.0	2.8
发信四线 300Ω	3.0	3.0
	4.0	2.3
发信六线 300Ω	3.0	2.1
	4.0	1.5
收信四线 208Ω	1.5	10.1
	2.0	7.6

◎ **表 5-5-14　射频同轴电缆的衰减指标**

电缆型号	外导体直径/mm	30MHz 时总损耗/（dB/m）
1/2"	13.8	0.0116
7/8"	24.9	0.0063
1-5/8"	46.5	0.0038
2-1/4"	55.0	0.0029
3"	70.0	0.0024

◈ 表 5-5-15 射频同轴电缆选型

序号	名称	路由距离 L/m	主馈线型号
1	发信台	L≤200	7/8"
		200＜L≤400	1-5/8"
		400＜L≤600	2-1/4"
		L＞600	3"
2	收信台	L≤200	1/2"
		200＜L≤400	7/8"
		L＞400	1-5/8"

三、短波天馈线施工技术要求

1．施工要求

（1）短波通信天线场的施工、监理应严格按照《通信线路工程施工监理规范》（YD/T 5123—2021）执行。

（2）必须严格按照施工图设计的内容和要求进行施工，施工图的修改必须取得设计单位的同意。

（3）必须按照施工图设计要求使用各种设备器材，其规格、型号、质量不得随意调换。

（4）施工中除应遵守本规范外，还应遵守施工安装有关规定。施工单位必须持有相关单位颁发的施工许可证书，上岗作业人员必须持有相关单位颁发的作业证件。

2．施工放样

天线场施工前应依据施工图设计进行放样工作，放样要求参考《工程测量标准》（GB 50026—2020）“第 8 章 施工测量”中的相关要求执行。

施工放样必须遵循“由整体到局部”的原则。放样前要进行现场踏勘，了解放样区域的地形，考察设计图纸与现场实际的差异，确定放样控制点，拟定放样方法，准备放样时使用的仪器和工具。若需要把某些地物点作为控制点时，应检查这些点在图上的位置与实际位置是否相符，如果不符应对图纸位置进行修正。

对施工测量所使用的仪器、工具应进行检验、校正，否则不能使用。工作中必须注意人身和仪器的安全，特别是在高空和危险地区进行测量时，必须采取防护措施。

3．施工条件

基础和拉锚的尺寸、位置和拉力应符合天线安装技术要求和图纸要求。基础的顶面应平整，水平偏差在±5mm 范围内。基础预埋螺栓的定位尺寸偏差在±2mm 范围内；螺栓与地面不垂直度应小于 0.3°。地锚埋设应牢固，并检查测试地锚拉力，地锚埋设深度的允许偏差为±50mm，地锚出土点位置的允许偏差为±50mm。

天线基础完工后应有足够的养护期，基础应稳固。塔（杆）的混凝土基础强度应达到70%以上，严禁在没有回填土情况下施工。安装用的预埋零部件应符合设计要求。

检查地锚基础、地锚销钉固定等隐蔽工程随工验收文件，必要时可做实验，检验其施工质量情况。

施工现场应平整，如有深坑、沟渠、陡坡或其他障碍物，应采取安全防护措施。以塔（杆）基为圆心，以塔（杆）高为半径的范围划为施工区，并应设置明显的标志，必要时应设置围栏。施工区不得有高空输电线路，否则必须采取安全防护措施。以塔（杆）高的三分之一长度为半径的范围为施工严禁区，施工严禁区内不得设置起重装置和临时设施。

有下列情况之一，严禁高空作业：

① 当气温低于15℃或高于37℃时，特殊情况应有具体的劳保措施。

② 遇有五级以上大风。

③ 有雾、雪、沙暴，塔上裹冰、附霜，施工现场或附近地区有风沙、雷雨。

④ 施工现场无救护车和救护、医务、人员。

⑤ 灯光照明不符合要求。

4. 设备器材检查

施工中使用的机具、仪器、仪表及材料应是持有生产许可证的生产厂家生产的、经检验合格的产品。安装和验收所使用的主要测量工具、仪器仪表应经过计量部门鉴定合格。

必须对施工使用的材料按有关要求逐项进行检验，需要配套器材的应进行装配检验。

按施工图纸对钢塔桅杆构件的结构形式和总长度进行检查，钢塔主柱、横腹杆、斜腹杆应无弯曲、无裂纹、法兰盘孔距应符合要求。

不得使用火烧后的钢丝绳、镀锌钢绞线及其他线材。同种规格的铜包钢线或硬铜线可接续使用，接续处必须绑扎牢固并进行锡焊，绑扎长度不得小于12cm；应复查各种规格线材的直径，且不得有损坏伤痕。

绝缘子表面应完整、光滑洁净、无裂纹、无缺陷。棒形绝缘子灌注的合金应饱满，帽要正直，无松动，并应进行绝缘试验。

金属构件应做抽样检验，重要的构件要全部检验。检验的项目如下：

① 外形尺寸，销、轴、孔、螺纹等的尺寸应符合设计要求。

② 构件、线材等的数量应和设计数量相符，如螺栓等小器件，应有适当备份量。

5. 天线架设

(1) 天线塔（杆）偏离度（顶端偏离中心位置的距离÷高度）：

① 自立塔：<1/1000。

② 拉线塔（杆）：<1/500。

（2）天线塔（杆）弯曲度（弯曲偏离中心线的距离÷高度）：

① 木杆：<1/400。

② 铁管塔（杆）：<1/500。

（3）天线架设方位角误差：

① 定向天线：≤±10′。

② 弱定向天线：≤±15′。

（4）塔柱、横腹杆、斜腹杆应无弯曲变形，结构形式、编号、长度、数目、规格等应符合设计要求。

（5）塔（杆）的避雷器应按设计规定位置安装、焊牢。

6．馈线施工

馈线路由必须严格按照施工图设计进行施工，任何馈线路由的变更必须经过设计单位的确认。

电缆接头与芯线的焊接应光滑、牢固，无虚焊、假焊现象。焊剂宜用松香酒精溶液，严禁使用焊油。

射频同轴电缆进出机房时，必须在室外加装馈线避雷器，并采取必要的加固措施。进出馈线窗时，应在室外留有防水弯，防止雨水进入。

采用直埋的射频同轴电缆埋设深度参见表 5-5-16，直埋射频同轴电缆应在适当的位置设标石。

◈ **表 5-5-16　直埋电缆的埋设深度**

序号	土质情况	埋设深度/m	备注
1	普通土（硬土）	1.2	
2	半石质土（砂砾土、风化石）	1.0	
3	全石质	0.8	电缆上下各铺 10cm 细砂或砂土
4	泥沙、农田的排水沟	0.8	
5	穿越公路	1.0	加钢管保护
6	沟渠、水塘	1.2	
7	有冰冻层的地带	冻层下	

射频电缆的转弯半径要大于电缆直径的 15 倍。

馈线加固应均匀稳固，相邻两固定点的距离为：馈线垂直敷设宜为 1m，水平敷设宜为 1.5～2m。

馈线在大于 45° 的陡坡上敷设时，应使用规格不小于 7/1.6 的单条镀锌钢绞线与电缆做应力加固。

采用架空明馈线作为馈线时，应满足以下要求：

① 整条馈线杆路应尽量取直，必须拐弯时，内夹角不应小于 120°。

② 馈线的杆档长度要求见表 5-5-17。

◈ 表 5-5-17 馈线的杆档长度表

序号	馈线名称	杆档长度/m
1	ϕ4.0mm 或ϕ6.0mm 的二线式或四线式发信馈线	35±5
2	ϕ3.0mm 的二线式或四线式发信馈线	30±5
3	ϕ1.5mm 或ϕ2.0mm 四线式收信馈线	20±3

注：当最大风速小于 20m/s 时，杆档可适当加大，最多可加大 5m，但必须保证杆距依次变化，各杆距互不相等。

③ 馈线不得从其他天线体下穿过，以免影响天线的方向性。

④ 在同一根馈线杆上（终端杆除外），馈线不应多于 4 路。

⑤ 挂在同一根杆上的馈线，其中心轴之间的距离应满足：发信馈线间不小于 1.5m，收信馈线间不小于 0.8m。

⑥ 馈线相互跨越时其间距应满足：发信馈线间不小于 1m，收信馈线间不小于 0.4m。

⑦ 两条杆路之间的距离应大于杆高，且尽量不要相互平行，若馈线杆路平行时，相邻馈线杆（当全线路采用门杆时，以相邻一侧的馈线杆计算）中心轴线之间的距离不应小于 4m。

⑧ 馈线与各建筑物或其他物体间的最小距离要求见表 5-5-18。

◈ 表 5-5-18 馈线与各建筑物或其他物体间的最小距离要求

序号	物体名称	发信馈线最小距离/m	收信馈线最小距离/m
1	天线场地的地面	3.5	3.5
2	技术区内的路面	4.5	4.5
3	技术区以外的公路及通卡车的道路路面	5.5	5.5
4	技术区以外的不通卡车的乡村大路路面	5.0	5.0
5	铁路轨道	7.0	7.5
6	屋顶	2.5	1.5
7	树枝或灌木丛	2.0	2.0
8	馈线木杆	0.4	0.1
9	馈线金属杆	0.75	0.75
10	馈线钢筋混凝土杆	0.75	0.5
11	天线杆木杆、金属杆或铁塔边缘	1.0	0.6

续表

序号	物体名称	发信馈线最小距离/m	收信馈线最小距离/m
12	天线杆的拉线	0.75	0.5
13	建筑物的墙壁	0.8	0.25

⑨ 馈线引入机房或天线引入堡时，其导线最低点距离地面的高度不小于 3m，如无法满足时，应在引入处安装护栏。

⑩ 馈线终端杆至机房墙壁或天线引入堡之间的距离不应小于 8m。

⑪ 转角杆和终端杆必须加拉线，直线杆每隔 5～10 档加装人字拉线。

⑫ 天线杆的拉线应采用绝缘子分成若干段。对于水平极化的天线，与天线杆相连的上段拉线应为 1～1.5m，与地锚相连的下段拉线不应大于 8m，其余各段长度应为 4m 或不大于最短工作波长的 1/4。对于垂直极化天线，其辐射方向前面的天线杆的拉线，与天线杆相连一段的长度应为 1m，与地锚相连一段的长度不应大于 4m，其余各段的长度为 1m 左右或不大于最短工作波长的 1/10。

埋设馈线杆应符合下列要求：

① 线杆应顺直，杆间距离偏差应不超过 10cm，高低偏差应不超过 5cm。

② 横杆两端高低偏差不应超过 2cm，横杆、线支架应与线路方向垂直。

③ 终端杆处的棒形绝缘子应与馈线在同一平面内，前后错开距离不得超过 2cm，跳接线、调线叉距离应相等。

④ 拉线连接高度和地锚埋设深度应符合设计要求，拉杆出土点偏差应不超过 5cm，拉线卡箍应安装牢固。

架设馈线应符合下列要求：

① 馈线的跳接线长度应相等，笼形跳接线应不超过 2cm。

② 馈线上吊挂的绝缘棒应在铅垂方向，吊挂绝缘棒的跳接线应靠近吊挂点。

③ 同杆路各条导线垂度应一致。

④ 短波馈线导线应用跨接线连接，同一路上馈线的跨接线应对齐。

⑤ 馈线宜在现场预制，悬挂高度应符合设计要求。

⑥ 固定导线的压线钩和压线板必须紧固，压线钩必须垫铜箔防止损伤导线。

⑦ 当下引线拉到设计拉力时，在导线上划出标记，做下引线终端。

⑧ 敷设馈线地线应符合设计要求，连接部位应焊牢和压紧。

四、短波天线场防雷接地

短波通信天线场防雷与接地系统设计应符合《通信局（站）防雷与接地工程设计规范》（GB 50689—2011）的要求。

天线杆均应设置避雷针，并与大地可靠连接，安装方式、高度应以施工图设计为准。

接地电阻的要求参见表 5-5-19，冲击接地电阻与工频接地电阻的换算参考 GB 50057—2010 中的附录 C。

◈ 表 5-5-19 天线场防雷接地冲击接地电阻要求

序号	土壤电阻率 ρ/（Ω · m）	冲击接地电阻 R/Ω
1	$\rho \leqslant 100$	$R \leqslant 10$
2	$100 < \rho \leqslant 300$	$R \leqslant 15$
3	$\rho \geqslant 300$	$R \leqslant 20$

雷电引入应保证至少有 2 处位置与防雷接地进行可靠电气连接，天线场防雷接地应保证等电位连接。

为防止室内设备遭受雷击，必须在天线底端和进入机房前加装馈线避雷器。若机房设置于天线底端，可只在进入机房前设置一处馈线避雷器。

馈线避雷器应安装在通信局前井（或天线引入堡）内，并设计安装支架，通过通信局前井（或天线引入堡）内专用的接地装置可靠接地。

第六节 通信导航台站建设

一、通信导航台站

通信导航系统运用无线电通信技术，在飞机与飞机之间、飞机与地面（海面）之间实施话音或数据信息传输，主要包括短波通信系统、超短波通信系统、数据链系统和卫星通信系统等。

系统对飞机出航、巡航、归航和着陆等飞行过程实施航行引导，主要包括无方向性信标-无线电罗盘测角系统、塔康测角测距系统、着陆（舰）引导系统和卫星导航系统等。

航空无线电通信系统和导航系统在航空电子系统中占有重要地位。

二、通信导航台站选址

（一）导航台站选址的基本要求

（1）无线电导航台站的配置地点，必须满足空中飞行、领航和飞行管制的需要。

建立任何一个无线电导航台站，都必须有领航部门和飞行管制部门根据该导航台站的技术性能和建立飞行航线、实施空中领航和飞行管制的需要，选择和确定台站设置的最佳地段或地点。

（2）无线电导航台站配置地点的场地环境条件，应满足台站设备天线发射和接收电波信号以及电波传播的要求，有利于导航设备技术性能的发挥。为此，其场地必须符合《民用航空通信导航监视台（站）设置场地规范第 1 部分：导航》（MH/T 4003.1—2014）的相应导航台站场地环境的要求。

（3）无线电导航台站所在地点应具备台站值勤人员所必须具备的工作和生活条件，台（站）址应尽可能选择在交通方便、靠近水源、电源的地点，应尽量避开城镇规划的发展区。

在选择导航台(站)址时，对上述三条基本要求的处理原则是：首先要满足领航、航管部门提出的配置地段或地点的要求（包括机场净空的要求），在符合配置要求的前提下，应尽可能满足对场地环境的要求，适当照顾执勤人员的工作和生活条件。由于上述选址的三个条件之间有主次之分，又相互制约，应进行通盘考虑，多方比较，处理好需要与可能、效益与费用、当前与长远的关系，通过综合分析和对比，适当折中，做出最佳的选择。

（二）导航台站选址工作的组织与实施

无线电导航台站的选址工作，因涉及飞行使用、购置土地、建台和值勤管理等方面的业务，通常由航空通信管理部门或机场、场站通信部门，会同领航、飞行管制、修建、机务等部门组织实施。对于新式导航设备，如仪表着陆设备和塔康导航设备的建台选址或地形条件比较复杂的导航台站的选址，应由航空管理部门组织实施；中波导航台和超短波定向台等的建台选址，可指定机场、场站等通信管理部门组织实施。导航台站选址工作的程序通常有：图上预选、实地勘察、测量标桩、分析评估、飞行鉴定和拟制选址报告。

（三）导航台选址的具体要求

1. 中波导航台的选址

中波导航台采用 1/4 λ 的垂直振子天线，天线的电场以及地面的电流密度在垂直天线下面最大，因此地面的电磁能损耗是中长波天线的一个突出问题。为此，中波导航台除必须采用地网外，在选址时应尽可能选在电导率较高的腐殖土或黏土的地上，避免选在砂地或砂石地。砂石地不仅导电率低，电磁能损耗大，而且不易埋设地网。在场地环境要求方面，主要考虑以天线为中心、半径 150m 内的各种电磁反射、再辐射和吸收物体，特别是 60m 内的物体对导航台的工作性能影响较大，必须彻底清除。远处的物体，主要是可以与工作波长相比拟的高山等大型反射物体对无线电导航的影响较大。

2．塔康导航台的选址

塔康导航台工作在962～1213MHz频段，场地及其附近地面的镜面反射、侧反射以及周围障碍物的遮挡对导航信息影响极大。因此，选择场地时，主要应选在宽阔的高地，周围没有坚硬平滑的地面和水面，距离跑道也不能太近，场地地面最好是易于吸收电波或对电波进行漫反射的粗糙地面。通常半径300m范围内限制障碍物高度的阴影区，是根据塔康辐射场型确定的，3°阴影区是理想的也是基本的遮蔽角要求。对于地形条件较差的场地，根据障碍物的性质及水平张角的大小，确定障碍物的垂直张角。

3．超短波定向台的选址

理想的定向台场地，不仅要求地形平坦，而且土壤的电特性要均匀，电导率要高。主要考虑土壤的电导率越高，电波穿透深度越小，大地的电特性越均匀。场地电特性均匀可使定向天线系统各振子接收特性更加平衡，从而减小定向误差。

理论计算和相关经验证明：以定向天线为中心、半径1000m范围内的架空金属导线、建筑物和树木等能引起超短波定向台定向误差，而以定向天线为中心、半径500m以内的地形、地物会对定向机造成严重定向误差。

4．精密进场雷达站的选址

精密进场雷达站在选择设置地点时，主要考虑使雷达能精确地将飞机引导到目视进入点，并能连续监视飞机直到接地。因此，必须使雷达的探测区覆盖到飞机着陆地点，使位于跑道中线延长线上距飞机着陆地点800m处的一点能处于航向扫描中心的±6°范围内。由于在±10°的航向探测范围内，目标越接近航向扫描中心线，其定位精度越高。规定不对称扫描装定时，通常是向跑道方向扫描15°，背跑道方向扫描5°，以便提高定位精度。

5．仪表着陆地面设备的选址

（1）航向信标台的选址

航向信标台工作在甚高频频段，属于精密进场着陆设备，对场地环境要求较高，其可设置的地点亦有限，且要求必须设在端保险道之处、符合净空规定，满足航向天线基准数据点之间的通视要求，给场地选择带来一定困难。但由于现行装备使用的航向信标台均采用单向辐射特征的天线，对场地保护区内的地形坡度不做要求，只要满足标准规定的保护区要求，均可满足I类着陆的使用要求。如果场地条件较差，还可以选用宽孔径的航向天线阵，以减少跑道中线及延长线两侧障碍物对航向道结构的影响。

（2）下滑信标台的选址

下滑信标台工作在特高频频段，属精密进场着陆设备。由于其天线阵采用镜像天线，下滑道信息质量（即下滑道的平滑性、下滑道偏离指示的线性等信息）的好坏，均取决于下滑天线垂直辐射波瓣的质量，而垂直波瓣的质量又取决于下滑天线附近及其前方保护区内反射面的情况。如果地面凹凸不平或地质特征不均匀，或保护区内有反射物体或再辐射物体存在，则下滑信息就要变坏。因此，必须符合规定保护区的纵向、横向坡度要求和地面粗糙度的容限要求。

下滑天线要求平坦地形的范围，通常应从天线阵前向外延伸约 1000m、宽约 40m，除保护区地形外，保护区前方地形的起伏对下滑信标台信息亦有影响。为了满足使用要求，应根据不同地形条件按照规定选用相适应的天线类型。下滑天线通常分三种：零基准天线、边带基准天线和捕获效应天线。

三、通信导航台站设备选型及布局

1．系统整体布局

对空导航系统主要与飞机上的无线电导航设备配合使用，为飞行员提供飞机相对于导航台的方位、距离等导航信息，实现机场周围 250km 空域范围内飞机归航、航路、着陆导航引导。

机场主要包括中波导航与指点信标、着陆雷达、塔康信标、定向机、甚高频全向信标、米波着陆引导、微波着陆引导等对空导航装备。其中，中波导航天线不随装备配发，属设备采购。

对空导航台站周边电磁环境应满足《航空无线电导航台（站）电磁环境要求》（GB 6364—2013）要求。

2．天线施工说明

（1）天线选型原则

机场中波导航台由于场地面积较小，因此天线选型时尽量选用小型天线。由于主要保障对空导航，飞机的运动速度快，选用天线在水平面具有较好的全向性。天线场距离海边较近，要求天线具有较强的抗风能力（17 级风不损坏）和良好的防腐能力，并且架设维护简便。

天线选型时主要遵循以下原则：

① 在满足导航保障要求的条件下，天线尽量小型化；

② 正确利用地形条件，提高通信导航；

③ 在场地条件允许的情况下，天线尽可能离机房就近配置；

④ 选型天线要便于相关单位使用和维护。

（2）中波伞形天线

中波主要靠表面波传播，因此对于中波天线的主要要求是使能量尽可能多地沿地面辐射。不同高度的伞形天线在垂直面内的方向见图 5-6-1。为此，中波天线多数都采用高度仅为波长的一小部分的垂直辐射体。这类天线的有效形式主要有下列两种：T

型天线、伞形天线。从架设的难易程度，以及稳定性、可靠性、场地环境等方面考虑，最终选取了中波伞形天线作为天线的基本形式。

为了增加天线的稳固性，使用拉线将天线固定。

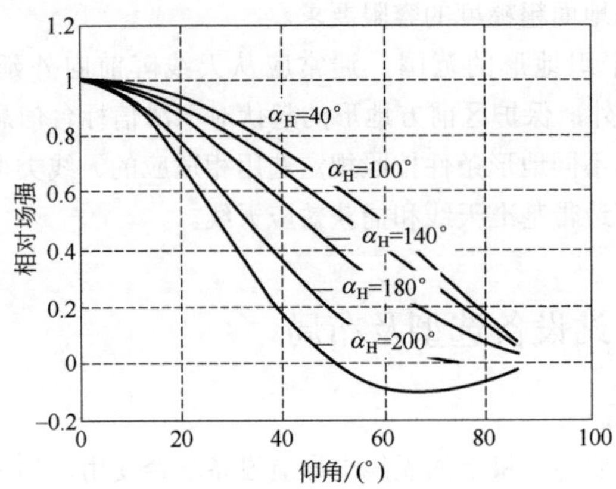

图 5-6-1　不同高度的伞形天线在垂直面内的方向

中波导航天线电气性能指标见表 5-6-1。

◈ **表 5-6-1　中波导航天线电气性能指标**

序号	电气性能指标	数值
1	工作频率/kHz	150～700
2	功率容量/kW	1
3	极化方式	垂直极化
4	水平面方向图	天线水平方向图为圆形，不圆度小于 1dB
5	绝缘电阻/Ω	≥500
6	抗风能力	12 级风正常工作，17 级风不被破坏
7	环境温度/℃	0～60
8	防腐性	具有良好的防雨性能；具有防盐雾、潮湿、大气中的二氧化硫的能力，并具有抗紫外线辐射的能力

（3）杆塔组立

中波导航天线需先进行预埋件安装，包括地锚预埋件混凝土基础，用于拉绳固定；天线桅杆预埋件混凝土基础，用于固定天线桅杆，该预埋件通过地钉接地。

地基建造完成后，使用地阻仪测试地网地阻。若地阻小于 2Ω，则合格；若地阻大于 2Ω，需检查地网各接地桩是否连接良好；若地阻仍然很大，可延长地网长度或加降阻剂。

运到现场后需人工把杆塔分至塔基处。安装杆塔拉线前，将所有杆塔拉线上的标准件等安装到杆塔相应位置。

杆塔安装时，任命指挥 1 名，各拉绳位均有人负责，听从指挥口令，动作协调有序。杆塔立起后，测量调试杆塔垂直度，将架设好的杆塔连接螺丝反复紧固检查一遍。收紧杆塔拉线时，各方位的拉线要相互协调，严禁一方拉线抢先收紧。调整杆塔的垂直度（垂直弯曲度小于 1/1500，局部弯曲小于 1/750），杆塔拉线的拉力应符合生产厂家规定，将各方位拉线固定，卡紧绳卡，绳卡间距应一致。

（4）三防处理

天线整体进行三防防护，地脚螺栓外漏部分涂抹润滑油。

天线架设调试完成后，将天线顶部的拉绳松开一个，使用万用表测量最下一节天线杆和与天线顶部相连导体最下端的电阻。若电阻小于 6Ω，则天线合格；若电阻大于 6Ω，则需检查天线各个连接处是否牢固，清除各连接处砂石和锈蚀残留物后再次检查该电阻，直至合格为止。

四、通信导航台站电磁环境要求

（一）导航台站场地环境对导航信息的影响

无线电导航台站场地环境对导航信息构成干扰影响的物体，可分为有源干扰物体和无源干扰物体。

有源干扰物体是指物体本身辐射无线电电磁信号或电磁干扰对需要接收的有用信号造成干扰的物体（或设施），如广播电台、电视台、高压输电线、电气化铁路、工业科学和医疗射频设备等。大功率的有源干扰物体，如广播电台等，即使离开无线电导航台站场地较远，有时也会产生较大干扰。

无源干扰物体是指物体本身不产生和不辐射无线电电磁信号或电磁干扰，而是通过反射或再辐射其他辐射源辐射的无线电信号对需要接收的有用信号造成干扰的物体。某些物体，在某些频段（中长波和短波波段）具有两重性，既是有源干扰，又是无源干扰物体。这里主要介绍导航台站附近的无源干扰对导航信息的影响。

1．场地无源干扰物体对导航信息的影响

航空无线电导航台站向飞机提供准确、可靠的导航信息，主要取决于导航台站天线系统辐射的电磁波场强的正确性。以航空导航台站天线系统为中心的场地环境条件的好坏，对辐射场的场型形式有极大影响。高低不平的地形、各种架空金属线、建筑物、密集植物、单株大树、车辆以及场地附近停放和滑行的飞机等，都会引起辐射场场型的畸变，从而影响导航信息的准确性和可靠性。

2．干扰和影响导航信息的机理

无线电导航台站发射（或接收）天线均建立在地面上，其发射的电磁波信号除射向空中的直射波外，还有一部分射向地面，通过地面或地面上的物体反射或再辐射到空中。实际上，空中机载导航接收设备收到的电磁波信号是直射波和反射波的合成。根据电磁波的传播理论，在自由空间电磁能量从发射天线到接收天线之间，是通过无数个传播途径，射向接收点，构成一个以收发天线之间连线为轴心的椭圆体形的无线电传播区域。这个区域称为菲涅耳区，其中第一个菲涅耳区为收发天线的主要传播空间，处在这个空间的障碍物都会对电波传播产生影响。如果发射设备的天线在地面，接收设备的天线在空中，则第一菲涅耳区与地面相截，地面上的椭圆形截面，即为第一菲涅耳区。

第一菲涅耳区的地形、地物对电波的反射、散射、再辐射、吸收或遮挡，对空中机载设备接收点处的导航信号影响极大。第一菲涅耳区的大小与工作波长、发射或接收天线的高度、收发设备之间的距离等因素有关。

3．场地附近干扰物体对导航信息的影响程度

无源干扰物体对导航信息的影响程度，主要取决于干扰物体距导航台站天线的距离，干扰物体的性质、外形结构和尺寸，干扰物体所处的电磁场特性，干扰物体与导航台站和飞机之间的相对位置等。

（1）干扰物体距导航台站天线距离的影响

由于影响对空之间导航信息传递的第一菲涅耳区的地形、地物，主要是靠近地面导航台站附近，在这一范围内干扰物体距离导航台站天线越近，对导航信息影响越大；相反，干扰物体离导航台站越远，对导航信息影响越小。

（2）干扰物体物理属性的影响

有源干扰物体对电磁波反射或再辐射的强弱，主要取决于物体本身导电性能，属于导体的架空金属线、金属栅栏、金属堆积物、铁塔、金属结构的建筑物等，对电磁波的反射和再辐射能力最强，其产生的强反射波或再辐射波对导航信息影响最大。相反，非导体或半导体的土木结构或砖瓦结构的建筑物、树木、土丘等对电磁波则有一定吸收作用，对电磁波的反射或再辐射能力较弱，其反射波或再辐射波对导航信息的影响较小。

其次，干扰物体的外形结构和尺寸大小，对导航信息的影响也不同。通常，垂直导体越高、水平导体越长、悬挂高度越高，对导航信息的影响越大；物体的反射面越大、越光滑，对导航信息的影响越大；物体表面结构越复杂，越粗糙，对电磁波的散射作用越明显，对导航信息的影响越小。

（3）物体所处电磁场特性的影响

无源干扰物体处于定向辐射的主波束内，其反射波和再辐射波必然很强，对导航信息干扰影响较大。相反，处于主波束边缘或之外的无源干扰物体，对导航信息的影响较小。仪表着陆设备航向信标台和下滑信标台的保护区横向宽度基本上就是根据其波束宽度确定的。地形复杂的机场，为了减少航向信标台前方场地两侧地物对航向道信息的影响，采用宽孔径的天线阵，可将±10°的主波束宽度压缩到±6°。

无源干扰物体对不同极化的电磁场响应也不同，垂直导体对于垂直极化电磁波的电磁场最为敏感，产生垂直极化的再辐射场最强，对导航信息影响最大。例如，中波导航台和超短波定向台都是辐射或接收垂直极化波的。因此，在其场地上垂直导体对导航信息的影响较大，水平导体对导航信息的影响较小。

（4）物体与导航台和飞机之间的相对位置影响

无源干扰物体与导航台站和飞机之间三者相对位置不同，则到达机载导航设备接收点处的直射波和反射波的路径不同，其合成波信号的相位和幅度必然发生变化，造成的导航误差大小就会不同。

在分析和处理无线电导航台站场地及其附近各种无源干扰物体的干扰效应时，就可以根据上述4点进行综合分析、预测其干扰效应。

场地误差大小不是很稳定的，除随工作频率（波长）改变而变化外，通常随反射物体性质、位置、形态的变化而变化，如树木的生长，长满枝叶或落叶，下雨或积雪，机库大门打开或关闭，车辆的停放或行驶，飞机的停放或滑行等，都会引起场地误差的变化。

（二）导航台站电磁环境要求

1. 各类台站对干扰的反应

（1）中波导航台

利用中波导航台飞行时，关键是保证飞机的相对方位角指示的准确和稳定，如果受到干扰，就有可能造成飞机偏离航路甚至迷航，特别是在飞机的进场着陆阶段，如果由于无线电干扰等原因造成无线电罗盘指针产生过大的误差和摆动，就有可能使着陆引导失误，从而危及飞行安全。这里需要着重指出的是：对中波导航台的电磁保护，实质是对机载无线电罗盘的电磁防护，因为电磁干扰的最终效果是由机上无线电罗盘体现出来的。由于无线电罗盘接收机结构比较简单，对付有害干扰的能力也较差，而中波导航频段（150～700kHz）又是和中波广播电台相毗邻的，频谱的使用特别拥挤，因此中波导航台的有源干扰问题就显得特别突出。

（2）超短波定向台

从电磁防护的角度来看，超短波定向台对其场地周围的有源干扰和无源干扰都具有较大的敏感性。这是因为超短波定向台本身就是一部精密的方位测量设备，其测量的精度不仅取决于设备本身的技术性能、操作人员的熟练程度，而且也与信号电波的传播情况有关。因此，超短波定向台对电磁环境的要求，一般要比其他导航台站严格得多。当然，随着无线电测向技术的发展，新的测向技术的使用，定向台抗多路径传播干扰的能力将会提高，对场地周围电磁环境的要求就会逐步降低。

（3）仪表着陆系统的航向信标台、下滑信标台和指点信标台

仪表着陆系统的航向信标台和下滑信标台遭受有害干扰时，其航向道或下滑道将产生较大的弯曲或摆动，仪表指示的误差可能超出容限，致使飞机跟踪错误航道，或者无法进行跟踪，从而导致着陆失败，甚至酿成事故。指点信标接收机如果受到有害干扰，也将会产生错误显示，致使飞行人员错误地判断飞机位置，同样也会造成严重后果。

（4）塔康导航台

塔康导航台受到有源或无源干扰后的表现为：无线电航道的弯曲或扇摆，航道灵敏度超过容限范围，方位和距离误差超过容限，在覆盖区内出现“零区”（弱信号区），距离数据的错误指示（假距离跟踪）。所有这些现象，对于复杂条件下飞行的飞机来说都是十分危险的。

（5）着陆雷达站

着陆雷达站作为保障飞机进场着陆的导航设施，与仪表着陆系统一样也必须具备高度的准确性和可靠性，对各种有害干扰也必须给予充分的抑制。

2．各类非航空有源干扰的特点

非航空有源干扰不同于航空业务内部各类无线电设施的同频干扰或邻频干扰。航空业务内部各类无线电设施的相互干扰问题，可以通过航空部分内部频率指配计划的协调加以解决，并有国际上公认的标准程序可供遵循，所规定的各类防护措施，也可得到国内外有关航空机构的有效保证。但是非航空源对航空业务的干扰，则与上述情况大不相同，一方面是此类干扰的性质非常复杂，分布极其广泛；另一方面是此类干扰的射频特性也只是部分受到国际电联（ITU）的规定的约束，多数尚未有立法上的限制。由此，对于每一种可能产生的非航空源的干扰，就需要分为不同情况逐个加以考虑。

（1）广播业务

广播业务的基本特点是：使用大功率的发射设备连续工作，台址通常靠近大城市。而导航业务的基本特点是：导航采用小功率的发射设备，机载接收设备的灵敏度比较高，活动区域多数也靠近大城市。根据这二者的特点分析可知，广播业务对导航业务是一个比较严重的干扰源。近年来，随着甚高频广播的发展业务和国际电联给调频广播指配频段的向上扩展，不仅使业已存在的中频调幅广播对中波导航的干扰问题丝毫未得到缓解，进而还使广播干扰进入了甚高频导航仪表和仪表着陆的频段。对此，国内外的航空界都给予了极大的关注。

广播业务对航空导航业务的有害干扰主要表现为以下几个方面：

① 广播发射机的残波辐射信号落入航空导航频段。

② 导航接收机接收到强大广播信号，使其高频部分进入非线性区，此时如果又收到另一个频率的广播信号，即使其信号场强较弱，也可以在接收机内形成互调，从

而干扰正在接收的导航信号。

③ 强广播信号使导航接收机前端过荷，从而使其灵敏度大大降低。

（2）工业、科学和医疗设备

工业、科学和医疗设备简称“工科医”（ISM）设备，系指工业、科学、医疗、家用或类似目的而设计的，用来产生并就地使用无线电能量的设备和器具，如射频烘烤炉、射频塑料热合机、射频胶合干燥机、医疗用放射器械与超短波医疗机等。

工科医设备的干扰主要是其谐波和杂散辐射，其次，大多数工科医设备的短期频率稳定度较差，瞬时频偏可达数千赫兹。有些工科医设备的干扰信号类似于宽频偏、低调制频率的调频信号，因此在航空接收机内出现的工科医设备类似宽频段噪声。

工科医设备由于数量大、分布广，控制其规格和辐射特性比较困难。同时，由于工科医设备不属于无线电设备，因此也不完全受到国际电联的约束。与工科医设备有关的主要国际机构是国际无线电干扰特别委员会（CISPR），它是国际电工委员会（IEC）的一个分支机构，CISPR 的第 11 号出版物对工科医设备的射频辐射电平允许值做出了相应的规定，我国也制定有相应的国家标准。但是，就目前情况来看，多数设备尚未达到国家标准的要求。因此，在机场区域，对可能造成有害干扰的工科医设备，最好能进行现场测试，当其不能满足导航业务防护要求时，可采取必要的电磁屏蔽措施。

（3）电力传输系统

电力传输系统包括各种电压等级的高压输电线和变电站等。随着国家现代化建设的进展，电力传输系统更加普遍地分布在城乡广大地区，对航空导航业务的影响日益明显。电力传输系统对航空导航的干扰，主要表现在以下几方面：

① 电晕效应和间隙放电所引起的无线电噪声落入导航频段，且随着天气条件的变化有较大起伏。在飞机的最后进场和着陆阶段，由于飞行速度越来越低，飞机离高压输电线的距离逐渐缩小，此种干扰可能危及飞行安全。

② 通过高压输电线传输的载波控制信号，通常采用航空频段内的频率，但不受国际电联有关规则的限制，已经发现在某些情况下它们可对导航业务造成有害干扰。

③ 高压输电线路作为一种高大的金属物体，可对导航信号产生反射和再反射，从而构成无源干扰。

（4）电缆传输系统

在某些情况下，电视和无线广播节目是用载波（占用航空频段）通过电缆系统来传输的，这就有可能由于射频能量的泄漏而造成干扰。目前，我国此类干扰的实例尚不多见，但随着广播事业的发展，此类干扰也会逐渐提到议事日程上来。

（5）电气化铁路

电气化铁路对导航业务的干扰包括有源干扰和无源干扰两种成分。

有源干扰主要是电气化铁路在有列车行驶时，由于机车集电弓在接网导轨上滑动所产生的无线电噪声干扰以及线路放电所产生的噪声干扰，其频谱可从数百千赫至数百兆赫，在中波导航频段的干扰电平最高，但衰减较快，并不构成重大威胁。

电气化铁路的无源干扰对导航业务的影响类似于低压架空导线。

（6）家电设备的本振辐射

某些家用电器，如电视机、无线电收音机的本地振荡器，以及电子玩具等辐射的无用信号，可能落入航空频段，从而构成有害干扰。此类设备数量很大，有的靠近机场的进场着陆航线，因此值得引起航空部门的注意。家用电器也属于 CISPR 的管辖范围，由于这些设备的生产具有比较统一的设计标准，工作也比较稳定，通过制定相应的标准，可以得到较好的控制。

（7）民用频段的无线电机和移动无线电业务

此类设备多数为便携式或车载式，输出功率一般均较小，机动性较大，在机场附近可能构成有害干扰。另外，有些用户可能以超出规定值的功率来使用发射机，是造成干扰的另一个原因。对于这类干扰，一般只能通过国家无线电管理部门制定的标准或规范来加以控制。

3. 导航台站对非航空有源干扰的防护要求

（1）对中波广播干扰的防护要求

由于中波广播电台的发射功率远大于中波导航台的发射功率，因此，可对其相邻和共用频段内的航空导航业务构成干扰威胁。

对中波大功率广播电台的残波辐射测试结果表明，同台址和相邻台址的两个或两个以上大功率广播电台在发射端形成的互调干扰最为严重。这种干扰相当于在航空导航频段内又增加了新的功率较强的广播电台。由于其干扰范围较大，干扰频率不易被发现，干扰强度也不易准确测出，特别是在指配导航台频率时，一般不考虑此项干扰。因此，对中波航空无线电导航构成很大的威胁。

《航空无线电导航台（站）电磁环境要求》（GB 6364—2013）中关于中波导航台——无线电罗盘接收机来自中波广播干扰的防护要求见表 5-6-2。

◎ 表 5-6-2　中波导航台的防护要求

性能参数		中波导航台
工作频率/kHz		150～700
最低信号电平/（dB・μV/m）	北纬 40° 以南	42
	北纬 40° 以北	37
对有源干扰的防护率/dB		15
有效覆盖半径/km	远距导航台	150
	近距导航台	70

根据表 5-6-2 中的防护率和覆盖区内最低信号场强值得出，在覆盖区允许广播电台的最大干扰电平在北纬 40° 以南为 27dB・μV/m、在北纬 40° 以北为 22dB・μV/m。

（2）对调频广播干扰的防护要求

随着高频广播业务的迅速发展和国际电联给调频广播业务指配的频率向上拓展，调频广播干扰航空无线电导航台站（仪表着陆航向信标、全向信标和甚高频通信电台）的问题日趋严重。因此，在《航空无线电导航台（站）电磁环境要求》（GB 6364—2013）中，规定了航空导航台站对来自调频广播业务的防护率要求。

A 类干扰主要来自调频广播电台的谐波和互调产物产生的残波辐射。《航空无线电导航台（站）电磁环境要求》（GB 6364—2013）中规定了在覆盖区对来自调频广播干扰的防护要求，见表 5-6-3。

◎表 5-6-3　对调频广播干扰的防护要求

性能参数	超短波定向台	航向信标	全向信标
工作频率/MHz	118～150	108～111.975	108～ 117.975
最低信号场强/（dB・μV/m）	39	32	39
对调频广播干扰的防护率/dB	20	17	17

（3）对工业、科学和医疗（ISM）设备干扰的防护要求

工业、科学和医疗设备数量的逐年增多，应用范围的扩大及输出功率的增强，使得他们对其他业务，特别是对航空导航业务造成了有害干扰。为避免 ISM 设备对航空导航业务的有害干扰，《航空无线电导航台（站）电磁环境要求》（GB 6364—2013）要求：超短波定向台对工业、科学和医疗设备干扰的防护率为 9dB；在航向信标台、下滑信标台、全向信标台覆盖区内，对工业、科学和医疗设备干扰防护率为 14dB。

（4）对高压输电线干扰的防护要求

高压输电线（通常指架空高压输电线）无线电干扰主要是由电晕引起。电晕系指由于导体周围的电位梯度超过某临界值而使周围的空气电离所产生的发光放电。这种放电电流具有脉冲性，所以形成的干扰具有较宽的频谱。干扰电平的大小随着频率的增加而减小，并随着距离的增加而衰减较快。干扰主要是在中波波段，对中波导航设备影响较大。需要指出，高压输电线对中波导航台——无线电罗盘的干扰影响，是指对飞机上的无线电罗盘接收机的影响。为预防这一影响，《航空无线电导航台（站）电磁环境要求》（GB 6364—2013）规定对中波导航台有源干扰的防护率为 15dB。

（5）对电气化铁路干扰的防护要求

采用电气化运输带来的主要问题是会产生无线电干扰。这种干扰会对周围的无线电导航台站的工作造成有害影响。《航空无线电导航台（站）电磁环境要求》（GB 6364—

2013）把电气化铁路作为航空无线电导航台的一个非航空干扰源加以考虑，对其防护的要求与《航空无线电导航台（站）电磁环境要求》（GB 6364—2013）中对中波导航台有源干扰的防护率相同，为15dB。

4．导航台站与非导航设施之间电磁兼容问题的处理

（1）建设非航空导航设施电磁兼容问题的处理

在进行非航空导航设施的建设时，非航空业务部门首先根据需要建立或改建的非航空导航设施的工作频率或射频干扰的频谱特性、干扰信号的强度和传播（衰减）特性，以及其相对于附近机场、进场航道和各航空无线电导航台站的关系位置，对照《航空无线电导航台（站）电磁环境要求》（GB 6364—2013）中相应频段的航空导航台站的防护要求，从有源和无源两个方面进行综合分析，预先估计能否对航空导航台站造成有害干扰，判断其是否符合《航空无线电导航台（站）电磁环境要求》（GB 6364—2013）的要求。

当估计有可能对某一或某些导航台站的工作有影响时，应携带需要建立或改建的非航空设施的具体资料，前往航空导航业务主管部门或无线电管理部门通报情况，交换和征询意见，进行协商。通过实地观察、测试、估算和交换意见后，认为不能满足《航空无线电导航台（站）电磁环境要求》（GB 6364—2013）要求时，不能进行建设或施工。如该项设施必须建立时，需要通过双方有关部门进一步研究和协商，针对存在问题，采取相应措施，以达到既能互相兼容工作，又符合《航空无线电导航台（站）电磁环境要求》（GB 6364—2013）的要求。

新建或改建可能干扰航空导航业务的非导航设施的主管部门，在与航空导航主管部门或无线电管理部门协商时，应提供需建设施的名称、用途、设置地点、主要技术性能参数和可能对航空导航台站产生有害干扰的情况等，例如：

① 高压输电线应包括线路额定电压，支撑塔杆类型、高度、线路走向和路径机场区域或导航台站附近的地点以及线路辐射的最大无线电干扰（噪声）电平等。

② 广播和电视应包括工作频率、发射机功率(有效辐射功率)、天线系统参数(天线型式、高度、增益和辐射场型）以及残波辐射抑制水平等。

③ 工科医设备应包括名称、用途、设置地点，工作频率或辐射干扰的频谱特性，辐射或泄漏无线电干扰的途径和最大干扰电平，有无抑制措施等。

航空导航主管部门在协调中，应根据非航空部门的要求或估算干扰的需要，提供可能受到干扰的航空无线电导航台的名称、位置、工作性质、工作频率（或频段）、发射机功率（或有效辐射功率）、天线性能（型式、高度、增益和辐射场型）、相应的航空接收机的性能等。

航空导航业务部门应经常主动观察、了解机场附近和航空导航台站场地环境的变化情况。当发现有不符合《航空无线电导航台（站）电磁环境要求》（GB 6364—2013）规定要求的非航空导航设施的修建或施工等情况，应及时向上级主管部门或无线电管理部门反映或报告，必要时向施工单位或其业务主管部门进行交涉，以便及时妥善处理，避免既成事实后再行处理，造成重大损失。

（2）导航台站受到非航空设施的有害干扰时的处理

由于新建或改建非航空导航设施时未能与航空管理部门协调，或虽经协调，但由于估算不准确，抑制措施未兑现或某些技术参数有变更等原因，在建成后对航空导航台站会造成严重干扰。

飞行员（空勤组）、航行管制人员和台站工作人员通过日常飞行或对导航台站进行检验飞行，发现导航信息受到来自非航空导航设施的有害干扰时，应如实记录并写出详细的干扰事件报告，由导航主管部门审查登记并上报无线电主管部门。干扰事件报告的内容应包括：受干扰的台站名称，发现干扰的时间、地点，干扰的对象和特征，对导航信息的影响以及对飞行安全的威胁情况等。

无线电管理部门接到受干扰的报告后，应认真核实，仔细分析，根据导航信息被干扰的程度和对飞行安全的威胁的情况，进行妥善处理。必要时，应协助航空导航部门通过地面测试和空中试飞等方式，调查干扰的频率、强度、特性及来源，弄清干扰的性质和具体位置，分析、判断其是否违反《航空无线电导航台（站）电磁环境要求》（GB 6364—2013）要求。

无线电管理部门或航空导航主管部门应向干扰导航信息的非航空部门通报航空导航台站受到非航空设施干扰的情况，提出清除或抑制干扰的措施意见。若干扰严重影响或威胁飞行安全时，应要求采取措施，立即中止或清除干扰。

（3）为达到电磁兼容可采取的措施

当非航空导航设施建成发现导航业务受到干扰，或新建、改建非航空导航设施，通过调查和估计认为不满足《航空无线电导航台（站）电磁环境要求》（GB 6364—2013）要求时，双方通过协商，可以采取如下几种基本技术措施来满足《航空无线电导航台（站）电磁环境要求》（GB 6364—2013）要求，达到电磁兼容的目的：

① 改变非航空导航设施相对于飞机跑道或飞机进场航道和航空导航台站的位置，加大干扰源与被保护的航空导航接收机之间的距离，将干扰影响降低到《航空无线电导航台（站）电磁环境要求》（GB 6364—2013）规定的水平。

② 降低或抑制干扰源的辐射电平，或适当加大保护航空导航台站的有效辐射功率，以提高防护率。抑制干扰源的射频辐射电平，可采用加滤波器、加强屏蔽、改善接地系统、提高施工工艺和加强日常维护等技术措施。

③ 更改或适当调整干扰源（窄带干扰）和被保护的导航台站的工作频率，增大两者之间频率间隔，以衰减导航接收机输入端干扰电平。例如，调频广播电台的工作频率，将互调干扰频率移出航空导航频段或调离某航空导航台工作频率。

（4）现有非航空导航设施不符合要求的处理

由于我国对于航空无线电导航台站场地要求的规定颁发比较晚，且几经修改，内容要求变化也较大，加之执行与管理不严，致使目前我国军、民用机场中不少航空导航台站的场地环境条件遭到破坏，无法达到《航空无线电导航台（站）电磁环境要求》（GB 6364—2013）的要求。

现有非航空导航设施不符合要求的处理的基本原则是：凡经过长期飞行使用未发现有严重干扰的，或虽有干扰但对飞行安全未构成威胁的，不符合《航空无线电导航台（站）电磁环境要求》（GB 6364—2013）要求的非航空导航设施，可以保持现状，不作处理，但不能再扩建和发展。如在其周围再增设其他设施时，应考虑综合效应影响，严加控制。已发现严重干扰，且已威胁飞行安全的，不符合《航空无线电导航台（站）电磁环境要求》（GB 6364—2013）要求的非航空导航设施，应按上面（2）所述方法处理。

五、通信导航台站防雷接地

防雷接地施工说明，各台站接地要求应满足《航空无线电导航台站工程安装和验收要求》（KJB 34A—2012）标准。当接地电阻不能满足指标要求时，可视情向外延伸接地体。

雷电，是众多大气现象中的一种，但雷电产生的强大电磁脉冲（LEMP），具有极大的破坏性。它具有发生范围广、频率高、强度大等特点。随着现代化进程的加快，特别是信息产业的迅猛发展，自动控制、通信和计算机网络等微电子设备和电子系统在各行业内外得到日益增加的广泛应用，雷击事故带来的损失和影响也越来越大，尤其是在经济发达国家和地区，雷击造成的电子设备直接经济损失达雷电灾害80%以上。雷电灾害已成为联合国公布的十种最严重的自然灾害之一。据美国国家雷电安全研究所关于雷电所造成的经济影响的一份调查报告表明，美国每年因雷击造成的损失约 50 亿～60 亿美元。每年因雷击造成的火灾 3 万多起，50%野外火灾与雷电有关；30%的电力事故与雷电有关；有五分之四石油产品储存和储藏罐事故是由雷击引起的；由于雷电和操作过电压造成物理装置的损失约占 80%。雷电灾害，也是目前中国十大自然灾害之一。全国有 21 个省雷暴日在 50 天以上，最多的可达 134 天。雷暴给人们生活带来了极大的安全隐患。尤其是近年来，中国社会经济、信息技术，特别是计算机网络技术发展迅速，城市高层建筑日益增多，雷电危害造成的损失也越来越大。

通信导航系统是集高频微电子技术、计算机技术、自动控制技术、微波技术、通信技术为一体的高科技电子设备。现代通信导航设备大量采用大规模、超大规模集成电路芯片及微波电子器件构成的板、卡，其工作电压低，极容易受到雷电电磁脉冲和浪涌电压的干扰而破坏。通信导航台站都建在高山、高层建筑的顶端或是空旷地带，地势相对较高，位置孤立，这就导致了雷电灾害的频发。雷电灾害成为了通信导航设施故障停机的一个重要因素，这一情况在我国普遍存在，南方地区尤为严重，因此做好通信导航台站的防雷保护具有重大的经济效益。

（一）雷电基础知识

通常所谓雷击是指一部分带电的云层与另一部分带异种电荷的云层，或者是带电的云层与大地之间迅猛放电。通常雷击有两种形式：一是直击雷，是指带电的云层与大地上某一点之间发生迅猛的放电现象；二是感应雷，是带电云层由于静电感应作用，使地面某一范围内带上异种电荷。当直击雷发生以后，云层带电迅速消失，而地面上某些范围由于散流电阻大，以致出现局部高电压，或者由于直击雷放电过程中，强大的脉冲电流对周围的导线或金属物产生电磁感应发生高电压以致发生闪击的现象。

年平均雷暴日小于 20 天为少雷区；年平均雷暴日在 20～40 天为多雷区；年平均雷暴日在 40～60 天为高雷区；年平均雷暴日高于 60 天为强雷区。

（二）雷害方式及引入途径

1．由天线杆塔或避雷针引入雷电

当雷电直接击中天线杆塔或杆塔上的避雷针时，强大的雷电流就会经由杆塔构架或者接地引下线流入接地网，由于地网接地体存在接地阻抗，特别是因为感抗的作用，而使得雷电流作用下的地网电位分布极不均匀，就容易引起地网局部地区的地电位升高。当接地网的接地电阻超标时，特别是所建之地土壤电阻率较高的地区，通常会造成对二次设备的地电位干扰和反击。因为接地网附近的机房和电缆沟内设置有大量的通信、控制等弱电设备，这个电位差在信号线缆屏蔽层产生表皮电流，然后通过芯线与屏蔽层之间的耦合对信号线缆芯线产生干扰电压，造成电子设备的干扰甚至损坏。

2．架空线路或配电线缆引入雷害

台站一般都是通过外界进行供电，而户外的交流电源线路或者所敷设的电缆极易遭雷击或雷电感应，雷电通过低压变压器之后，经由电磁感应或各种耦合方式入侵电源机房。由于电源机房往往和通信机房直接相连，雷电可通过电源线缆向弱电设备供电的途径，进一步侵入通信设备当中，而通信设备所采用的电子元器件对于雷电过电压的幅值和高频信号分量是难以承受的。

3．雷电经天馈线等信号线缆入侵机房

台站内集中有大量的各类信号线缆。当雷雨天气时，感应雷会经过波导馈线将雷电电压引入机房，感应电压经过机架等设备入地，极易损坏通信传输设备。即使采用了直接埋地式电缆，其金属外套防护层也必须在两端分别与地网连接；如若采用非金属护套电缆时，则必须进行穿金属管埋地处理，而且金属管两端也要相应地和两端地网可靠连接。

（三）台站雷电防护

1．直击雷防护

对于台站来说，通信导航设施及其所在建筑物直击雷防护的措施，宜采用装在建筑物上的避雷网（带）或避雷针或由其组合组成的接闪器。应特别注意通过针、带、网的配合，使各类通信导航监视系统的天线处于直击雷的有效保护范围内。避雷网（带）应在屋角、屋脊、屋檐和檐角等易受雷击的部位敷设，还应在整个屋面组成网格。接闪器应互相连接，且要就近与引下线连接。而引下线则应沿建筑物四周进行均匀或对称分布，并尽可能分散设置。

在建筑物接闪器保护范围外的天线塔杆，应单独设置接闪器进行保护，可直接利用金属塔杆作为引下线，也可以单独设引下线。安装在机场飞行区附近的通信导航设施及其所在建筑物的避雷针的高度，应满足机场关于净空的要求，当有冲突时，可适当降低避雷针高度，采用多根避雷针进行保护，对通信导航监视设备设施形成有效保护。

一般装设避雷针的原则是：

（1）避免雷击。所有被保护设备均应处于避雷针保护范围之内。

（2）不出现反击。当雷击避雷针时，避雷针对地面的电位可能很高，如果避雷针与周围设备或建筑物之间的距离不够远，就会造成对附近设备或建筑物的反击。

在避雷针的安装过程中，必须考虑两个问题：避雷针保护范围和安装位置。通过计算得出单根避雷针的保护范围，再对避雷针安装位置进行合理规划，才能使台站建筑物及其内部电气设备得到更好的保护。折线法与滚球法是避雷针架设的两种主要计算方法。

2．折线法

折线法（又称“规程法”），即单支避雷针保护范围是一个以避雷针为轴的折线圆锥体，如图 5-6-2 所示。我们通过如下公式来计算避雷针的有效作用范围，被保护物的高度为 h_x 时，其位于高度 h_x 水平面上的保护半径 r_x 计算公式为：

当 $h_x \geqslant \dfrac{h}{2}$ 时，$r_x=(h-h_x)p=h_a p$

当 $h_x < \dfrac{h}{2}$ 时，$r_x=(1.5h-2h_x)p$

式中，h_x 为被保护物高度，m；h 为避雷针高度，m；h_a 为避雷针有效高度，m；r_x 为水平面上避雷针的保护半径，m；p 为高度影响系数。p 取值为：当 $h \leqslant 30$m 时，$p=1$；当 30m$<h<$120m，$p=5.5/\sqrt{h}$；当 $h \geqslant 120$m 时，取其等于 0.5。

避雷针在地面上的保护半径为：

$$r_o=1.5hp$$

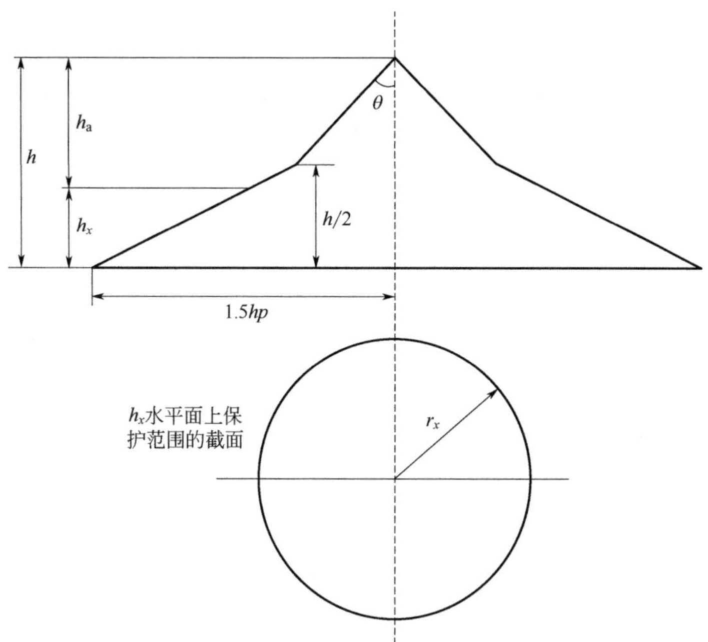

图 5-6-2　折线法计算单支避雷针保护范围（θ=45°）

3．滚球法

（1）滚球半径

滚球半径是确定避雷针保护范围的一个重要参数，根据 GB 50057—2010 可知滚球半径，见表 5-6-4。

◈ 表 5-6-4　不同防雷等级滚球半径规定

建筑物的防雷等级	滚球半径 h_r/m
一级防雷	30
二级防雷	45

（2）滚球法保护范围

以距离水平面高度为 h_r 处做一条与水平面平行的水平线，以避雷针尖端为圆心，h_r 为半径做一圆弧，该圆与地面平行线相交于 A、B 两点，分别以 A、B 为圆心，h_r 为半径做一圆弧，从上述弧线至地面那部分区域就是防雷装置的有效作用空间，从形状上来说是一个圆锥形的空间，如图 5-6-3 所示。

滚球法计算避雷针保护范围，如图 5-6-3 所示，避雷针在高度为 xx' 的水平面上和地面上的保护半径计算公式为：

$$r_x = \sqrt{h(2h_r - h)} - \sqrt{h_x(2h_r - h_x)}$$

$$r_o = \sqrt{h(2h_r - h)}$$

式中，r_x为避雷针在h_x高度的xx'水平面上的保护半径，m；h为避雷针的高度，m；h_r为滚球半径，m；h_x为被保护物的高度，m；r_o为在水平地面上避雷针的保护半径，m。

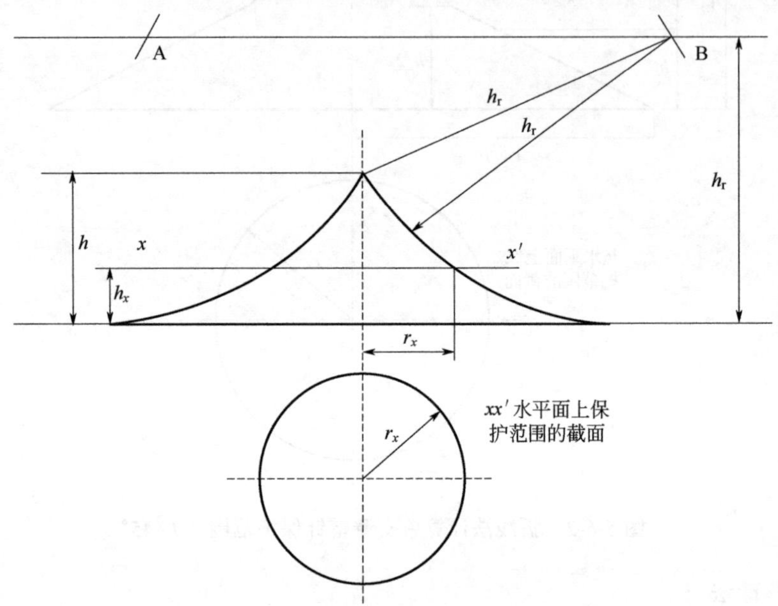

图 5-6-3　滚球法计算避雷针保护范围示意图

虽然上述两种方法都可以进行防雷装置作用范围的计算，但是它们彼此之间存在很大差异。折线法的设计比较直观易懂，计算起来较为简便，所以能很大程度地节省投资，但是 120m 以上的建筑不适合用折线法来计算。滚球法则可以用来计算避雷带与网格组合时的保护范围，但计算起来相对比较复杂，投资成本比较大。

4. 安装位置

（1）独立避雷针与附近建筑物和设备之间的空气中距离，应符合下面的要求：

$$S_a \geqslant 0.2R_i + 0.1h$$

式中，S_a为空气中距离，m；R_i为避雷针的冲击接地电阻，Ω；h为避雷针校验点的高度，m。

（2）独立避雷针的接地装置与台站主地网间的地中距离，应符合下面的要求：

$$S_e \geqslant 0.3R_i$$

式中，S_e为地中距离，m。

（四）感应雷防护

感应雷防护措施主要有等电位连接、屏蔽和加装浪涌保护器。

等电位连接是分担强电流和消除强电压差的主要手段，用等电位连接导体将分开的导电装置各部分做等电位连接，以减少发生雷击时在这些部分之间产生的电位差。

屏蔽可以阻挡、衰减甚至消除雷电感应的干扰。设置机房屏蔽、设备或部件屏蔽以及导线屏蔽等，将减小因雷电通过电磁耦合感应到设备上来的过电压、过电流所引起的雷电电磁脉冲。为减少电磁干扰的感应效应，应对线路采取屏蔽措施。

浪涌保护器选型根据在不同的防雷区内，按照雷击电磁脉冲的强度和等电位连接点的位置，决定位于该区域内的电子设备采用何种浪涌保护器，实现与共用接地体等电位连接。一般在保护对象的传输通道（电源线和信号传输线）上设置三级防雷保护器，最前面两级防雷保护器是将雷击产生的过电流泄放入地并且对过电压起到衰减的作用，以减少侵入的雷电强度，第三级防雷保护器进一步限制剩余的雷电过电压，确保设备安全。

雷电防护区的划分有利于指明对雷电电磁脉冲有不同敏感度的空间，有利于根据设备的敏感性确定合适的连接点。如图 5-6-4 所示，各区的说明如下：

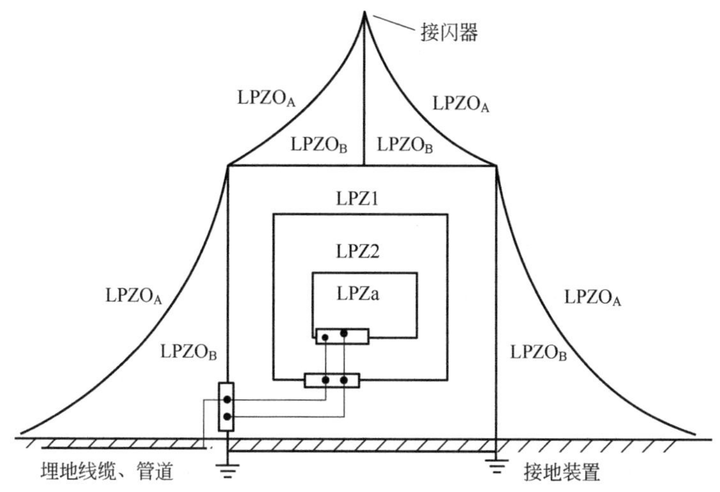

图 5-6-4　雷电防护区

$LPZO_A$：本区内的物体处于接闪器保护范围外，电磁场无任何衰减。

$LPZO_B$：本区内的各物体不可能遭受到大于滚球半径对应的雷电流直接雷击，但本区内的电磁场没有衰减。

LPZ1：本区内的各物体不可能遭到直接雷击，雷电感应流经各导体的浪涌电流比 $LPZO_B$ 更小；本区内的电磁场强度可能衰减，这取决于屏蔽措施。

LPZ2：本区内是具有更高屏蔽要求的空间，如屏蔽室内或金属机壳内。

LPZa：增设的后续防雷区，并按照需要保护的对象所要求的环境区选择后续防雷区的要求条件。

雷电流波形的表示方法是峰值时间和半值时间，峰值时间也称为雷电流的波头时间，通常把峰值时间和半值时间结合起来，用来表示雷电流的波形，如图 5-6-5 所示。在防雷保护计算中，雷电流波形为 8/20μs 波形。

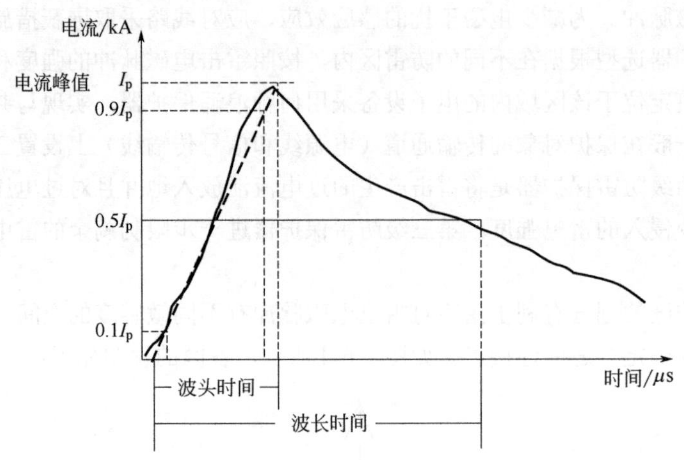

图 5-6-5　雷电流波形图

峰值超过 20kA 的雷电流出现的概率为 65%，而超过 120kA 的概率只有 7%，强雷电流只有在特别重要的电气设备或建筑物的防雷设计中才需要考虑。一般防雷设计中，雷电流的最大幅值取 150kA。

感应雷防护存在的主要问题是：

（1）机房内的等电位铜排采用的是等电位一点接地。

（2）进入机房的各线路、管道没有进行屏蔽处理，而且各线路在进出端没有加装浪涌保护器。

下面介绍完善等电位连接措施、加强屏蔽和装设浪涌保护器两种感应雷防护方式。

1. 完善等电位连接措施

台站的等电位接地系统是主要由天线铁塔的防雷、交直流供电系统的防雷、传输电缆的防雷、接地网的防雷以及天馈线的防雷构成的一个整体防雷接地系统，如图 5-6-6 所示。只有将整个台站所有接地装置构成一个系统，才能真正消除电位差，做到全部等电位。

等电位连接措施的完善要从总等电位连接（MEB）和局部等电位连接（LEB）两方面进行考虑。

（1）总等电位连接

总等电位连接是将建筑物内的下列导电部分汇接到进线箱近旁的接地母排（总接

地端子板）上面相互连接：

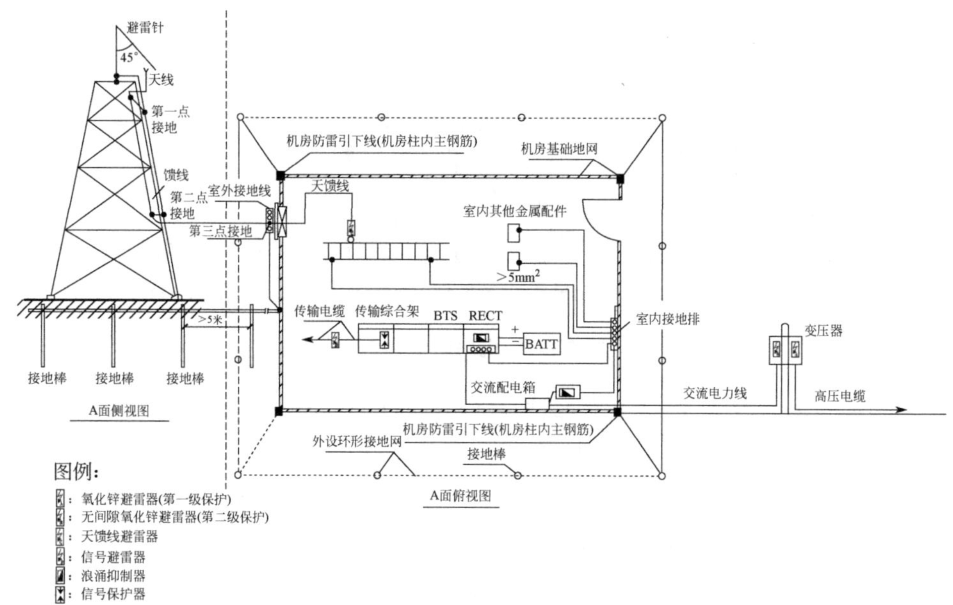

图 5-6-6　等电位接地系统

① 进线配电箱的 PE（PEN）母排；

② 自接地极引来的接地干线；

③ 建筑物内的公用设施金属管道，如煤气管道、上下水管道，以及暖气、空调等的干管；

④ 建筑物的金属结构，钢筋混凝土内的钢筋网；

⑤ 当有人工接地装置时，也包括其接地极引线。

将外部防雷装置的外敷引下线，在地下室或靠近地平线处，与总等电位连接端子连接。由于电源线路和信号线路上因雷电感应产生瞬态过电压，为保护信息设备，也要在进入机房前做总等电位连接。

（2）局部等电位连接

局部等电位连接是在建筑物内的局部范围内按总等电位连接的要求再做一次等电位连接。机房由于内部设备较多，而且在设备之间敷设有许多线路和电缆，以及各种设施和电缆从多个点进入。因此，可采用 M 型等电位连接网，增加机房内等电位铜排与主地网的连接点，使等电位铜排就近与主地网多点连接，形成等电位多点连接，减小因接地点相距较远造成的地电位差，对机房内设备形成有效的保护。M 型等电位连接网络是通过多点接地方式就近并入共用接地系统中。

为了完善等电位连接，配置在主机房内的多个设备单元和辅助设备，都应直接接到等电位连接网络，以减小各设备间的电位差，包括线路屏蔽层，如图 5-6-7 所示。

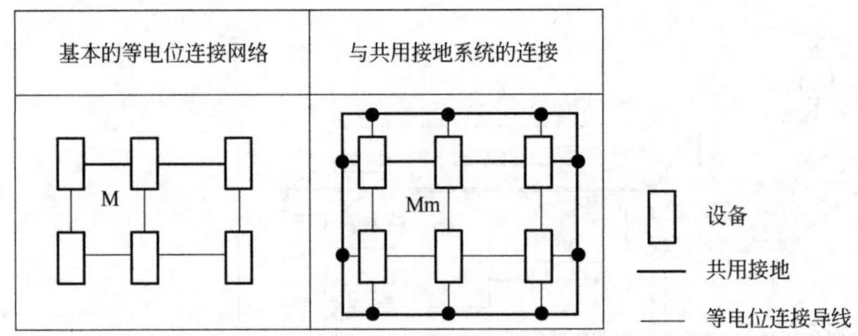

图 5-6-7 机房防雷接地系统

机房的等电位连接网主要目的是消除高频的电位差，高频电流趋肤效应明显，这就要求机房的地线等电位连接网的材料不但要有比较大的截面积，还要有比较大的表面积。因此，机房的地线等电位连接网都需要用截面比较大的材料。等电位连接网络的等电位接地材料最小截面应满足表 5-6-5 的要求。

◈ 表 5-6-5 等电位连接网络的等电位接地材料最小截面要求

等电位连接类型	铜材/mm^2	钢材/mm^2
机房等电位网络与接地装置连接干线	50	160
防雷等电位联结端子板	100	—
等电位网络线	25	100
机柜接地线	16	—
一级电源保护装置地线	25	—
后级电源保护装置地线	10	—
信号保护器接地线	1.5	—

2. 加强屏蔽和装设浪涌保护器

机房的外墙一般是由网格钢筋混凝土构成的屏蔽体，对电磁场有屏蔽作用，但仍存在剩余电磁场，而且进入的各线路也可能产生电磁场。连接线路的机箱体具有屏蔽作用，能够对设备内部起到保护作用，但机箱屏蔽体本身在受强电磁场辐射时会产生二次辐射，这对机箱内电子器件也可能产生损害。因此，进入屏蔽空间的各线路、管道都应在屏蔽体外进行屏蔽处理。例如，天馈线在连接进入机房之前采用镀锌钢管等屏蔽措施，电源线采用铠装电缆或穿入铁金属管内并加埋地保护线等措施。对信号线、控制线、数据线等除屏蔽措施之外，采用光缆传输是优选措施。但光缆的金属也应做等电位连接。同时注意的是，当线缆外穿金属管屏蔽时，应将用作屏蔽的金属管两端接地，当系统要求一端接地时，应采用双层屏蔽措施。如果外金属管只一端接地，该金属管只起到防止静电感应的作用，不能防止雷击电磁脉冲的冲击。

（五）接地装置

为了保证台站内设备的安全稳定运行，对雷达站的接地网必须着重解决以下主要问题：

（1）接地网的接地电阻问题，因为接地电阻直接关系到雷电流入地时地电位的升高问题。

（2）接地网的腐蚀问题，由于接地装置在地下运行，所以运行条件非常恶劣，特别是在一些潮湿气体存在的地方，或土壤呈酸性的地方就更加容易发生腐蚀。腐蚀接地网的电气参数会发生变化，甚至会造成电气设备的接地与地网之间、地网各部分之间形成电气上的开路。

一般台站的接地网为网格式地网，其接地电阻 R 的计算如下：

$$R = \alpha_1 R_e$$

$$R_e = 0.213\frac{\rho}{\sqrt{A}}(1+B)+\frac{\rho}{2\pi L}\left(\ln\frac{A}{9hd}-5B\right)$$

$$B = \frac{1}{1+\frac{4.6h}{\sqrt{A}}}$$

$$\alpha_1 = \left(3\ln\frac{L_0}{\sqrt{S}}-0.2\right)\frac{\sqrt{S}}{L_0}$$

地网接地电阻的估算值：

$$R = 0.5\frac{\rho}{\sqrt{S}}$$

式中，α_1 为导体半径，m；R_e 为等效（即等面积、等水平接地极总长度）方形接地网的接地电阻，Ω；S 为接地网的总面积，m^2；d 为水平接地极的直径或等效直径，m；h 为水平接地极的埋设深度，m；L_0 为接地网的外缘边线总长度，m；L 为水平接地极的总长度，m。

如果只是在站内铺设接地网不能满足接地电阻的要求，可以采取一些降阻措施使接地电阻达标。一般可以采取以下降阻措施降低地网的接地电阻：

① 利用自然接地体降阻。

② 采用外引接地装置。

③ 采用深井式接地极。

④ 填充利用电阻率较低的物质或降阻剂。

接地网降阻防腐改造方式主要有：

（1）合理选择接地体材质

当前接地网的主要材料为铜和钢。铜在土壤中腐蚀速率和钢相比，仅是钢的十分之一到五分之一。

（2）用覆盖层保护

覆盖层的主要作用是可以将内部的导体和外部环境隔离开来，从而有效地防止金属导体表面受周围环境影响而被腐蚀。一般在土壤中多使用焦油沥青作为覆盖层。使用沥青尽可能地涂抹严实，从而形成一个绝缘护套。

（3）接地网埋深要足够

接地网埋设到一定深度不但可使接地电阻得到改善，而且下层土壤比上层土壤的含氧量要小，从而减小接地体的腐蚀速度。另外，回填土一定要回填细黏土并夯实，不要用碎石或建筑垃圾回填，因为那样会增大透气性而加快接地体的腐蚀，用细黏土回填并夯实也可增加接地体与周围土壤的接触而降低接触电阻。

第七节　海底光缆通信系统建设

一、海底光缆通信系统

如今信息技术飞速发展，海量数据的传输需求迅猛增长，海底光缆（简称“海缆”）扮演着不可或缺的角色。目前，全球已建成数百条海底光缆通信系统，总长度超过 130 万公里，已经把除南极外的所有大洲以及大多数有人居住的岛屿紧密地联系在一起，构成了一个极其庞大的具有相当先进性的全球通信网络，承担着全世界超过 90%的国际通信业务。因此，海底光缆已成为全球信息通信产业飞速发展的主要载体，是光传输技术中的尖端领域，更是各大通信巨头争相抢夺的制高点。

海底光缆通信是集海洋工程、海洋调查、船舶工程、航海技术、机械工程、通信工程、电力电子以及高端装备制造等于一体的多专业、多领域交叉的学科，因此海缆工程被世界各国公认为是世界上最复杂的大型技术工程之一。

因此，其建设流程也相当复杂，总体来说分为工程立项、勘察设计、施工准备、工程实施以及工程验收几个阶段。

海底光缆传输系统大体上可分为两大类：一类是有中继的中长距离系统，这种系统海底需设信号再生设备，海缆需供电元件，它适合于沿海大城市之间，跨洋国际的通信；另一类是无中继中短距离系统，这种系统海底无信号再生设备，海缆无需传输电源，它适合于大陆与近海岛屿、岛屿跟岛屿之间的通信。

（一）海底光缆中继传输系统

图 5-7-1 表示典型的有中继器的点对点海底光缆系统方框图。海底光缆系统的主要设备可以分为两类：水中设备和岸上设备，有时也称为湿设备和干设备。它们的作

用如表 5-7-1 所示。

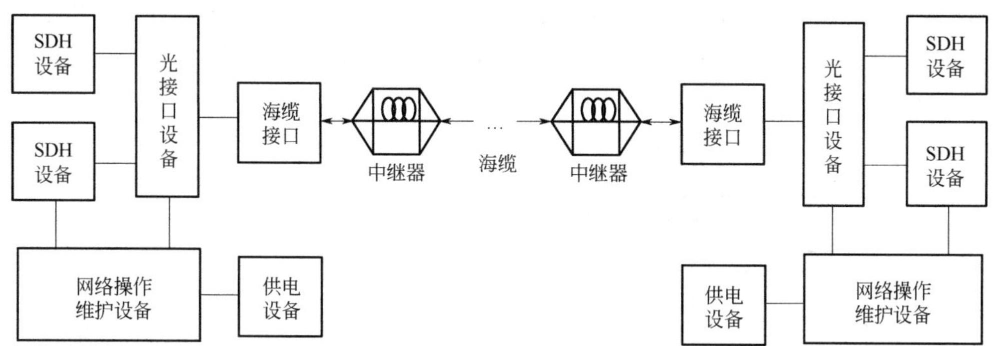

图 5-7-1 典型的有中继器的点对点海底光缆系统方框图

◈ 表 5-7-1 有中继海底光缆系统功能表

分类	组成		作用
	有中继系统	无中继系统	
水中设备	海缆	海缆	光的传输介质
	中继器（EDFA）	可能有远端泵浦（EDFA）	对传输光信号进行放大、补偿光纤损耗
	分支单元		分配电信业务到不同的登陆点
岸上设备	复用设备	复用设备	提供海底光缆系统和传输网络其他部分间的接口
	光接口或线路终端设备（LTE）	光接口或线路终端设备（LTE）	提供复用设备和湿设备之间的接口
	电源供给设备	无电源供给设备（PFE）可能需要高功率泵浦源	提供电源给中继线路
	网络维护运行设备	网络维护运行设备	监视系统性能并连接海底光缆通信系统到网络管理系统

1．系统构成

海底光缆中继传输系统的系统结构如图 5-7-2 所示。

2．系统终端设备

海底光缆系统的终端设备和陆地光缆系统的终端设备组成基本相同，同样包括传输设备（LTE）、数字配线架（DDF）、系统监视设备（SSE）和供电设备（PFE）等。除此之外，海底光缆系统终端设备还包括海缆终端设备（CTE）和中继监控设备（RSE）。这些设备均安装在海底光缆系统终端局内。

3．系统海底设备

海底光缆系统的海底设备由海底光缆、海底中继器和海底分支器等几部分组成。

（1）海底光缆

目前，海底光缆采用的光纤主要有四种：常规单模光纤、零色散移位光纤、最低损耗光纤和非零色散位移光纤。这四种光纤分别符合 ITU-T 建议的 G.652、G.653、G.654 和 G.655 标准。海底光缆的光纤数一般为 4～24，多采用束管式，缆芯内填充阻水油膏。根据缆的护层结构，海缆可分为无铠型、轻铠型、单铠型、双铠型和加重型等多种。

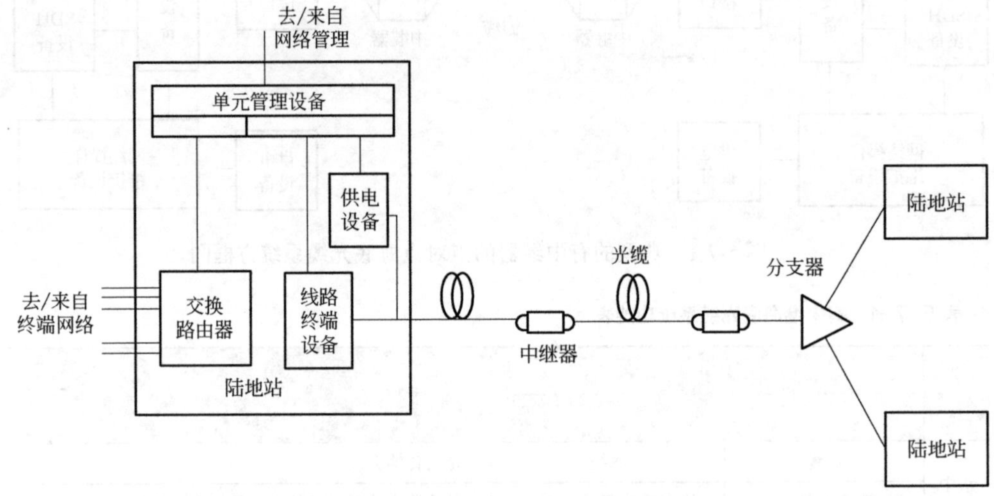

图 5-7-2　海底光缆中继传输系统的系统结构

（2）海底中继器

海底中继器是海底中继传输系统的重要设备。新型的中继器由掺铒光纤、波分复用（WDM）耦合器、泵浦光源、回环和光时域反射仪（OTDR）通路、连接壳体和海底光缆的光耦合装置及供电设备等组成，具有监控和防护功能。海底中继器一般制成长圆筒形，与海底光缆连接在一起，施工时与光缆一起铺设。

（3）海底分支器

随着现代海底光缆网络拓扑结构的应用推广，若干个海缆登陆局间的连接已必不可少。采用在海底安装分支器技术，使网络结构具有很高的自由度、灵活性和保密性。

分支器用在有多登陆点的海底光缆系统中，可在光的领域或电的领域完成连接。在光的领域有三种连接类型：光纤插入/分出，信道插入/分出，光纤、信道插入/分出。后两种类型适合使用波分复用（WDM）技术的系统。

（二）海底光缆无中继传输系统

在岛屿间、大陆与岛屿间中短距离的海底光缆通信系统中，常采用无中继传输方式。无中继传输系统与有中继传输系统相比，在光放大技术和监测方式方面不同：首先，无中继传输系统没有中继器供电设备，其泵浦光源不在中继器内，而是安装在岸站，通过缆内光纤传至光放大器；其次，无中继传输系统对海底设备的监测是通过使用端到端传输性能测量方式，而有中继传输系统则是利用中继器中的回环耦合器对海底设备回环增益进行测量。目前，随着光放大技术的日益成熟，采用不同形式的掺铒光纤放大器，已能实现400余公里的无中继传输。图5-7-3为法国Alcatel WDM 8×2.5 Gbit/s - 461 km无中继系统高速传输实验方框图。

无中继器海缆系统与有中继器系统相比的优点是：无海底信号再生设备，无需对中继器进行监控和供电；可采用更现代化的传输技术；缆内光纤芯数不受海底电子设备限制；系统升级简单。

无中继器海缆系统的基本结构与有中继器系统的类似，但是有以下两点例外：

① 海缆中包含的光纤数目较多，一般有 24 芯光纤，未来的设计甚至使用 48 芯光纤；

② 海缆中钢和铜加强芯的数量和直径以及护套厚度都有所减少，因此海缆强度、导电性以及直径也随之降低或减小了。

为了适应各种海底环境，无中继器海缆也有各种各样的强力保护层。

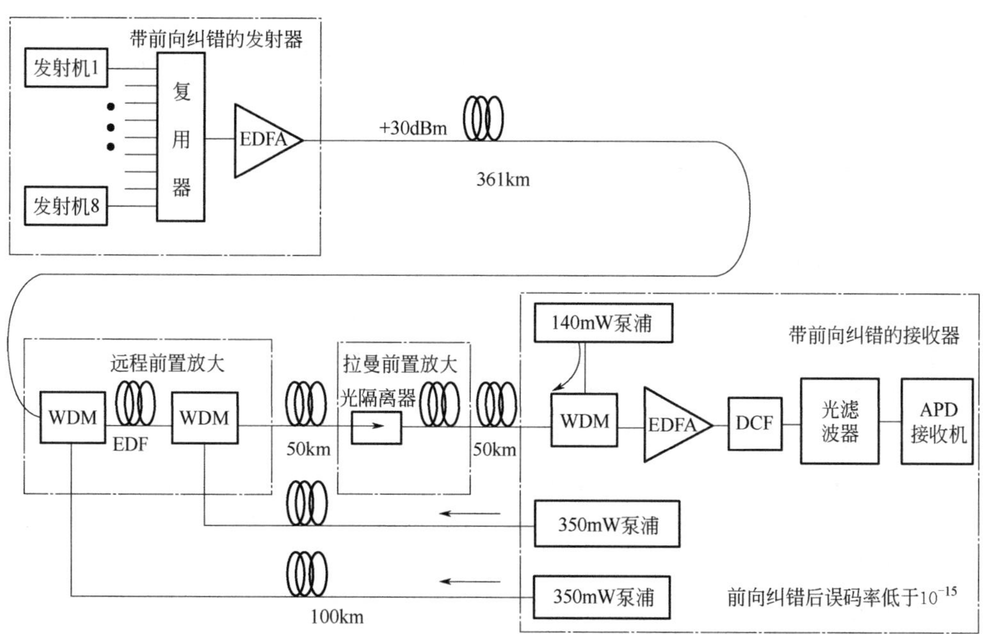

图 5-7-3　法国 Alcatel WDM 8×2.5 Gbit/s - 461 km 无中继系统高速传输实验方框图

二、海底光缆工程立项

在这个阶段，一般要做这么几个工作：首先是立项论证，也就是编制任务书，然后编制立项论证报告，这些都属于前期论证工作，主要是要把需求论证清楚，是不是工程急需，是不是能大幅提高通信服务保障能力，是不是能切实解决当地居民通信保障困难，并需要确认工程实施所涉及的关键技术存不存在“卡脖子”的地方，初步的实施方案是否成熟可行等。

一般在进行立项论证的时候，还要同步开展任务书的编制。所谓任务书，实际上就是一个工程开展的依据，通过任务书进一步明确工程具体要完成哪些建设任务。

立项获批通过后，就可以开展具体技术工作了。一般来说，海缆工程的第一个技术工作叫作“桌面研究”。这项工作主要是在立项论证的基础上，划定工程实施区域。

根据海图和卫星图初步选择两到三个登陆点。如果条件允许的情况下应该到现场进行踏勘，所谓踏勘，就是到现场去走一走看一看，尤其是像预选登陆点这样的关键位置，确认一下是否有影响施工的因素存在。然后建议到工程实施区域所属的海洋渔业部门搜集相关资料，主要包括海底地形地貌、地震活动性等，了解地层、断裂构造、区域地震活动海洋开发活动等情况。当搜集好了这些资料并做好分析研究工作后，就可以初步提出几个路由备选方案。

最后对各个方案在登陆点条件、海底地形地貌、地质类型、海洋动力环境、周边海洋开发活动等方面的情况进行逐一对比，确定一条综合条件相对较好的路由。

三、海底光缆勘察设计

这一阶段的工作主要分两大块：工程勘察和设计。

1．工程勘察

工程勘察，对于海缆工程来说也就是海洋调查，这个工作一般由具备一定资质的勘察单位来完成。需要注意的是，勘察工作开展的依据是桌面研究报告，勘察的路由一般就是桌面研究报告最后的推荐路由。

从技术环节来讲，海洋勘察工作主要包括：登陆点调查、浅地层剖面、侧扫声呐、单（多）波束测量、临时潮位和潮流观测、海洋磁法探测、沉积物重力柱状采样、表层沉积物采样、海洋开发活动调查等，这些工作都是通过一些仪器设备在登陆点、路由区域采集数据。

这里也简单介绍以下常用的设备和船只：

第一类设备是导航定位设备，包括水上定位、水下定位、陆上定位等。

第二类设备是工程地球物理探测设备，包括多波束、单波束、侧扫声呐、浅地层剖面、沉积物采样、磁力探测等。

第三类是环境测量及气象观测设备，主要包括海底腐蚀环境参数测定、各类水文气象要素观测设备等，这类设备主要是获取路由区海底腐蚀性环境数据（包括底层水腐蚀性、沉积物腐蚀性等），以及潮汐、波浪、海流、风向及风速等水文气象数据。

还有一类是水下载体设备，主要包括 ROV（遥控作业潜器）和 AUV（自主式水下潜器），都可以叫作水下机器人，只不过 ROV 是有根脐带缆，通过母船上的操作员来操作控制，而 AUV 则是根据预先设定的路线自主航行。

再来看看勘察船，这是大型深水调查船只，这种船只主要执行深水多波束扫测任务，但由于这种船只一般吨位较大，吃水较深，无法进行浅水作业。

所以一般勘察工作还需要小型调查船配合进行，但这种小型调查船只能搭载单波束设备。另外，在岛礁近岸区域，小型调查船实际上也无法驶入，这时候就得使用吃水更浅的小交通艇，现在也有使用无人船的。

总体来说，勘察的外业工作主要就是使用上面提到的各种设备和船只，获取拟建路由区的海底地形、地貌、表层土体的工程地质特征、水下障碍物、交越管线的位置、水文气象环境、腐蚀性参数及海洋开发活动等。通过勘察工作的实施，为新建海底光缆的设计和铺设提供水下地形、海底地貌、浅地层结构、表层土体强度等工程设计基础数据及水文气象和腐蚀性等环境参数，并通过对现场调查资料和历史资料的分析研究，编写勘察报告，从而为系统施工及其后对此系统的维护提供基础数据，并对预选路由进行合理优化，推荐一条从安全、技术及经济上可行的铺设路由。

勘察单位在完成勘察工作后需要向设计单位提交一系列图纸，最重要的就是综合图，上面标注了路由的具体走向、登陆点和转向点坐标、海底地形、周边管线以及开发活动情况分布等要素。这张图基本上也就是后续设计工作的输入。

另外值得注意的是，勘察后的推荐路由一般与桌面研究时的推荐路由是不一样的，因为桌面研究基本属于图上作业，对很多具体情况不清楚，只能提出一个大致的路由走向，而实施了勘察工作后就能掌握很多实际情况和具体细节，然后就能针对具体情况来对桌面研究时的推荐路由进行调整优化，甚至在某些极端情况下，可能会对桌面研究的路由全盘否定。

2．设计

一般来说，工程设计可分为一阶段设计和两阶段设计两种方式。如果是规模相对较小的工程，一般就采用一阶段设计法，直接编制施工图设计；如果是规模比较大的工程，就必须采用两阶段设计法了，先进行初步设计，然后进行施工图设计，两阶段的设计内容其实区别不算太大，但在深度上有区别。初步设计提供的是设计阶段的图纸和方案，对细节的要求不是太高，但是要表达清楚工程项目的范围、内容等；而施工图设计提供的是施工阶段的图纸和方案，是直接指导现场工程实施的，是各项工作的细化，需要对各种细节做详细描述，其深度需要达到能够据此进行施工和验收的标准。

此外，作为设计单位，一般还需要协助进行技术规范书的编制。技术规范书主要是用于指导设备及材料采购的，实际上也就是用于指导工程招标的。而施工图设计中的一些技术指标也应该以技术规范书为依据。

海缆工程的工程设计一般来说可以包含以下内容：

首先是光缆线路设计，主要是设计光缆线路（包括海缆和陆缆）的路由走向、敷设方法，中继器布放，特殊地段处理，测试、登陆段的光缆等，并提供光缆及相关设备的订货方案。

然后是传输系统设计，主要是针对系统的水下光路、传输系统（OTN、SDH/ASON系统）、网管系统等的设备配置、性能指标要求进行设计，此外还包括机房内部的一些设计。

第三是电源系统设计，主要包括外部交流电源供电、交流及直流供电系统及设备配置、UPS 供电系统及设备配置、电源监控系统及设备配置、防雷与接地系统、电源设备的布置及安装、电源缆线的选择及敷设，还有供电系统参数设定以及供电系统运行方式等，如果是有中继系统，还要考虑远程供电系统及设备配置。

此外还有监控系统设计，前面三项设计是所有海缆工程中都应该包括的，而监控系统则属于可选项，在相对重要的线路或者容易受到损坏的线路可以考虑配置监控系统。

（1）确定路由

海上路由选择的基本原则主要包括：

① 宜选取适合埋设的路由；

② 避开河道的入口处；

③ 避开海底为岩石地带；

④ 避免横越海谷；

⑤ 避开火山地带；

⑥ 避开陡峭的斜面；

⑦ 避开陡崖下面；

⑧ 避开规定的锚地；

⑨ 避开倾废区、核废料或其他危险材料倾废区；

⑩ 避开从事石油和其他矿产资源开采的区域；

⑪ 避开历史上发生过或存在潜在可能的海底地质运动区域；

⑫ 避开渔业捕捞作业区；

⑬ 避开繁忙航道区域，如需交越，宜垂直交越；

⑭ 避开地震活动区域；

⑮ 避开政府规划区和自然保护区；

⑯ 避开海水含硫化氢浓度超过标准（硫化物含量大于 100mg/kg）的区域。

由于前面已经进行了勘察工作，对海底地质、地形地貌等情况都有了一定程度的掌握，因此到了设计阶段就可以在勘察范围内，对桌面研究提出的推荐路由进行调整，主要是避开一些山脊、沟壑、断崖等不利地形，尽量选择平坦区域。

对于有中继系统，除了需要对路由进行设计外，还要对中继器的位置进行设计。这里需要考虑几个方面的问题：

一是中继段的段长，理论上来说每个中继段的段长都是相同的，根据中继器的增益不同，段长一般在80～120km。

二是中继器的安全性，由于中继器与海缆相比相对较重，且抗拉强度比海缆本体要差（大约是海缆的90%），如果布放在地质条件较差的区域，就容易发生故障。

三是与周边管线的关系，如果中继器布放在离周边管线较近的区域，则在周边管线发生故障需要打捞维修时有可能损坏中继器，如果有交越情况，则更应该使中继器远离交越点。因为光缆是后布放的，若前期布放的管线损坏需要打捞，则必定会将中继器打捞出水。

基于上面几个原因，一般是先通过理论计算，初步确定中继段段长，然后根据地形、周边管线分布情况再进行调整，所以实际设计出的每个中继段段长都是不同的。

（2）登陆点的选择

登陆点位置及登陆段路由选择的原则包括：

① 靠近海底光缆终端站；

② 避开基岩出露区域；

③ 登陆潮滩较短且有盘留余缆区域；

④ 全年间风浪较平稳，海潮流较小；

⑤ 沿岸流砂少，地震、海啸及其他灾害不易波及区域；

⑥ 避开其他设施或海底障碍（如电力电缆、水管、油管及其他海底光缆等）；

⑦ 便于海底光缆登陆作业、海缆维护以及陆地延伸光缆设施（如管道等）建设；

⑧ 避开地方政府规划中将要开发的岸滩；

⑨ 避开电磁场强度大、光缆供电导体容易受到感应区域。

实际工程中主要是根据勘察数据，并参考周边建筑物、规划情况、登陆施工难度等条件对预选登陆点进行调整。

（3）陆上线路设计

主要是考虑从登陆入井到机房这段光缆的路由，一般来说这段路由都是使用陆上光缆，施工的方式有直埋、管道、架空等，和普通的陆缆工程基本一样。

（4）光缆的选型

一般是根据技术规范书提出的技术指标来提出要求，主要包括海缆结构（常用的有双铠、单铠、轻铠、无铠等，特殊情况下也有用到三层铠装或者岩石铠装的）、力学性能（主要包括抗拉强度、抗侧压力、抗冲击力、最小弯曲半径、反复弯曲次数等）、光学性能（包括衰耗系数、色散、模场直径、接头损耗等）、电气性能（工作电压指标、绝缘电阻、直流电阻）、物理特性（缆芯纵向水密、外径、海中重量、空气中重量、水动力常数）、环境适应性等多个指标。

轻量保护型外层已没有钢丝铠装，外侧只有一层钢带保护，一般用在 2000m 到 5000m 的区域；轻量型连那层钢带保护也去掉了，可以用于 5000m 以深的区域。进行这样的划分是有其实际意义的，因为在浅水区更容易受到人类活动破坏，如锚泊、捕捞等，所以需要使用更强的铠装，而水深越大，人类活动的影响就越小，所需要的铠装保护自然也就越少。

在海缆工程中的工程订货中，除了海缆以外还有很多附件，如有中继系统必需的中继器，为后续维修准备的接头盒，接头盒又分为海-海、海-陆，根据缆型不同还可以细分。

接下来的设计工作就是提出一些施工技术要求，包括敷设要求及保护措施，主要是告诉施工单位整条缆具体该怎么施工，哪些地方做什么保护，等等。

一般来说，设计文件里面还应该包括余量计划表。所谓余量，简单来说就是比路由长度多出来的量，这也是和陆缆有区别的地方，陆缆一般就是按路由长度略多一点点，主要是给维修预留；但海缆，尤其是深海系统，余量就会留得比较多，这主要是因为要确保线缆与海底贴合，放下去不受力，海缆施工全是隐蔽工程，施工很难做到非常精准，如果设计得刚刚好，哪一点控制不好多放了，后面就肯定要悬空。

当然，施工技术要求所涉及的方面还有很多，除了海缆敷设要求还有陆缆敷设要求、岸端施工要求等，另外还要针对船只性能、设备性能、装运存储等方面提出要求。

四、海底光缆施工准备及施工

（一）施工准备

完成了勘察设计，就可以进行施工准备了，在这个阶段主要是完成物资筹措工作，包括设备采购、光缆采购。要注意海缆不同于一般设备，一般的设备供货周期相对较短，而海缆都是根据设计文件要求的长度、缆型定制生产，所以有生产周期。

一般在生产期间，建设单位和监理单位都要派人到厂家驻厂监造，因为海缆不像其他设备有专门的部门进行质量把控，只能是谁用谁负责。

海缆生产完成后还要进行各种性能测试，包括物理性能、力学性能、电气性能、光学性能等。

在海缆生产期间，很多工作也是并行开展的，如制订施工方案、准备施工船只和器材等。待海缆的各项指标验收合格后就可以装船了，装船其实也是个复杂的过程，因为海缆是一整盘，长度少则数十公里，多则几千公里，根本无法使用陆缆的运输方式。只能通过厂家的导缆通道，将缆池里的缆传输到施工船上重新盘好。

另外，对于有中继系统，还要考虑中继器的存放，中继器需要在一定的温度和湿度条件下存放，所以不能简单和缆盘放在一起，需有一个专门的存放空间，所以在把缆从厂家装上船的时候要通过一定的盘缆方式控制中继器上船的位置，要正好都在中继器的存放空间里面。

（二）施工

全部准备工作完毕后就可以开始施工了。一般来说，海缆工程施工分为岸上和海上两个作业面，岸上的负责陆缆施工和传输设备安装，海上的主要负责海缆的敷设，这里主要介绍海上施工的流程。

首先是岸端建设，主要是完成登陆入井、禁锚标志牌、标石等建筑，这些按照设计图纸，在海上施工前完成。海缆施工有一个不成文的规则，就是所有施工环节都要围绕海上施工进行，因为这部分是风险最大、成本最高、最不可控的，所以一定是其他环节等海上施工，而绝不能让海上等岸上。

海上施工第一步是始端登陆，一般是采用浮球登陆法，将缆在主敷设船上做好封头，用小船往岸端牵引，每隔 10m 左右安装一个浮球或者轮胎，一直牵引到岸端，在岸端用牵引机械拉足够的登陆长度，登陆完成后潜水员逐个解开浮球并回收到主敷设船。

第二步是投放埋设犁，如果需要埋设的话，常见的埋设犁有拖放式的，有水喷式的，还有切割式的，总体来说都是在海床上开一个槽，然后将海缆放到这个槽里面去。

然后就是敷设布放了，主要是通过布缆机实现。常见的布缆机有轮胎式、履带式、鼓轮式等，都是给海缆一个牵引力把缆往前送，同时在缆失控的时候还可以通过机械装置把缆抱住，防止缆在失控状态下往下掉。

此外，布缆机一般都配有对应的控制系统，对于大长度深海敷设还需要控制软件，主要是确保布放的余量，了解缆的姿态，尤其是确保中继器的位置与设计吻合，因为这是个连锁反应，一个放错了后面就全部需要调整，如果差得不远还能调回来，差得远的话将导致后续所有中继器都无法放在设计位置。此外，还需要使用动力定位系统，这个也是精确布放海缆的保障，是通过软件，根据风向、流向、流速等外部情况，控制设置在船底的多个螺旋桨，使得船只可以保持位置。而在浅海则一般很少用动力定位系统，基本上是使用一些比较传统的方式，如借助锚艇抛八字锚以及牵引锚，通过绞牵引锚钢丝来实现相对精确的船位控制。

一般来说，缆上的各种设备，如中继器，都是随缆一起布放。像中继器这种体积比较小的设备可以通过布缆机直接布放，如果是体积或者重量比较大的设备还需要使用吊机和钢丝绳进行辅助。

在有些比较特殊的区域，还需要进行保护，不要看只是装个保护套管，这其实是个风险很大的工序。主要是安装的速度非常慢，一般在 100～200m/h，所以需要船只以非常低的速度运行，导致工期大大延长，遇到恶劣天气工期延长的可能性也大大增加。另外，安装套管的长度也需要精确计算，因为安装了套管后缆的重量和直径都发生了变化，缆承受的张力也会发生变化，其水动力常数也发生了变化，在水中的姿态也会发生变化，所以这些都需要在施工前进行精确的计算。

对于近岸段，一般来说都是保护工程的重点，因为水越浅缆发生故障的可能性也越大。常用的保护方式包括安装铸铁保护套管、水泥砂浆袋压盖等。终端的登陆基本和始端一样，在船上预留足够的缆长，采用浮球登陆。

至此，海上施工就基本完成了，剩下的就是岸上工程了，包括岸端保护、岸站建设、陆缆布放，最后引接到机房、完成上架，做好性能测试。

需要注意的是，光电性能测试是贯穿整个施工过程的，尤其是各个关键步骤，如海缆登陆、中继器布放等。此外，在施工过程中还要实时监控海缆受力情况，如果是需要埋设的工程还需要实时监控海缆的埋深。

五、海底光缆的技术要求与特点

（一）海底光缆的技术要求

海底光缆是敷设在一个极其复杂的海洋环境中，系统又长，所遇到的情况就更加复杂，且与所敷设的深度有关。敷设在浅海区及靠近岸边区的光缆，要受到海底地质、海底污泥、海洋微生物、附着生物、鲨鱼、海水流动、海浪等影响和侵袭，以及许多外来因素的袭击，如船舶抛锚、渔具钩牵等。在敷设和打捞过程中还要受到各种力的作用，同时也要受到与敷设深度有关的海水压力的作用。敷设在深海区域的海缆，相对比较平静，外来因素较少，但所受到的海水压力大，敷设打捞时所受到的张力也大。因此，对于敷设在不同深度的海底光缆提出不同的技术要求。

1．长度长

为了要提高海底光缆系统的可靠性，要求在中继段光缆中无整体接头，即要求光缆制造长度与中断段长度相一致。这样光缆的制造长度要长达数十公里或更长。

2．耐水压高

海底光缆敷设在海底，要受到与敷设深度相关的海水压力的作用。水深每增加10m就要增加一个大气压的压力，越洋海底光缆最大的敷设深度考虑为8000m，这就要受到 800 个大气压的压力。这不仅要求光缆径向能承受这样大的压力，而且要求纵向即沿着光缆的轴向也要在这样的压力下具有一定的阻水能力，即具有纵向水密的能力。

3．抗张力强

海底光缆在敷设、打捞时都要受到张力。敷设时受到与光缆自重、敷设深度相关的张力；打捞时受到的张力除与自重、深度有关外，还与敷设所在海区的海底地质情况有关。敷设在浅海区域的海缆还要考虑被锚、渔具等牵钩时受到的张力，这张力与渔具、锚等所在船只的动力有关，一般来说需能抗约 100kN 的拉力。

4．伸率及光纤筛选值

海底光缆受到张力时就要伸长，其大小与所受到的张力及与光缆的结构有关，即与光缆刚性有关。在同样张力下，伸率越小表示光缆的刚性越高，这是所希望的。与此相应的是海底光缆所用光纤的强度筛选值的要求，这与海底光缆的敷设深度有关。对于越洋海底光缆来说，敷设深度比较深，可靠性要求高，使用寿命要求长，鉴于这些方面考虑，敷设水深为 5000m 时要求光纤的筛选值（应变）为 2%，水深 1500m 时要求光纤的筛选值为 1%。

5．防腐蚀性好

敷设在浅海区的海底光缆为了要抵抗外来因素的侵袭和耐自然磨损，光缆外面需加保护层。一般常用钢丝铠装组成钢丝铠装层。浅海区海底常有淤泥，淤泥中有硫化氢等会腐蚀外护层。另外，还有潮流会引起钢丝电腐蚀。因此，外保护层不佳会自然磨损，而且还有电化腐蚀的损害，必须对钢丝有足够的保护，使其具有优良的防腐蚀性能。

（二）海底光缆特性

国际上海底光缆已经商品化，技术规范中列出了其主要的性能。现介绍典型的海底光缆特性。

1．环境适应性

海底光缆用不锈钢松套管进行温度循环试验。循环次数为 2 次，光纤的附加衰减应不大于 0.05dB/km。海底光缆的使用和敷设温度范围为−10～40℃，储存温度范围为−20～50℃。

2．电气性能

海底光缆的电气性能见表 5-7-2。

◈ **表 5-7-2　海底光缆的电气性能**

项目	要求
导电体的直流电阻/（Ω/km）	≤1.5
导电体和不锈钢松套管对地的绝缘电阻/（MΩ・km）	≥10000
导电体和不锈钢松套管对地的直流电压/V	5000（3min 不击穿）

3．光学性能

海底光缆中光纤的光学性能见表 5-7-3。

◈ 表 5-7-3　光纤的光学性能

光纤类型	标称工作长度/nm	衰减常数/(dB/km)	衰减均匀性/dB
非色散单模光纤	1310	≤0.36	≤0.05
	1550	≤0.25	≤0.03
非零色散位移单模光纤	1550	≤0.22	≤0.03

海底光缆中光纤的筛选值应不小于 1%。

4．力学性能

海底光缆进行力学性能试验时，光纤的附加衰减不应大于 0.05dB（断裂拉伸负荷除外），试验后光纤不应有附加衰减（测量值的绝对值不大于 0.03dB 时，判为无附加衰减）。

海底光缆进行工作拉伸负荷试验时，光纤不应有伸长量（测量值的绝对值不大于 0.005%时，判为无伸长量）。

海底光缆进行短暂拉伸负荷试验时，光纤的伸长量不应大于 0.15%。

海底光缆的力学性能见表 5-7-4。

◈ 表 5-7-4　海底光缆的力学性能

项目	海底光缆类型			
	A	B	C	D
断裂拉伸负荷（UTS）/kN	400	180	100	50
短暂拉伸负荷（NTTS）/kN	240	110	70	30
工作拉伸负荷（NOTS）/kN	120	60	40	20
最小弯曲半径/m	1.0	0.8	0.8	0.5
冲击（落锤重量）/kg	260	160	130	65
抗压/（kN/100mm）	40	20	15	10

注：A 型适用于中碳钢丝双铠浅海光缆，B 型和 C 型适用于单铠浅海光缆，D 型适用于深海光缆。

第八节　信号台建设

信号台担负通信保障使命任务，设计安装信号台常用超短波设备，包括超短波电台以及相应的天馈线若干套。

一、信号台选址

设备布局原则是获得尽可能大的观察通信范围。由于信号台机房机构为八角形，为机房整体效果及设备操作方便，在机房南、东南、西南、东、西五个方向安装转角工作台位。超短波电台和液晶电视控制终端、台站自动化管理系统终端安放在工作台上；液晶电视安装在背景墙上，显示内容由控制终端设置，用于显示码头泊靠情况、工作任务、海况气象、警情敌情等信息。

二、信号台设备安装要求

1．天线架设

天线全部架设在信号台楼顶平台上，包括双频段电台配套的天线。电台配套的天线，按照同型号和相近频段尽量间隔错开的原则，将超短波天线架设在楼顶边沿的顶点处。其中，选取互相隔开的顶点安装电台的天线，将天线穿插其中。

超短波电台配套天线采用抱箍式安装，需在水泥底座上预埋直径为50mm的实心不锈钢管；H/TJA-502A超短波天线采用法兰式安装。

2．馈线布设

超短波设备的馈线采用同轴电缆。为保持场地整洁美观以及便于维修，用100mm×60mm规格的不锈钢馈线槽连接楼顶的顶点。天线馈线在天线根部就近进入馈线槽，通过楼梯处的馈线管道进入机房内地沟，并连接至各超短波通信设备。

由于超短波天线到设备距离较近，综合考虑布设方便性和馈线损耗，馈线选用“1/2”超柔同轴电缆。

3．信号灯

根据国家有关技术规范，信号灯选用具有单向强烈光束的航标灯；在机房外侧走廊护栏固定安装船舶用通用智能信号灯2盏。同时考虑到岛屿、海面来船方位具有一定不确定性，因此还选用2盏可移动的船舶用通用智能信号灯，平时可放置在机房东、西两侧，使用时推动到需要通信的方位。

4．信号旗

海岛上风力较大，为了提高防风能力，同时为了人员操作维护安全和方便，将信号旗杆设计为可折倒式。按照有关规定，旗杆应能悬挂四面旗，考虑到信号台自身地势高度不高，故旗杆桅杆设计高度为6000mm，选用直径89mm、壁厚5mm的无缝空心不锈钢管。桅杆顶部安装避雷针。在桅杆5500mm高处伸出臂长2400mm、直径76mm、壁厚5mm、两边对称的不锈钢横杆。在两侧1200mm和600mm处分别焊接直径为100mm的不锈钢滑轮2个，避雷针下方有1个滑轮，共5个滑轮；两侧距边缘270mm处各安装航空障碍灯1盏。旗杆固定在预埋件上，预埋件浇注在水泥基础上。在楼顶旗杆两侧地面上按照与横杆平行方向安装4个直径为100m不锈钢拉环，供信号旗绳索固定之用。

5．液晶电视

液晶电视及控制终端用于显示信号台的日常勤务信息，如泊位停靠情况、任务和业务信息、欢迎信息、风情警情信息等。

6．防雷接地系统

（1）天线防雷接地

在信号旗杆顶端安装避雷针，接入建筑接地。超短波天线自身不采取额外的避雷措施，依靠信号旗杆顶端的避雷针进行防雷保护。

避雷针的性能指标如下：

① 雷电流通流量不小于200kA；

② 最大通流量300kA（一级防雷要求）；

③ 截面积不小于75mm；

④ 不锈钢材质；

⑤ 抗风能力大于60m/s。

（2）馈线防雷接地

天线馈线在进入机房后，在设备入口处串接馈线浪涌保护器。馈线浪涌保护器的性能指标如下：

① 最大持续工作电压为180V；

② 标称电流为10A；

③ 传输功率为200W；

④ 雷电冲击电流（10/350μs波形）为5kA；

⑤ 标称放电电流（8/20μs波形）为20kA；

⑥ 电压保护水平小于750V；

⑦ 频率范围为0～500MHz；

⑧ 插入损耗小于0.1dB；

⑨ 回波损耗大于20.8dB；

⑩ 驻波比小于1.2dB；

⑪ 工作温度范围为-40～85℃；

⑫ 防护等级为IP20（室内使用）；

⑬ 接口形式与设备接口一致；

⑭ 具有可测量性，能够通过测试设备进行定期检测；

⑮ 放电管可更换。

（3）机房防雷接地

机房采用联合接地方法，即工作、保护和防雷三组接地共同使用一组接地体的接地方式。根据GJB/Z 25—1991要求，采用联合接地法提供接地端子的接地电阻阻值应不大于1Ω。

根据《建筑物防雷设计规范》（GB 50057—2010），针对设备的供电系统应加装相应级别的电源保护器（SPD）。机房设等电位连接网络。在机柜安装位置附近应提供总地线的接线端子。设备的金属外壳、机柜、机架、金属管、槽、屏蔽线缆外层、设备工作接地、安全保护接地、浪涌保护器接地等均以最短的距离与等电位连接网络的接地端子连接。防静电地板金属支架、墙壁、顶棚的金属层均接在静电地上，整个通信机房形成一个屏蔽罩。

公共地线连接母线采用宽度不低于 50mm、厚度不小于 1mm 的铜带铺设；设备至公共地线采用宽度不低于 30mm、厚度不小于 1mm 的铜带铺设。

思考与练习

（1）光（电）缆线路建设中，线路路由选择的一般原则是什么？

（2）综合布线系统的特点有哪些？

（3）通信工程设计一般按哪几个阶段进行？

（4）卫星地球站如何选址？

（5）短波天线场如何选址？天线如何选型及布局？

（6）通信导航台如何选址？设备如何选型及布局？

第六章

信息通信工程监理

信息通信工程监理就是从通信技术和工程施工管理的角度，对工程全过程进行控制和管理，确保工程按照用户方的要求，保质保量地按时完成，并实现预期的建设目标。监理工作由独立的监理公司承担，监理公司凭借其在人才、技术和设施方面的综合优势，依照国家有关政策和法规以及通信工程建设合同条款的规定，帮助用户解决工程建设过程中的工程监督、质量控制、组织管理、纠纷调解等方面的问题。另外，在业主有需求并额外付酬的情况下，参与项目的需求分析、方案优选及设备选型等工作。

工程监理能够有效保障通信工程建设签约双方的利益。工程监理前期准备工作包括签订监理合同、编制监理规划和施工前相关资料的审查。

第一节　监理基础

一、工程监理的概念

所谓建设工程监理，是指具有相应资质的监理企业受工程项目建设单位的委托，依据国家有关工程建设的法律、法规及经建设主管部门批准的工程建设文件、建设工程监理委托合同及其他建设工程合同，对建设工程实施专业化监督管理。实行建设工程监理制度，目的在于完善建设工程管理，提高建设工程的投资效益和社会效益。可以从以下几个方面进一步来理解监理概念：

（1）建设工程监理的实施需要法人的委托和授权。

（2）建设工程监理是针对工程项目建设所实施的监督管理活动。

（3）当前建设工程监理主要发生在项目建设的实施阶段。

（4）建设工程监理的行为主体是监理企业。监理企业是具有独立性、社会化、专业化特点的从事建设工程监理和其他技术活动的组织。

二、工程监理的意义

多年来的建设工程监理实践证明，实施通信建设工程监理制度，具有以下意义：

（1）有利于提高建设工程投资决策水平。

（2）有利于规范参与工程建设各方的建设行为。

（3）有利于工程建设进度、造价和质量的控制，提高安全管理水平。

（4）有利于实现工程管理的专业化。

三、监理单位与工程相关各方的关系

1．监理单位与政府质量监督管理部门的关系

工程建设监理与政府质量监督都属于工程建设领域的监督管理活动，其目标是一致的。质量监督管理部门代表政府行使质量监督权力，监理企业代表建设单位执行监理任务，因此，监理单位要接受政府质量监督管理部门的质量监督与检查。为此，监理单位应向政府质量监督管理部门提供反映工程质量实际情况的资料，配合质量监督管理部门进入施工现场进行检查。

2．监理单位与建设单位的关系

（1）平等的企业法人关系

监理单位与建设单位都是通信建设市场中的企业法人，虽然经营性质不同、业务范围不同，但都是独立的经营主体，在通信建设市场中的地位是平等的。

（2）委托与被委托的合同关系

建设单位与监理单位作为委托监理合同的合同主体，受合同的约束，是委托与被委托的关系。

3．监理单位与施工单位的关系

（1）平等的法人关系

监理单位与施工单位同是通信建设市场中的企业法人，虽然经营性质、业务范围不同，但双方都是在国家工程建设规范标准的制约下，完成通信工程建设任务，在通信建设市场中具有平等的地位。

（2）监理与被监理的关系

按照国家的有关规定，在委托监理的工程项目中，施工单位必须接受监理单位的监督管理。通过建设单位与施工单位签订的建设工程施工合同，明确监理与被监理的关系。

4．监理单位与设计单位的关系

在委托设计阶段监理的工程项目中，建设单位通过与设计单位签订的设计合同及与监理单位签订的委托监理合同，明确监理单位与设计单位之间监理与被监理的关系，设计单位应接受监理单位的监督管理。

在非委托设计阶段监理的工程项目中，监理单位与设计单位只是工作上的配合关系。当监理人员发现设计存在缺陷或不合理之处时，可通过建设单位向设计单位提出修改意见。

第二节　监理机构与监理工作

一、监理机构

1．项目监理机构的组成

（1）项目监理机构的组织形式和规模，应根据委托监理合同规定的服务内容、工期、工程规模、技术复杂程度、工程环境要求等因素确定。项目监理机构的监理人员的专业、数量应满足工程项目监理工作的需要。

（2）项目监理机构监理人员应包括总监理工程师、专业监理工程师和监理员，必要时可配备总监理工程师代表。

（3）项目监理机构实行总监理工程师负责制，全权代表监理单位负责监理合同委托的所有工作。总监理工程师是经监理企业法定代表人授权，派驻现场的监理组织的总负责人，行使监理合同赋予监理企业的权利和义务，全面负责受委托工程监理工作的监理人员。一名总监理工程师只宜担任一项委托监理合同的项目总监理工程师工作。当需要同时担任多项委托监理合同的项目总监理工程师时，须经建设单位同意，且最多不得超过3项。

2．通信建设监理人员素质要求

（1）总监理工程师

① 应取得通信建设监理工程师资格证书或全国注册监理工程师资格证书（通信专业毕业），以及安全生产考核合格证书，且具有3年通信工程监理经验。

② 遵纪守法，遵守监理工作职业道德，遵守企业各项规章制度。

③ 有较强的组织管理能力和协调沟通能力，善于听取各方面意见，能处理和解决监理工作中出现的各种问题。

④ 能管理项目监理机构的日常工作，工作认真负责。

⑤ 具有较强的安全生产意识，熟悉国家安全生产条例和施工安全规程。

⑥ 有丰富的工程实践经验，有良好的品质，廉洁奉公，为人正直，办事公道，精力充沛，身体健康。

（2）专业监理工程师

① 应取得通信建设监理工程师资格证书或全国注册监理工程师资格证书(通信专业毕业)。

② 遵纪守法，遵守监理工作职业道德，服从组织分配。

③ 工作认真负责，能坚持工程项目建设监理基本原则，善于协调各相关方的关系。

④ 掌握本专业工程进度和质量控制方法，熟悉本专业工程项目的检测和计量，能处理本专业工程监理工作中的问题。

⑤ 具有组织、指导、检查和监督本专业监理员工作的能力。

⑥ 具有安全生产意识，熟悉国家安全生产条例和施工安全规程。

⑦ 身体健康，能胜任施工现场监理工作。

（3）监理员

① 遵纪守法，遵守监理工作职业道德，服从组织分配。

② 具有较高的文化程度和复合型的知识结构。

③ 具有较丰富的工程建设实践经验。

④ 身体健康，能胜任施工现场监理工作。

⑤ 经过专业培训，熟悉和掌握通信专业监理知识。

3．监理人员行为规范

工程监理具有服务性、科学性、独立性、公正性。项目监理机构通过规划、控制和协调，达到控制造价、进度、质量和安全、合同、信息管理的目的。依据有关工程监理的法律、政策、规章，以及与建设单位签订的合同，在授权范围内，独立地开展监理工作，服务于工程建设。为此，要求监理人员应遵守以下行为准则：

（1）遵守诚信、公正、科学、守法的执业道德。

（2）只有通过培训、获得任职资格，才能从事通信建设工程监理工作。

（3）在专业和业务方面，要有科学的工作态度，尊重事实，以数据资料为依据，坚持客观公正的态度。

（4）不得直接或间接地对有业务关系的建设和施工人员行贿、受贿。

（5）不得参与工程的施工承包，不参与材料的采购营销，不准在与工程相关的单位任职或兼职。

（6）做好信息保密工作。

4．监理设施的配备

（1）建设单位应依据委托监理合同约定向项目监理机构提供必要的监理设施，项目监理机构在完成监理工作后移交建设单位。

（2）监理单位应依据项目类别、规模、技术复杂程度、工程所在地环境条件，按委托监理合同约定，配备满足监理工作所需的检测设备和工具，及办公、交通、通信、生活等设施。

二、监理人员职责分工

1．总监理工程师职责

（1）确定项目监理机构人员的分工和岗位职责。

（2）主持编写项目监理规划、审批项目监理实施细则，并负责管理项目监理机构的日常工作。

（3）协助建设单位进行工程招标工作，进行投标人资格预审，参加开标、评标，为建设单位决策提出意见。

（4）参加合同谈判，协助建设单位确定合同条款。

（5）审查施工单位、分包单位的资质，并提出审查意见。

（6）签发工程开工令、停工令、复工令、竣工资料审查等。

（7）主持监理工作会议、监理专题会议，签发项目监理机构的文件和指令。

（8）审核签署工程款支付证书和竣工结算报告。

（9）审查和处理工程变更。

（10）主持或参与工程质量事故的调查。

（11）组织编写并签发监理周（月）报、监理工作阶段报告、专题报告和监理工作总结。

（12）调解合同争议、处理费用索赔、审批工程延期申请。

（13）定期或不定期巡视工地现场，及时发现和提出问题并进行处理。

（14）主持整理工程项目监理资料。

（15）参与工程验收。

2．专业监理工程师职责

（1）负责编制本专业监理实施细则。

（2）负责本专业监理工作的具体实施。

（3）组织、指导、检查和监督监理员的工作。

（4）检查工程关键部位，不合格的及时签发“监理工程师通知单”，限令施工单位整改。

（5）核查抽检进场器材、设备报审表，核检合格予以签认。

（6）应对施工组织设计（方案）报审表、分包单位资格报审表、完工报验申请表提出审查意见并签字。

（7）负责本专业监理资料的收集、汇总及整理，参与编写监理周（月）报。

（8）定期向总监理工程师提交监理工作实施情况报告，对重大问题及时向总监理工程师汇报和请示。

（9）审查竣工资料，负责分项工程预验及隐蔽工程验收。

（10）负责本专业工程计量工作，审核工程计量的数据和原始凭证。

3．监理员职责

（1）在专业监理工程师的指导下开展现场监理工作。

（2）对进入现场的人员、材料、设备、机具、仪表的情况，进行观测并做好检查记录。

（3）实施旁站和巡视，对隐蔽工程进行随工检查签证。

（4）直接获取或复核工程计量的有关原始数据并签证。

（5）对施工现场发现的质量、安全隐患和异常情况，应及时提醒施工单位，并向监理工程师汇报。

（6）做好监理日记，如实填报监理原始记录。

三、监理大纲、规划与实施细则

（一）监理大纲（方案）

1．监理大纲编制目的和作用

监理大纲是指监理单位在建设单位招标过程中，为承揽监理业务而编制的监理方案性文件。其目的是使建设单位认可监理方案，让建设单位信服本监理单位能胜任该项目的监理工作，从而承揽到监理业务。监理大纲也是制定监理规划的依据。监理大纲的编制人员应该是监理单位经营部门或技术管理部门人员，也应包括拟定的总监理工程师。

2．监理大纲主要内容

（1）工程项目概况。

（2）监理工作范围及监理目标。

（3）监理工作依据。

（4）监理机构组成及人员资质情况。

（5）监理方案与措施。

（6）监理工作程序。

（7）监理设施配置。

（二）监理规划

1．监理规划的作用

监理规划是指导项目监理机构全面开展监理工作的指导性文件，其作用主要有：

（1）指导项目监理机构全面开展监理工作。

（2）是建设监理主管部门对监理单位监督管理的依据。

（3）是业主确认监理单位履行合同的主要依据。

（4）是监理档案的重要组成部分。

2．监理规划编制程序与依据

（1）编制程序

① 监理规划应在签订委托监理合同及收到设计文件，并在监理大纲基础上，结合设计文件和工程具体情况，广泛收集工程信息和资料的情况下编制。

② 监理规划编制应由总监理工程师主持，监理工程师参加。监理规划编制完成后，必须经监理单位技术负责人批准，并应在召开第一次工地会议前报送建设单位。

③ 在监理工作实施过程中，如监理规划需做重大调整时，应由总监理工程师组织监理工程师研究修改，按原报审程序经过批准后报建设单位。

（2）编制依据

① 与建设工程相关的法律、法规及项目审批文件。

② 与建设工程项目有关的验收规范、设计文件、技术资料。

③ 监理大纲、委托监理合同及与建设工程项目相关的合同文件。

3．监理规划主要内容

（1）工程项目概况。

（2）监理工作范围。

（3）监理工作内容。

（4）监理工作目标。

（5）监理工作依据。

（6）项目监理机构的组织形式。

（7）项目监理机构的人员配备计划。

（8）项目监理机构的人员岗位职责。

（9）监理工作程序。

（10）监理工作方法及措施。

（11）监理工作制度。

（12）监理设施配备。

（三）监理实施细则

1．监理实施细则的作用

监理实施细则是用于不同专业监理业务工作的指导性文件，指导具体监理业务的开展。

2．监理实施细则编制程序与依据

（1）编制程序

① 对中型及以上或专业性较强的工程项目，项目监理机构应编制监理实施细则。监理实施细则应符合监理规划的要求，并结合工程项目的专业特点，做到详细具体、具有可操作性。

② 监理实施细则应在相应工程施工开始前编制完成，并经总监理工程师批准。

③ 监理实施细则应由监理工程师编制。

（2）编制依据

① 已批准的监理规划。

② 与专业工程相关的标准、设计文件和技术资料。

③ 施工组织设计。

3．监理实施细则主要内容

（1）专业工程的特点。

（2）监理工作的流程。

（3）监理工作的控制要点及目标值。

（4）监理工作的方法及措施。

在监理工作实施过程中，监理实施细则应根据实际情况进行补充、修改和完善。

（四）安全监理方案和实施细则

对于危险性较大的通信工程，项目监理机构应根据国家有关安全生产的法律、法规和工程项目的特点以及施工现场实际情况，编制安全监理方案，作为监理规划的一部分。必要时，还应编制安全监理实施细则。

第三节　监理流程

一、工程招标阶段监理工作

（1）协助建设单位明确建设需求。

（2）协助建设单位编制工程建设工作计划。

（3）参与建设单位招标前的准备。

（4）参与招标书的编制。

（5）参与招标答疑。

（6）协助评标，对评标的评定标准提出监理意见。

二、工程设计阶段监理工作

（1）审核设计阶段组织计划，提出审查意见。

（2）组织设计工作按计划实施。

（3）对设计关键点进行跟踪。

（4）检查设计工作的实施情况。

（5）建立信息沟通机制，控制设计变更。

（6）审核设计方案报审。

（7）协助建设单位组织专业人员评审工程设计方案。

（8）参加工程设计审查，提出审查意见。

三、工程施工阶段监理工作

（1）编写监理实施规划、细则。

（2）参加施工设计图纸交底会，提出审查意见。

（3）审批施工组织计划（方案）。

（4）监理机构进驻施工现场。

（5）参加第一次工地会议，起草会议纪要。

（6）审查施工单位资质、质量管理体系、安全施工措施及特殊岗位施工人员的岗位证书。

（7）检查工程现场器材和施工设备、机具。

（8）审查开工报告。

（9）签发开工令。

（10）按工序检查施工情况及处理工程变更。

（11）对隐蔽工序和关键工序旁站。

（12）确认每道工序质量并签字认可。

（13）按阶段到现场与施工单位共同对已完工作量进行计量。

（14）协调施工进度和按合同签发工程进度款。

四、工程验收阶段监理工作

（1）审核初步验收申请和初步验收的必备条件。

（2）审查施工单位提交的工程竣工资料、图纸。

（3）组织监理和施工专业人员对工程预验检查。

（4）编写对工程质量的评估报告报建设单位。
（5）参加和协助建设单位组织的工程初步验收。
（6）审查施工单位编制的工程结算报告。
（7）检查工程试运行情况。
（8）参加工程最终验收，签署监理意见。
（9）协助建设单位与施工单位结算工程保修金或工程尾款。

五、监理的几个关键工作

（1）监理项目承接。
（2）监理合同签订。
（3）确定项目总监理工程师，成立监理机构。
（4）编制监理规划、安全监理方案。
（5）制定监理细则、安全监理细则。
（6）规范地开展监理工作。
（7）参与工程验收，签署监理意见。
（8）提交工程监理档案资料。
（9）监理工作总结。

六、关键工作流程的主要工作内容

（1）监理项目承接

组织相关人员，编制监理大纲等项目投标文件，进行工程投标；或接受上级及建设单位的直接监理委托，承接监理业务。

（2）监理合同签订

确定监理项目的业务范围和工作内容，订立监理合同条款，签署建设工程委托监理合同。

（3）确定项目总监理工程师，成立监理机构

根据工程的规模、性质、建设单位对监理工作的要求，委派称职的人员担任项目总监理工程师，代表监理单位全面负责该工程的监理工作。根据监理大纲确定的项目监理办公室组成和委托合同的相关要求，调配人员成立组织机构。

监理合同签订后将监理机构的组织形式、人员构成及对总监理工程师的任命书面通知建设单位。一般不宜更换总监理工程师，当更换总监理工程师时，应征得建设单位同意，并书面通知建设单位。

（4）编制监理规划、安全监理方案

由总监理工程师主持，组织相关人员，根据相关法规、标准和工程合同，及时编

制工程项目的监理规划和安全监理方案。

（5）制定监理细则、安全监理细则

由相关专业人员依据监理规划、安全监理方案，根据工程规模、专业要求和工程施工的危险性，制定各专业监理细则和专项安全监理细则。

（6）规范地开展监理工作

按监理合同约定的范围，依据编制的监理规划、安全监理方案、监理细则、安全监理细则，按照职责分工，开展各阶段的监理工作。结合监理对象的特点实施质量控制、进度控制、投资控制、合同管理、信息管理、工程协调和安全监督，以实现监理目标。

（7）参与工程验收，签署监理意见

工程施工完成后，组织有关人员，在正式验收前组织竣工预验收；对预验收中发现的问题，及时与施工单位沟通，提出整改要求；参加建设单位组织的工程竣工验收，签署监理单位意见。

（8）提交工程监理档案资料

监理工作完成后，组织有关人员，整理监理档案资料，在规定的时间内向建设单位移交监理档案资料，向本单位技术管理部门移交监理档案资料存档。

（9）监理工作总结

监理工作结束，总结监理工作以及工作中的经验和不足，编写工作总结报告，上报工作总结；适时组织工程回访，考评监理工作质量。

第四节　监理主要工作

一、工程实施和保修阶段监理工作

《通信建设工程监理管理规定》（信部规［2007］168 号）就监理工作内容规定如下：

1. 设计阶段的监理

（1）协助建设单位选定设计单位，商签设计合同并监督管理设计合同的实施。

（2）协助建设单位提出设计要求，参与设计方案的选定。

（3）协助建设单位审查设计和概（预）算，参与施工图设计阶段的会审。

（4）协助建设单位组织设备、材料的招标和订货。

2. 施工阶段的监理

（1）协助建设单位审核施工单位编写的开工报告。

（2）审查施工单位的资质，施工单位选择的分包单位的资质。

（3）协助建设单位审查批准施工单位提出的施工组织设计、安全技术措施、施工技术方案和施工进度计划，并监督检查实施情况。

（4）审查施工单位提供的材料和设备清单及其所列的规格和质量证明资料。

（5）检查施工单位严格执行工程施工合同和规范标准。

（6）检查工程使用的材料、构件和设备的质量。

（7）检查施工单位在工程项目上的安全生产规章制度和安全监管机构的建立、健全及专职安全生产管理人员配备情况，督促施工单位检查各分包单位的安全生产规章制度的建立情况。审查项目经理和专职安全生产管理人员是否具备信息产业部或通信管理局颁发的“安全生产考核合格证书”，是否与投标文件相一致；审核施工单位应急救援预案和安全防护措施费用使用计划。

（8）监督施工单位按照施工组织设计中的安全技术措施和专项施工组织方案组织施工，及时制止违规施工作业；定期巡视检查施工过程中的危险性较大工程作业情况；检查施工现场各种安全标志和安全防护措施是否符合强制性标准要求，并检查安全生产费用的使用情况；督促施工单位进行安全自查工作，并对施工单位资产情况进行抽查，参加建设单位组织的安全生产专项检查。

（9）实施旁站监理，检查工程进度和施工质量，验收分部、分项工程，签署工程付款凭证，做好隐蔽工程的签证。

（10）审查工程结算。

（11）协助建设单位组织设计单位和施工单位进行竣工初步验收，并提出竣工验收报告。

（12）审查施工单位提交的交工文件，督促施工单位整理合同文件和工程档案资料。

3．工程保修阶段监理内容

（1）监理企业应依据委托监理合同确定质量保修期的监理工作范围。

（2）负责对建设单位提出的工程质量缺陷进行检查和记录，对施工单位进行修复的工程质量进行验收。

（3）协助建设单位对工程质量缺陷原因进行调查分析并确定责任归属，对非施工单位原因造成的工程质量缺陷，核实修复工程的费用和签发支付证明，并报建设单位。

（4）保修期结束后协助建设单位结算工程保修金。

二、施工阶段主要监理工作

通信建设工程施工阶段的监理主要工作包括：审查设计文件、审批施工组织设计

(方案)、审核工程开工条件、设备材料进场检验、处理工程暂停及复工、处理工程变更、处理费用索赔、处理工程延期及工程延误、分析工程安全事故并参与处理、参加工程验收等。

在实际监理过程中，随着建设项目的变化，会出现工作内容增减或工作顺序变化的情况，但无论出现何种变化，都应坚持未经监理人员签字，施工单位不得进行下一道工序施工的基本原则。

(一)审查设计文件

工程设计通常根据建设项目的规模、性质划分阶段，一般大中型工程项目采用两阶段设计，即初步设计和施工图设计。

1. 初步设计

初步设计阶段重视方案的选择，监理工程师审查初步设计文件的要点如下：

(1) 有关部门对建设工程的审批意见和设计要求。

(2) 工程所采用的技术方案是否经过多方案比选，是否符合总体方案要求，是否已达到可行性研究报告所确定的质量标准。

(3) 工程建设法律、法规、技术规范和功能要求的满足程度。

(4) 网络规划、设备选型的先进性和适用性。

(5) 设计文件设计深度，是否满足初步设计阶段的技术要求。

(6) 工程采用的新技术、新工艺、新设备、新材料是否安全可靠、经济合理。

2. 施工图设计

施工图设计侧重于工程实施，监理工程师审核施工图设计文件的要点如下：

(1) 技术标准的审核

① 采用的技术标准是否有效。

② 线路、设备技术指标是否符合设计规范要求。

③ 验收项目内容是否齐全，验收标准是否符合验收规范要求。

(2) 工程量的审核

① 核对施工图纸的工程量，必要时应勘察现场。

② 设计文件是否符合规定及标准。

③ 施工设计图纸是否满足施工需要。

(3) 定额和单价的审核

① 分项工程单价与预算定额的单价是否相符。

② 单价换算是否符合定额规定。

③ 对补充定额的使用是否符合编制原则。

④ 主要设备、材料计价。

⑤ 审核其他费用。

（二）审批施工组织设计（方案）

（1）施工单位的施工组织设计（方案），应报送项目监理机构审批。

（2）项目监理机构收到施工单位报送的“施工组织设计（方案）”后，总监理工程师应组织专业监理工程师对其进行审查，并签署意见。审查的主要内容有：

① 施工组织构成及其分工情况、成员资质。

② 施工机械是否齐全、完好，数量是否充足。

③ 施工进度计划是否满足合同要求。

④ 施工工序是否合理。

⑤ 保证工程质量、进度、造价的措施是否可行。

⑥ 质量保证体系和制度是否健全。

⑦ 安全措施、文明施工措施及安全责任是否明确等。

（3）总监理工程师在约定的时间内核准“施工组织设计（方案）”，同时报送建设单位。若“施工组织设计（方案）”需要修改时，由总监理工程师签发书面意见返回施工单位，修改后再次报送，重新审核。

（三）审核工程开工条件

项目监理机构收到施工单位报送的“工程开工报审表”后，监理工程师应从下列几个方面进行审核：

① 工程所需报批手续是否办理齐全。

② 建设资金是否落实。

③ 施工现场是否具备开工条件。

④ 施工人员是否到位。

⑤ 主要设备、材料是否落实，是否能满足工程进度需要。

⑥ 施工组织设计（方案）是否获总监理工程师批准。

（四）设备材料进场检验

（1）监理工程师应会同建设单位、施工单位、供货单位对进场的设备和主要材料的品种、规格型号、数量进行开箱清点和外观检查。

（2）核查通信设备材料合格证、检验报告单原始凭证、通信设备材料进网许可证，凡未获得“电信设备进网许可证”的设备材料不得在工程中使用。

（3）在我国抗震设防7烈度以上（含7烈度）地区公用电信网上使用的交换、传输、移动基站、通信电源设备，应取得“电信设备抗震性能检测合格证”，未取得电信主管部门颁发的抗震性能检测合格证的设备，不得在公用电信网上使用。

（4）当材料型号不符合施工图设计要求而需要其他器材代替时，必须征得设计和建设单位的同意并办理设计变更手续。

（5）对未经监理人员检查或检查不合格的工程材料、构配件、设备，监理工程师应拒绝签认，并书面通知施工单位限期将不合格的工程材料、构配件、设备撤出现场。

（6）当发现设备材料有受潮、受损或变形时，应由建设、监理和施工单位代表共同进行鉴定，并保存记录，如不符合相关标准要求时，应通知供货单位及时解决。

（7）凡委托外单位加工的部件，检查其加工的尺寸、规格、质量等应符合安装要求。

（五）处理工程暂停及复工

（1）总监理工程师应按照施工合同和委托监理合同的约定签发工程暂停令。

（2）在发生下列情况之一时，总监理工程师可签发工程暂停令：

① 建设单位要求暂停施工、且工程需要暂停施工的。

② 为了保证工程质量而需要停工的。

③ 施工出现了安全隐患，总监理工程师认为有必要停工以消除隐患的。

④ 发生了必须暂时停工的紧急事件。

⑤ 施工单位未经许可擅自施工或拒绝项目监理机构管理的。

（3）总监理工程师在签发工程暂停令时，应根据停工原因的影响范围和影响程度，确定工程项目停工范围。

（4）由于建设单位原因或其他非施工单位原因导致工程暂停时，项目监理机构应如实记录所发生的实际情况。总监理工程师应在暂停原因消失、具备复工条件时，及时签署工程复工报审表，指令施工单位继续施工。

（5）由于施工单位原因导致工程暂停，在具备恢复施工条件时，项目监理机构应审查施工单位报送的复工申请及有关材料，同意后由总监理工程师签署工程复工报审表，指令施工单位继续施工。

（6）总监理工程师在签发工程暂停令到签发工程复工报审表期间，宜会同有关各方按施工合同的约定，处理因工程暂停引起的与工期、费用等有关的问题。

（六）处理工程变更

（1）项目监理机构应按下列程序处理工程变更：

① 设计单位对设计存在的缺陷提出的工程变更，应编制设计变更文件；建设单位或施工单位提出的工程变更，应提交总监理工程师，由总监理工程师组织专业监理工程师审查，审查同意后，由建设单位转交原设计单位编制设计变更文件。当工程变更涉及安全、环保等内容时，应按规定经有关部门审定。

② 总监理工程师应根据实际情况、设计变更文件和其他有关资料，按照施工合同有关条款，在指定专业监理工程师完成下列工作后，对工程变更的费用和工期做出评估：

a．确定工程变更项目与原工程项目之间的类似程度和难易程度。

b．确定工程变更项目的工程量。

c．确定工程变更的单价或总价。

③ 总监理工程师应就工程变更费用及工期的评估情况与施工单位和建设单位进行协商。

④ 总监理工程师签发工程变更单。

工程变更单应符合《建设工程监理规范》（GB/T 50319—2013）C2 表的格式，并应包括工程变更要求、工程变更说明、工程变更费用和工期等必要的附件内容，有设计变更文件的工程变更应附设计变更文件。

⑤ 项目监理机构应根据工程变更单监督施工单位实施。

（2）在总监理工程师签发工程变更单之前，施工单位不得实施工程变更。

（3）未经总监理工程师审查同意而实施的工程变更，项目监理机构不得予以计量。

（七）处理费用索赔

（1）项目监理机构处理费用索赔的依据如下：

① 国家有关的法律、法规和工程项目所在地的地方性法规。

② 本工程的施工合同文件。

③ 国家、部门和地方有关的标准、规范和定额。

④ 施工合同履行过程中与索赔事件有关的凭证。

（2）施工单位申请费用索赔，并同时满足以下条件时，项目监理机构应予以受理：

① 索赔事件是由于非施工单位的责任造成的。

② 索赔事件造成了施工单位直接经济损失。

③ 施工单位已按照施工合同规定的限期和程序提出费用索赔申请表，并附有索赔凭证材料。

费用索赔报验表应符合《建设工程监理规范》（GB/T 50319—2013）B13 表的格式。

（3）施工单位向建设单位提出费用索赔，项目监理机构应按下列程序处理：

① 施工单位在施工合同规定的期限内向项目监理机构提交费用索赔申请表。

② 总监理工程师指定专业监理工程师收集与索赔有关的资料。

③ 总监理工程师初步审查费用索赔申请表，符合上述第（2）条所规定的条件时予以受理。

④ 总监理工程师进行费用索赔审查，在初步确定赔偿数额后，与施工单位和建设单位进行协商。

⑤ 总监理工程师应在施工合同规定的期限内签署费用索赔审批表或在施工合同规定的期限内发出要求施工单位提交有关索赔报告的进一步详细资料的通知，待收到施工单位提交的详细资料后，按下面第（4）（5）项的程序进行。

费用索赔意向通知书应符合《建设工程监理规范》（GB/T 50319—2013）C3 表的格式。

（4）当施工单位的费用索赔要求与工程延期要求相关时，总监理工程师在做出费用索赔的批准决定时，应与工程延期的批准联系起来，综合做出费用索赔和工程延期的决定。

（5）由于施工单位的原因造成建设单位的额外损失，建设单位向施工单位提出索赔时，总监理工程师在审查索赔报告后，应公正地与建设单位和施工单位进行协商，并及时予以答复。

（八）处理工程延期及工程延误

工程延期：是指延长了原定的合同工期，是非施工单位原因引起的。

工程延误：是指由于施工单位自身原因引起，造成了原定合同工期的拖延。

（1）当施工单位提出工程延期要求符合施工合同文件的规定条件时，项目监理机构应予以受理。

（2）当影响工期事件具有持续性时，项目监理机构可在收到施工单位提交的阶段性工程延期报审表并经过审查后，先由总监理工程师签署工程临时延期报审表并通报建设单位。当施工单位提交最终的工程延期报审表后，项目监理机构应复查工程延期及临时延期情况，并由总监理工程师签署工程最终延期报审表。

工程临时延期报审表、工程最终延期报审表应符合《建设工程监理规范》（GB/T 50319—2013）B14 表的格式。

（3）项目监理机构在批准临时工程延期或最终的工程延期前，均应与建设单位和施工单位进行协商。

（4）项目监理机构在审查工程延期时，应依据下列情况确定批准工程延期的时间：

① 施工合同中有关工程延期的约定。

② 工程拖延和影响工期事件的事实和程度。

③ 影响工期事件对工期影响的量化程度，即延期事件是否发生在工期计划图的关键路线上，延期是否合理。

④ 延期天数计算正确，证据资料充足。

（5）工程延期造成施工单位提出费用索赔时，项目监理机构应按上面第（七）条的规定处理。

（6）当施工单位未能按照施工合同要求的工期竣工造成工期延误时，项目监理机构应按施工合同规定从施工单位应得款项中扣除延误期损失赔偿费。

（九）分析安全事故并参与处理

安全事故分析与处理程序一般可按图 6-4-1 的程序进行。

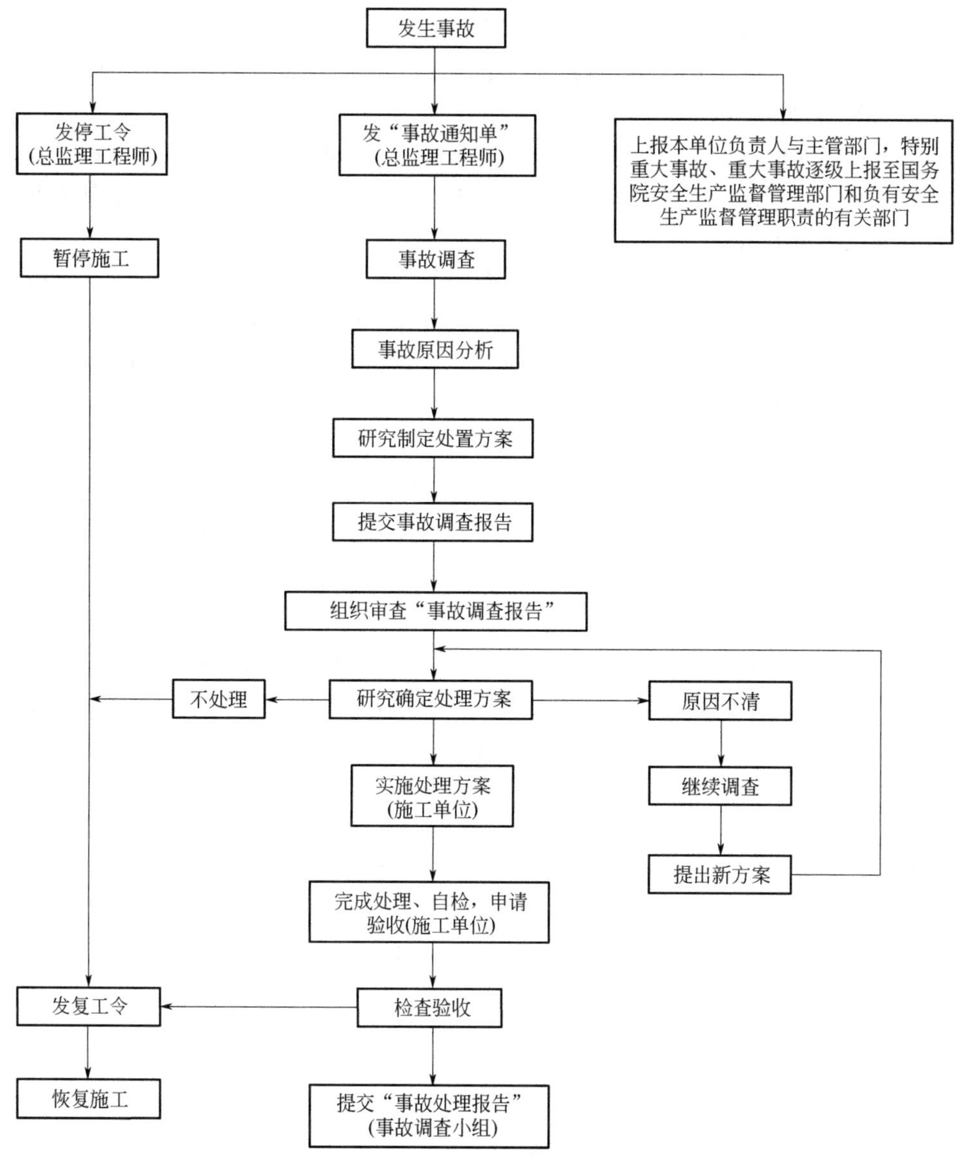

图 6-4-1　安全事故分析与处理程序

（十）参加工程验收

信息通信建设工程验收根据工程规模、施工项目的特点，一般分为随工检验、初步验收、工程试运行和工程终验。

1．随工检验

（1）信息通信建设工程随工检验，应由监理人员采取旁站和巡视、平行检验和见证等方式进行。对隐蔽工程项目，应由监理人员签署“隐蔽工程检验签证单”。

（2）监理人员应按工程验收规范的规定项目、内容、检验方式要求进行随工检验。

2．初步验收

（1）信息通信建设工程初步验收，简称为初验。一般大型工程按单项工程进行或按系统工程一并进行。工程初验应在施工完毕，并在自检及监理预检合格的基础上进行，由建设单位组织。

（2）初验工作应依据设计文件及施工合同，监理人员对施工单位报送的竣工技术文件进行审查，并按工程验收规范要求的项目内容进行检查和抽测。

（3）对初验中发现的问题，应及时要求施工单位整改，整改完毕由监理工程师签认。

（4）审查工程结算文件。

3．工程试运行

（1）信息通信建设工程经初验合格后，建设单位组织工程的试运行。试运行期间发现的问题应由监理工程师督促施工单位及时整改，整改合格后由监理工程师签认。

（2）试运行时间应不少于 3 个月，试运行结束后，应由建设部门提交试运行报告。

4．工程终验

（1）工程终验是基本建设的最后一个程序，是全面考核建设成果、检验工程设计、施工、监理质量以及工程建设管理的重要环节。对于中小型工程项目，可以视情况适当简化手续，可以将工程初验与终验合并进行。

（2）工程终验可对系统性能指标进行重点抽测。

（3）项目监理机构应参加由建设单位组织的工程终验，并提供相关监理资料。对验收中提出的问题，项目监理机构应要求施工单位整改。工程质量符合要求时，由总监理工程师会同参加验收的各方签发验收证书。

（4）工程终验合格后颁发验收证书，系统可投产运行。

三、监理质量控制

（一）通信建设工程质量控制原则

1．坚持质量第一的原则

建设工程质量不仅关系到工程的适用性和建设项目投资效果，而且关系到人民群众生命财产的安全。所以，监理人员在进行质量、进度、造价三大目标控制时，在处理三者关系时，应坚持“百年大计，质量第一”，在工程建设中自始至终把“质量第一”作为对工程质量控制的基本原则。

2．坚持以人为核心的原则

人是工程建设的决策者、组织者、管理者和操作者。工程建设中各单位、各部门、各岗位人员的工作质量水平和完善程度，都直接和间接地影响工程质量。所以，在工程质量控制中，要以人为核心，重点控制人的素质和人的行为，充分发挥人的积极性和创造性，以人的工作质量保证工程质量。

3．坚持以预防为主的原则

工程质量控制应该是积极主动的，应事先对影响质量的各种因素加以控制，而不能是消极被动的，等出现质量问题再进行处理，已造成不必要的损失。所以，要重点做好质量的事前控制和事中控制，以预防为主，加强过程和中间产品的质量检查和控制。

4．坚持质量标准的原则

质量标准是评价产品质量的尺度，工程质量是否符合合同规定的质量标准要求，应通过质量检验并和质量标准对照，符合质量标准要求的才是合格，不符合质量标准要求的就是不合格，必须返工处理。

5．坚持客观公正处理问题的原则

在工程质量控制中，监理人员必须坚持诚信、公正、科学、守法的执业道德规范，要尊重科学，尊重事实，以数据资料为依据，客观、公正地处理质量问题。要坚持原则，遵纪守法、秉公监理。

（二）勘察设计阶段质量控制

勘察设计阶段一般是从项目可行性研究报告经审批并由投资人做出决策后（简称立项后），直至施工图设计完成并交付建设单位投入使用的阶段。从工程项目管理的角度来讲，勘察设计阶段监理是整个工程项目管理的一部分，核心任务是进行对工程质量、进度、造价三大目标实行控制。

勘察设计阶段监理质量控制流程如图 6-4-2 所示。

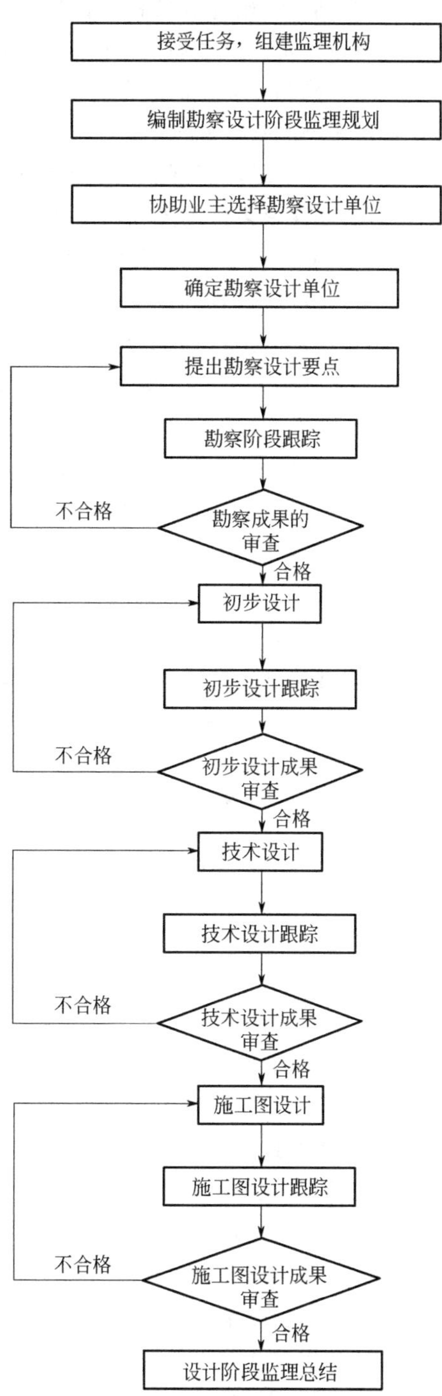

图 6-4-2　勘察设计阶段监理质量控制流程

1．编制勘察设计阶段监理规划

勘察设计阶段监理规划是指导设计阶段监理工作全过程的文件。其主要内容包括监理组织机构的设立、监理人员的分工、分阶段监理任务和目标、设计方案评选及设计工作应遵循的基本原则等。

勘察设计阶段监理规划应报建设单位审查和批准。

2．协助建设单位选择勘察设计单位

（1）协助建设单位编制勘察设计招标文件、拟定招标邀请函或招标公告，选择投标单位，审查投标申请书、投标单位资质和投标标书，参与开标和评标。

（2）审核勘察设计单位的资质等级，应在许可的范围内承揽工程的勘察设计，对于资质等级范围不符合条件的，应向建设单位提出书面意见。

① 检查勘察设计单位的营业执照，重点是有效期和年检情况。

② 检查勘察设计单位资质证书的类别、业务、等级及所规定的业务范围与拟建工程的类型、规模是否相符；所规定的有效期是否过期，其资质年检结论是否合格。

③ 检查参与拟建工程的主要技术人员的执业资格证书，重点检查其注册证书有效性。

（3）协助建设单位签订勘察、设计合同。

3．勘察设计阶段监理质量控制的主要内容

（1）勘察阶段质量控制

① 协助建设单位搜集勘察设计所需的有关前期资料。

② 审核勘察实施方案，提出审核意见，重点审核其可行性。

③ 定期检查勘察工作的实施情况，控制其按勘察工作方案实施的程序和深度，设置关键点，对勘察关键点进行跟踪。具体检查内容有：

a．检查现场作业人员是否严格按勘察工作方案及有关操作规程的要求开展工作；原始资料及勘察数据取得的方法、手段及仪器、设备的使用是否正确；表格的填写是否完整并经有关作业人员检查、签字。应设置报验点，必要时，应进行旁站监理。

b．检查勘察单位收集的有关工程沿线地上、地下管线或建筑物等设施资料，以及地质、气象和水文资料，并保证勘察设计资料的真实、准确与完整。

④ 督促其按勘测合同约定的期限完成。

⑤ 按有关文件的要求审查勘察报告的内容和成果，进行验收。

重点检查其是否符合委托合同及有关技术规范标准的要求，检查、验证其真实性和准确性，提出书面评审报告。当工程规模较大且复杂时，监理单位应协助建设单位组织专家对勘察成果进行评审。

（2）初步设计阶段质量控制

① 定期检查初步设计工作的实施情况，控制其按初步设计实施方案的程序进行，并对初步设计设置关键点进行跟踪。

② 控制初步设计进度，要求设计单位根据合同约定提交初步设计文件。

③ 审查初步设计文件，审查设计方案的先进性、合理性，确认最佳设计方案；其深度应能满足施工图设计阶段的要求；着重审查设计文件以下几个方面：

a．建设单位的审批意见和设计要求。

b．网络拓扑结构、主要设备、材料规格程式选型、管线路由方案的技术经济先进性、合理性和实用性。

c．是否满足建设法规、节能环保、技术规范和功能要求。

d．采用的新技术、新工艺、新材料、新设备是否安全可靠、经济合理。

e．技术参数先进合理性与环境协调程度，对环境保护要求的满足情况。

f．设计概算的合理性和准确性，做到不重复计列、不漏列。

g．设计文件和图纸应有设计单位、设计人员的正式签字（章）。

④ 协助建设单位组织初步设计会审。

⑤ 依据会审意见，督促设计单位对初步设计文件进行修改。

（3）技术设计阶段质量控制

① 定期检查技术设计方案的实施情况，控制其按技术设计实施方案的程序进行，对技术设计关键点进行跟踪。

② 控制技术设计进度，要求设计单位按时提交技术设计文件。

③ 审查技术设计文件，提出书面审查意见，着重审查以下几个方面：

a．技术设计的先进性、合理性、安全可靠性。

b．确定的工程技术经济指标。

c．设计是否按照法律、法规和工程建设强制性标准进行设计，防止因设计不合理导致生产安全事故的发生。

d．工程修正概算的合理性和准确性，并提出书面审核意见。

e．协助建设单位组织技术设计会审。

（4）施工图设计阶段的质量控制

① 督促设计单位按初步设计（技术设计）的方案和范围进行施工图设计，并及时检查和控制设计的进度，按委托设计合同约定的日期交付设计文件。

② 督促设计单位完善质量管理体系。

③ 进行设计质量跟踪检查，控制设计图纸的质量，并着重检查以下内容：

a．设计标准、技术参数应符合设计规范要求，工程技术指标计算准确。

b．管线、设备、网络使用功能应满足工程总体要求。

c．工程预算各项费用的费率取定符合相关文件要求，工程定额取定准确，不重复计列，不漏列。

④ 审查施工图设计文件，提出审查意见：

a．设计的内容和范围应符合初步设计（技术设计）要求。

b. 对初步设计（技术设计）进行了全面细化、优化，可以指导施工。

c. 施工图预算编制合理，一般情况下不超出初步设计（技术设计）概算或修正概算。

（5）编写勘察、设计阶段的监理工作总结

总结报告的主要内容有：

① 工程概况。

② 监理组织人员及投入的监理设施。

③ 监理合同履行情况。

④ 监理工作成效。

⑤ 实施过程中出现的问题及其处理情况和建议。

⑥ 工作照片（有时需要）。

（6）整理归档监理资料。

（7）勘察设计阶段主要质量控制点见表 6-4-1。

◈ **表 6-4-1 勘察设计阶段主要质量控制点**

序号	控制点	控制目标（要求）	监理方法
1	勘察设计资质、仪表、工作计划	企业资质、业绩，参加勘测、设计的人员执业证书，人数符合要求	审查和现场检查
		仪表品种类型齐全，有检定合格证	
		工作计划内容具体详细、合理、可行，符合合同要求，质量保证措施有效	
2	设计过程跟踪	投入的人员符合要求；严格按工作计划实施；工作记录要求详细、准确	巡视抽查
3	勘察设计文件	勘察设计文件总体要求：勘察成果能够作为初步设计和施工图设计的依据；施工图设计文件能指导施工，符合工程合同要求和设计规范	审查
		说明部分：工程概况、设计依据、技术方案措施及总体要求，内容详尽	
		设计图纸：符合机房、网络、管线路由的实际情况，详细具体，有责任人签字	
		概预算：工程概预算编制符合相关规定，能作为工程结算的依据	
4	设计会审	会审前应有一定的时间让相关参建方到现场考察，核对设计图纸以及审查设计文件，提出书面意见。 设计人员应对会审的意见做出说明，形成会议纪要，按要求修改设计文件	审查

（三）施工阶段质量控制

施工阶段监理质量控制流程如图 6-4-3 所示。

1．建立项目监理机构

按照本章第二节的要求建立项目监理机构。

2．编制施工阶段监理规划

按照本章第二节的要求编制施工阶段监理规划。

3．协助建设单位选择施工单位

（1）协助建设单位编制施工招标文件，拟定招标邀请函或招标公告，审查投标申请书、投标单位资质和投标标书，参与开标和评标。

（2）审核施工单位资质等级，应在许可的范围内承揽工程施工，对于资质等级范围不符合条件的，应向建设单位提出书面意见。

（3）协助建设单位与中标单位签订施工承包合同。

根据相关建设法规定，主要工程量必须由施工承包单位完成；施工承包单位对工程实行分包必须符合投标文件的说明和施工合同的规定，未经建设单位同意不得分包。监理单位发现施工单位存在转包或层层分包等情况，应签发监理工程师通知单予以制止，并报告建设单位。

（4）审查工程分包单位的资质

① 监理工程师接到承包单位分包单位资质报审表（《建设工程监理规范》（GB/T 50319—2013）B4 表）后，应审查施工承包合同规定的分包范围和工程部位，分包单位是否具有按工程承包合同规定的条件完成分包工程任务的能力，必要时，应进行现场考察。如果该分包单位具备分包条件，应由总监理工程师予以书面确认。未经总监理工程师的批准，分包单位不得进入施工现场。总监理工程师对分包单位资格的确认，不解除施工承包单位的责任。在工程实施过程中分包单位的行为，视同施工承包单位的行为。

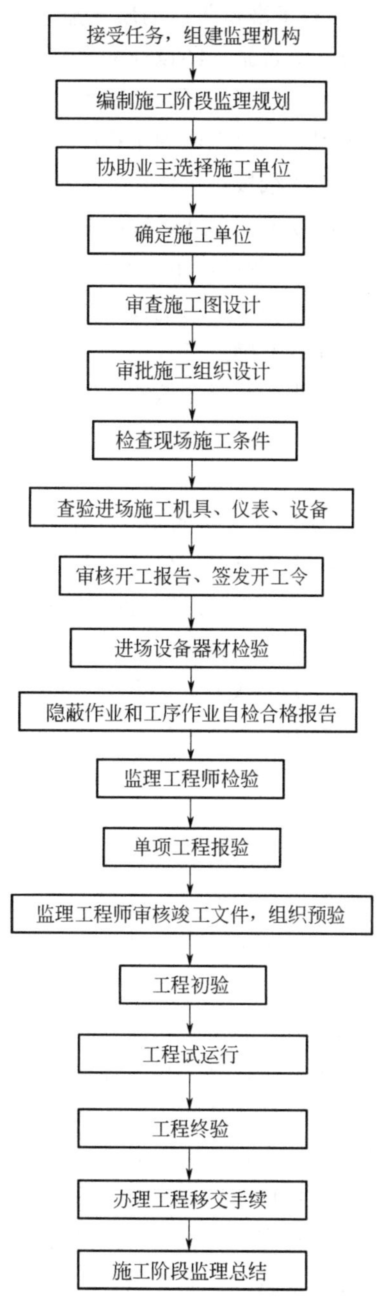

图 6-4-3　施工阶段监理质量控制流程

② 分包合同签订后，监理机构应向施工承包单位索取分包合同副本或复印件一份。

4．施工准备阶段的质量控制

（1）审查施工图设计文件，参加设计会审。设计文件是施工阶段监理工作的最重要依据。监理工程师应认真参加由建设单位主持的设计会审工作。在设计会审前，总监理工程师应组织监理工程师审查设计文件，形成书面意见，并督促承包单位认真做好现场及图纸核对工作，发现的问题以书面形式汇总提出。对于各方提出的问题，设计单位应以书面形式进行解释确认。

① 施工图设计审查要点包括：设计深度应能指导施工，图纸齐全、表达准确。当一个工程有两个及以上设计单位时，设计图纸应衔接，技术标准统一；设计预算套用定额和计算准确，工程量没有遗漏或重复计算。设计预算所列主要器材、设备数量要与设计说明、施工图纸相符。

② 设计会审（交底）会议，由建设单位主持召开，设计、施工、监理单位相关人员参加。

③ 会审意见应形成“设计文件会审纪要”，设计单位记录整理、有关各方签字（盖章）后，由建设单位分发有关各方，作为设计文件的补充。

④ 设计文件分期分批提供时，应在“设计文件会审纪要”上明确提供期限，以保证工程进度。

⑤“设计文件会审纪要”的全部内容，是对设计文件的补充和修改，在工程施工、监理过程中应严格执行。

（2）审批承包单位提交的“施工组织设计”

① 施工单位应于开工前一周，填写施工组织设计报审表（《建设工程监理规范》（GB/T 50319—2013）B1 表），送监理单位；总监理工程师应及时组织监理工程师审查施工组织设计中的施工进度计划，技术保证措施，质量保证措施，采用的施工方法，环保、文明施工，安全措施和应急预案等内容，并提出意见，由总监理工程师审查后报送建设单位批准。如需修改，则应返回施工单位重新修改和报批。

②“施工组织设计”审查要点：工程质量、工期应与设计文件、施工合同一致；进度计划应保证施工连续性；施工方案、工艺应符合设计要求；施工人员、物资安排应满足进度计划要求；施工机具、仪表、车辆应满足施工任务的需要；质量、技术管理体系应健全，措施切实可行；安全、环保、消防、文明施工措施应完善并符合规定。

施工单位应按审定的“施工组织设计”组织施工，如对已批准的施工组织设计进行修改、补充或变更时，应经总监理工程师审核同意后报建设单位。

（3）检查现场施工条件

① 通信管线：

a．相关单位应办理路由的审批手续（如市政、城建、土地、环保、公安、消防等）。

b．与相关单位已签订施工协议（如公路、铁路、水利、电力、煤气、供热、园林等)。

c. 施工单位的施工许可证、道路通行证已办妥。

d. 设备、材料分屯点已选定,能满足施工需要。

② 通信机房:

a. 机房建筑应完工并验收合格。

b. 预留孔洞、地槽、预埋件应符合设计要求。

c. 空调设备应安装完毕,并可正常工作。

d. 机房工作、保护接地系统的接地电阻应符合设计要求。

e. 机房防火应符合有关规定,严禁存放易燃易爆物品。

f. 市电应引入机房,照明系统能正常使用。

(4)检验进场施工机具、仪表和设备

进入现场的施工机具、仪表和设备,施工单位应填写“施工设备和仪表报验申请表”,并附有关计量部门的计量合格证书和有效期,报监理审核。监理工程师应根据“施工设备和仪表报验申请表”,检查进场施工机具、仪表和设备的技术状况,审检合格后予以签认。在施工过程中,监理人员还应督促施工人员经常检查机具、仪表和设备的技术状况,对出现损伤现象的,应及时修理或更换。

(5)审核开工报告、签发开工令

开工前,施工单位应填写“开工申请报告”送监理单位审查和建设单位批准。“开工申请报告”中应注明开工准备情况和存在的问题,以及提前或延期开工的原因。

① 开工报告审查要点:

a. 工程设计文件已通过会审。

b. 工程合同已签订。

c. 建设资金已到位。

d. 设备、材料满足开工需要。

e. 开工相关证件或协议已办妥。

f. 施工环境具备开工条件。

g. 施工人员、机具、仪表、车辆已按要求进场。

② 如开工条件已基本具备,总监理工程师应征得建设单位同意后签发开工令;如某项条件还不具备,则应协调相关单位、促使尽快开工。

5. 施工实施阶段质量控制

(1)进场设备、材料检验

① 当设备、材料进场后,承包(供货)单位应填写“工程材料、构配件、设备报审表”(《建设工程监理规范》(GB/T 50319—2013)B6表),送监理机构审核签认。

② 监理机构收到(工程材料、构配件、设备报审表)后,应及时派人员会同建设、供货、施工单位等相关人员依据设备、材料清单对设备、材料进行清点检测,应符合

设计及订货合同要求。

③ 对进口设备、材料，供货单位应报送进口商检证明文件，并由建设、施工、供货、监理各方进行联合检查。

④ 对检验不合格的设备、材料，监理工程师应要求相关人员分开存放，限期移出现场，不准在工程中使用。同时，监理机构应及时签发“监理工程师通知单”，并报建设单位和通知供货商到现场复验确认。

⑤ 当器材型号不符合工程设计要求时，监理工程师应通过建设单位，在未得到明确处理意见前不得用于工程。

⑥ 对于建设单位委托承包单位外加工的构件，应检查其数量、规格、质量是否符合相关要求。

（2）工序报验、随工检查与隐蔽工程签证

在施工过程中，施工单位必须履行工序报验手续，报监理机构审查。

① 机房装修工作未结束，不得进行机房的铁件安装。

② 设备安装时，监理工程师应熟知工程设计文件的相关内容，了解网络组织及传输条件，对房屋面积、荷载、设备排列、走线、供电、接地等应进行核查。

③ 设备安装时，承包单位必须履行工序报验手续。机房走线架（槽道）位置、水平、垂直度和工艺安装不符合要求时，不得进行设备安装；机架安装位置、固定方式、水平、垂直度不符合要求时，不得布放缆线；缆线布放路由和整齐度不符合要求时，不得做成端；机架布线和焊接端子未经监理工程师检查，不得加电测试。

④ 各种通信设备在安装完毕后，应在监理工程师的旁站监督下进行加电和本机测试。加电应按说明书上的操作规程进行，并测量电源电压，确认正常后，方可进行下一级通电。

⑤ 管道、线路施工时，路由未经复测，不准划线开挖。

⑥ 光（电）缆未经单盘检测，不准配盘；未经配盘，不准敷缆。

⑦ 通信管道土方开挖的高程、埋深未达标，不准铺管、敷缆。

⑧ 未经监理工程师检验的隐蔽工序不得隐蔽；否则，监理工程师有权责令剥露检查。

⑨ 管道管孔未经试通、清刷，不准穿子管、敷缆。

⑩ 杆洞深度不够，不得立杆。杆路未安装拉线，不得敷设吊线及光（电）缆。

（3）施工质量的监督管理

① 检查施工单位的施工质量，对全过程进行严格的控制。

② 根据施工合同中约定的质量标准进行控制和检查，如果双方对工程质量标准有争议时，可由设计单位做出解释，或参照国家和行业相关的工程验收规范进行检验。

③ 对施工中出现质量达不到要求或质量缺陷，监理工程师应及时下达监理工程师通知单，要求施工单位整改。

6. 工程验收阶段质量控制

通信工程验收一般分四个步骤，即随工检查、初验、试运行和终验。

（1）随工检查

监理人员对通信管线的沟槽开挖、通信管道建筑、光（电）缆布放、杆路架设、设备安装、铁塔基础及其隐蔽工程部分进行施工现场检验，对合格部分予以签认。随工检验已签认的工程质量，在工程初验时一般不再进行检验，仅对可疑部分予以抽检。

工程按设计和合同约定完工后，承包单位应在工程自检合格的基础上填写“单位工程竣工验收报审单”（《建设工程监理规范》（GB/T 50319—2013）B10 表）和编制竣工文件，报送项目监理机构，申请竣工验收。

竣工文件中的资料和工程图纸应齐全，数据准确，计量单位应符合国家标准，图文标记详细，文字清楚，竣工资料装订整齐，规格形式一致，符合归档要求。

竣工文件一般由竣工技术文件、竣工图纸、测试资料三部分组成。

① 竣工技术文件的主要内容

a. 工程说明：应说明工程概况、性质、规模、工程施工情况和变更情况。

b. 开工报告：应填写实际开工日期和计划完工日期，工程前期的准备情况。

c. 交工报告：工程竣工后向建设单位提交验收报告。

d. 建筑安装工程量总表：工程中实际完成工程总量。

e. 已安装设备明细表：工程中实际安装的设备数量、规格、型号等。

f. 停（复）工通知：由于自然或人为原因，不能正常施工或恢复施工时填写此表。

g. 随工验收、隐蔽工程检查签证记录：应按工程、工序填写，由监理人员或建设单位工地代表签字确认。

h. 工程设计变更单：在工程实施过程中，由于情况发生变化而不能按工程设计要求正常施工时填写此单，必须要有建设单位、设计单位、监理签字认可。

i. 工程重大质量事故报告单：在施工中，因人为原因而造成的重大质量事故应填写此单，报告实际造成的重大质量事故情况。

j. 工程交接书：由施工方填写完成的项目、安装的设备、工程中所用材料数量。工程的备、附件应向接收单位移交并双方签字。

k. 验收证书：由验收小组填写。验收评语一般可分“优良”和“合格”。不合格的工程不能通过验收，必须重新施工或整改合格。评语等级应按有关规定办理。

l. 洽商记录。

工程技术管理文件中的表格应齐全，不得缺项、漏页。表格每一栏都要填写，不得空项，没有发生的事项应填写“无”。

② 测试资料

测试记录应清晰、完整，数据正确；测试项目齐全，计量单位必须符合国家规定，技术指标达到设计或规范验收标准。

③ 竣工图纸

a．一般情况下，竣工图纸可用设计图纸代替。个别有变更时，可用碳素墨水笔或黑墨水笔在原工程设计图纸上修（划）改。局部可以圈出更改部位，在原图空白处重新绘制。引出线不交叉、不遮盖其他线条。如改动较大，超过 1/3 时，则应重新绘制。

b．当无法在图纸上表达清楚时，应在图纸标题的上方或左边用文字说明。有关说明应与图框平行。

c．用工程设计图纸代替竣工图时，在原图空白处应加盖红色印泥的竣工图章。竣工图章规格应符合《建设工程文件归档规范》（GB/T 50328—2014）的要求。一般工程，图纸可以在施工图上修改，加盖竣工图章并签字作为竣工图；但对修改较多、字迹模糊的，应重新绘制；对于跨省长途干线光缆路由图，竣工图纸应重新绘制，不得用设计图纸代替。图形符号应符合《通信工程制图与图形符号规定》（YD/T 5015—2015）。

d．竣工图应按《技术制图 复制图的折叠方法》（GB/T 10609.3—2009）的要求，统一折叠成 297mm×210mm（A4）图幅，内拆式，外翻图标。

④ 竣工文件装订要求

a．资料装订时应整齐，卷面清洁，不得用金属和塑料等材料制成的钉子装订。卷内的封面、自录、备考表用 70g 以上的白色书写纸制作。资料装订后，应编写页码。单面书写的文件资料、图纸页码编写位置在右上角；双面书写的文件资料正面页码在右上角，背面页码在左上角。页码应用号码机统一打印。

b．设备随机说明书或技术资料已装订，并有利于长期保存的，可保持原样，不须重新装订。

⑤ 竣工文件审查要求

a．竣工技术文件格中的每张表格都要附上，表格每一栏都要填写，不得空缺，没有发生的事项应填写“无”。

b．管道建筑工程竣工图审核要点：人（手）孔规格、型号、编号、数量，管孔断面、管道段长、管道平面图，管道纵剖面（高程）图，基础浇筑配筋和截面图，人（手）孔建筑结构和铁件安装图，现场浇筑时的人（手）孔上覆配筋图等，要求标注清楚，图与实际相符、图与图衔接，标清与其他管道、构筑物的间距及管道周边参照物等。

c．通信线路工程竣工图审核要点：路由图，排雷线布放图，接头位置和安装图，架空杆路位置和电杆配置图，路由参照物、特殊地段图（江、河、路、桥、轨、电力线等）等，要求标注清楚、图与实际相符、图与图衔接。

d．通信设备安装工程竣工图审核要点：通路组织图，走线架（槽道）安装图，设备平面布置图，设备安装加固工艺图，布线系统路由图，电源线、接地线布放路由图，设备面板布置图，设备端子接线图，配线架接线和跳线图。安装无线设备时，还应有天线安装位置、加固方式和天线方位图，馈线布放路由图等。

e. 通信电源安装工程竣工图审查要点：变换设备安装位置图，蓄电池安装位置图，发电机和油机安装位置图，油机控制屏安装位置和布线图，油箱、水箱和管路安装位置图，太阳电池和风力发电机安装图以及铜（汇流）排安装路由图，室外电力线敷设路由图，室内电源线、告警线布线图，接地装置图等。

f. 通信铁塔基础工程竣工图审核要点：基础位置图，基础钢筋骨架结构图，接地装置结构和安装位置图，塔体安装图等。其中，基础位置图的图纸必须标明长、宽、深、根开、基桩标高、水平度、地脚螺栓露出高度、位置及水泥、混凝土标号等；基础钢筋骨架结构图必须标明钢筋型号、规格和钢筋笼结构的尺寸和接头焊接、搭接要求；塔体安装结构图必须标明塔高、塔体结构和加固方式，平台位置、抱杆安装高度和方位角，塔梯、护笼、避雷设施以及警示标志安装位置等。

⑥ 监理文件要求

监理文件是工程档案的一个重要组成部分，按工程档案的相关规定，工程结束后交于建设单位。

监理文件的内容主要包括：监理合同、监理规划、监理指令、监理日志（包括工程中的图片等）、监理报表、会议纪要、监理在工程施工中审核签认的文件（包括承包单位报来的施工组织设计等各种文件和报表）、工程质量认证文件、工程款支付文件、工程验收记录、工程质量事故调查及处理报告、监理工作总结等。

监理机构收到工程竣工报验单后，总监理工程师应组织专业监理工程师和承包单位相关人员对工程进行检查和预验。对在检查中发现的问题应由监理机构通知承包单位整改合格，监理机构应派员确认合格。通过预验检查后，监理机构应对工程编写工程质量评价报告，并由总监理工程师签发由承包单位提交的工程竣工报验单，报建设单位，申请工程验收。

（2）工程初验

① 建设单位接到由总监理工程师确认的工程竣工报验单和工程质量评价报告后，应根据有关文件精神组织验收小组对工程进行初验。监理单位、施工单位、供货厂家应相互配合。

② 在初验过程中发现不合格的项目，应由责任单位及时整治或返修，直至合格，再进行补验。

③ 承包单位应根据设备附件清单和设计图纸规定，将设备、附件、材料如数清点、移交。损坏、丢失应补齐。

④ 验收小组应根据初验情况写出初验报告和工程结论，抄送相关单位。

（3）工程的试运行

通信工程经过初验后，应进行不少于三个月的试运行。试运行时，应投入设备容量的20%以上运行。在试运行期间，设备的主要技术性能和指标均应达到要求。如果主要指标达不到要求，监理工程师应责成相关单位进行整治，合格后重新试运行三个月。

试运行结束后，由运行维护单位编制试运行测试和试运行情况的报告。

（4）工程终验

当试运行结束后，建设单位在收到维护单位编写的试运行报告和承包单位编写的初验遗留问题整改、返修报告及项目监理机构编写的关于工程质量评定意见和监理资料等后，应及时组织终验工作，并书面通知相关单位。如不能及时组织终验，应说明推迟的原因及终验时间等。

① 终验由上级主程主管部门或建设单位组织和主持，施工、监理、设计、器材供应、质检、审计、财务、管理、维护、档案等单位和部门相关人员参加。终验方案由终验小组确定。

② 工程终验应对工程质量、安全、档案、结算等作出书面综合评价，终验通过后签发验收证书。

③ 竣工验收报告由建设单位编制，报上级主管部门审批。

7．保修阶段质量控制

（1）保修期自工程终验完毕之日起算，保修期一般为一年。

（2）监理工程师应依据委托监理合同约定的时间、范围和内容开展保修阶段的监理工作。

（3）在保修期内，监理工程师应对工程质量出现的问题督促相关单位及时派员到现场进行修复，并对修复完毕的工程质量进行检查，合格后予以确认。监理工程师应对出现的缺陷原因进行调查分析，按照工程合同的约定，确认责任归属。

（4）监理单位对由质量问题引起的经济、争议理赔进行处理。

（5）根据工程合同对其保修期工作内容的完成时限及质量进行确认。

在工程的试运行和保修期间，监理单位应经常检查、督促相关单位做好试运行和保修工作。对于试运行和保修期间中出现的问题，应会同相关单位研究解决办法。定期向建设单位通报工程试运行和保修情况。

四、监理造价控制

（一）工程造价控制的概念

工程造价控制，就是在投资决策阶段、设计阶段、施工阶段，把工程造价控制在批准的投资限额以内，随时纠正发生的偏差，以保证项目投资目标的实现，以求在建设工程中能合理使用人力、物力、财力，取得较好的投资效益和社会效益。

1．我国工程造价管理的理念

我国在20世纪80年代末、90年代初提出了全过程造价管理的思想和观念，要求工程造价的计价与控制必须从立项就开始全过程的管理活动，从前期工作开始抓起，直到工程竣工为止。

全过程造价控制是一个逐步深入、逐步细化和逐步接近实际造价的过程，如图 6-4-4 所示。

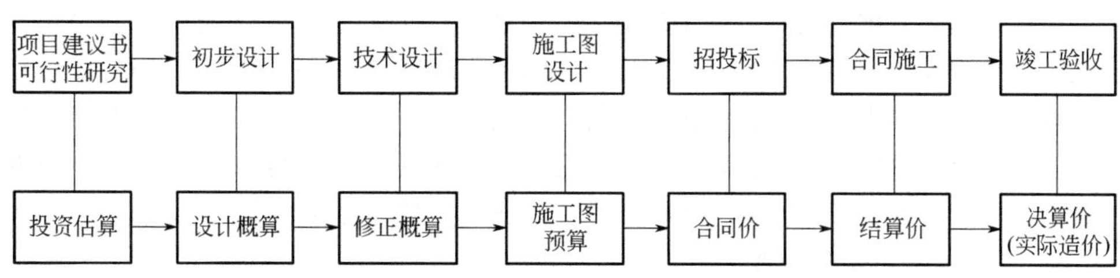

图 6-4-4　全过程工程造价控制过程

2．国外工程造价管理的理念

20 世纪 70 年代，工程造价的计价与控制有了新的突破。英国提出了“全生命周期造价管理”的工程项目投资评估与造价管理的理论和方法。随后，美国推出了“全面造价管理”这一涉及工程项目战略资产管理、工程项目造价管理的概念和理念。从此，国际上的工程造价管理研究与实践进入了一个全新发展阶段。

3．工程造价控制的原理

工程造价控制是工程项目控制的主要内容之一，控制原理如图 6-4-5 所示，这种控制是动态的，并贯穿于项目建设的始终。在这一动态控制过程中，应着重做好对计

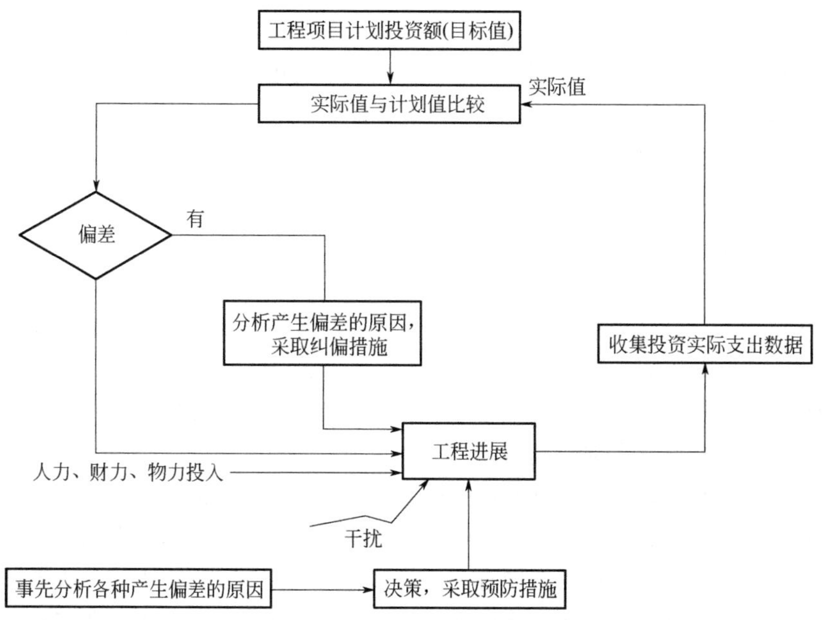

图 6-4-5　工程造价控制原理

划目标值的论证和分析；及时收集实际数据，对工程进展做出评估；进行项目计划值与目标值的比较，以判断是否存在偏差，采取控制措施以确保造价控制目标的实现。

4．工程造价控制的目标

随着工程建设项目的进展，工程造价控制目标分阶段设置。具体来讲，投资估算应是建设工程设计方案选择和进行初步设计的工程造价控制目标；设计概算应是进行技术设计和施工图设计的工程造价控制目标；施工图预算或建筑安装工程承包合同价则是施工阶段造价控制的目标。各个阶段目标有机联系，相互制约，相互补充，前者控制后者，后者补充前者，共同组成建设工程造价控制的目标体系。

5．工程造价控制的重点

工程造价控制贯穿于项目建设的全过程，但必须突出重点。影响项目投资最大的阶段，是约占工程项目建设周期1/4的技术设计结束前的工作阶段。在初步设计阶段，影响项目投资的可能性为75%～95%；在技术设计阶段，影响项目投资的可能性为35%～75%；在施工图设计阶段，影响项目投资的可能性则为5%～35%。显然，工程造价控制的关键就在于施工以前的投资决策和设计阶段，而项目做出投资决策后，控制的关键就在于设计。

6．工程造价控制措施

对工程造价的有效控制可从组织、技术、经济、合同与信息管理等方面采取措施。组织措施包括明确工程项目组织结构，明确工程项目造价控制人员及任务，明确管理职能分工；技术措施包括重视设计的多方案选择，严格审查监督初步设计、技术设计、施工图设计、施工组织设计，深入技术领域研究节约投资的可能性；经济措施包括动态地比较项目投资实际值和计划值，严格审核各项费用支出，采取节约投资奖励措施等。技术与经济相结合是工程造价控制最有效的手段。

7．工程造价控制的任务

工程造价控制是建设工程监理的一项主要任务，造价控制贯穿于工程建设的各个阶段，也贯穿于监理工作的各个环节。

（1）设计阶段：协助业主提出设计要求，组织设计方案竞赛或设计招标，用技术经济方法组织评选设计方案；协助设计单位开展限额设计工作，编制本阶段资金使用计划，并进行付款控制；进行设计挖潜，用价值工程等方法对设计进行技术经济分析、比较和论证，在保证功能的前提下进一步寻找节约投资的可能性；审查设计概预算，尽量使概算不超估算，预算不超概算。

（2）施工招标阶段：准备并发送招标文件，编制工程量清单和招标工程标底；协助评审投标书，提出评标建议；协助建设单位与承包单位签订承包合同。

（3）施工阶段：依据施工合同有关条款、施工设计图，对工程项目造价目标进行风险分析，并制定防范性对策；从造价、项目的功能要求、质量和工期方面审查工程变更的方案，并在工程变更实施前与建设单位、承包单位协商确定工程变更的价款；

按施工合同约定的工程量计算规则和支付条款进行工程量计算和工程款支付；建立月/周完成工程量统计表，对实际完成量与计划完成量进行比较、分析，制定调整措施；收集、整理有关的施工和监理资料，为处理费用索赔提供依据；按施工合同的有关规定进行竣工结算，对竣工结算的价款总额与建设单位和承包单位进行协商。

8．工程造价控制任务

建设工程组织管理的基本模式主要有平行承发包模式、设计或施工总分包模式、项目总承包模式、项目总承包管理模式，不同的组织管理模式有不同的合同体系和管理特点，与工程造价控制有着密切的关系。

（1）选择平行承发包模式对造价控制的影响

平行承发包模式是指业主将建设工程的设计、施工以及材料设备采购的任务经过分解，分别发包给若干个设计单位、施工单位和材料设备供应单位，并分别与各方签订合同。这种工程组织模式对造价的影响是：

合同数量多，总合同价不易确定，影响造价控制的实施；工程招标任务量大，需控制多项合同价格，增加了造价控制的难度；在施工过程中设计变更和修改较多，导致投资增加。

（2）选择设计或施工总分包模式对造价控制的影响

设计或施工总分包模式是指业主将全部设计或施工任务发包给一个设计单位或一个施工单位作为总包单位，总包单位可以将其部分任务再分包给其他承包单位，形成一个设计总包合同或一个施工总包以及若干个分包合同的结构模式。这种工程组织模式对造价的影响是：

总包合同价格可以较早确定，监理单位易于进行造价控制；总包报价可能较高。对于规模较大的建设工程来说，通常只有大型承建单位才具有总包的资格和能力，竞争相对不甚激烈；另一方面，对于分包出去的工程内容，总包单位都要在分包报价的基础上加收管理费向业主报价，致使总包的报价较高。

（3）选择项目总承包模式对造价控制的影响

项目总承包模式是指业主将工程设计、施工、材料和设备采购等工作全部发包给一家承包公司，由其进行实质性设计、施工和采购工作，最后向业主交出一个已达到动用条件的工程。按这种模式发包的工程也称“交钥匙工程”。由于这种组织模式承包范围大、介入项目时间早、工程信息未知数多，承包方承担风险较大，而有此能力的承包单位数量相对较少，这往往导致竞争性降低，合同价格较高。

（4）选择项目总承包管理模式对造价控制的影响

项目总承包管理模式是指业主将工程建设任务发包给专门从事项目组织管理的单位，再由它分包给若干设计、施工和材料设备供应单位，并在实施中进行项目管理。这种组织模式，监理工程师对分包单位的确认工作十分关键，项目总承包管理单位自身经济实力一般比较弱，而承担的风险相对较大，因此采用这种管理模式应慎重。

（二）设计阶段造价控制

1．设计阶段造价控制的任务

工程造价控制贯穿于项目建设全过程，而在设计阶段控制工程造价效果最显著。控制工程造价的关键在设计阶段。

在设计阶段，监理单位造价控制的主要任务是通过收集类似建设工程投资资料和数据，协助业主制定建设工程造价目标规划；开展技术经济分析等活动，协调和配合设计单位力求使设计投资合理化；审核概（预）算，提出改进意见，优化设计，最终满足业主对建设工程造价的经济性要求。

监理工程师在设计阶段造价控制的主要工作包括：对建设工程总投资进行论证，确认其可行性；组织设计方案比选或设计招标，协助业主确定对造价控制有利的设计方案；伴随设计各阶段的成果输出制定建设工程造价目标划分系统，为本阶段和后续阶段造价控制提供依据；在保障设计质量的前提下，协助设计单位开展限额设计工作；编制本阶段资金使用计划，并进行付款控制；审查工程概算、预算，在保障建设工程具有安全可靠性、适用性基础上，概算不超估算，预算不超概算；进行设计挖潜，节约投资；对设计进行技术经济分析、比较、论证，寻求一次性投资少而全寿命经济性好的设计方案等。

2．设计方案优选

设计方案优选是提高设计经济合理性的重要途径。设计方案选择就是通过对工程设计方案的技术经济分析，从若干设计方案中选出最佳方案的过程。在设计方案选择时，须综合考虑各方面因素，对方案进行全方位技术经济分析与比较，结合实际条件，选择功能完善、技术先进、经济合理的设计方案。设计方案选择最常用的方法是比较分析法。

3．设计概算审查

设计概算是初步设计文件的重要组成部分，是在投资估算的控制下由设计单位按照设计要求概略地计算拟建工程从立项开始到交付使用为止全过程所发生建设费用的文件。设计概算编制工作较为简单，在精度上没有施工图预算准确。采用两阶段或三阶段设计的建设项目，初步设计阶段必须编制设计概算；采用一阶段设计的施工图预算应反映全部概算的费用。

设计概算是编制建设项目投资计划、确定和控制建设项目投资的依据，一经批准将作为控制建设项目投资的最高限额；设计概算是签订建设工程合同和贷款合同的依据，是控制施工图设计和施工图预算的依据，是衡量设计方案技术经济合理性和选择最佳设计方案的依据，是考核建设项目投资效果的依据。

(1) 设计概算的内容

设计概算分为单位工程概算、单项工程综合概算、建设工程总概算三级。各级概算之间的相互关系如图 6-4-6 所示。

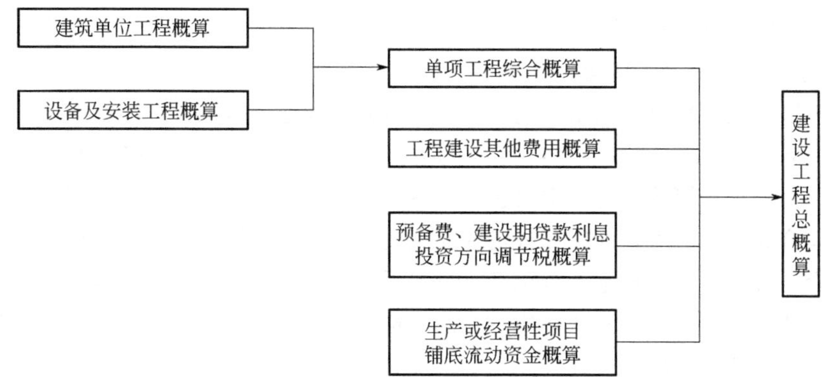

图 6-4-6　设计概算的三级概算关系图

（2）设计概算编制方法

设计概算是从最基本的单位工程概算编制开始逐级汇总而成。

单位工程概算书分为建筑单位工程概算书和设备及安装工程概算书两类。

建筑单位工程概算编制方法一般有扩大单价法、概算指标法两种形式，可根据编制条件、依据和要求的不同适当选取。

设备及安装工程概算由设备购置费和安装工程费两部分组成。设备购置费由设备原价和设备运杂费组成。设备及安装工程概算的编制方法一般有三种，即预算单价法、扩大单价法、概算指标法。

单项工程综合概算编制：综合概算是以单项工程为编制对象，由该单项工程内各单位工程概算书汇总而成。

总概算是以整个工程项目为对象，由各单项工程综合概算及其他工程和费用概算综合汇编而成。

4．设计概算审查的依据

（1）国家有关建设和造价管理的法律、法规和方针政策。

（2）批准的建设项目的设计任务书（或批准的可行性研究文件）和主管部门的有关规定。

（3）初步设计项目一览表。

（4）能满足编制设计概算的各专业的设计图纸、文字说明和主要设备表。

（5）当地和主管部门的现行建筑工程和专业安装工程的概算定额（或预算定额、综合预算定额）、单位估价表、材料及构配件预算价格、工程费用定额和有关费用规定的文件等。

（6）现行的有关设备原价及运杂费率。

（7）现行的有关其他费用定额、指标和价格。

（8）建设场地的自然条件和施工条件。

（9）类似工程的概、预算及技术经济指标。

（10）建设单位提供的有关工程造价的其他资料。

5．设计概算审查的内容

（1）审查设计概算编制依据的合法性、时效性和适用范围。

（2）通过审查编制说明、概算编制的完整性、概算的编制范围来审查概算编制深度。

（3）审查工程概算的内容主要包括：建设规模、建设标准、配套工程、设计定员等是否符合原批准的可行性研究报告或立项批文的标准；编制方法、计价依据和程序是否符合现行规定；工程量是否正确；材料用量和价格，设备规格、数量和配置是否符合设计要求，是否与设备清单相一致；建筑安装工程的各项费用的计取是否符合国家或地方有关部门的现行规定等。

6．设计概算审查方法

采用适当方法审查设计概算，是确保审查质量、提高审查效率的关键。较常用的设计概算审查方法有对比分析法、查询核实法、联合会审法。

7．施工图预算审查

施工图预算是施工图设计预算的简称，又称设计预算。它是由设计单位或造价咨询单位在施工图设计完成后，根据施工图设计图纸、现行预算定额、费用定额以及地区设备、材料、人工、施工机械台班等预算价格编制和确定的建筑安装工程造价文件。

施工图预算是招投标的重要基础，既是工程量清单的编制依据，也是标底编制的依据。施工图预算是施工单位在施工前组织材料、机具、设备及劳动力供应的重要参考。

（1）施工图预算的内容

施工图预算有单位工程预算、单项工程预算和建设项目总预算。单位工程预算是根据施工图设计文件、现行预算定额、费用定额以及人工、材料、设备、机械台班等预算价格资料，编制单位工程的施工图预算；然后汇总所有各单位工程施工图预算，成为单项工程施工图预算；再汇总所有各单项工程施工图预算，便是一个建设项目建筑安装工程的总预算。

单位工程预算包括建筑工程预算和设备安装工程预算。

（2）施工图预算的编制

施工图预算编制的一般程序如图 6-4-7 所示。

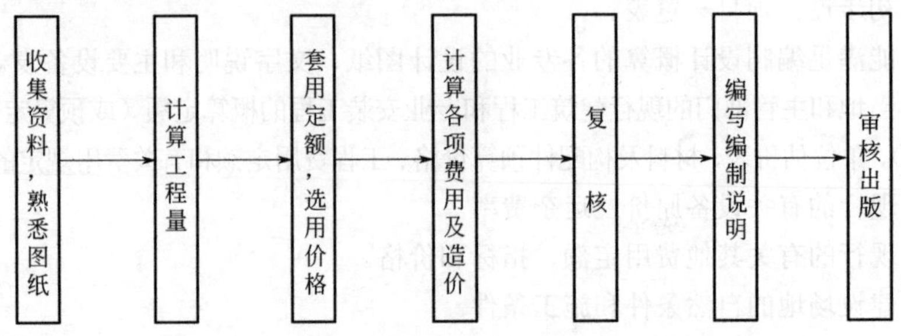

图 6-4-7　施工图预算编制的一般程序

施工图预算的编制可以采用工料单价法和综合单价法。

工料单价法是目前施工图预算普遍采用的方法，是根据建筑安装工程施工图和预算定额，按分部、分项的顺序，先算出分项工程量，然后再乘以对应的定额基价，求出分项工程直接工程费。将分项工程直接工程费汇总为单位工程直接工程费，单位工程直接工程费汇总后另加措施费、间接费、利润、税金生成施工图预算造价。

综合单价法，即分项工程全费用单价，它综合了人工费、材料费、机械费，有关文件规定的调价、利润、税金，现行取费中有关费用、材料价差，以及采用固定价格的工程所测算的风险金等全部费用。

综合单价法与工料单价法相比较，主要区别在于：间接费和利润等是用一个综合管理费率分摊到分项工程单价中，从而组成分项工程全费用单价，某分项工程单价乘以工程量即为该分项工程的完全价格。

8．施工图预算审查的依据

（1）国家有关工程建设和造价管理的法律、法规和方针政策。

（2）施工图设计项目一览表、各专业施工图设计的图纸和文字说明、工程地质勘察资料。

（3）主管部门颁布的现行建筑工程和安装工程预算定额、材料与构配件预算价格、工程费用定额和有关费用规定等文件。

（4）现行的有关设备原价及运杂费率。

（5）现行的其他费用定额、指标和价格。

（6）建设场地中的自然条件和施工条件。

9．施工图预算审查的内容

审查施工图预算的重点，应该放在工程量计算、预算定额的套用、设备材料预算价格取定是否准确，各项费用标准是否符合现行规定等方面。主要审查工程量、单价和其他有关费用。

10．施工图预算审查的方法

施工图预算审查的方法主要有逐项审查法（又称全面审查法）、标准预算审查法、分组计算审查法、对比审查法、“筛选”审查法、重点审查法。

（三）施工阶段造价控制

1．施工招标阶段造价控制

建设工程施工招标，是指招标人就拟建的工程发布公告或邀请，以法定方式吸引施工企业参加竞争，招标人从中选择条件优越者完成工程建设任务的法律行为。实行施工招标投标的项目便于供求双方更好地相互选择，可以使建设单位通过法定程序择优选择施工承包单位，使工程价格更加符合价值基础，进而更好地控制工程造价。

2．承包合同价格方式选择

《招标投标法》第四十六条规定，招标人和中标人应当自中标通知书发出之日起30 日内，按照招标文件和投标文件订立书面合同。因此，招标文件中规定的合同价格方式和中标人按此方式所做出的投标报价成为签订施工承包合同的依据。

（1）以计价方式划分的建设工程施工合同分类

《建设工程施工合同》通用条款中规定有固定价格合同、可调价格合同、成本加酬金合同三类可选择的计价方式，所签合同采用哪种方式需在专用条款中说明。

建设工程承包合同的计价方式按照国际通行做法，建设工程施工承包合同可分为总价合同、单价合同和成本加酬金合同。

具体工程承包的计价方式不一定是单一的方式，可以采用组合计价方式。施工合同分类如图 6-4-8 所示。

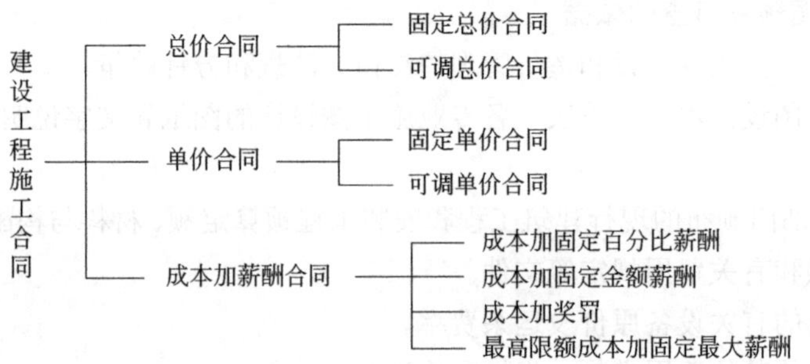

图 6-4-8　以计价方式划分的建设工程施工合同分类

（2）承包合同计价方式选择

各类合同计价方式的适用范围及风险情况见表 6-4-2。

◎ **表 6-4-2　各类合同计价方式的适用范围及风险情况**

合同计价方式	适用范围	风险情况
总价合同	仅适用于工程量不太大且能精确计算、工期较短、技术不太复杂、风险不太大的项目	承包方承担工程量变化风险
单价合同	适用范围比较宽，合同双方对单价和工程量计算的项目	风险合理分摊
固定价格合同	适用于工期短的工程，图纸要求明确	承包方承担资源价格变动的风险
可调价格合同	适用于工期较长的工程	发包方承担资源价格变动的风险
成本加酬金合同	主要适用于需要立即开展工作的项目；新型的工程项目或工程内容及技术经济指标未确定的项目；风险大的项目	发包方承担全部风险

在工程实践中，采用哪一种合同计价方式，应根据建设工程特点、工程费用、工期、质量要求等综合考虑。影响合同价格方式选择的因素主要包括以下几个方面：

（1）项目复杂程度。规模大且技术复杂的工程项目，承包风险较大，各项费用不易估算准确，不宜采用固定总价合同。也可以将有把握的部分采用固定总价合同，估算不准的部分采用单价合同或成本加酬金合同。

（2）工程设计深度。工程招标时所依据设计文件的深度，即工程范围的明确程度和预计完成工程量的准确程度，经常是选择合同计价方式时应考虑的重要因素。招标时的设计深度已达到施工图设计要求，工程设计图纸完整齐全，设计文件能够完全详细确定工程任务的情况下，一般可采用总价合同；当设计深度不够或施工图不完整，不能准确计算出工程量的条件下，一般宜采用单价合同。

（3）施工难易程度。如果施工中有较大部分采用新技术和新工艺，当发包方和承包方都没有经验，且在国家颁布的标准、规范、定额中又没有可作为依据的标准时，不宜采用固定总价合同，较为保险的做法是选用成本加酬金合同。

（4）进度要求的紧迫程度。对一些紧急工程，如灾后恢复工程、要求尽快开工且工期较紧的工程等，可能仅有实施方案，还没有施工图纸，宜采用成本加酬金合同比较合理，可以用邀请招标方式选择有信誉、有能力的承包方及早开工。

3．标底编制

标底是指招标人根据招标项目具体情况编制的完成招标项目所需的全部费用。《招标投标法》第二十二条第二款规定："招标人设有标底的，标底必须保密。"标底是我国工程招标中的一个特有概念，是依据国家统一的工程量计算规则、预算定额和计价办法计算出来的工程造价，是招标人对建设工程预算的期望值。在国外，标底一般被称为"估算成本""合同估价"。

标底与合同价没有直接的关系。标底是招标人发包工程的期望值，即招标人对建设工程价格的期望值，也是评定标价的参考值，设有标底的招标工程，在评标时应当参考标底。合同价是确定了中标者后双方签订的合同价格，中标者的投标报价，即中标价，可认为是招投标双方都可接受的价格，是签订合的价格依据。中标价即为合同价，招标人和中标人不得再行订立背离合同实质性内容的其他协议。

（1）标底编制依据

工程标底的编制主要依据以下基本资料和文件：

① 国家的有关法律、法规以及国务院和省（自治区、直辖市）建设行政主管部门制定的有关工程造价的文件、规定。

② 工程招标文件中确定的计价依据和计价办法，招标文件的商务条款，包括合同条件中规定由工程承包方应承担义务而可能发生的费用，以及招标文件的澄清、答疑等补充文件和资料。在标底价格计算时，计算口径和取费内容必须与招标文件中有关取费等要求一致。

③ 工程设计文件、图纸、技术说明及招标时的设计交底，设计图纸确定的或招标人提供的工程量清单等相关基础资料。

④ 国家、行业、地方的工程建设标准，包括建设工程施工必须执行的建设技术标准、规范和规程。

⑤ 采用的施工组织设计、施工方案、施工技术措施等。

⑥ 工程施工现场地质、水文勘探资料，现场环境和条件及反映相应情况的有关资料。

⑦ 招标时的人工、材料、设备及施工机械台班等要素的市场价格信息，以及国家或地方有关政策性调价文件的规定。

（2）标底编制程序

标底文件可由具有编制招标文件能力的招标人自行编制，也可委托具有相应资质和能力的工程造价咨询机构、招标代理机构和监理单位编制。

编制程序如下：

① 收集编制资料，包括全套施工图纸及地质、水文、地上情况的有关资料、招标文件、其他依据性文件。

② 参加交底会及现场勘察。

③ 编制标底。

④ 审核标底价格。

（3）标底文件的主要内容

标底文件的主要内容包括：编制说明、标底价格文件、标底附件、标底价格编制的有关表格。

（4）标底价格的编制方法

我国目前建设工程施工招标标底的编制主要采用定额计价和工程量清单计价来编制。

编制标底价格需考虑的因素有：

① 标底价格必须适应目标工期的要求，对提前工期因素有所反映。

② 标底价格必须适应招标人的质量要求，对高于国家验收规范的质量因素有所反映。

③ 标底价格计算时，必须合理确定间接费、利润等费用的计取，应反映企业和市场的现实情况，尤其是利润，一般应以行业平均水平为基础。

④ 标底价格必须综合考虑招标工程所处的自然地理条件和招标工程的范围等因素。

⑤ 标底价格应根据招标文件或合同条件的规定，按规定的承发包模式，确定相应的计价方式，考虑相应的风险费用。

4. 施工阶段造价控制

众所周知，建设工程的投资主要发生在施工阶段，在这一阶段需要投入大量的人力、物力、资金等，是工程项目建设费用消耗最多的时期。因此，对施工阶段的造价控制应给予足够的重视，精心组织施工，挖掘各方面潜力，节约资源消耗，仍可以收到节约投资的明显效果。

施工阶段造价控制的主要任务是通过工程付款控制、工程变更费用控制、预防并处理好费用索赔、挖掘节约投资潜力来努力实现实际发生的费用不超过计划投资。

施工阶段造价控制仅仅靠控制工程款的支付是不够的，应从组织、经济、技术、合同等多方面采取措施，控制投资。

（1）组织措施

① 在项目监理机构中落实造价控制的人员、任务分工和职能分工。

② 编制本阶段造价控制工作计划和详细的工作流程图。

（2）经济措施

① 审查资金使用计划，确定、分解造价控制目标。

② 进行工程计量。

③ 复核工程付款账单，签发付款证书。

④ 做好投资支出的分析与预测，经常或定期向建设单位提交投资控制及存在问题的报告。

⑤ 定期进行投资实际发生值与计划目标值的比较，发现偏差，分析原因，采取措施。

⑥ 对工程变更的费用做出评估，并就评估情况与承包单位和建设单位进行协调。

⑦ 审核工程结算。

（3）技术措施

① 对设计变更进行技术经济比较，严格控制设计变更。

② 继续寻找通过设计挖潜节约投资的可能性。

③ 从造价控制的角度审核承包单位编制的施工组织设计，对主要施工方案进行技术经济分析。

（4）合同措施

① 注意积累工程变更等有关资料和原始记录，为处理可能发生的索赔提供依据。参与处理索赔事宜。

② 参与合同修改、补充工作，着重考虑对投资的影响。

（5）施工阶段的造价控制主要工作内容

① 参与设计图纸会审，提出合理化建议。

② 从造价控制的角度审查承包方编制的施工组织设计，对主要施工方案进行技术经济分析。

③ 加强工程变更签证的管理，严格控制、审定工程变更，设计变更必须在合同条款的约束下进行，任何变更不能使合同失效。

④ 实事求是、合理地签认各种选价控制文件资料，不得重复或与其他工程资料相

矛盾。

⑤ 建立月完成量和工作量统计表，对实际完成量和计划完成量进行比较、分析，做好进度款的控制。

⑥ 收集有现场监理工程师签认的工程量报审资料，作为结算审核的依据。

⑦ 收集经设计单位、施工单位、建设单位和总监理工程师签认的工程变更资料，作为结算审核的依据，防止施工单位在结算审核阶段只提供对施工方有利的资料，造成不应发生的损失。

5. 工程计量

工程计量是投资支出的关键环节，是约束承包商履行合同义务的手段。工程计量一般只对工程量清单中的全部项目、合同文件中规定的项目和工程变更项目进行计量。对于已完工程，并不是全部进行计量，而只是质量达到合同标准的已完工程，由专业监理工程师签署报验申请表，质量合格才予以计量。对于整改的项目，不得重复计量，未完的工程项目也不得计量。未经总监理工程师签认的工程变更，承包单位不得实施，项目监理机构不得予以计量。

6. 施工阶段变更价款确定

工程变更发生后，承包人应在工程设计变更确定后提出变更工程价款的报告，经建设单位确认后调整合同价款。如承包人未提出适当的变更价格，则发包人可根据所掌握的资料决定是否调整合同价款和调整的具体数额。收到变更价款报告的一方，予以确认或提出协商意见，否则视为变更工程价款报告已被确认。

变更价款的确定方法如下：

(1) 合同中已有适用于变更工程的价格，按合同已有的价格变更合同价款。

(2) 合同中只有类似于变更工程的价格，可以参照类似价格变更合同价款。

(3) 合同中没有适用或类似于变更工程的价格，由承包人提出适当的变更价格，经建设单位确认后执行。

总监理工程师应就工程变更费用与承包单位和建设单位进行协商。在双方未能达成协议时，项目监理机构可提出一个暂定的价格，作为临时支付工程款的依据。该工程款最终结算时，应以建设单位与承包单位达成的协议为依据。

7. 施工阶段索赔控制

索赔是工程承包合同履行中，当事人一方因对方不履行或不完全履行既定的义务，或者由于对方的行为使权利人受到损失时，要求对方补偿损失的权利。索赔是双向的，不仅承包人可以向发包人索赔，发包人同样也可以向承包人索赔。只有实际发生了经济损失或权利侵害，一方才能向对方索赔。索赔是一种未经对方确认的单方行为，它的最终实现必须要通过确认后才能实现。

按索赔的目的可以分为工期索赔和费用索赔。费用索赔的目的是要求经济补偿；工期索赔形式上是对权利的要求，但最终仍反映在经济收益上。

（1）承包人索赔

索赔事件发生后，承包人通常按以下步骤进行索赔：

① 承包人应在索赔事件发生后的 28 天内向监理工程师递交索赔意向通知书，如果超过这个期限，监理工程师和发包人有权拒绝承包人的索赔要求。

索赔意向通知提交后 28 天内递交正式的索赔报告，内容包括事件发生的原因、证据资料、索赔依据、要求补偿款项和工期的详细计算等有关资料。如未能按时间规定提出意向通知和索赔报告，承包人则失去就该项事件请求补偿的索赔权利。

② 监理工程师审核索赔报告。

监理工程师在接到承包人的索赔意向通知后，应建立索赔档案，密切关注事件的影响，检查承包人的同期记录，随时就记录内容提出不同意见或希望增加的记录项目。

在接到正式索赔报告后，监理工程师认真研究承包人报送的索赔资料。首先在不确认责任归属的情况下，客观分析事件发生的原因，研究索赔证据，检查同期记录；其次通过对事件的分析，依据合同条款划清责任界，必要时可以要求承包人补充资料；最后审查承包人提出的索赔补偿要求，剔除不合理部分，拟定工程师计算的合理索赔款额和工期顺延天数。

③ 确定合理补偿额。在经过认真分析研究，与承包人、发包人广泛讨论后，监理工程师应该向发包人和承包人提出“索赔处理决定”。通常，监理工程师的处理决定不是终局性的，不具有强制性约束力。

④ 发包人审查索赔处理。索赔报告经发包人同意后，监理工程师即可签发有关证书。

⑤ 承包人接受最终索赔处理决定，索赔事件处理结束。

（2）发包人索赔

由于承包人不履行或不完全履行约定的义务，或者由于承包人的行为使发包人受到损失时，发包人可向承包人提出索赔。发包人索赔主要有工期延误索赔、质量不满足合同要求索赔等。

可索赔费用一般包括以下几方面：

① 人工费。包括增加工作内容的人工费、停工损失费和工作效率降低的损失费等累计。其中，增加工作内容的人工费按计日工费计算，而停工损失费和工作效率降低的损失费按窝工费计算，窝工费的标准应在合同中约定。

② 设备费。可采用机械台班费、机械折旧费、设备租赁费等几种形式。当工作内容增加时，设备费的标准按照机械台班费计算。因窝工引起的设备费索赔，当施工机械属于施工企业自有时，按照机械折旧费计算；当施工机械是施工企业从外部租赁时，按设备租赁费计算。

③ 材料费。

④ 保函手续费。工程延期时，保函手续费相应增加。

⑤ 贷款利息。

⑥ 保险费。

⑦ 管理费。

⑧ 利润。

费用索赔的计算方法有实际费用法、修正总费用法等。

索赔虽然不可能完全避免，但通过努力可以减少发生，例如：

① 正确理解合同规定。

② 做好日常监理工作，随时与承包人保持协调。

③ 尽量为承包人提供力所能及的帮助。

④ 建立和维护工程师处理合同事务的威信。

8. 工程结算

（1）工程价款的结算方式

按现行规定，我国建设工程价款结算可以根据不同情况采取多种方式，如按月结算、竣工后一次结算、分段结算以及按合同双方约定的其他方式结算。

（2）工程预付款

施工企业承包工程一般都实行包工包料，这就需要一定数量的备料周转金。在工程承包合同条款中，一般要明确约定发包人在开工前拨付给承包人一定限额的工程预付款。此预付款构成施工企业为该工程项目储备主要材料、结构件所需的流动资金。

按照《建设工程施工合同（示范文本）》有关预付款做出的约定，预付时间应不迟于约定的开工日期前 7 天。发包人不按约定预付，承包人应在预付时间 7 天后向发包人发出要求预付的通知，发包人收到通知后仍不能按要求预付，承包人可在发出通知 7 天后停止施工，发包人应从约定应付之日起向承包人支付应付款的利息，并承担违约责任。工程预付款仅用于承包人支付施工开始时与本工程有关的动员费用，如承包人滥用此款，发包人有权立即收回。

（3）工程预付款的数额

包工包料工程的预付款按合同约定拨付，原则上预付比例不低于合同金额的 10%，不高于合同金额的 30%，对于设备及材料投资比例较高的，预付款比例可按不高于合同金额的 60%支付。对于包工不包料的工程项目，工程预付款按通信线路工程、通信设备安装工程、通信管道工程分别为合同金额的 30%、20%、40%。对重大工程项目，按年度工程计划逐年预付。计价执行《建设工程工程量清单计价规范》（GB 50500—2013）的工程，实体性消耗和非实体性消耗部分应在合同中分别约定预付款比例。对于只包工不包料（一切材料由发包人提供）的工程项目，则可以不预付备料款。

（4）工程预付款的扣回

预付的工程款必须在合同中约定抵扣方式，并在工程进度款中进行抵扣。扣款方法有两种：

第一种，由发包人和承包人通过洽商，用合同的形式予以确定，采用等比率或等额扣款的方式。原建设部《施工招标文件范本》中规定，在承包人完成金额累计达到合同总价的 10%后，由承包人开始向发包人还款，发包人从每次应付给承包人的金额中扣回工程预付款，发包人至少在合同规定的完工期前三个月将工程预付款的总计金额按逐次分摊的方式扣回。

第二种，从未施工工程尚需的主要材料及构件的价值相当于工程预付款数额时起扣，从每次结算工程价款中，按材料比重扣抵工程价款，竣工前全部扣清。计算公式如下：

$$T=P-(M/N)$$

式中，T 为起扣点，即工程预付款开始扣时的累计完成工作量金额；P 为承包工程价款总额；M 为工程预付款限额；N 为主要材料所占比重。

（5）工程进度款

按照《建设工程施工合同（示范文本）》中关于工程款支付做出的约定，在确认计量结果后 14 天内发包人应向承包人支付工程款（进度款）。发包人超过约定的支付时间不支付工程款（进度款），承包人可向发包人发出要求付款的通知，发包人在收到承包人通知后仍不能按要求支付，可与发包人协商签订延期付款协议，经承包人同意后可延期支付。协议应明确延期支付的时间和从计量结果确认后第 15 天起计算应付款的贷款利息。

工程进度款的支付，一般按当月实际完成工程量进行结算，工程竣工后办理竣工结算。以按月结算为例，工程进度款支付步骤如图 6-4-9 所示。

图 6-4-9 工程进度款支付步骤

在委托监理的项目中，工程进度款的支付，应由承包人提交工程款支付申请表并附工程量清单和计算方法；项目监理机构予以审核，由总监理工程师签发工程款支付证书；发包人支付工程进度款。

（6）工程竣工结算

工程竣工结算是指施工企业按照合同规定的内容全部完成所承包的工程，经验收质量合格，并符合合同要求之后，发包单位进行的最终工程价款结算。

竣工结算由承包人编制，发包人审查；实行总承包的工程，由具体承包人编制，在总包人审查的基础上，发包人审查。发包人可直接进行审查，也可以委托监理单位或具有相应资质的工程造价咨询机构进行审查。

工程竣工结算的审查一般有以下几方面：

① 核对合同条款。

② 检查隐蔽验收记录。

③ 落实设计变更签证。

④ 按图核实工程数量。

⑤ 认真核实单价。

⑥ 注意各项费用计取。

⑦ 防止各种计算误差。

（7）竣工结算审查期限

《通信建设工程价款结算暂行办法》（信部规［2005］418 号）规定了工程竣工结算审查期限，发包人应按表 6-4-3 规定的时限进行核对、审查，并提出审查意见。

◈ 表 6-4-3 工程竣工结算审查期限

工程竣工结算报告金额	审查时间
500 万元以下	从接到竣工结算报告和完整的竣工结算资料之日起 20 天
500 万～2000 万元	从接到竣工结算报告和完整的竣工结算资料之日起 30 天
2000 万～5000 万元	从接到竣工结算报告和完整的竣工结算资料之日起 45 天
5000 万元以上	从接到竣工结算报告和完整的竣工结算资料之日起 60 天

工程竣工价款结算过程如下：

① 建设项目竣工总结算在最后一个单项工程竣工结算审查确认后 15 天内汇总，送达发包人 30 天内审查完成。发包人收到竣工结算报告及完整的结算资料后，按规定时限（合同约定有期限的，从其约定）对结算报告及资料没有提出意见，视同认可。

② 承包人如未在规定时间内提供完整的工程竣工结算资料，经发包人催促后 14 天内仍未提供或没有明确答复，发包人有权根据已有资料进行审查，责任由承包人自负。

③ 根据确认的竣工结算报告，承包人向发包人申请支付工程竣工结算款。发包人应在收到申请后 15 天内支付结算款，到期没有支付的应承担违约责任。承包人可以催告发包人支付结算价款，如达成延期支付协议，发包人应按同期银行贷款利率支付拖欠工程价款的利息；如未达成延期支付协议，承包人可以与发包人协商将该工程折价，或申请人民法院将该工程依法拍卖，承包人就该工程折价或者拍卖的价款优先受偿。

工程价款的动态结算就是要把各种动态因素渗透到结算过程中，使结算大体能反映实际的消耗费用。常用的几种动态结算办法有：

① 按实际价格结算法。

② 按主材计算价差。

③ 主料按抽料计算价差。

④ 竣工调价系数法。

⑤ 调值公式法，又称动态结算公式法。

（8）保修金

工程保修金一般为施工合同价款的 3%，在专用条款中具体规定。发包人在质量保修期后 14 天内，将剩余保修金和利息返还承包商。

竣工结算工程价款计算如下：

竣工结算工程价款=合同价款+施工过程中合同价款调整数额
-预付及已结算工程价款-保修金

9．偏差分析

为了有效地进行造价控制，监理工程师必须定期进行投资计划值与实际值的比较，当实际值偏离计划值时，分析产生偏差原因，采取适当的纠偏措施，确保造价控制目标的实现。

在造价控制中，把投资的实际值与计划值的差异叫作投资偏差，即：

投资偏差=已完工程实际投资-已完工程计划投资

结果为正，表示投资超支；结果为负，表示投资节约。然而，进度偏差对投资偏差分析有着重要的影响，为了区分进度超前和物价上涨等其他原因产生的投资偏差，引入进度偏差的概念：

进度偏差=拟完工程计划投资-已完工程计划投资

进度偏差为正值，表示工期拖延；结果为负值，表示工期提前。

10．竣工决算

竣工决算是以实物数量和货币指标为计量单位，综合反映竣工项目从筹建开始到项目竣工交付使用为止的全部建设费用、建设成果和财务情况的总结性文件，是竣工验收报告的重要组成部分。竣工决算是正确核定新增固定资产价值，考核分析投资效果，建立健全经济责任制的依据，是反映建设项目实际造价和投资效果的文件。

（1）竣工决算与竣工结算的区别

竣工结算是承包方将所承包的工程按照合同规定全部完工交付之后，向发包单位进行的最终工程价款结算，由承包方负责编制。

竣工决算与竣工结算的区别见表 6-4-4。

◈ **表 6-4-4　竣工决算与竣工结算的区别**

区别项目	工程竣工结算	工程竣工决算
编制单位及部门	承包方的预算部门	项目业主的财务部门
内容	承包方承包施工的建筑安装工程的全部费用，它最终反映承包方完成的施工产值	建设工程从筹集开始到竣工交付使用为止的全部建设费用，它反映建设工程的投资效益
性质和作用	① 承包方与业主办理工程价款最终结算的依据； ② 双方签订的建筑安装工程承包合同终结的凭证； ③ 业主编制竣工决算的主要资料	① 业主办理交付、验收、动用新增各类资产的依据； ② 竣工验收报告的重要组成部分

（2）竣工决算编制的依据

① 经批准的可行性研究报告及其投资估算。

② 经批准的初步设计或扩大初步设计及其概算或修正概算。

③ 经批准的施工图设计及其施工图预算。

④ 设计交底或图纸会审纪要。

⑤ 招投标的标底、承包合同、工程结算资料。

⑥ 施工记录或施工签证单，以及其他施工中发生的费用记录。

⑦ 竣工图及各种竣工验收资料。

⑧ 历年基建资料、历年财务决算及批复文件。

⑨ 设备、材料调价文件和调价记录。

⑩ 有关财务核算制度、办法和其他有关资料、文件等。

（3）竣工决算的内容

建设工程竣工决算应包括从筹集到竣工投产全过程的全部实际费用，即包括建筑安装工程费、设备工器具购置费和其他费用等。竣工决算由竣工财务决算报表、竣工财务决算说明书、竣工工程平面示意图、工程造价比较分析四部分组成。前两部分又称建设项目竣工财务决算，是竣工决算的核心内容。

（4）竣工决算编制的步骤

① 收集、整理、分析原始资料。

② 对照、核实工程变动情况，重新核实各单位工程、单项工程造价。

③ 将审定后待摊投资、设备工器具投资、建筑安装工程投资、工程建设其他投资严格划分和核定后，分别计入相应的建设成本栏目内。

④ 编制竣工财务决算说明书。

⑤ 填报竣工财务决算报表。

⑥ 做好工程造价对比分析。

⑦ 整理、装订好竣工图。

⑧ 按国家规定上报、审批、存档。

（5）竣工决算的审查

竣工决算的审查分两个方面：一方面是建设单位组织有关人员或有关部门进行自审；另一方面是在建设单位自审的基础上，上级主管部门及有关部门进行的审查。

审查的内容一般包括：

① 根据设计概算和基建计划，审查有无计划外工程；工程变更手续是否齐全。

② 根据财政制度审查各项支出的合规性。

③ 审查结余资金是否真实。

④ 审查文字说明的内容是否符合实际。

⑤ 审查基建拨款支出是否与金融机构账目数额相符，应收、应付款项是否全部结清等。

五、监理进度控制

（一）进度控制基本概念

通信建设工程进度控制是指在通信建设工程项目的实施过程中，通信建设监理工程师按照国家、通信行业相关法规、规定及合同文件中赋予监理单位的权力，运用各种监理手段和方法，督促承包单位采用先进合理的施工方案和组织形式、制定进度计划、管理措施，并在实施过程中经常检查实际进度是否与计划进度符合，分析出现偏差的原因，采取补救措施，并调整、修改原计划，在保证工程质量、投资的前提下，实现项目进度计划。

进度控制和质量控制、投资控制是监理工作的三大目标，简称为“三控”，这三项控制之间是互相依赖、互相制约的。进度加快，可以使工程项目早日投产，早日收回投资；但进度的加快可能需要增加投资，也可能会影响工程质量；反之，质量控制严格可能会影响工程进度，但如果工程质量控制得好，避免返工，又可以加快进度。因此，监理工程师在工作中要对这三大控制系统全面地考虑，正确处理好进度、质量、投资之间的关系。

1．进度控制的基本原则

（1）动态控制原则

进度按计划进行时，实际符合计划，计划的实现就有保证；否则会产生偏差。此时应采取措施，尽量使工程项目按调整后的计划继续进行。但在新的因素干扰下，又有可能产生新的偏差，需继续控制。进度控制就是采用这种动态循环的控制方法。

（2）系统管理原则

为实现工程项目的进度控制，首先应编制工程项目的各种计划，包括进度和资源计划等。计划的对象由大到小，计划的内容从粗到细，形成工程项目的计划系统。工程项目涉及各个相关主体、各类不同人员，需要建立组织体系，形成一个完整的工程项目实施组织系统。

为了保证工程项目进度，自上而下都应设有专门的职能部门或人员负责工程项目的检查、统计、分析及调整等工作。当然，不同的人员负有不同的进度控制责任，分工协作，形成一个纵横相连的工程项目进度控制系统。所以无论是控制对象，还是控制主体，无论是进度计划，还是控制活动，都是一个完整的系统进度控制，实际上就是用系统的理论和方法解决系统问题。

（3）封闭循环原则

工程项目进度控制的全过程是一种循环性的例行活动，其中包括编制计划、实施计划、检查、比较与分析、确定调整措施和修改计划。从而形成了一个封闭的循环系统，进度控制过程就是这种封闭循环中不断运行的过程。

（4）信息反馈原则

信息是工程项目进度控制的依据，工程项目的进度计划信息从上到下传递到工程项目实施相关人员，以使计划得以贯彻落实；工程项目的实际进度信息则自下而上反馈到各有关部门和人员，以供分析并做出决策和调整，以便进度计划仍能符合预定工期目标。为此需要建立信息系统，以便不断地迅速传递和反馈信息，所以工程项目进度控制的过程也是一个信息传递和反馈的过程。

（5）弹性控制原则

工程项目一般工期长且影响因素多，这就要求计划编制人员能根据经验估计各种因素的影响程度和出现的可能性，并在确定进度目标时分析目标的风险，从而使进度计划留有余地。在控制工程项目进度时，可以利用弹性因素缩短工作的持续时间，或改变工作之间的搭接关系，以使工程项目最终能实现工期目标。

（6）科学计划原则

网络计划技术不仅可以用于编制进度计划，而且可以用于计划的优化、管理和控制。网络计划技术是一种科学且有效的进度管理方法，是工程项目进度控制，特别是复杂工程项目进度控制的完整计划管理和分析计算的理论基础。

2. 进度控制的任务

（1）勘察设计阶段进度控制任务

① 收集有关工期的信息，进行工期目标和进度控制决策。

② 审核工程项目总进度计划控制方案。

③ 审核勘察设计阶段详细工作计划，并控制其执行。

④ 调查和分析环境及施工现场条件。

（2）施工阶段进度控制任务

① 审核施工总进度计划，并控制其执行。

② 审核单位工程施工进度计划，并控制其执行。

③ 审核工程年、季、月实施计划，并控制其执行。

为有效控制建设工程进度，监理工程师要在勘察设计阶段向建设单位提供有关工期的信息，协助建设单位确定工期总目标，并进行环境及施工现场条件的调查和分析。在设计阶段和施工阶段，监理工程师不仅要审查设计单位和施工单位提交的进度计划，更要编制监理进度计划，以确保进度控制目标的实现。

（二）进度控制方法和措施

1. 进度控制的目标

进度控制的目标就是要确保信息通信工程项目按既定工期目标实现。

2．进度控制的方法

（1）经济方法

进度控制的经济方法，是指用经济手段影响和制约工程进度。如在承包合同中写进有关工期和进度的条款，通过工期提前奖励和延期罚款的方式实施进度控制。

（2）管理方法

进度控制的管理技术方法主要是监理工程师采用科学的管理手段对工程实施进度控制，按进度控制的内容，可以分为规划、控制、协调等手段。

① 规划：监理工程师根据工程项目的特点，结合参加工程建设各方的实力和素质，考虑工程的实际情况，对工程项目总进度计划控制目标、重点工程进度计划控制目标以及年度进度控制目标等实施规划。

② 控制：以控制循环理论为指导，充分发挥建设单位、设计单位、工程施工单位等参与工程项目建设的各方面人员的主观能动性及积极性，对工程实施过程进行监控，通过比较计划进度和实际进度，发现偏差后及时查找原因，采取有效纠偏措施，予以修改和调整计划进度，确保工程按期建成。

③ 协调：在计划实施过程中，由于实际进度会受到多方面影响，有时可能产生一些不协调的活动，为此，监理工程师应积极发挥公正的作用，及时处理和协调参与工程各方以及与当地各相关部门的关系，使进度计划顺利进行。

（3）技术方法

① 采用工程进度图控制工程进度。

工程进度图控制法是利用横道图进行控制，把计划绘制成横道图，且在计划实施过程中，在横道图上记录实际进度计划的进展情况，并与原计划进行对比、分析、找出偏差，及时分析原因采取对策，纠正偏差。

② 采用网络计划控制工程进度。

网络计划技术控制法是以编制的网络计划为基础，通过在图上记录计划的实际进度情况，以及有关的计算、定量和定性分析，确定对计划完成的影响程度，预测进度计划出现偏差的发展趋势，从而达到控制的目的。

网络图由箭线和节点组成，用来表示工作流程的有向、有序网状图形。网络图有双代号网络图和单代号网络图两种。双代号网络图又称箭线式网络图，它是以箭线及其两端节点的编号表示工作，节点表示工作的开始或结束以及工作之间的连接状态。单代号网络图又称节点式网络图，它是以节点及其编号表示工作，箭线表示工作之间的逻辑关系。网络图表示方法如图 6-4-10 所示。网络图中，从起点节点开始，沿箭头方向顺序通过一系列箭线与节点，最后到达终点节点的通路称为线路。线路上所有工作的持续时间总和称为线路的总持续时间。总持续时间最长的线路称为关键线路，关键线路的长度就是网络计划的总工期。

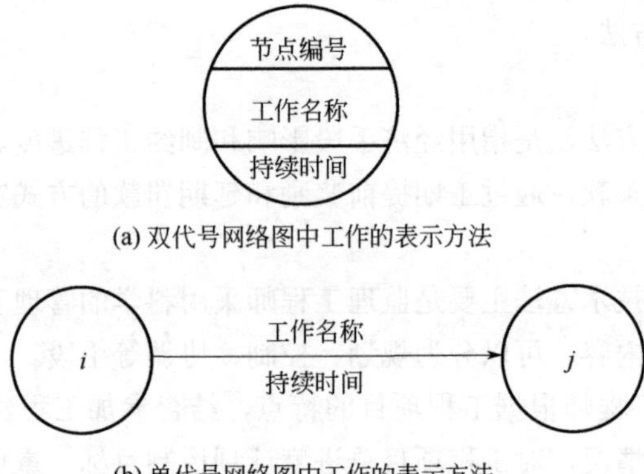

(a) 双代号网络图中工作的表示方法

(b) 单代号网络图中工作的表示方法

图 6-4-10　网络图

关键线路上的工作称为关键工作。在网络计划的实施过程中，关键工作的实际进度提前或拖后，均会对总工期产生影响。因此，关键线路的实际进度是建设工程进度控制工作中的重点。用网络法制定施工计划和控制工程进度，可以使工序安排紧凑，便于抓住关键，保证施工机械、人力、财力、时间均获得合理的分配和利用。

③ 采用进度曲线控制工程进度。

进度曲线控制法是用横坐标表示时间进程，纵坐标表示工程计划累计完成的工作量或工程量而绘出的曲线。在计划执行的过程中，在图上标注出工程实际的进展曲线，比较后即可发现偏差，再分析原因，拟订对策，纠正偏差。

3. 进度控制的措施

（1）组织措施

落实进度控制部门人员的具体控制任务和管理职能分工；进行工程项目分解；确定进度协调工作制度，定期、定人员举行协调会；对影响进度的各种因素进行分析。

（2）技术措施

设计的审查修改、施工方法的确定、施工机械的合理选择，在保证工程质量的前提下加快施工进度。

（3）经济措施

建设单位应及时支付预付款，及时签署月进度支付凭证，对已获准的延长工期所涉及的费用数额需增加到合同价格上，及时处理索赔。

（4）合同措施

在合同文件中，明确合同工期及各阶段的进度目标；分标工程项目的合同工期应与总进度计划相协调；按期向承包商发放施工图纸，确保施工顺利进行；对隐蔽工程及阶段性工程应组织及时验收。

（5）信息管理措施

通过收集工程项目实施过程中有关实际进度的数据，与计划进度中目标数据进行比较，定期向建设单位提供比较报告。

（三）进度控制要点和具体方法

1．设计阶段进度事前控制要点和具体方法

（1）设计阶段进度事前控制要点

监理工程师必须在工程设计前，详细拟订设计准备工作的监理计划，对每项工作提出具体的要求和目标，指定实施负责人和各项工作的检查人，并制订具体的措施，以保证计划的落实。

① 设计准备工作时间目标。

a．确定规划设计条件。督促建设单位向城市规划管理部门申请确定拟建工程项目的规划设计条件。

b．提供设计基础资料。建设单位需按时向设计单位提供完整、可靠的设计基础资料，它是设计单位进行工程设计的主要依据。

c．选定设计单位、商签设计合同。设计单位的选定可以采用直接指定、设计招标等方式。为了优选设计单位，保证工程设计质量，降低设计费用，缩短设计周期，应当通过设计招标选定设计单位。当选定设计单位之后，建设单位和设计单位应就设计费用及委托设计合同中的一些细节进行谈判、磋商，双方取得一致意见后即可签订建设工程设计合同。

② 初步设计、技术设计工作时间目标。

为了确保工程建设进度总目标的实现，并保证工程设计质量，应根据工程项目的具体情况，确定出合理的初步设计和技术设计周期。该时间目标中，除了要考虑设计工作本身及进行设计分析和评审所占用的时间外，还应考虑设计文件的报批时间。

③ 施工图设计工作时间目标。

施工图设计是工程设计的最后一个阶段，其工作进度将直接影响工程项目的施工进度，进而影响建设工程进度总目标的实现。因此，必须确定合理的施工图设计交付时间，确保建设工程设计进度总目标的实现，从而为工程施工的正常进行创造良好的条件。

④ 设计进度控制分目标。

为了有效地控制工程项目的设计进度，把各阶段设计进度目标具体化，把它们分解为分目标。这样，设计进度控制目标便构成了一个从总目标到分目标的完整目标体系。

（2）设计阶段进度事前控制方法

① 协助建设单位确定合理设计工期目标。

在设计阶段，监理工程师进度控制的主要任务是根据工程项目总工期要求，协助业主确定合理的设计工期目标。设计工期目标包括初步设计、技术设计和施工图设计

工期目标；设计进度控制分目标。

② 编制设计阶段进度控制监理工作细则。

设计进度控制监理工作细则是在工程项目监理规划的指导下，由负责进度控制的监理工程师编制，要具有可操作性，应包括进度控制的主要工作内容、人员分工、控制的方法及具体措施等。

③ 审核设计单位进度计划。

合同中应明确设计进度，进度计划应包括设计总进度控制计划、阶段性设计进度计划。监理工程师应认真审查各种设计进度计划以及设计单位进度控制体系和措施，并根据设计合同规定进行监督。

2. 设计阶段进度事中控制要点和具体方法

（1）设计阶段进度事中控制要点

① 监督实施。

根据监理工程师批准的进度计划，监督设计单位组织实施。

② 检查进度，分析偏差。

设计单位在进度计划执行过程中，监理工程师随时按照进度计划检查实际工程进展情况，并通过计划进度目标与实际进度完成目标值的比较，找出偏差及其原因。

③ 处理措施。

监理工程师根据分析偏差的原因，指令设计单位采取措施调整纠正，从而实现对工程项目进度的控制。

（2）设计阶段进度事中控制方法

① 进度控制任务。

监理工程师在设计阶段进度控制的根本任务是根据工程项目总体进度的安排，审查设计单位主要设计进度的计划开始时间、计划结束时间，核查各专业设计进度安排的合理性、可行性，是否满足设计总进度情况。

② 分析影响设计进度因素。

a. 建设意图及要求改变的影响：建设工程设计是根据建设单位的建设意图和要求而进行的，所有的工程设计必然是建设单位意图的体现。因此，在设计过程中，如果建设单位改变其建设意图和要求，就会引起设计单位的设计变更，必然会对设计进度造成影响。

b. 设计审批时间的影响：建设工程设计是分阶段进行的，如果前一阶段（如初步设计）的设计文件不能顺利得到批准，必然会影响下一阶段（如施工图设计）的设计进度。因此，设计审批时间的长短，在一定条件下将影响设计进度。

c. 设计各专业之间协调配合的影响：建设工程设计是个多专业、多方面协调合作的复杂过程，如果建设单位、设计单位、监理单位等各单位之间，以及土建、电气、通信等各专业之间没有良好的协作关系，必然会影响建设工程设计工作的顺利实施。

d．工程变更影响：当建设工程采用 CM 法实行分段设计、分段施工时，如果在已施工的部分发现一些问题而必须进行工程变更的情况下，也会影响设计工作进度。

建筑工程管理（Construction Management，CM）方法是近年来在国外推行的一种系统工程管理方法，其特点是将工程设计分阶段进行，每阶段设计好之后就进行招标施工，在全部工程竣工前，可将已完部分工程交付使用。

③ 定期检查设计进度计划完成情况。

监理工程师在各设计阶段，应要求设计单位安排各专业设计的进度要具体，要检查实际进度情况。如果进度滞后，要分析其原因，并在后续工作中，采取有效措施将进度赶上去。

④ 做好协调工作。

监理工程师应协调各设计单位的工作，使他们能一体化地开展工作，保证设计能按进度计划要求进行。监理工程师还应与外部有关部门协调相关事宜，保障设计工作顺利进行。

⑤ 及时调整设计进度。

监理工程师在各阶段设计过程中，检查设计进度完成的情况，及时调整计划，确保设计整体进度。在各阶段设计完成时，监理工程师要与设计单位共同检查本阶段设计进度实际完成情况，对照原计划分析、比较，商量制订对策，并调整下一阶段设计的进度。

⑥ 及时报告设计进度。

监理工程师应及时向建设单位汇报阶段设计进度情况，以便建设单位掌握设计进程，安排下一步工作。

（3）设计阶段进度事后控制要点和具体方法

① 设计阶段进度事后控制要点。

事后进度控制是指完成整个设计任务后进行的进度控制工作，其控制要点是根据实际进度，修改和调整监理工作计划，以保证下一阶段工作的顺利展开。

② 设计阶段进度事后控制方法。

a．协助建设单位组织设计会审：协助建设单位按计划完成设计会审工作，保证下一阶段工作的顺利展开。

b．整理工程进度资料：工程进度资料的收集、归类、编目和建档，作为其他工程项目进度控制的参考。

3．施工阶段进度控制要点和具体方法

（1）施工阶段进度事前控制要点

通信建设工程施工阶段进度事前控制的要点主要是计划。

施工阶段是工程实体的形成阶段，对其进度进行控制是整个工程项目建设进度控制的重点。使施工进度计划与工程项目建设总目标一致，并跟踪检查施工进度计划的执行情况，必要时对施工进度计划进行调整，对于工程项目建设总目标的实现具有重要意义。监理工程师在施工阶段进度事前控制中的任务就是在满足工程项目建设总进度目标要求的基础上，根据工程特点，确定计划目标，明确各阶段计划控制的任务。

为保证工程项目能按期完成工程进度预期目标，需要对施工进度总目标从不同角度层层分解，形成施工进度控制目标体系，从而作为实施进度控制的依据。

① 按工程项目组成分解，确定各单项工程开工和完工日期。

各单项工程的进度目标在工程项目建设总进度计划及建设工程年度计划中都有体现。在施工阶段应进一步明确各单项工程的开工和完工日期，以确保施工总进度目标的实现。

② 按施工单位分解，明确分工条件和承包责任。

在一个单项工程中有多个施工单位参加施工时，应按施工单位将单项工程的进度目标分解，确定出各分包单位的进度目标，列入分包合同，以便落实分包责任，并根据各专业工程交叉施工方案和前后衔接条件，明确不同施工单位工作交接的条件和时间。

③ 按施工阶段分解，划定进度控制分界点。

根据工程项目的特点，应将施工分成几个阶段，每一阶段的起止时间都要有明确的标志。特别是不同单位承包的不同施工段之间，更要明确划定时间分界点，以此作为形象进度的控制标志，从而使单项工程完工目标具体化。

④ 按计划期分解，组织综合施工。

将工程项目的施工进度控制目标按年度、季度、月（旬）进行分解，并用实物工程量或形象进度表示，将更有利于监理工程师明确对施工单位的进度要求。同时，还可以据此监督实施，检查完成情况。计划期越短，进度目标越细，进度跟踪就越及时，发生进度偏差时也就越能有效采取措施予以纠正。这样，就形成一个有计划有步骤协调施工、长期目标对短期目标自上而下逐级控制、短期目标对长期目标自下而上逐级保证、逐步趋近进度总目标的局面，最终达到工程项目按期竣工交付使用的目的。

（2）施工阶段进度事前控制方法

① 编制施工阶段进度控制监理工作细则。

施工进度控制监理工作细则是在工程项目监理规划的指导下，由该工程项目监理机构中负责进度控制的监理工程师编制的具有实施性和操作性的监理业务文件，作为实施进度控制的具体指导文件。其主要内容包括：

a. 施工进度目标分解图。

b. 施工进度控制的主要工作内容和深度。

c. 进度控制人员的职责分工。

d. 与进度控制有关各项工作的时间安排及工作流程。

e. 进度控制的方法，包括进度检查日期、数据收集方式、进度报表格式、统计分析方法。

f. 进度控制的具体措施，包括组织措施、技术措施、经济措施及合同措施等。

g. 施工进度控制目标实现的风险分析。

h. 尚待解决的有关问题。

② 审核施工进度计划。

监理工程师应对施工单位提交的施工进度计划进行审核。施工进度计划的种类分为以下几种。

按计划期限划分：

a. 年度计划：按建设年度编制的进度计划，应按中长期和短期计划确定的进度目标安排。

b. 季度计划：按照年度计划确定的进度目标，结合季度具体条件进行计划安排。

c. 月、旬计划：是年、季计划的具体化，是组织日常生产活动的依据。

d. 周计划：信息通信工程一般工期较短，必要时可制订周计划。

按工程项目的建设阶段划分：

a. 施工阶段进度计划：根据施工合同提出的进度目标，编制施工阶段的进度计划，明确建设工程项目、单项工程、单位工程等的施工期限、竣工时间等，由施工单位编制，监理工程师批准。

b. 保修阶段工作计划：根据合同约定的保修期，提出具体的实施性工作计划，由施工单位编制，监理工程师批准。

c. 试运行阶段工作计划：对于通信设备安装工程可依据合同约定的试运行阶段，由施工单位编制，监理工程师批准。

按工程项目编制的范围划分：

a. 工程项目总体控制计划：根据合同约定的整个建设工程项目进度计划目标，提出的具体实施性方案。

b. 单项或单位工程进度计划：根据总体进度计划目标，对某一单项工程或单位工程进行进度计划的安排。

按进度计划的表现形式划分：

a. 横道图：一般用横坐标表示时间，纵坐标表示工程项目或工序，进度线为水平线条。适用于编制总体性的控制计划、年度计划、月度计划等。

b. 垂直图（斜线图）：用横坐标表示时间，纵坐标表示作业区段，进度线为不同斜率的斜线。适用于编制线型工程的进度计划。

c. 网络图：以网络形式来表示计划中各工序，持续时间、相互逻辑关系等的计划图表。适用于编制实施性和控制性的进度计划。

③ 施工进度审核的主要内容。

a. 总目标的设置是否满足合同规定要求，各项分目标是否与总目标保持协调一致，开工日期、竣工日期是否符合合同要求。

b. 施工顺序安排是否符合施工程序的要求。

c. 编制施工总进度计划时，有无漏项，是否能保证施工质量和安全的需要。

d. 劳动力、原材料、配构件、机械设备的供应计划是否与施工进度计划相协调，且建设资源使用是否均衡。

e. 建设单位的资金供应是否满足施工进度的要求。

f. 施工进度计划与设计图纸的供应计划是否一致。

g. 施工进度计划与业主供应的材料和设备，特别是进口设备到货是否衔接。

h. 施工人员、机具、仪表及车辆应满足施工进度要求。

i. 各专业施工计划相互是否协调。

j. 实施进度计划的风险是否分析清楚，是否有相应的防范对策和应变预案。

k. 各项保证进度计划实现的措施设计得是否周到、可行、有效。

④ 发布开工令。

总监理工程师在检查施工单位各项施工准备工作、确认建设单位的开主条件已齐备后，发布工程开工令。工程开工令的发布时机，要尽可能及时，因为从发布工程开工令之日起计算，加上合同工期后即为工程竣工日期，如果开工令发布拖延，等于推迟竣工时间，如果是建设单位原因导致，可能会引起施工单位的索赔。

为了检查双方的准备情况，在一般情况下，工程项目监理机构可在建设单位组织并主持召开的第一次工地会议上，由工程项目总监理工程师对各方面的准备情况进行检查。

4. 施工阶段进度事中控制要点和具体方法

（1）施工阶段进度事中控制要点

① 监督实施。

根据监理工程师批准的进度计划，监督施工单位组织实施。

② 检查进度。

施工单位在进度计划执行过程中，监理工程师随时按照进度计划检查实际工程进展情况。

③ 分析偏差。

监理工程师将实际进度与原有进度计划进行比较，分析实际进度与计划进度两者出现偏离的原因。

④ 处理措施。

监理工程师针对分析出的原因，研究纠偏的对策和措施，并督促施工单位实施。

（2）施工阶段进度事中控制方法

① 协助承建单位实施进度计划。

监理工程师要随时了解施工进度计划实施中存在的问题，并帮助施工单位予以解决，特别是解决施工单位无力解决的内外关系协调问题。

② 进度计划实施过程跟踪。

这是施工期间进度控制的经常性工作，要及时检查承建单位报送的进度报表和分析资料。同时还要派进度管理人员实地检查，对所报送的已完工程项目及工程量进行核实，杜绝虚报现象。

③ 进度偏差的调整。

在对工程实际进度资料进行整理的基础上，监理工程师应将其与计划进度相比较，以判断实际进度是否出现偏差。如果出现进度偏差，监理工程师应进一步分析此偏差对进度控制目标的影响程度及其产生的原因，以便研究对策，提出纠偏措施。必要时还应对后期工程进度计划做适当的调整。

分析进度偏差产生的原因时应关注以下几点：

a. 各相关单位合作协调环节的影响分析：影响建设工程施工进度的单位不只是施工单位，其他与工程建设有关的单位（如政府部门、业主、设计单位、物资供应单位等）也会对工程进度产生影响。

b. 物资供应的影响分析：主要分析施工过程中需要的材料、构配件、机械和设备等是否能按期运抵施工现场，其质量是否符合有关标准的要求。

c. 资金影响分析：主要分析施工单位的资金使用情况，是否合理地使用了工程预付款和工程进度款；建设单位是否按时足额支付了工程进度款。

d. 劳动力情况分析：主要分析劳动力数量与计划劳动力数量的关系，直接生产工作人员与管理工作人员的比例；劳动组织与生产效率是否达到要求，工程变更与事故率是否正常等。

e. 施工方法分析：主要分析施工方法是否合理，工作顺序、工作流程是否合理。

f. 施工环节分析：主要分析施工环节是否衔接得合理，是否存在不合理工序导致返工率的提高。

g. 其他情况影响分析：主要分析影响工程进度的其他因素，如天气是否正常，是否有当地有关部门的原因，是否有工程量的增加，是否有建设单位、监理单位的原因，如文件未及时批复、未及时检查验收等。

分析进度偏差对后续工作及总工期的影响。在分析了偏差原因后，要分析偏差对后续工作和总工期的影响，确定是否应当调整，确定后续工作和总工期限制条件。当需要采取一定的进度调整措施时，应当首先确定进度可调整的范围，主要指关键节点、后续工作的限制条件以及总工期允许变化的范围。它往往与签订的合同有关，要认真分析，尽量防止后续分包单位提出索赔。

采取措施调整进度计划：

应以关键控制点以及总工期允许变化的范围作为限制条件，并对原进度进行调整，以保证最终进度目标的实现。

实施调整后进度计划：

在后期的工程项目实施过程中，将执行经过调整而形成的新的进度计划，在新的计划里一些工作的时间会发生变化。因此，监理工程师要做好协调，并采取相应的经济措施、组织措施与合同措施。

④ 组织协调工作。

监理工程师应组织不同层次的进度协调会，以解决工程施工中影响工程进度的问题，如各施工单位之间的协调、工程的重大变更、前期工程进度完成情况、本期以及预计影响工期的问题、下期工程进度计划等。

进度协调会召开的时间可根据工程具体情况而定，一般每周一次，如遇施工单位较多、交叉作业频繁以及工期紧迫时可增加召开次数。如有突发事件，监理工程师还可通过发布监理通知解决紧急情况。

⑤ 签发进度款付款凭证。

对施工单位申报的已完分项工程量进行核实，在通过质量管理工程师检查验收后，总监理工程师签发进度款付款凭证。

⑥ 审批进度拖延。

造成工程进度拖延的原因有两个方面：一是施工单位自身的原因；二是施工单位以外的原因。前者所造成的进度拖延，称为工程延误；而后者所造成的进度拖延，称为工程延期。

a. 工程延误：

当出现工程延误时，监理工程师有权要求施工单位采取有效措施加快施工进度。如果经过一段时间后，实际进度没有明显改进，仍然延后于计划进度，而且显然将影响工程按期竣工时，监理工程师应要求施工单位修改进度计划，并提交监理工程师重新确认。

监理工程师对修改后的施工进度计划的确认，并不是对工程延期的批准，只是要求施工单位在合理的状态下施工。因此，监理工程师对进度计划的确认，并不能解除施工单位应负的一切责任，施工单位需要承担赶工的全部额外开支和误期损失赔偿。

b. 工程延期：

由于施工单位以外的原因造成工程拖延，施工单位有权提出延长工期的申请。监理工程师应根据合同的规定，审批工程延期时间。经监理工程师核实批准的工程延期时间，应纳入合同工期，作为合同工期的一部分，即新的合同工期应等于原定的合同工期加上监理工程师批准的工程延期时间。

监理工程师对于施工进度的拖延是否批准为工程延期，对施工单位和建设单位都十分重要。如果施工单位得到监理工程师批准的工程延期，不仅可以不赔偿由于工期延误而支付的误期损失费，而且还可以得到费用索赔。监理工程师应按照合同有关规定，公正地区分工程延误和工程延期，并合理地批准工程延期的时间。

⑦ 向建设单位提供进度报告表。

监理工程师应随时整理进度资料，做好工程记录，定期向建设单位提交工程进度报告表，为建设单位了解工程实际进度提供依据。

5．施工阶段进度事后控制要点和具体方法

（1）施工阶段进度事后控制要点

事后进度控制是指出现进度偏差后进行的进度控制工作，其控制要点是根据实际施工进度，及时修改和调整监理工作计划，以保证下一阶段工作的顺利展开。

在工程阶段性任务结束时发现进度滞后，应就确保下一阶段按计划进度完成，或者保证实际总工期不超过计划总工期，采取有效的改进和控制措施。

（2）施工阶段进度事后控制方法

当实际进度滞后于计划进度时，监理人员应书面通知施工单位，在分析原因的基础上采取纠偏措施，并监督实施：

① 制定保证总工期不突破的对策措施，如增加施工人员、施工班次等。

② 制定总工期突破后的补救措施。

③ 调整相应的施工计划、材料设备、资金供应计划等，在新的条件下组织新的协调和平衡。

第五节　监理工作基本表式

一、通信建设工程常用监理表格

1．A 类表（工程监理单位用表）

（1）总监理工程师任命书（A1）

（2）工程开工令（A2）

（3）监理通知单（A3）

（4）监理报告（A4）

（5）工程暂停令（A5）

（6）旁站记录（A6）

（7）工程复工令（A7）

（8）工程款支付证书（A8）

2．B 类表（施工单位报审、报验用表）

（1）施工组织设计/（专项）施工方案报审表（B1）

（2）工程开工报审表（B2）

（3）工程复工报审表（B3）

（4）分包单位资格报审表（B4）

（5）施工控制测量成果报验表（B5）

（6）工程材料、构配件、设备报审表（B6）

（7）隐蔽工程、检验批、分项工程质量报验表及施工试验室报审表（B7）

（8）分部工程报验表（B8）

（9）监理通知回复单（B9）

（10）单位工程竣工验收报审表（B10）

（11）工程款支付报审表（B11）

（12）施工进度计划报审表（B12）

（13）费用索赔报审表（B13）

（14）工程临时/最终延期报审表（B14）

3．C 类表（各方通用表）

（1）工作联系单（C1）

（2）工程变更单（C2）

（3）索赔意向通知书（C3）

二、表格填写要求

根据《建设工程监理规范》（GB/T 50319—2013），规范中基本表达式有三类：

A 类表共 8 个表（A1-A8），为监理单位使用，是监理单位与施工单位之间的联系表，由监理单位填写，向施工单位发出的指令或批复。

B 类表共 14 个表（B1-B14），为施工单位用表，是施工单位与监理单位之间的联系表，由施工单位填写，向监理单位提出申请或回复。

C 类表共 3 个表（C1-C3），为各方通用表，是监理单位、施工单位、建设单位等相关单位之间的联系表。

1．监理单位用表（A 类表）填写要求

（1）监理通知单（A3）

本表为重要的监理用表，是项目监理机构按照委托监理合同所授予的权限，针对施工单位出现的各种问题而发出的要求施工单位进行整改的指令性文件，项目监理机构使用时要注意尺度，以维护监理通知的权威性。监理工程师现场发出口头指令及要求，也应采用本表，事后予以确认。施工单位应使用“监理通知回复单”（B9）回复。本表一般由专业监理工程师签发，但发出前必须经过总监理工程师同意，重大问题应由总监理工程师签发。填写时“事由”应填写通知内容的主题词，相当于标题，内容应写明发生问题的具体部位、具体内容，写明监理工程师的要求和依据。

（2）工程暂停令（A5）

发生以下任意一种情形：建设单位要求且工程需要暂停施工；出现工程质量问题，必须停工处理；出现质量问题或者安全隐患，为了避免造成工程质量损失或危及人身安全而需要暂停施工；施工单位未经许可擅自施工或拒绝项目监理机构管理；发生了必须暂停施工的紧急事件时，总监理工程师应根据停工原因、影响范围，确定工程停工范围、停工期间应进行的工作及责任人、复工条件等。签发本表要慎重，要考虑工程暂停后可能产生的各种后果，并应事前与建设单位协商，宜取得一致意见。

（3）工程款支付证书（A8）

本表为项目监理机构收到施工单位报送的“工程款支付报审表”（B11）后批复用表，由各专业监理工程师按照施工合同进行审核，及时抵扣工程预付款后，确认应该支付工程款的项目及款额，提出意见，经过总监理工程师审核签认后，报送建设单位，作为支付的证明，同时批复给施工单位，随本表附施工单位报送的“工程款支付报审表”及其附件。

2．施工单位用表（B 类表）填写要求

（1） 施工组织设计/（专项）施工方案报审表（B1）

施工单位在开工前向项目监理机构报送施工组织设计/（专项）施工方案的同时，填写“施工组织设计/（专项）施工方案报审表”，施工过程中，如经批准的施工组织设计/（专项）施工方案发生改变，项目监理机构要求将变更的方案报送时，也采用此表。施工方案应包括工程项目监理机构要求报送的分部、分项工程施工方案，重点部位及关键工序的施工工艺方案等。总监理工程师应组织审查并在约定的时间内审核，同时报送建设单位，需要修改时，应由总监理工程师签发书面意见返回施工单位修改后再报，重新审核。

审核主要内容为:

① 施工组织设计/（专项）施工方案是否有施工单位负责人签字；

② 施工组织设计/（专项）施工方案是否符合施工合同要求；

③ 施工总平面图是否合理；

④ 施工部署是否合理，施工方法是否可行，质量保证措施是否可靠并具备针对性；

⑤ 工期安排是否能够满足施工合同要求，进度计划是否能保证施工的连续性和均衡性，施工所需人力、材料、设备与进度计划是否协调；

⑥ 施工单位项目经理部的质量管理体系、技术管理体系、质量保证体系是否健全；

⑦ 安全、环保、消防和文明施工措施是否符合有关规定；

（2）工程开工/复工报审表（B2、B3）

施工阶段施工单位向监理单位报请开工时填写，如整个项目一次开工，只填报一次；如工程项目中涉及多个单位工程且开工时间不同，则每个单位工程开工都应填报一次。申请开工时，施工单位认为已具备开工条件时向监理机构提交“工程开工报审表”，监理工程师应从下列几个方面审核：

① 施工组织设计已获总监理工程师批准；

② 施工单位项目经理部现场管理人员已到位，施工人员已进场，施工用仪器和设备已落实；

③ 施工现场（如机房条件）已具备。

总监理工程师认为具备条件时签署意见，报建设单位。

由于建设单位或其他非施工单位的原因导致工程暂停，在施工暂停原因消失、具备复工条件时，项目监理机构应及时督促施工单位尽快报请复工；由于施工单位导致工程暂停，在具备恢复施工条件时，施工单位提交复工报审表及有关材料，总监理工程师应及时签署复工报审表，施工单位恢复正常施工。

（3）分包单位资格报审表（B4）

本表由施工单位报送监理单位，专业监理工程师和总监理工程师分别签署意见，审查批准后，分包单位完成相应的施工任务。审核主要内容有：

① 分包单位资质（营业执照、资质等级）；

② 分包单位业绩材料；

③ 分包工程内容、范围；

④ 专职管理人员和特种作业人员的资格证、上岗证。

（4）施工控制测量成果报验表（B5）

本表主要用于施工单位向监理单位的工程质量检查验收申报。用于隐蔽工程的检查和验收时，施工单位必须完成自检并附有相应工序、部位的工程质量检查记录；用于施工放样报验时，应附有施工单位的施工放样成果；用于分项、分部、单位工程质量验收时，应附有相关符合质量验收标准的资料及规范规定的表格。

（5）工程材料、构配件、设备报审表（B6）

本表用于施工单位将进入施工现场的工程材料、构件经自验合格后，由施工单位项目经理签章，向项目监理机构申请验收；对运到施工现场的设备，经检查包装无损后，向项目监理机构申请验收，并移交给设备安装单位。工程材料构配件还应该注明使用部位。随本表应同时报送材料、构配件、设备数量清单、质量证明文件（产品出厂合格证、材料质量化验单、厂家质量检验报告、厂家质量保证书、进口商品报验证书、商检证书等）、自检结果文件（如复检、复试合格报告等）。项目监理机构应对进入施工现场的工程材料、构配件、设备进行检验（包括抽验、平行检验、见证取样送检等），对进厂的大中型设备要会同设备安装单位共同开箱验收。检验合格，监理工程师在本表上签名确认，注明质量控制资料和材料试验合格的相关说明；检验不合格时，在本表上签批不同意验收，工程材料、构配件设备应退出场，也可根据情况批示同意进场但不得使用于原拟定部位。

（6）监理通知回复单（B9）

本表用于施工单位接到项目监理机构的“监理通知单”（A3），并已完成了监理工程师通知单上的工作后，报请项目监理机构进行核查。表中应对监理工程师通知单中所提问题产生的原因、整改经过和今后预防同类问题准备采取的措施进行详细的说明，且要求施工单位对每一份监理工程师通知单都要给予答复。监理工程师应对本表所述完成的工作进行核查，签署意见，批复给施工单位。本表一般可由专业监理工程师签认，重大问题由总监理工程师签认。

（7）单位工程竣工验收报审单（B10）

在单位工程竣工、施工单位自检合格、各项竣工资料备齐后，施工单位填报本表向监理机构申请竣工验收。表中附件是指可用于证明工程已按合同预定完成并符合竣工验收要求的资料。总监理工程师收到本表及附件后，应组织各专业监理工程师对竣工资料及各专业工程的质量进行全面的检查，对检查出的问题，应督促施工单位及时整改。验收合格后，总监理工程师签署本表，并向建设单位提出质量评估报告，完成竣工预验收。

（8）工程款支付报审表（B11）

在分项、分部工程或按照施工合同付款的条款完成相应工程的质量已通过监理工程师认可后，施工单位要求建设单位支付合同内项目及合同外项目的工程款时，填写本表向项目监理机构申报，附件有：

① 用于工程预付款支付申请时：施工合同中有关规定的说明。

② 申请工程竣工结算款支付时：竣工结算资料、竣工结算协议书。

③ 申请工程变更费用支付时：工程变更单及相关资料。

④ 申请索赔费用支付时：费用索赔审批表及相关资料。

⑤ 合同内项目及合同外项目其他应附的付款凭证。

项目监理机构的专业监理工程师对本表及其附件进行审核，提出审核记录及批复建议。同意付款时，由总监理工程师审批，注明应付的款额及其计算方法，并将审批结果以“工程款支付证书”（A8）批复给施工单位；不同意付款时，应说明理由。

（9）费用索赔报审表（B13）

本表用于索赔事件结束后，施工单位向项目监理机构提出费用索赔时填报。在本表中详细说明索赔事件的经过、索赔理由、索赔金额的计算等，并附有必要的证明材料，由施工单位项目经理签字。总监理工程师应组织监理工程师对本表所述情况及所提的要求进行审查与评估，并与建设单位协商后，在施工合同规定的期限内签署“费用索赔报审表”或要求施工单位进一步提交详细资料、重新申请后批复。

（10）工程临时/最终延期报审表（B14）

当发生工程延期事件，并有持续性影响时，施工单位填报本表，向项目监理机构申请工程临时/最终延期，工程延期事件结束，施工单位向项目监理机构最终申请确定工程延期的日历天数及延迟后的竣工日期。申报时应在本表中说明工期延误的依据、工期计算、申请延长的竣工日期，并附有证明材料。项目监理机构对本表进行审核评估并批复施工单位项目经理部。

3．各方通用表（C 类表）填写要求

（1）工作联系单（C1）

本表适用于通信建设工程的建设、施工、监理、设计和质监单位相互之间就有关事项的联系，发出单位有权签发的负责人应为：建设单位的现场代表（施工合同中规定的工程师）、施工单位的项目经理、监理单位的项目总监理工程师、设计单位的本工程设计负责人、政府质量监督部门负责监督该建设工程的监督师。若用正式函件形式进行通知或联系，则不宜使用本表，改由发出单位的法人签发。该表的事由为联系内容的主题词。本表签署的份数根据内容及涉及范围而定。

（2）工程变更单（C2）

本表适用于通信建设工程的建设、施工、设计、监理各方使用，在任一方提出工程变更时均应先填本表。建设单位提出工程变更时，由工程项目监理机构签发，必要时建设单位应委托设计单位编制设计变更文件并转交项目监理机构；施工单位提出工程变更时，报送项目监理机构审查，项目监理机构同意后转呈建设单位，需要时由建设单位委托设计单位编制设计变更文件，并转交项目监理机构，施工单位在收到项目监理机构签署的“工程变更单”后，方可实施工程变更，工程分包单位的工程变更应通过施工单位办理。

本表的附件应包括：工程变更的详细内容，变更的依据，对工程造价及工期的影响程度，对工程项目功能、安全的影响分析及必要的图示。总监理工程师组织监理工程师收集资料，进行调研，并与有关单位洽商，如取得一致意见时，在本表中写明，并经相关建设单位的现场代表、施工单位的项目经理、监理单位的项目总监理工程师、设计单位的本工程设计负责人等在本表上签字，此项工程变更才能生效。本表由提出工程变更的单位填报，份数视内容而定。

三、监理主要内容及方式

（一）工程监理规范及要求

建设工程监理的主要工作内容是通过合同管理、信息管理和组织协调等手段，控制建设工程质量、造价和进度目标，并履行建设工程安全生产管理的法定职责（三控、两管、一协调）。巡视、平行检验、旁站、见证取样是建设工程监理的主要方式。

《建设工程监理规范》（GB/T 50319—2013）明确规定：

（1）项目监理机构应根据建设工程监理合同约定，遵循动态控制原理，坚持预防为主的原则，制定和实施相应的监理措施，采用巡视、平行检验、旁站、见证取样方式对建设工程实施监理。

（2）监理人员应熟悉工程设计文件，并应参加建设单位主持的图纸会审和设计交底会议，会议纪要应由总监理工程师签认。

（3）工程开工前，监理人员应参加由建设单位主持召开的第一次工地会议，会议纪要应由项目监理机构负责整理，与会各方代表应会签。

（4）项目监理机构应定期召开监理例会，并组织有关单位研究解决与监理相关的问题。项目监理机构可根据工程需要，主持或参加专题会议，解决监理工作范围内工程专项问题。

监理例会以及由项目监理机构主持召开的专题会议的会议纪要，应由项目监理机构负责整理，与会各方代表应会签。

（5）项目监理机构应协调工程建设相关方的关系。项目监理机构与工程建设相关方之间的工作联系，除另有规定外，宜采用工作联系单形式进行。

工作联系单应按《建设工程监理规范》表 C1 的要求填写。

（6）项目监理机构应审查施工单位报审的施工组织设计，符合要求时，应由总监理工程师签认后报建设单位。项目监理机构应要求施工单位按已批准的施工组织设计组织施工。施工组织设计需要调整时，项目监理机构应按程序重新审查。

施工组织设计审查应包括下列基本内容：

① 编审程序应符合相关规定。

② 施工进度、施工方案及工程质量保证措施应符合施工合同要求。

③ 资金、劳动力、材料、设备等资源供应计划应满足工程施工需要。

④ 安全技术措施应符合工程建设强制性标准。

⑤ 施工总平面布置应科学合理。

（7）施工组织设计/（专项）施工方案报审表，应按规范中表 B1 的要求填写。

（8）总监理工程师应组织专业监理工程师审查施工单位报送的开工报审表及相关资料；同时具备下列条件时，应由总监理工程师签署审查意见，并应报建设单位批准后，总监理工程师签发工程开工令：

① 设计交底和图纸会审已完成。

② 施工组织设计已由总监理工程师签认。

③ 施工单位现场质量、安全生产管理体系已建立，管理及施工人员已到位，施工机械具备使用条件，主要工程材料已落实。

④ 进场道路及水、电、通信等已满足开工要求。

（9）工程开工报审表应按规范中表 B2 的要求填写。工程开工令应按规范中表 A2 的要求填写。

（10）分包工程开工前，项目监理机构应审核施工单位报送的分包单位资格报审表，专业监理工程师提出审查意见后，应由总监理工程师审核签认。

分包单位资格审核应包括下列基本内容：

① 营业执照、企业资质等级证书。

② 安全生产许可文件。

③ 类似工程业绩。

④ 专职管理人员和特种作业人员的资格。

(11) 分包单位资格报审表应按规范中表B4的要求填写。

(12) 项目监理机构宜根据工程特点、施工合同、工程设计文件及经过批准的施工组织设计对工程风险进行分析，并宜提出工程质量、造价、进度目标控制及安全生产管理的防范性对策。

(二)工程监理工作内容

工程监理的工作内容有：目标控制、合同管理、信息管理、组织协调、安全生产管理等。

1. 目标控制

(1) 控制流程

制定工程实施计划、衡量工程实际情况、分析偏差产生的原因、采取纠偏措施，如图6-5-1所示。

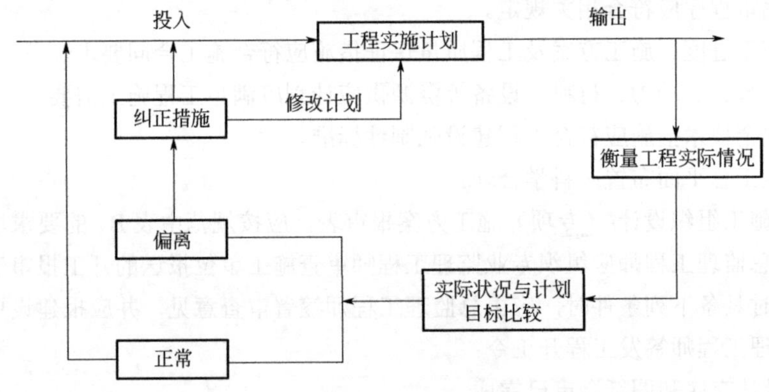

图6-5-1 控制流程图

(2) 控制类型

按控制措施作用于控制对象的时间分为：事前控制、事中控制、事后控制。

按控制信息的来源分为：前馈控制和反馈控制。

按控制措施的出发点分为：主动控制和被动控制。

① 主动控制（图6-5-2）。

主动控制是预先分析各种风险因素，预测其导致目标偏离的可能性和程度，有针对性地拟定和采取预防措施，以减少或避免目标偏离。主动控制是事前控制、前馈控制。

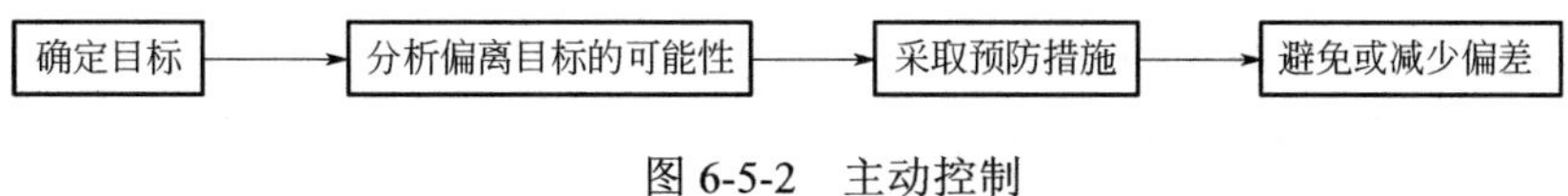

图 6-5-2　主动控制

② 被动控制（图 6-5-3）。

被动控制是一种事中控制和事后控制，反馈控制。

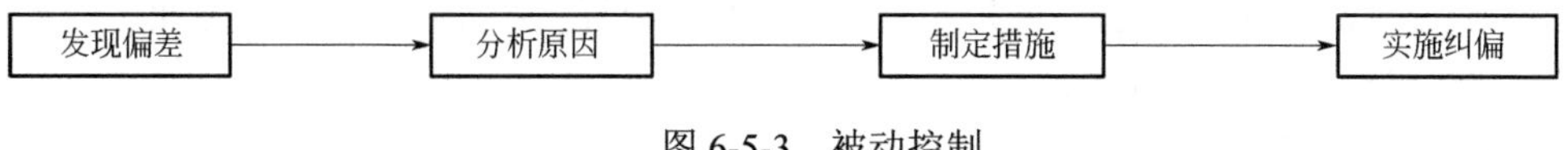

图 6-5-3　被动控制

③ 主动控制和被动控制的关系（图 6-5-4）。

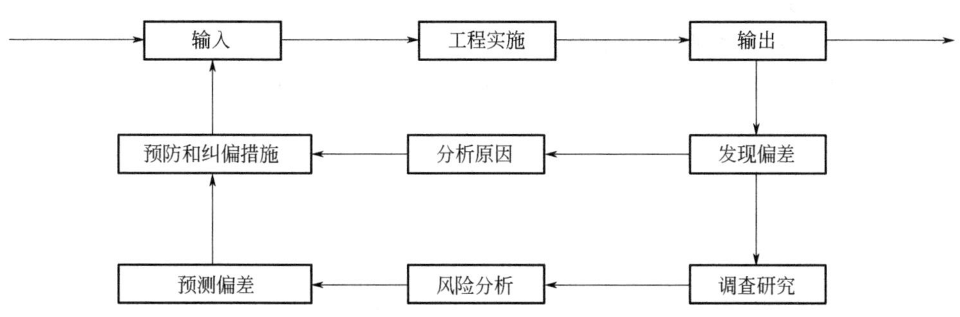

图 6-5-4　主动控制和被动控制关系图

仅主动控制是不可能的，有时也是不经济的，仅被动控制又难以保证实现项目目标，因此，必须主动控制和被动控制两者相结合。

（3）三大目标之间的关系

三大目标以合同为核心，形成既对立又统一的关系（图 6-5-5）。三大目标系统是一个相互制约相互影响的统一体，不能将三大目标割裂开来孤立地分析和论证。

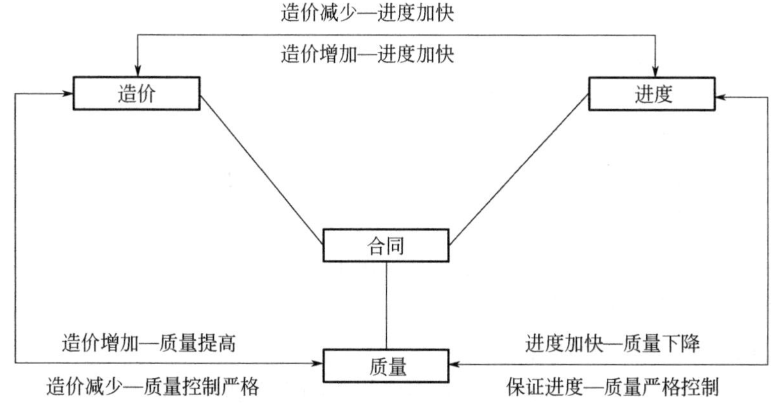

图 6-5-5　三大目标之间的关系

（4）三大目标的确定与分解

① 建设工程总目标的分析论证：

a．项目使用功能与质量合格目标必须保证。

b. 定性分析与定量分析相结合。质量目标常用定性分析，造价、进度常用定量分析。

c．三大目标可具有不同的优先等级。

d. 项目监理目标应力求使项目目标系统最优。目标系统如何最优往往由业主确定。

② 建设工程目标的分解：

a．按参建单位分解。

b．按项目组成分解。

c．按时间进展分解。

（5）三大目标控制的任务和措施

三大目标动态控制可以建立 PDCA 的循环，如图 6-5-6 所示。

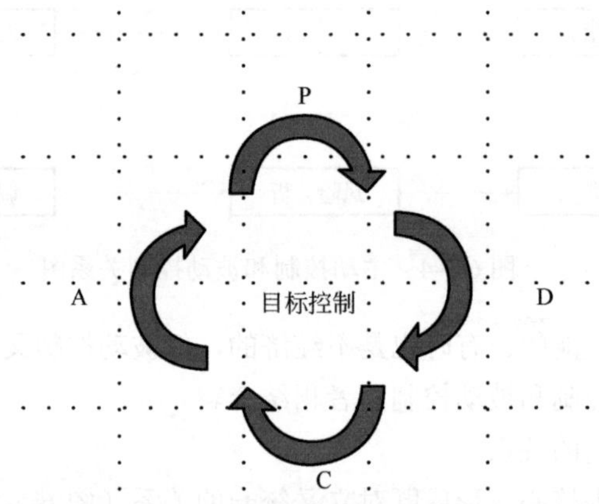

图 6-5-6 三大目标动态控制建立的 PDCA 循环

P—Plan，计划；D—Do，实施、执行；C—Check，检查；A—Action，行动、纠偏

① 建设工程质量控制任务。

建设工程质量控制，就是通过有效的质量控制工作和具体的质量控制措施，在满足工程造价和进度要求的前提下，实现预定的工程质量目标。施工阶段质量控制，主要是通过对施工投入、施工和安装过程、产出品进行全过程控制及对施工单位和人员资质、机、料、法、环控制等进行。

注意：对于合同约定的质量目标，必须保证不得低于国家强制质量标准的要求，应避免不断提高质量目标的倾向。

② 建设工程造价控制任务。

建设工程造价控制，就是通过有效的造价控制工作和具体的造价控制措施，在满足进度和质量的前提下，力求使工程实际造价不超过预定造价目标。

施工阶段造价控制，主要是通过工程计量、工程付款控制、工程变更费用控制、预防并处理好费用索赔、挖掘降低工程造价潜力等进行。

③ 建设工程进度控制任务。

建设工程进度控制，就是通过有效的进度控制工作和具体的进度控制措施，在满足质量和造价的前提下，力求使工程实际工期不超过计划工期目标。

施工阶段进度控制，主要是通过完善建设工程控制性进度计划、审查施工单位提交的进度计划、做好施工进度动态控制工作、协调各相关单位之间的关系、预防并处理好工期索赔等进行。组织协调是实现有效进度控制的关键。

（6）三大目标控制措施

① 组织措施。

② 技术措施。

③ 经济措施。

④ 合同措施。

2．合同管理

完整的合同管理包括施工招标的策划与实施；合同计价方式及合同文本的选择；合同谈判及合同确定的条件；合同协议书的签署；合同履行检查；合同变更、违约及纠纷的处理；合同订立和履行的总结评价等。

《建设工程监理规范》（GB/T 50319—2013）涉及合同管理的内容主要是“6 工程变更、索赔及施工合同争议”，包括工程暂停及复工、工程变更、费用索赔、工程延期及工期延误、施工合同争议、施工合同解除的处理。

（1）工程暂停及复工处理

项目监理机构发现下列情况之一时，总监理工程师应及时签发工程暂停令：

① 建设单位要求暂停施工且工程需要暂停施工的。

② 施工单位未经批准擅自施工或拒绝项目监理机构管理的。

③ 施工单位未按审查通过的工程设计文件施工的。

④ 施工单位违反工程建设强制性标准的。

⑤ 施工存在重大质量、安全事故隐患或发生质量、安全事故的。

总监理工程师在签发工程暂停令时，可根据停工原因的影响范围和影响程度，确定停工范围，并应按施工合同和建设工程监理合同的约定签发工程暂停令。

总监理工程师签发工程暂停令应事先征得建设单位同意，在紧急情况下未能事先报告时，应在事后及时向建设单位做出书面报告。

① 工程暂停相关事宜。

暂停施工事件发生时，项目监理机构应如实记录所发生的情况。

总监理工程师应会同有关各方按施工合同约定，处理因工程暂停引起的与工期、费用有关的问题。

因施工单位原因暂停施工时，项目监理机构应检查、验收施工单位的停工整改过程、结果。

② 复工审批或指令。

当暂停施工原因消失、具备复工条件时，施工单位提出复工申请的，项目监理机构应审查施工单位报送的复工报审表及有关材料，符合要求后，总监理工程师应及时签署审查意见，并应报建设单位批准后签发工程复工令；施工单位未提出复工申请的，总监理工程师应根据工程实际情况指令施工单位恢复施工。

（2）工程变更处理

施工单位提出的工程变更处理遵循下列处理程序：

① 总监理工程师组织专业监理工程师审查施工单位提出的工程变更申请，提出审查意见。对涉及工程设计文件修改的工程变更，应由建设单位转交原设计单位修改工程设计文件。必要时，项目监理机构应建议建设单位组织设计、施工等单位召开论证工程设计文件的修改方案的专题会议。

② 总监理工程师组织专业监理工程师对工程变更费用及工期影响作出评估。

③ 总监理工程师组织建设单位、施工单位等协商确定工程变更费用及工期变化，会签工程变更单。

④ 项目监理机构根据批准的工程变更文件监督施工单位实施工程变更。

建设单位要求的工程变更处理遵循下列处理程序：

项目监理机构可对建设单位要求的工程变更提出评估意见，并应督促施工单位按会签后的工程变更单组织施工。

（3）工程变更费用的确定

项目监理机构可在工程变更实施前与建设单位、施工单位等协商确定工程变更的计价原则、计价方法或价款。

建设单位与施工单位未能就工程变更费用达成协议时，项目监理机构可提出一个暂定价格并经建设单位同意，作为临时支付工程款的依据。工程变更款项最终结算时，应以建设单位与施工单位达成的协议为依据。

（4）工程费用索赔处理

工程费用索赔处理遵循下列办法：

① 项目监理机构应及时收集、整理有关工程费用的原始资料，为处理费用索赔提供证据。

② 项目监理机构处理费用索赔的主要依据应包括下列内容：

a. 法律法规。

b. 勘察设计文件、施工合同文件。

c. 工程建设标准。

d. 索赔事件的证据。

③ 施工单位提出的费用索赔处理程序：

a．受理施工单位在施工合同约定的期限内提交的费用索赔意向通知书。

b．收集与索赔有关的资料。

c．受理施工单位在施工合同约定的期限内提交的费用索赔报审表。

d．审查费用索赔报审表。需要施工单位进一步提交详细资料时，应在施工合同约定的期限内发出通知。

e．与建设单位和施工单位协商一致后，在施工合同约定的期限内签发费用索赔报审表，并报建设单位。

④ 批准施工单位费用索赔应同时满足下列条件：

a．施工单位在施工合同约定的期限内提出费用索赔。

b．索赔事件是由非施工单位原因造成，且符合施工合同约定。

c．索赔事件造成施工单位直接经济损失。

⑤ 当施工单位的费用索赔要求与工程延期要求相关联时，项目监理机构可提出费用索赔和工程延期的综合处理意见，并应与建设单位和施工单位协商。

⑥ 因施工单位原因造成建设单位损失，建设单位提出索赔时，项目监理机构应与建设单位和施工单位协商处理。

（5）工程延期处理

工程延期的处理一般遵循下列方法：

① 施工单位提出工程延期要求符合施工合同约定时，项目监理机构应予以受理。

② 当影响工期事件具有持续性时，项目监理机构应对施工单位提交的阶段性工程临时延期报审表进行审查，并应签署工程临时延期审核意见后报建设单位。当影响工期事件结束后，项目监理机构应对施工单位提交的工程最终延期报审表进行审查，并应签署工程最终延期审核意见后报建设单位。

③ 项目监理机构在批准工程临时延期、工程最终延期前，均应与建设单位和施工单位协商。

④ 项目监理机构批准工程延期应同时满足下列条件：

a．施工单位在施工合同约定的期限内提出工程延期。

b．因非施工单位原因造成施工进度滞后。

c．施工进度滞后影响到施工合同约定的工期。

⑤ 施工单位因工程延期提出费用索赔时，项目监理机构可按施工合同约定进行处理。

⑥ 发生工期延误时，项目监理机构应按施工合同约定进行处理。

（6）施工合同争议的处理

① 项目监理机构处理施工合同争议时应进行下列工作：

a．了解合同争议情况。

b．及时与合同争议双方进行磋商。

c．提出处理方案后，由总监理工程师进行协调。

d．当双方未能达成一致时，总监理工程师应提出处理合同争议的意见。

② 项目监理机构在施工合同争议处理过程中，对未达到施工合同约定的暂停履行合同条件的，应要求施工合同双方继续履行合同。

③ 在施工合同争议的仲裁或诉讼过程中，项目监理机构应按仲裁机关或法院要求提供与争议有关的证据。

（7）施工合同解除的处理

① 因建设单位原因导致施工合同解除时，项目监理机构应按施工合同约定与建设单位和施工单位从下列款项中协商确定施工单位应得款项，并应签发工程款支付证书：

a．施工单位按施工合同约定已完成的工作应得款项。

b．施工单位按批准的采购计划订购工程材料、构配件、设备的款项。

c．施工单位撤离施工设备至原基地或其他目的地的合理费用。

d．施工单位人员的合理遣返费用。

e．施工单位合理的利润补偿。

f．施工合同约定的建设单位应支付的违约金。

② 因施工单位原因导致施工合同解除时，项目监理机构应按施工合同约定，从下列款项中确定施工单位应得款项或偿还建设单位的款项，并应与建设单位和施工单位协商后，书面提交施工单位应得款项或偿还建设单位款项的证明：

a．施工单位已按施工合同约定实际完成的工作应得款项和已给付的款项。

b．施工单位已提供的材料、构配件、设备和临时工程等的价值。

c．对已完工程进行检查和验收、移交工程资料、修复已完工程质量缺陷等所需的费用。

d．施工合同约定的施工单位应支付的违约金。

③ 因非建设单位、施工单位原因导致施工合同解除时，项目监理机构应按施工合同约定处理合同解除后的有关事宜。

3．信息管理

工程信息是涵盖工程建设全过程的工作，也是后续工程移交的重要档案资料，一般要建立专门的管理系统，委派专门的管理人员。

信息管理的基本环节包括：建设工程信息的收集，建设工程信息的加工、整理、分发、检索和储存。

4．组织协调

监理机构牵头的工程组织协调工作包括项目监理机构内部的协调、与建设单位的协调、与施工单位的协调、与设计单位的协调、与政府部门及其他单位的协调等。

（1）项目监理机构内部的协调

包括人际关系的协调、组织关系的协调、需求关系的协调等内容。

① 人际关系的协调：

a．在人员安排上要量才录用。

b．在工作委任上要职责分明。

c．在成绩评价上要实事求是。

d．在矛盾调解上要恰到好处。

② 组织关系的协调

a．在目标分解的基础上设置组织机构。

b．明确规定各部门的目标、职责和权限。

c．事先约定各部门在工作中的相互关系。

d．建立信息沟通制度。

e．及时消除工作中的矛盾或冲突。

③ 需求关系的协调：

a．对监理设备、材料的平衡。

b．对监理人员的平衡。

（2）与建设单位的协调

① 要理解建设工程总目标，理解建设单位的意图。

② 增进建设单位对监理工作的理解，特别是对参建各方职责以及监理程序的理解。

③ 尊重建设单位。

（3）与施工单位的协调

① 与施工单位协调应注意的问题：

a．坚持原则，实事求是，严格按规范、规程办事，讲究科学态度。

b．协调不仅是方法、技术问题，更多的是语言艺术、感情交流和用权适度问题。

② 与施工单位协调的工作内容：

a．与施工项目经理关系的协调。

b．对进度、质量、造价和安全问题的协调。

c．对施工单位违约行为的处理。

d．合同争议的协调。

e．对分包单位的管理。

（4）与设计单位的协调

① 尊重设计单位的意见。

② 若施工中发现设计问题，及时通过建设单位向设计单位提出。

③ 注意信息传递的及时性和程序性。

（5）与政府部门及其他单位的协调

① 做好与工程质量安全监督机构、建设行政主管部门以及消防、环保、人防等部门的交流与协调。

② 重大质量、安全事故发生后，及时敦促承包商向有关部门报告。

③ 与社会团体、新闻媒介等单位的协调。

（6）组织协调的方法

① 会议协调法：第一次工地会议、监理例会、专项会议等。

② 交谈协调法。

③ 书面协调法。

④ 访问协调法。

⑤ 情况介绍法。

5. 安全生产管理

（1）施工单位安全生产管理体系的审查

① 审查施工单位的管理制度、人员资格及验收手续。项目监理机构应根据法律法规、工程建设强制性标准，履行建设工程安全生产管理的监理职责；并应将安全生产管理的监理工作内容、方法和措施纳入监理规划及监理实施细则。审查现场安全生产规章制度的建立和实施情况；审查施工单位安全生产许可证的符合性和有效性；审查项目经理、专职安全员、特种作业人员的资格；核查施工机械和设施的安全许可与验收手续。

② 审查专项施工方案。项目监理机构应审查施工单位报审的专项施工方案，符合要求的，应由总监理工程师签认后报建设单位。超过一定规模的危险性较大的分部、分项工程的专项施工方案，应检查施工单位组织专家进行论证、审查的情况，以及是否附有安全验算结果。

专项施工方案审查应包括：编审程序符合相关规定；安全技术措施符合工程建设强制性标准。

（2）专项施工方案的监督实施及安全事故隐患的处理

① 专项施工方案的监督实施。项目监理机构应要求施工单位按已批准的专项施工方案组织施工。专项施工方案需要调整时，施工单位应按程序重新提交项目监理机构审查。

项目监理机构应巡视检查危险性较大的分部、分项工程专项施工方案的实施情况。发现未按专项施工方案实施时，应签发监理通知单，要求施工单位按专项施工方案实施。

② 安全事故隐患的处理。项目监理机构在实施监理过程中，发现工程存在安全事故隐患时，应签发监理通知单，要求施工单位整改；情况严重时，应签发工程暂停令，并及时报告建设单位。施工单位拒不整改或不停止施工时，项目监理机构应及时向有

关主管部门报送监理报告。

（三）建设工程监理主要方式

监理工作通常采用巡视、平行检验、旁站、见证取样等方式组织实施。

1．巡视

巡视是指项目监理机构对施工现场进行的定期或不定期的检查活动。

（1）巡视的作用

能够及时发现施工过程中出现的各类质量、安全问题，对不符合要求的情况及时要求施工单位进行纠正并督促整改，使问题消灭在萌芽状态。

（2）巡视工作内容和职责

项目监理机构应在监理规划中编制体现巡视工作的方案、计划、制度等相关内容，以及在监理实施细则中明确巡视要点、巡视频率和措施，并明确巡视检查记录表。

巡视内容以现场施工质量、安全生产事故隐患为主。

巡视发现问题的处理方法有：口头要求、书面通知；向专业监理工程师、总监理工程师汇报；记录巡视检查情况；落实整改情况。

2．平行检验

平行检验是指项目监理机构在施工单位自检的同时，按有关规定、建设工程监理合同约定对同一检验项目进行的检测试验活动。

（1）平行检验的作用

使工程实体和材料等检验结论更加真实、可靠。

（2）平行检验工作内容和职责

项目监理机构应依据监理合同编制符合工程特点的平行检验方案，明确平行检验的方法、范围、内容、频率等，并对检验结果进行记录。

平行检验的方法包括量测、检测、试验等。

对平行检验的结果进行分析，提出建议或措施。

3．旁站

旁站是指项目监理机构对工程的关键部位、关键工序的施工质量实施全过程现场跟班的监督活动。

建筑工程的关键部位、关键工序，在基础工程方面包括土方回填，混凝土灌注桩浇筑，地下连续墙、土钉墙、后浇带及其他结构混凝土、防水混凝土浇筑，卷材防水层细部构造处理，钢结构安装；在主体结构工程方面包括梁柱节点钢筋隐蔽过程、混凝土浇筑、预应力张拉、装配式结构安装、钢结构安装、网架结构安装、索膜安装。

（1）旁站的作用

及时发现问题、第一时间采取措施、防止偷工减料、确保施工工艺工序按施工方案进行、避免其他干扰正常施工的因素发生。

（2）旁站工作内容

监理单位在编制监理规划时，应当制定旁站监理方案，明确旁站监理的范围、内容、程序和旁站监理人员职责等。

旁站监理人员应当认真履行职责，对需要实施旁站监理的关键部位、关键工序在施工现场跟班监督，及时发现和处理旁站监理过程中出现的质量问题，如实准确地做好旁站监理记录。

旁站监理人员实施旁站监理时，发现施工单位有违反工程建设强制性标准行为的，有权责令施工单位立即整改；发现其施工活动已经或者可能危及工程质量的，应当及时向监理工程师或者总监理工程师报告，由总监理工程师下达局部暂停施工指令或者采取其他应急措施。

（3）旁站工作职责

① 检查施工企业现场质检人员到岗、特殊工种人员持证上岗以及施工机械、建筑材料准备情况。

② 在现场跟班监督关键部位、关键工序的施工执行施工方案以及工程建设强制性标准情况。

③ 核查进场建筑材料、建筑构配件、设备和商品混凝土的质量检验报告等，并可在现场监督施工企业进行检验或者委托具有资格的第三方进行复验。

④ 做好旁站监理记录和监理日记，保存旁站监理原始资料。

4．见证取样

见证取样是指项目监理机构对施工单位进行的涉及结构安全的试块、试件及工程材料现场取样、封样、送检工作的监督活动。

（1）见证取样的程序

项目监理机构应根据工程的特点和具体情况，制定工程见证取样送检工作制度，将材料进场报验、见证取样送检的范围、工作程序、见证人员和取样人员的职责、取样方法等内容纳入监理实施细则。

见证取样的程序包括：授权、取样、送检、检测单位出具试验报告。

（2）见证人员工作内容和职责

① 在施工过程中，见证人员应按照见证取样和送检计划，对施工现场的取样和送检进行见证，取样人员应在试样或其包装上作出标识、封志。标识和封志应标明工程名称、取样部位、取样日期、样品名称和样品数量，并由见证人员和取样人员签字。见证人员应制作见证记录，并将见证记录归入施工技术档案。

② 见证人员和取样人员应对试样的代表性和真实性负责。

③ 见证取样的试块、试件和材料送检时，应由送检单位填写委托单，委托单应有见证人员和送检人员签字。检测单位应检查委托单及试样上的标识和封志，确认无误

后方可进行检测。

④ 涉及结构安全的试块、试件和材料见证取样和送检的比例不得低于有关技术标准中规定应取样数量的30%。

⑤ 下列试块、试件和材料必须实施见证取样和送检：

a．用于承重结构的混凝土试块；

b．用于承重墙体的砌筑砂浆试块；

c．用于承重结构的钢筋及连接接头试件；

d．用于承重墙的砖和混凝土小型砌块；

e．用于拌制混凝土和砌筑砂浆的水泥；

f．用于承重结构的混凝土中使用的掺加剂；

g．地下、屋面、厕浴间使用的防水材料；

h．国家规定必须实行见证取样和送检的其他试块、试件和材料。

（四）监理文档资料编制及相关要求

1．监理文档资料的基本内容

（1）合同文件：施工监理招投标文件；建设工程委托监理合同；施工招投标文件；建设工程施工合同、分包合同、各类订货合同等。

（2）勘察设计文件：施工图纸；岩土工程勘察报告；测量基础资料。

（3）工程项目监理规划及监理实施细则：工程项目监理规划；监理实施细则（分专业）；项目监理部编制的总控制计划等其他资料。

（4）工程变更文件：图纸会审汇总资料；设计交底记录、纪要；设计变更文件；工程变更文件。

（5）监理月报。

（6）会议纪要。

（7）施工组织设计（施工方案）：施工组织设计总体设计（或分阶段设计）及报审表；分部施工方案及报审表；季节施工方案及报审表；其他专项施工方案及报审表等。

（8）分包资质：分包单位资质报审表；分包单位资质材料；供货单位资质材料；试验室等单位的资质材料。

（9）进度控制：

① 工程动工/复工报审表（含必要的附件）。

附件：a．项目经理部到岗人员情况一览表及相关证件；b．相关组织机构图，质量和安全保证体系等；c．首道工序分项施工方案；d．进场材料名称、设备、数量、规格、性能一览表；e．施工现场质量管理检查记录（开工前填写审查）。

② 施工进度计划报审表（包括年、季、月进度计划）。

③ 月工、料、机动态表。

④ 工程暂定令及工程复工报审表资料。

（10）质量控制：各类工程材料、构配件、设备报验（即相关进场报验表，附相关试验报告）；施工测量放线报验（报验表及放线依据材料、放线成果表）；施工试验报验；检验批、分项、分部工程施工报验与认可；监理抽查记录及不合格项处置记录（即抽查隐蔽工程验收和检验批验收等）；质量问题和事故报告及处理等资料；旁站监理记录；隐蔽工程验收资料；地基验槽记录；桩基质量检测报告；监理巡视记录；混凝土浇灌申请书。

（11）造价控制：概预算或工程量清单；工程量报审与核认；预付款报审与支付证书；月工程进度款报审与签认；工程变更费用报审与签认；工程款支付申请与支付证书；工程量签证单；工程竣工结算等。

（12）监理通知单及回复单、监理联系单。

（13）合同其他事项管理：工程延期报告及工程延期批表等资料；费用索赔报告、审批等资料；合同争议和违约处理资料；合同变更资料等。

（14）工程验收资料：工程基础、主体结构等中间验收资料（即单位工程的分部工程）；设备安装专项验收资料；竣工验收资料；单位（子单位）工程质量控制资料核查记录；单位（子单位）工程安全和功能检验资料核查及主要工程抽查记录；单位（子单位）工程观感质量检查记录；单位工程竣工预验收报验表；单位（子单位）工程质量竣工验收记录；工程质量评估报告；竣工移交证书等。

（15）其他往来函件。

（16）监理日志、日记。

（17）监理工程总结（专题、阶段和竣工总结等）。

2．监理资料的日常管理

（1）监理资料管理的基本要求是：整理及时、真实齐全、分类有序。

（2）总监理工程师应指定专人进行监理资料管理，总监理工程师为总负责人。

（3）应要求承包单位将有监理人员签字的施工技术和管理文件，上报项目监理部存档备查。

（4）应利用计算机建立图、表等系统文件辅助监理工作控制和管理，可在计算机内建立监理管理台账，包括：工程材料、构配件、设备报验台账；施工试验（混凝土、钢筋、水、电、暖、通等）报审台账；检验批分项、分部（子分部）验收台账；工程量、月工程进度款报审台账；其他。

3．监理资料的档案管理

（1）监理资料的归档内容：监理合同；项目监理规划及监理实施细则；监理月报；会议纪要；分项、分部工程施工报验表；质量问题和质量事故的处理资料；造价控制资料；工程验收资料；监理通知；合同其他事项管理资料；监理工作总结。

（2）监理档案的组卷应执行各地城市建设档案馆的统一规定。

（3）监理档案的验收、移交和管理：总监理工程师组织监理资料的归档整理工作，负责审核，并签字验收；工程竣工验收后三个月内总监理工程师负责将监理档案送公司总工程师审阅，并与监理单位档案管理人员办理移交手续；建立工程监理档案封面，移交目录及审核备考表；存档的监理档案需要借阅时应办理借阅和归还手续；一般工程建设监理档案保存期至少为工程保修期结束后一年，超过保存期的监理档案，应经总工程师批准后销毁，但应有记录。

4．监理规划与实施细则的编写、报审

（1）一般规定

监理规划应结合工程实际情况，明确项目监理机构的工作目标，确定具体的监理工作制度、内容、程序、方法和措施。

监理实施细则应符合监理规划的要求，并应具有可操作性。

（2）监理规划的编制、报审

监理规划可在签订建设工程监理合同及收到工程设计文件后由总监理工程师组织编制，并应在召开第一次工地会议前报送建设单位。监理规划编制、报审应遵循下列程序：

① 总监理工程师组织专业监理工程师编制。

② 总监理工程师签字后，由工程监理单位技术负责人审批。

（3）监理规划主要内容

① 工程概况。

② 监理工作的范围、内容、目标。

③ 监理工作依据。

④ 监理组织形式、人员配备及进退场计划、监理人员岗位职责。

⑤ 监理工作制度。

⑥ 工程质量控制。

⑦ 工程造价控制。

⑧ 工程进度控制。

⑨ 安全生产管理的监理工作。

⑩ 合同与信息管理。

⑪ 组织协调。

⑫ 监理工作设施。

（4）在实施建设工程监理过程中，实际情况或条件发生变化而需要调整监理规划时，应由总监理工程师组织专业监理工程师修改，并应经工程监理单位技术负责人批准后报建设单位。

（5）监理实施细则的编写、报审

监理实施细则应在相应工程施工开始前由专业监理工程师编制，并报总监理工程师审批。监理实施细则的编制应依据下列资料：

① 监理规划。

② 工程建设标准、工程设计文件。

③ 施工组织设计、（专项）施工方案。

（6）监理实施细则主要内容

① 专业工程特点。

② 监理工作流程。

③ 监理工作要点。

④ 监理工作方法及措施。

在实施建设工程监理过程中，监理实施细则可根据实际情况进行补充、修改，并应经总监理工程师批准后实施。

思考与练习

（1）信息通信工程监理的意义是什么？

（2）信息通信工程监理机构的组成是什么？

（3）监理的主要工作有哪些？

第七章

信息通信工程定额与造价

本章主要介绍信息通信工程的工程定额与工程造价，分别论述了建设项目管理、工程造价的构成、定额概述、工程造价计价模式与依据等内容。

第一节　工程定额

一、建设项目管理概述

（一）基本建设的含义

基本建设是指在国民经济中以扩大生产能力（或增加工程效益）为目的的综合经济活动。具体地讲，就是投资主体将一定的物资、材料、机器设备等资源，通过购置、建造和安装等活动，把它们转化为固定资产，形成新的生产能力或使用效益的建设工作。

（二）建设项目的分类

建设项目按照不同的分类标准，可以有多种分类方式。

1．按建设项目不同的建设性质分类

（1）新建项目

新建项目是指新开始建设的项目，或者对原有建设项目重新进行总体设计，经扩大建设规模后，其新增固定资产价值超过原有固定资产价值三倍的建设项目。

（2）扩建项目

扩建项目是指原有建设单位为了扩大原有主要产品的生产能力或效益，或增加新产品生产能力，在原有固定资产的基础上兴建一些主要设施或其他固定资产。

（3）改建项目

改建项目是指原有建设单位为了提高生产效率，改进产品质量或改进产品方向，对原有设备、工艺流程进行技术改造的项目。另外，为提高综合生产能力，增加一些附属和辅助设施或非生产性工程，也属于改建项目。

（4）恢复项目

恢复项目是指对因重大自然灾害或战争而遭受破坏的固定资产，按原来规模重新建设或在恢复的同时进行扩建的工程项目。

（5）迁建项目

迁建项目是指原有建设单位由于各种原因迁到另外的地方建设的项目，不论其是否维持原有规模，均称为迁建项目。

应当指出，建设项目的性质是按照整个建设项目的完成周期来划分的。一个建设项目在总体设计全部建成之前，其性质一直不变。

2．以计划年度为单位，按建设项目建设过程不同阶段分类

（1）筹建项目

筹建项目是指在计划年度内，只做准备，还不能开工的项目。

（2）施工项目

施工项目是指正在施工的项目。

（3）投产项目

投产项目是指全部竣工，并已投产或交付使用的项目。

（4）收尾项目

收尾项目是指已经竣工验收投产或交付使用、设计能力全部达到，但还遗留少量收尾工程的项目。

（5）停缓建项目

停缓建项目是指经有关部门批准停止建设或近期内不再建设的项目。停缓建项目分为全部停缓建项目和部分停缓建项目。

3．按建设项目在国民经济中的不同用途分类

按用途分类，就是按建设项目中工程的直接用途来划分。

（1）生产性建设项目

生产性建设项目是指直接用于物质生产或满足物质生产需要的建设项目。它包括工业、建筑业、农业、林业、水利、气象、运输、邮电通信、商业或物资供应、地质资源勘探等建设项目。

（2）非生产性建设项目

非生产性建设项目一般是指用于满足人民物质文化生活需要的建设项目。它包括住宅、文教卫生、科学实验研究、公共事业以及其他建设项目。

4．按建设项目建设总规模和投资的多少分类

按建设项目建设总规模和投资的多少可分为：大、中、小型项目。其划分的标准各行各业并不相同，一般情况下，生产单一产品的企业，按产品的设计生产能力来划分；生产多种产品的，按主要产品的设计生产能力来划分；难以按生产能力划分的，按其全部投资额来划分。

5．按建设项目资金来源和渠道不同分类

（1）国家投资建设项目

国家投资建设项目又称为财政投资建设项目，是指国家预算直接安排投资的建设项目。

（2）银行信用筹资建设项目

银行信用筹资建设项目是指通过银行信用方式供应基本建设投资进行贷款建设的项目。其资金来源于银行自有资金、流通货币、各项存款和金融债券。

（3）自筹资金建设项目

自筹资金建设项目是指各地区、各单位按照财政制度提留、管理和自行分配用于固定资产再生产的资金进行建设的项目。它包括地方自筹、部门自筹、企业与事业单位自筹资金进行建设的项目。

（4）引进外资建设项目

引进外资建设项目是指利用外资进行建设的项目。外资的来源有借用国外资金和吸引外国资本直接投资。

（5）长期资金市场筹资建设项目

长期资金市场筹资建设项目是指利用国家债券筹资和社会集资（股票、国内债券、国内合资经营、国内补偿贸易）投资的建设项目。

（三）建设项目的划分

建设项目按照合理确定工程造价和建设管理工作的需要，按照它的组成内容不同，从大到小，可以划分为单项工程、单位工程、分部工程和分项工程等项目单元。

1．单项工程

单项工程是指在一个建设单位中，具有独立的设计文件、单独编制投资预算、竣工后可以独立发挥生产能力或效益的工程。它是建设项目的组成部分。一个建设项目可包括多个单项工程，也可以只有一个单项工程。例如，一座工厂中的各个主要车间、辅助车间、办公楼和食堂均可作为一个单项工程。单项工程是具有独立存在意义的一个完整工程，也是一个复杂的综合体。为方便计算，仍需进一步分解为许多单位工程。

信息通信工程建设项目的单项工程一般是按不同技术专业或不同的通信系统进行划分。表 7-1-1 列出了一般的通信专业单项工程的划分方式。

◈ 表 7-1-1　通信专业单项工程划分表

<table>
<tr><th colspan="2">专业类别</th><th>单项工程名称</th><th>备注</th></tr>
<tr><td colspan="2">电源设备安装工程</td><td>××电源设备安装工程（包括专用高压供电线路工程）</td><td></td></tr>
<tr><td rowspan="4">有线通信设备安装工程</td><td>传输设备安装工程</td><td>××数字复用设备及光、电设备安装工程</td><td></td></tr>
<tr><td>交换设备安装工程</td><td>××通信交换设备安装工程</td><td></td></tr>
<tr><td>数据通信设备安装工程</td><td>××数据通信设备安装工程</td><td></td></tr>
<tr><td>视频监控设备安装工程</td><td>××视频监控设备安装工程</td><td></td></tr>
<tr><td rowspan="4">无线通信设备安装工程</td><td>微波通信设备安装工程</td><td>××微波通信设备安装工程（包括天线、馈线）</td><td></td></tr>
<tr><td>卫星通信设备安装工程</td><td>××地球站通信设备安装工程（包括天线、馈线）</td><td></td></tr>
<tr><td>移动通信设备安装工程</td><td>①××移动控制中心设备安装工程；
②基站设备安装工程（包括天线、馈线）；
③分布系统设备安装工程</td><td></td></tr>
<tr><td>铁塔安装工程</td><td>××铁塔安装工程</td><td></td></tr>
<tr><td colspan="2">通信线路工程</td><td>①××光、电缆线路工程；
②××水底光、电缆工程（包括水线房建筑及设备安装）；
③××用户线路工程（包括主干及配线光、电缆、交接及配线设备、集线器、杆路等）；
④××综合布线系统工程；
⑤××光纤到户工程</td><td>进局及中继光（电）缆工程可将每个城市作为一个单项工程</td></tr>
<tr><td colspan="2">通信管道工程</td><td>××路（××段）、××小区通信管道工程</td><td></td></tr>
</table>

2．单位工程

单位工程是竣工后一般不能独立发挥生产能力或效益，但具有独立设计，可以独立组织施工的工程。它是单项工程的组成部分。按照单项工程的构成，可以分解为建筑工程和安装工程两类。而每一类中又可按专业性质及作用不同分解为若干个单位工程。例如，一个生产车间的土建工程、给排水工程、机械设备安装工程、电气设备安装工程等，都是单项工程中所包括的不同性质工程内容的单位工程。

3．分部工程

分部工程是单位工程的组成部分。按照不同的设备、不同的材料、不同的工种、不同的结构或施工次序等方式，可将一个单位工程分解为若干个分部工程。例如，通信线路工程可划分为：线路施工测量、光（电）缆敷设、光（电）缆接续与测试等分部工程。分部工程还可以进一步划分为分项工程。

4．分项工程

分项工程是分部工程的组成部分。按照不同的施工方法、不同的材料、不同的工作内容，可将一个分部工程分解为若干个分项工程。分项工程一般是可以用较为简单的施工过程就能完成，以适当的计量单位就可以计算出工程量，以及所需要消耗的人工、材料和机械台班的数量，并能方便地计算出分项工程的单价。分项工程是单项工程组成部分中最基本的构成要素。它一般没有独立存在的意义，只是为了编制建设项目概、预算使用。

综上所述，一个建设项目是由一个或几个单项工程组成的，一个单项工程又由几个单位工程组成，一个单位工程又由若干个分部工程组成，一个分部工程又可以划分为若干个分项工程，这也是一个建设项目管理任务逐步分解的过程。

（四）基本建设程序

基本建设程序是对基本建设项目从酝酿、规划到建成投产所经历的整个过程中的各项工作开展先后顺序的规定。它反映了工程建设各个阶段之间的内在联系，是从事建设工作的各有关部门和人员都必须遵守的基本法则。这个法则是客观存在的自然规律和经济规律的正确反映，是建设项目科学决策和顺利进行的重要保证，是多年来从事建设管理经验总结的高度概括，也是取得较好投资效益必须遵循的工程建设管理方法。

基本建设程序划分为若干个进展阶段和工作环节，它们之间的先后次序和相互关系，不是任意决定的。这些进展阶段和环节有着严格的先后顺序，不能任意颠倒。违反了这个规律就会使建设工作出现严重失误，甚至造成建设资金的重大损失。在我国，大中型以上的建设项目从建设前期工作到建设、投产，一般都要经过项目建议书、可行性研究、初步设计、年度计划、施工图设计、施工准备、施工招投标、开工报告、施工、初步验收、试运行、竣工验收、项目后评估等工作环节。

具体到信息通信工程建设项目，尽管其投资管理、建设规模等有所不同，但建设过程中的主要程序基本相同。下面以图 7-1-1 为例，对建设程序及内容加以说明。

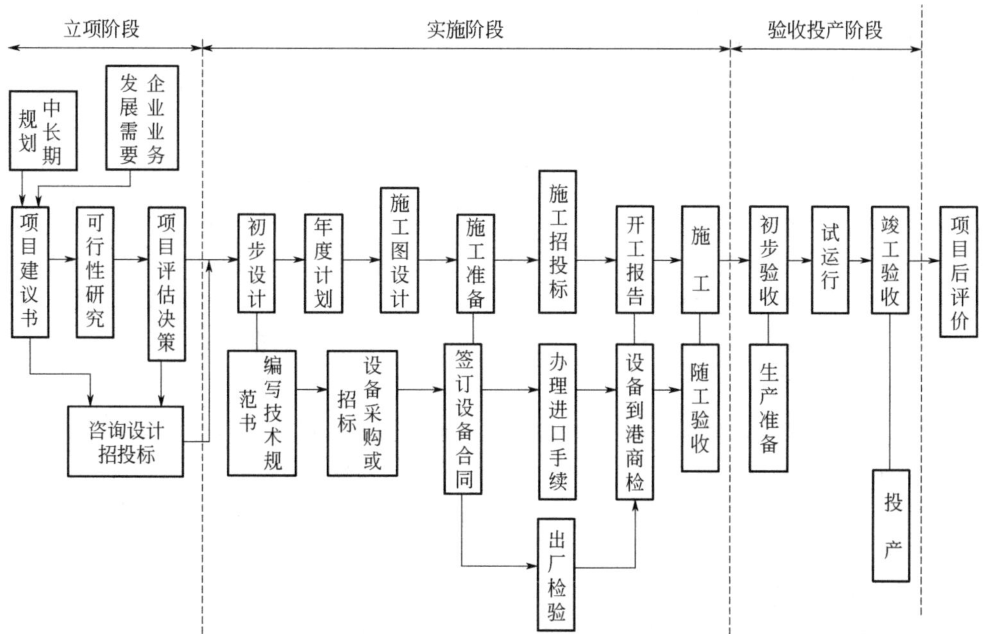

图 7-1-1　信息通信工程基本建设程序图

1．立项阶段

（1）提出项目建议书

部门、地区或企业一般根据国民经济和社会发展的长远规划、行业规划、地区规划或企业发展的需要等要求，经过调查、预测、分析，编制提出项目建议书。项目建议书是要求建设某一具体项目的建设文件，是基本建设程序中最初阶段的工作，是投资决策前对拟建项目的轮廓设想。它主要从宏观上来考察项目建设的必要性，因此，项目建议书把论证的重点放在项目是否符合国家宏观经济政策，是否符合产业政策和产品结构要求，是否符合生产布局要求等方面，从而减少盲目建设和不必要的重复建设。项目建议书主要论证项目建设的必要性，建设方案和投资估算相对比较粗，投资估算误差一般为±30%。当项目建议书批准后即可立项，进行可行性研究。

（2）可行性研究

可行性研究是根据国民经济发展规划及项目建议书，运用多种研究成果，在建设项目投资决策前对有关建设方案、技术方案或生产经营方案进行相关技术经济论证。论证的依据是调研报告。可行性研究评估项目在技术上的先进性和适用性，在经济上的盈利性和合理性，在建设上的可能性和可行性等。项目详细可行性研究阶段的投资估算误差一般应控制在±10%以内。可行性研究的具体内容随行业的不同而有所差别。

2．实施阶段

（1）初步设计

设计文件是安排建设项目和组织施工的主要依据，一般由主管部门或建设单位委托设计单位编制。一般建设项目，按初步设计和施工图设计两个阶段进行。对于技术复杂且缺乏经验的项目，经主管部门指定，按初步设计、技术设计和施工图设计三个阶段进行。

初步设计是根据批准的可行性研究报告，以及有关的设计标准、规范，并通过现场勘察工作取得的设计基础资料后进行编制的。初步设计和总概算按其规模大小和规定的审批程序，报相应主管部门批准。经批准后，设计部门方可进行施工图阶段设计。

技术设计是对初步设计确定的内容进一步深化，主要明确所采用的工艺过程、建筑和结构的重大技术问题、设备的选型和数量，并编制修正总概算。

（2）编制年度计划

建设项目初步设计和总概算批准后，经资金、物资、设计、施工能力等综合平衡后，即列入年度基本建设计划。年度计划包括基本建设拨款计划、设备和主材（采购）储备贷款计划、工期组织配合计划等，是进行工程建设拨款或贷款、分配资源和设备的主要依据。

（3）施工图设计

施工图设计文件应根据批准的初步设计文件和主要设备订货合同进行编制，并绘制施工详图，标明房屋、建筑物、设备的结构尺寸以及安装设备的配置关系和布线、施工工艺，提供设备、材料明细表，并编制施工图预算。

（4）施工准备

施工准备是基本建设程序中的重要环节，建设单位应根据建设项目或单项工程的技术特点，适时组成机构，做好以下几项工作：

① 制定建设工程管理制度，落实管理人员。

② 汇总拟采购设备、主材的技术资料。

③ 落实施工和生产物资的供货来源。

④ 落实施工环境的准备工作，如征地、拆迁、“三通一平”（水、电、路通和平整土地）等。

（5）施工招标或委托

施工招标是建设单位将建设工程发包，鼓励施工企业投标竞争，从中评定出技术、管理水平高，信誉可靠且报价合理的中标企业。推行施工招标对于择优选择施工企业、确保工程质量和工期具有重要意义。

（6）开工报告

经施工招标，签订承包合同后，建设单位在落实了年度资金拨款、设备和主材的供货及工程管理组织后，于开工前一个月会同施工单位、主管部门提出开工报告。

在项目开工报批前，应由审计部门对项目的有关费用计取标准及资金渠道进行审计，然后方可正式开工。

（7）施工

施工是由施工单位按照年度计划、设计文件的规定，确定实施方案，将建设项目的设计，变成可供人们进行生产和生活活动的建筑物、构筑物等固定资产的过程。为确保工程质量，施工必须严格按照施工图纸、施工验收规范等要求进行，按照合理的施工顺序组织施工。信息通信建设项目的施工应由持有相关资质证书的单位承担。

在施工过程中，对于隐蔽工程，在每一道工序完成后，由建设单位委派的工地代表随工验收，如是采用监理的工程则由监理工程师履行此项职责。验收合格后才能进行下一道工序。

3．验收投产阶段

（1）初步验收

初步验收通常是单项工程完工后，检验单项工程各项技术指标是否达到设计要求。初步验收一般是由施工企业完成施工承包合同工程量后，依据合同条款向建设单位申请项目完工验收，提出交工报告，由建设单位或由其委托监理公司组织相关设计、施工、维护、档案及质量管理等部门参加。除小型建设项目外，其他所有新建、扩建、改建等基本建设项目以及属于基本建设性质的技术改造项目，都应在完成施工调测之后进行初步验收。初步验收的时间应在原定计划建设工期内进行。

（2）试运行

试运行由建设单位负责组织，供货厂商、设计、施工和维护部门参加，对设备、系统的性能、功能和各项技术指标以及涉及的施工质量等进行全面考核。经过试运行，如发现有质量问题，由相关责任单位负责免费返修。信息通信工程建设项目的试运行期一般为 3 个月。试运行期结束后，根据通信网络和系统的运行情况，即可组织竣工验收的准备工作。

（3）竣工验收

竣工验收是工程建设的最后一个环节，是全面考核建设成果、检验设计和工程质量是否符合要求，审查投资使用是否合理的重要步骤。建设项目按批准的设计文件所规定的内容建设完成后，便可以组织竣工验收。验收合格后，施工单位应向建设单位办理工程移交和竣工结算手续，使其由基本建设系统转入生产系统，并交付使用。

（4）建设项目后评价

建设项目后评价是指项目竣工投产运营一段时间后，再对项目的立项决策、设计、施工、竣工投产、生产运营等全过程进行系统评价的一种技术经济活动，是固定资产投资管理的一项重要内容，也是固定资产投资管理的最后一个环节。通过建设项目后评价，可以达到肯定成绩、总结经验、研究问题、提出建议、改进工作、不断提高项目决策水平和达到投资效果的目的。

二、建设项目管理中的税务知识

在工程建设项目的各个阶段，无论是业主还是承包商，在进行项目管理的过程中都不可避免地有大量的涉税事务。如何进行各类税金的计算及筹划，关系项目投资成本的管控，涉及建设单位和施工单位的切身利益，同时也是建设项目管理的重要组成部分。

（一）我国的税收种类

我国的现行税制是中华人民共和国成立后经过多次改革，逐步演进而来的，主要是经 1994 年税制改革后形成了较完善的税收体系。我国税收种类按征税对象大致可以分为五大类：

（1）商品（货物）和劳务税类。包括增值税、消费税和关税，主要在生产、流通或者服务业中发挥调节作用。

（2）所得税类。包括企业所得税、个人所得税，主要在国民收入形成后，对生产经营者的利润和个人的纯收入发挥调节作用。

（3）财产和行为税类。包括房产税、车船税、印花税、契税，主要对某些财产和行为发挥调节作用。

（4）资源税类。包括资源税、土地增值税和城镇土地使用税，主要对因开发和利用自然资源差异而形成的级差收入发挥调节作用。

（5）特定目的税类。包括城市维护建设税、车辆购置税、耕地占用税、筵席税和烟叶税等，主要是为了达到特定目的，对特定对象和特定行为发挥调节作用。

在工程造价管理的各个阶段需要涉及以上大部分的税种。其中，增值税在工程造价计价过程中需要尤为关注。

（二）增值税

1．增值税的概念

增值税是以商品（包含应税劳务）在流转过程中产生的增值额作为计税依据而征收的一种流转税。从计税原理上说，增值税是对商品生产、流通、劳务服务中多个环节的新增价值或商品的附加值征收的一种流转税。实行价外税，也就是由消费者（购买者）负担。简单地说，就是有增值才征税，没增值不征税。

对于增值税的理解，关键在于增值额。从理论上看，增值额是纳税人经济活动中新创造的价值，其计算方式有两种：加法和减法。从加法的角度来看，增值额相当于利润加上工资；从减法的角度来看，增值额相当于产出减去投入。其计算公式如下：

$$增值额=工资+利润=产出-投入$$

2．增值税纳税人

增值税纳税人分为一般纳税人和小规模纳税人。

从事货物生产或者提供应税劳务的纳税人，以及以从事货物生产或者提供应税劳务为主，并兼营货物批发或者零售的纳税人，年应征增值税销售额（简称“应税销售额”）超过财政部和国家税务总局规定的小规模纳税人标准的企业和企业性单位，为一般纳税人，不超过的则为小规模纳税人。非企业性单位、不经常发生应税行为的企业可选择按小规模纳税人纳税。以从事货物生产或者提供应税劳务为主，是指纳税人的年货物生产或者提供应税劳务的销售额应占年应税销售额的比重在50%以上。

一般纳税人和小规模纳税人在对企业会计核算的要求、增值税发票的获取和开具、税额的抵扣等方面都有着不同的规定，区别很多。简单来说，一般纳税人按照13%或9%（服务业6%）的税率计算增值税，小规模纳税人按照3%的税率计算增值税；一般纳税人可以抵扣进项税额，小规模纳税人不能抵扣进项税额；一般纳税人可以开具增值税专用发票，小规模纳税人只能开具增值税普通发票（可以到税务机关代开专用发票），等等。

3．税率与征收率

增值税征收通常包括生产、流通或消费过程中的各个环节。理论上按行业划分，包括农业各个产业领域（种植业、林业和畜牧业）、采矿业、制造业、建筑业、交通和商业服务业等行业。按流通环节则可以划分为原材料采购、生产制造、批发、零售与消费等环节。对于所有的货物和服务，增值税体系采用多种而非单一的增值税率。

（1）基本税率

我国自2016年5月1日起，全面实施增值税。根据《关于深化增值税改革有关政策的公告》（财政部 税务总局 海关总署 公告2019年第39号），现行各行业增值税基本税率见表7-1-2。

◈ 表7-1-2　各行业增值税税率表

适用行业	税率
货物销售、货物进口、货物租赁	13%
建筑业、交通运输业、基础电信服务、房地产业、农产品	9%
现代服务业、物流业、增值电信服务、金融服务业、生活服务业	6%

（2）零税率

纳税人出口货物，税率为零，国务院另有规定的除外。

（3）简易计税方法征收率

适用简易计税方法，征收率为3%。

4．应纳税额的计算

对于增值税的征收，在实际纳税中，商品新增价值或附加值在生产和流通过程中是很难准确计算的。因此，中国也采用国际上普遍采用的税款抵扣的办法，即根据销售商品或劳务的销售额，按规定的税率计算出销售税额，然后扣除取得该商品或劳务时所支付的增值税款，也就是进项税额，其差额就是增值部分应缴纳的税额。这种计算方法体现了按增值因素计税的原则。

增值税的计税方法包括：一般计税方法和简易计税方法。

一般纳税人发生应税行为适用一般计税方法计税。一般纳税人发生财政部和国家税务总局规定的特定应税行为，可以选择适用简易计税方法计税。但一经选择，36个月内不得变更。小规模纳税人发生应税行为适用简易计税方法计税。

（1）一般计税方法

应纳税额计算公式：

应纳税额=当期销项税额−当期进项税额

销项税额=销售额×税率

销售额=含税销售额÷（1+税率）

销项税额：是指纳税人销售货物或提供应税服务按照销售额和增值税税率计算的增值税额。

进项税额：是指纳税人购进货物或应税服务，支付或者负担的增值税税额。

当期销项税额小于当期进项税额，不足抵扣时，其不足部分可以结转下期继续抵扣。

【例】 A 公司 4 月份购买甲产品，支付货款除税价 10000 元，增值税进项税额为 1300 元，并取得增值税专用发票。销售甲产品含税销售额为 22600 元。那么

进项税额=1300（元）

销售额=22600÷(1+13%)=20000（元）

销项税额=20000×13%=2600（元）

应纳税额=2600−1300=1300（元）

（2）简易计税方法

纳税人销售货物或者提供应税劳务和应税服务适用简易计税方法的，按照销售额和征收率计算应纳税额，并不得抵扣进项税额。

应纳税额计算公式：

应纳税额=销售额×征收率

销售额=含税销售额÷(1+征收率)

【例】 A 公司（小规模纳税人）6 月份取得含税的零售收入 12.36 万元，购进货物 5.85 万元。那么

销售额=12.36÷ (1+3%)=12（万元）

应纳税额=12×3%=0.36（万元）

（3）进口货物

应纳税额计算公式：

应纳税额=(关税完税价格+关税+消费税)×税率

三、建设工程定额

（一）定额的概念

所谓定额，就是规定的额度，是在一定的生产技术和劳动组织条件下，完成单位合格产品在人力、物力、财力的利用和消耗方面应当遵守的标准。

定额是在正常的施工条件下，完成单位合格产品所必需的人工、材料、施工机械设备及其资金消耗的数量标准。不同的产品有不同的质量要求。因此，不能把定额看成是单纯的数量关系，而应看成是质和量的统一体。考察个别的生产过程中的因素不能形成定额，只有从考察总体生成过程中的各生产因素，归结出社会平均必需的数量标准，才能形成定额。同时，定额反映一定时期的社会生产力水平。

（二）定额的特点

1．权威性

建设工程定额具有很大权威，这种权威在一些情况下具有经济法规性质。权威性反映统一的意志和统一的要求，也反映信誉和信赖程度，以及反映定额的严肃性。

2．科学性

建设工程定额的科学性，首先表现在定额是在认真研究客观规律的基础上，自觉地遵守客观规律的要求，实事求是地制定的。因此，它能正确地反映单位产品生产所必需的劳动量，从而以最少的劳动消耗取得最大的经济效果，促进劳动生产率的不断提高。

3．统一性

建设工程定额的统一性，主要是由国家对经济发展的有计划的宏观调控职能决定的。为了使国民经济按照既定的目标发展，就需要借助于某些标准、定额、参数等，对工程建设进行规划、组织、调节、控制。而这些标准、定额、参数必须在一定的范围内是一种统一的尺度，才能实现上述职能，才能利用它对项目的决策、设计方案、投标报价、成本控制进行比选和评价。

4．稳定性和时效性

建设工程定额中的任何一种都是一定时期技术发展和管理水平的反映，因而在一段时间内都表现出稳定的状态。稳定的时间有长有短，一般在 5～10 年。保持定额的稳定性是维护定额的权威性所必需的，更是有效贯彻定额所必要的。如果某种定额经常处于修改变动之中，那么必然造成执行中的困难和混乱，使人们感到没有必要去认真对待它，很容易导致定额权威性的丧失。建设工程定额的不稳定也会给定额的编制工作带来极大的困难。

但是建设工程定额的稳定性是相对的。当生产力向前发展了，定额就会与已经发展了的生产力不相适应。这样，它原有的作用就会逐步减弱以至消失，需要重新编制或修订。

5．系统性

建设工程定额是相对独立的系统，它是由多种定额结合而成的有机整体。它的结构复杂，有鲜明的层次，有明确的目标。

（三）建设工程定额的分类

建设工程定额是一个综合概念，是工程建设中各类定额的总称。为了对建设工程定额能有一个全面的了解，可以按照不同的原则和方法对它进行科学的分类。

1．按照定额专业性质分类

可以把建设工程定额分为全国通用定额、行业通用定额和专业专用定额 3 种。

（1）全国通用定额是指在部门间和地区间都可以使用的定额。

（2）行业通用定额是指在具有专业特点的行业部门内可以通用的定额。

（3）专业专用定额是指特殊专业的定额，只能在指定范围内使用。

2．按照定额反映的物质消耗内容分类

可以把建设工程定额分为劳动消耗定额、材料消耗定额和机械（仪表）消耗定额3种。

（1）劳动消耗定额

劳动消耗定额是完成一定的合格产品（工程实体或劳务）规定活劳动消耗的数量标准。在这里，“劳动消耗”的含义仅仅是指劳动的消耗，而不是活劳动和物化劳动的全部消耗。劳动消耗定额又简称劳动定额。为了便于综合和核算，劳动定额大多采用工作时间消耗量来计算劳动消耗的数量。所以，劳动定额主要表现形式是时间定额，但同时也表现为产量定额。

（2）材料消耗定额

材料消耗定额是指完成一定合格产品所需消耗材料的数量标准。材料消耗定额又简称材料定额。

材料是指工程建设中使用的原材料、成品、半成品、构配件等。材料作为劳动对象构成工程的实体，需用数量很大，种类繁多。所以材料消耗量多少，消耗是否合理，不仅关系到资源的有效利用，影响市场供求状况，而且对建设工程的项目投资、建筑产品的成本控制都会有决定性影响。材料消耗定额，在很大程度上可以影响材料的合理调配和使用。在产品生产数量和材料质量一定的情况下，材料的供应计划和需求都会受材料定额的影响。重视和加强材料定额管理，制定合理的材料消耗定额，是组织材料的正常供应、保证生产顺利进行、合理利用资源、减少积压和浪费的必要前提。

（3）机械（仪表）消耗定额

我国机械（仪表）消耗定额是以一台机械（仪表）一个工作班（8h）为计量单位，所以又称为机械（仪表）台班定额。机械（仪表）消耗定额是指为完成一定合格产品（工程实体或劳务）所规定的施工机械（仪表）消耗的数量标准。机械消耗定额的主要表现形式是机械时间定额，但同时也以产量定额表现。

我国机械（仪表）消耗定额和劳动消耗定额一样，在施工定额、预算定额、概算定额、概算指标、估算指标等多种定额中，机械（仪表）消耗定额都是其中的组成部分。

3．按照定额的编制程序和用途分类

可以把建设工程定额分为施工定额、预算定额、概算定额、投资估算指标和工期定额5种。

（1）施工定额

施工定额是施工单位直接用于施工管理的一种定额，是编制施工作业计划、施工预算，计算工料，向班组下达任务书的依据。施工定额主要包括劳动定额、机械（仪表）台班定额和材料消耗定额三个部分。

施工定额是按照平均先进性原则编制的。它以同一性质的施工过程为对象，规定劳动消耗量、机械（仪表）工作时间（生产单位合格产品所需的机械、仪表工作时间，单位用台班表示）和材料消耗量。

（2）预算定额

预算定额是编制预算时使用的定额，是确定一定计量单位的分部、分项工程或结构构件的人工工日、机械（仪表）台班和材料消耗数量的标准。

每一项分部、分项工程的定额，都规定有工作内容，以便确定该项定额的适用对象，而定额本身则规定有：人工工日数（分等级表示或以平均等级表示）、各种材料的消耗量（次要材料亦可综合地以价值表示）、机械（仪表）台班数量等几个方面的实物指标。全国统一预算定额里的预算价值，是以某地区的人工、材料和机械（仪表）台班预算单价为标准计算的，称为预算基价，基价可供设计、预算比较参考。编制预算时，如不能直接套用基价，则应根据各地的预算单价和定额的工料消耗标准，编制地区估价表。

（3）概算定额

概算定额是编制概算时使用的定额，是确定一定计量单位扩大分部、分项工程的人工、材料、机械（仪表）台班消耗量的标准，是设计单位在初步设计阶段确定建筑（构筑物）概略价值、编制概算、进行设计方案经济比较的依据。它也可用来概略地计算人工、材料、机械（仪表）台班的需要数量，作为编制基建工程主要材料申请计划的依据。它的内容和作用与预算定额相似，但项目划分较粗，没有预算定额的准确性高。

（4）投资估算指标

投资估算指标是在项目建议书可行性研究阶段编制投资估算、计算投资需要量时使用的一种定额，往往以独立的单项工程或完整的工程项目为计算对象。它的概括程度与可行性研究阶段相适应，主要作用是为项目决策和投资控制提供依据。投资估算指标虽然往往根据历史的预、决算资料和价格变动等资料编制，但其编制基础仍然离不开预算定额、概算定额。

（5）工期定额

工期定额是为各类工程规定的施工期限的定额，包括建设工期定额和施工工期定额两个层次。

① 建设工期是指建设项目或独立的单项工程在建设过程中所耗用的时间总量，一般以月数或天数表示。它指从开工建设时起，到全部建成投产或交付使用时为止所经历的时间，但不包括由于计划调整而停缓建所延误的时间。

② 施工工期一般是指单项工程或单位工程从开工到完工所经历的时间。

施工工期是建设工期中的一部分，如单位工程施工工期，是指从正式开工起至完成承包工程全部设计内容并达到验收标准的全部有效天数。

4．按主编单位和管理权限分类

可以把建设工程定额可分为全国统一定额、行业统一定额、地区统一定额、企业定额和补充定额5种。

（1）全国统一定额是由国家建设行政主管部门，综合全国工程建设中技术和施工组织管理的情况编制，并在全国范围内执行的定额，如全国统一安装工程定额。

（2）行业统一定额是考虑到各行业部门专业工程技术特点，以及施工生产和管理水平编制的定额。一般是只在本行业和相同专业性质的范围内使用的专业定额，如矿井建设工程定额、铁路建设工程定额。

（3）地区统一定额包括省、自治区、直辖市定额。地区统一定额主要是考虑地区性特点和全国统一定额水平做适当调整补充编制的。

（4）企业定额是指由施工企业考虑本企业具体情况，参照国家、部门或地区定额的水平制定的定额。企业定额只在企业内部使用，是企业素质的一个标志。企业定额水平一般应高于国家现行定额，才能满足生产技术发展、企业管理和市场竞争的需要。

（5）补充定额是指随着设计、施工技术的发展，在现行定额不能满足需要的情况下，为了补充缺项所编制的定额。补充定额只能在指定的范围内使用，可以作为以后修订定额的基础。

（四）现行信息通信工程定额的构成

目前，信息通信建设工程有预算定额、费用定额。由于现在还没有概算定额，在编制概算时，暂时用预算定额代替。信息通信工程现行各种定额执行的文本如下：

1．信息通信建设工程预算定额

工信部通信［2016］451号《信息通信建设工程预算定额》（共5册）。

2．信息通信建设工程费用定额

工信部通信［2016］451号《信息通信建设工程费用定额》。

四、信息通信建设工程预算定额

（一）预算定额的概念

预算定额是在编制施工图预算时计算工程的人工（工日）、材料、机械（仪表）等消耗量的一种定额。施工图预算需要按照施工图纸和工程量计算规则计算工程量，还需要借助预算定额来计算人工、材料和机械（仪表）等的消耗量，并在此基础上计算出资金的需要量、建筑安装工程的价格。

（二）现行信息通信建设工程预算定额的编制依据和基础

现行信息通信建设工程预算定额主要以以下文件和资料作为编制依据和基础：

（1）住房和城乡建设部、财政部《关于印发〈建筑安装工程费用项目组成〉的通知》。

（2）国家及行业主管部门颁发的有关通信建设工程设计规范、通信建设工程施工及验收技术规范、通用图、标准图。

（3）工业和信息化部《关于发布〈通信建设工程概算、预算编制办法〉及相关定额的通知》。

（4）有关省、自治区、直辖市的通信设计、施工企业及建设单位的专家提供的意见和资料。

（三）现行信息通信建设工程预算定额的编制原则

现行信息通信建设工程预算定额的编制主要遵照以下几个原则：

1．贯彻相关政策精神

贯彻国家和行业主管部门关于修订信息通信建设工程预算定额的相关政策精神，结合通信行业的特点进行认真调查研究、细算粗编，坚持实事求是，做到科学、合理、便于操作和维护。

2．贯彻执行“控制量”“量价分离”“技普分开”的原则

（1）控制量：指预算定额中的人工、材料、机械（仪表）台班的消耗量是法定的，任何单位和个人不得随意调整。

（2）量价分离：指预算定额中只反映人工、材料、机械（仪表）台班的消耗量，而不反映其单价。单价由主管部门或造价管理归口单位另行发布。

（3）技普分开：为适应市场经济和信息通信建设工程的实际需要取消综合工。凡是由技工操作的工序内容均按技工计取工日，凡是由非技工操作的工序内容均按普工计取工日。

信息通信设备安装工程，除铁塔安装工程外，均按技工计取工日（即普工为零）。通信线路和通信管道工程分别计取技工工日、普工工日。

（四）现行信息通信建设工程预算定额消耗量的确定

1．关于预算定额子目中的人工工日及消耗量的确定

预算定额中人工消耗量是指完成定额规定计量单位所需要的全部工序用工量，一般应包括基本用工、辅助用工和其他用工。

（1）基本用工

由于预算定额是综合性的定额，每个分部、分项定额都综合了数个工序内容，各种工序用工工效应根据施工定额逐项计算，因此完成定额单位产品的基本用工量包括该分项工程中主体工程的用工量和附属于主体工程中各种工程的用工量。它是构成预算定额人工消耗指标的主要组成部分。

信息通信工程预算定额项目基本用工的确定有以下三种方法：

① 对于有劳动定额依据的项目，基本用工一般应按劳动定额的时间定额乘以该工序的工程量计算确定，即：

$$L_{基}=\Sigma(I\times t)$$

式中，$L_{基}$为定额项目基本用工；I为工序工程量；t为时间定额。

② 对于无劳动定额可依据的项目，基本用工量的确定应参照现行其他劳动定额，通过细算粗编，在广泛征求设计、施工、建设等部门的意见，必要时亲临施工现场调查研究的基础上确定。

③ 对于新增加的，且无劳动定额可供参考的定额项目，一般可参考相近的定额项目，结合新增施工项目的特点和技术要求，先确定施工劳动组织和基本用工过程，根据客观条件和人工实际操作水平确定日进度，然后根据该工序的工程量计算确定基本用工。

（2）辅助用工

辅助用工是劳动定额未包括的用工量，包括施工现场某些材料临时加工用工和排除一般障碍、维持必要的现场安全用工等。它是施工生产不可缺少的用工，应以辅助用工的形式列入预算定额。

施工现场临时材料加工用工量计算，一般是按加工材料的数量乘以相应时间定额确定。

辅助用工一般按预算定额的基本用工量的18%计算。

（3）其他用工

其他用工是指劳动定额中未包括而在正常施工条件下必然发生的零星用工量，是预算定额的必要组成部分，编制预算定额时必须计算。其内容包括：

① 在正常施工条件下各工序间的交叉配合所需的停歇时间。

② 施工机械在单位工程之间转移及临时水电线路在施工过程中转移所发生的不可避免的工作停歇。

③ 因工程质量检查与隐蔽工程验收而影响工人操作的时间。

④ 因场内单位工程之间操作地点的转移，影响工人操作的时间以及施工过程中工种之间交叉作业的时间。

⑤ 施工中细小的、难以测定的、不可避免的工序和零星用工所需的时间等。

其他用工一般按预算定额的基本用工量和辅助用工量之和的10%计算。

2．关于预算定额子目中的主要材料及消耗量的确定

信息通信建设工程预算定额中只反映主要材料，其辅助材料可按费用定额的规定另行处理。

主要材料指在建设工程中或产品构成中形成产品实体的各种材料，通常是根据编制预算定额时选定的有关图纸、测定的综合工程量数据、主要材料消耗定额、有关理论计算公式等逐项综合计算。先算出净用量加损耗量后，以实用量列入预算定额。计算公式为：

$$Q=W+\Sigma_r$$

式中，Q 为完成某工程量的主要材料消耗定额（实用量）；W 为完成某工程量实体所需主要材料净用量；Σ_r 为完成某工程量最低损耗情况下各种损耗量之和。

（1）主要材料净用量

主要材料净用量指不包括施工现场运输和操作损耗，完成每一定额计量单位产品所需某种材料的用量。

（2）主要材料损耗量

主要材料损耗量是指材料在施工现场运输和生产操作过程中不可避免的合理消耗量。一般情况下，主要材料损耗量根据材料净用量和相应的材料损耗率进行计算。对于施工过程中多次周转使用的材料，预算定额计取一次摊销材料量。

① 主要材料损耗率。

信息通信工程预算定额的主要材料损耗率的确定是按合格的原材料，在正常施工条件下，以合理的施工方法，结合现行定额水平综合取定的。材料损耗率见《信息通信建设工程预算定额》第四册附录二或第五册附录三。

② 周转性材料摊销量。

施工过程中多次周转使用的材料，每次施工完成之后还可以再次使用，但在每次用完之后必然发生一定的损耗，经过若干次使用之后，此种材料报废或仅剩残值。这种材料就要以一定的摊销量分摊到分部、分项工程预算定额中，通常称为周转性材料摊销量。

例如，水底电缆敷设船只组装，顶钢管、管道沟挡土板所用木材等，一般按周转10次摊销。在预算定额编制过程中，对周转性材料应严格控制周转次数，以促进施工企业合理使用材料，充分发挥周转性材料的潜力，减少材料损耗，降低工程成本。

预算定额的一次摊销材料量的计算公式为：

$$R=\frac{Q(1+P)}{N}$$

式中，R 为周转性材料的定额摊销量；Q 为周转性材料分项工程一次施工需要量；P 为材料损耗率；N 为规定材料在施工中所需周转次数。

3．关于预算定额子目中施工机械、仪表及消耗量的确定

信息通信工程施工中凡是单位价值在2000元以上，构成固定资产的机械、仪表，定额中均给出了台班消耗量。

预算定额中施工机械、仪表台班消耗量标准，是指以一台施工机械或仪表一天（8h）所完成合格产品数量作为台班产量定额，再以一定的机械幅度差来确定单位产品所需要的机械台班量。其计算公式为：

$$预算定额中施工机械台班消耗量=\frac{1}{每台班产量}$$

【例】用一辆5t汽车起重吊车，立9m水泥杆，每台班产量为25根，则每根所需台班消耗量应为：

$$\frac{1}{25}=0.04\ 台班$$

机械幅度差是指按上述方法计算施工机械台班消耗量时，尚有一些因素未包括在台班消耗量内，需增加一定幅度，一般以百分率表示。造成幅度差的主要因素有：

① 初期施工条件限制所造成的功效差。

② 工程结尾时工程量不饱满，利用率不高。

③ 施工作业区内移动机械所需要的时间。

④ 工程质量检查所需要的时间。

⑤ 机械配套之间相互影响的时间。

（五）现行信息通信建设工程预算定额的构成

1．预算定额的分册构成

现行《信息通信建设工程预算定额》包括《通信电源设备安装工程》《有线通信设备安装工程》《无线通信设备安装工程》《通信线路工程》和《通信管道工程》共5册。

2．每册预算定额的构成

在现行《信息通信建设工程预算定额》中，每册预算定额均由总说明、册说明、章说明、定额项目表、定额子目编号规则和附录构成。

（1）总说明

总说明不仅阐述定额的编制原则、指导思想、编制依据和适用范围，同时还说明编制定额时已经考虑和没有考虑的各种因素，以及有关规定和使用方法等。在使用定额时应首先了解和掌握这部分内容，以便正确地使用定额。

（2）册说明

册说明阐述该册的内容、编制基础和使用该册应注意的问题及有关规定等。

（3）章说明

章说明主要说明分部、分项工程的工作内容，工程量计算方法和本章节有关规定、计量单位、起讫范围，应扣除和应增加的部分等。这部分是工程量计算的基本规则，必须全面掌握。

（4）定额项目表

定额项目表是预算定额的主要内容，项目表不仅给出了详细的工作内容，还列出了在此工作内容下的分部、分项工程所需的人工、主要材料、机械台班、仪表台班的消耗量，并在定额项目表下注释应调整、换算的内容和方法。

（5）定额子目编号规则

定额子目编号由三部分组成：第一部分为册名代号，表示信息通信建设工程的各个专业，由关键字汉语拼音（首字母）缩写组成；第二部分为定额子目所在的章号，由一位阿拉伯数字表示；第三部分为定额子目所在章内的序号，由三位阿拉伯数字表示。

（6）附录

信息通信建设工程预算定额的最后列有附录，供使用预算定额时参考。

五、建设工程概预算

（一）概预算的含义

建设工程概预算是设计文件的重要组成部分，它是根据不同设计阶段的深度和建设内容，以初步设计和施工图设计为基础，按照设计图纸和说明以及相关专业的预算定额、费用定额、费用标准、器材价格、编制方法等有关资料，对建设工程预先计算和确定从筹建至竣工交付使用所需全部费用的文件。

建设工程概预算应按不同的设计阶段进行编制：

（1）工程采用三阶段设计时，初步设计阶段编制设计概算，技术设计阶段编制修正概算，施工图设计阶段编制施工图预算。

（2）工程采用二阶段设计时，初步设计阶段编制设计概算，施工图设计阶段编制施工图预算。

（3）工程采用一阶段设计时，编制施工图预算，但施工图预算应反映全部费用内容，即除工程费和工程建设其他费之外，还应计列预备费、建设期利息等费用。

在设计阶段编制概预算是整个建设过程中工程造价控制的重点。因此，设计人员在设计过程中，应强化工程造价意识，充分考虑技术与经济的统一，编制出技术上满足设计任务书要求，造价又受控于决策阶段的投资估算额度的概预算文件。

（二）概预算的构成

1. 初步设计概算的构成

建设项目在初步设计阶段编制设计概算。设计概算的组成，是根据建设规模的大小而确定的，一般由建设项目总概算、单项工程概算组成。

单项工程概算由工程费、工程建设其他费、预备费、建设期利息四部分组成。建设项目总概算等于各单项工程概算之和，它是一个建设项目从筹建到竣工验收的全部投资，其构成如图 7-1-2 所示。

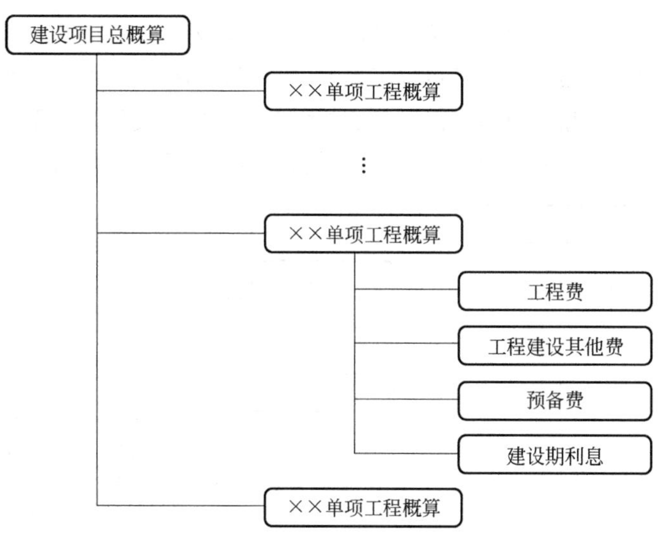

图 7-1-2　建设项目总概算构成

2．施工图设计预算的构成

建设项目在施工图设计阶段编制预算。施工图预算一般由单位工程预算、单项工程预算、建设项目总预算的层次结构组成。

单位工程施工图预算应包括建筑安装工程费和设备、工器具购置费。

单项工程施工图预算应包括工程费、工程建设其他费和建设期利息。单项工程预算可以是一个独立的预算也可以由该单项工程中包含的所有单位工程预算汇总而成，其构成如图 7-1-3 所示。

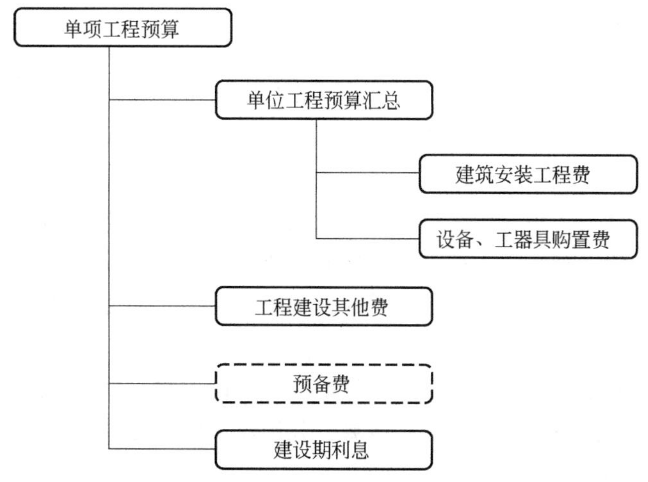

图 7-1-3　单项工程施工图预算构成

注：虚线框表示一阶段设计时编制施工图预算还应计入的费用。

图 7-1-3 中“工程建设其他费”是以单项工程作为计取单位的。若因为投资或固定资产核算等原因需要分摊到各单位工程中，亦可分别摊入单位工程预算中，但工程建设其他费的各项费用计算时不能以单位工程中的费用额度作为计算基数。

建设项目总预算则是汇总所有单项工程预算而成，其构成如图 7-1-4 所示。

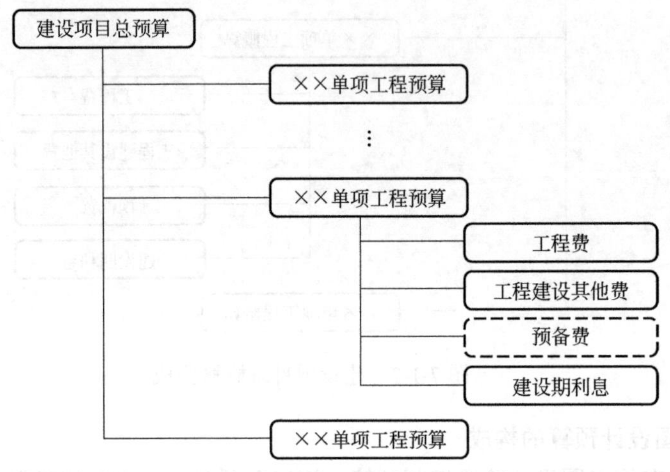

图 7-1-4　建设项目总预算构成

注：虚线框表示一阶段设计时编制施工图预算还应计入的费用。

六、信息通信建设工程概预算的编制

（一）概预算编制原则

（1）信息通信建设工程概预算应按《工业和信息化部关于印发信息通信建设工程预算定额、工程费用定额及工程概预算编制规程的通知》（工信部通信［2016］451 号）等相关文件精神进行编制。

（2）设计概算是初步设计文件的重要组成部分，编制设计概算应在投资估算的范围内进行。施工图预算是施工图设计文件的重要组成部分，编制施工图预算应在批准的设计概算范围内进行。对于一阶段设计所编制的施工图预算，应在投资估算的范围内进行。

（3）当一个通信建设项目有几个设计单位共同设计时，总体设计单位应负责统一概预算的编制，并汇总建设项目的总概算。分设计单位负责本设计单位所承担的单项工程概预算的编制。

（4）工程概预算是一项重要的技术经济工作，应按照规定的设计标准和设计图纸计算工程量，正确地使用各项计价标准，完整、准确地反映设计内容、施工条件和实际价格。

（二）概预算的编制依据

1．设计概算的编制依据

设计概算编制主要依据以下资料：

（1）批准可行性研究报告。

（2）初步设计图纸及有关资料。

（3）国家相关部门发布的有关法律、法规、标准规范。

（4）《信息通信建设工程预算定额》《信息通信建设工程费用定额》及有关文件。

（5）建设项目所在地政府发布的有关土地征用和赔补费用等有关规定。

（6）与项目采购有关的合同、协议等。

2．施工图预算的编制依据

施工图预算编制主要依据以下资料：

（1）批准的初步设计概算或可行性研究报告及有关文件。

（2）施工图、通用图、标准图及说明。

（3）国家相关部门发布的有关法律、法规、标准规范。

（4）《信息通信建设工程预算定额》《信息通信建设工程费用定额》及有关文件。

（5）建设项目所在地政府发布的有关土地征用和赔补费用等有关规定。

（6）与项目采购有关的合同、协议等。

（三）概预算文件的组成

概预算文件由编制说明和概预算表组成。

1．编制说明

编制说明主要包括以下内容：

（1）工程概况

说明项目规模、用途，概预算总价值、生产能力、公用工程及项目外工程的主要情况等。

（2）编制依据

主要说明编制时所依据的技术、经济文件、各种定额、材料设备价格、地方政府的有关规定和主管部门未做统一规定的费用计算依据和说明。

（3）投资分析

主要说明各项投资的比例及与类似工程投资额的比较、分析投资额高低的原因、工程设计的经济合理性、技术的先进性及适宜性等。

（4）其他需要说明的问题

如建设项目的特殊条件和特殊问题，需要上级主管部门和有关部门帮助解决的其他有关问题。

2．概预算表格

1）概预算表格的组成

通信建设工程概预算表格式按照费用结构的划分，由建筑安装工程费用系列表格、设备购置费用表格（包括需要安装和不需要安装的设备）、工程建设其他费用表格及概预算总表组成。

2）概预算表格填写说明

（1）表格总说明

① 本套表格供编制工程项目概算或预算使用，各类表格的标题应根据编制阶段明确填写“概”或“预”。

② 本套表格的表首填写具体工程的相关内容。

③ 表格中“增值税”栏目中的数值，均为建设方应支付的进项税额。在计算乙供主材时，表四中的“增值税”及“含税价”栏可不填写。

④ 本套表格的编码规则见表 7-1-3、表 7-1-4。

◈ **表 7-1-3　表格编码**

表格名称		表格编号
汇总表		专业代码-总
表一		专业代码-1
表二		专业代码-2
表三	表三甲	专业代码-3 甲
	表三乙	专业代码-3 乙
	表三丙	专业代码-3 丙
表四甲	主材表	专业代码-4 甲 A
	设备表	专业代码-4 甲 B
	不需要安装设备、仪表工器具表	专业代码-4 甲 C
表四乙	主材表	专业代码-4 乙 A
	设备表	专业代码-4 乙 B
	不需要安装设备、仪表工器具表	专业代码-4 乙 C
表五甲		专业代码-5 甲
表五乙		专业代码-5 乙

◈ **表 7-1-4　专业代码编码**

专业名称	专业代码
通信电源设备安装工程	TSD
有线通信设备安装工程	TSY

续表

专业名称	专业代码
无线通信设备安装工程	TSW
通信线路工程	TXL
通信管道工程	TGD

（2）汇总表填写说明

① 本表供编制建设项目总概算（预算）使用，建设项目的全部费用在本表中汇总。

② 第Ⅱ栏填写各工程对应的总表（表一）编号。

③ 第Ⅲ栏填写各工程名称。

④ 第Ⅳ～Ⅸ栏填写各工程概算或预算表（表一）中对应的费用合计，费用均为除税价。

⑤ 第Ⅹ栏填写第Ⅳ～Ⅸ栏的各项费用之和。

⑥ 第Ⅺ栏填写Ⅳ～Ⅸ栏各项费用建设方应支付的进项税之和。

⑦ 第Ⅻ栏填写Ⅹ、Ⅺ之和。

⑧ 第 XIII栏填写以上各列费用中以外币支付的合计。

⑨ 第 XIV栏填写各工程项目需单列的“生产准备及开办费”金额。

⑩ 当工程有回收金额时，应在费用项目总计下列出“其中回收费用”，其金额填入第Ⅷ栏。此费用不冲减总费用。

（3）表一填写说明

① 本表供编制单项（单位）工程概算（预算）使用。

② 表首“建设项目名称”填写立项工程项目全称。

③ 第Ⅱ栏填写本工程各类费用概算（预算）表格编号。

④ 第Ⅲ栏填写本工程概算（预算）各类费用名称。

⑤ 第Ⅳ～Ⅸ栏填写各类费用合计，费用均为除税价。

⑥ 第Ⅹ栏填写第Ⅳ～Ⅸ栏之和。

⑦ 第Ⅺ栏填写Ⅳ～Ⅸ栏各项费用建设方应支付的进项税额之和。

⑧ 第Ⅻ栏填写Ⅹ、Ⅺ之和。

⑨ 第 XIII栏填写本工程引进技术和设备所支付的外币总额。

⑩ 当工程有回收金额时，应在费用项目总计下列出“其中回收费用”，其金额填入第Ⅷ栏。此费用不冲减总费用。

（4）表二填写说明

① 本表供编制建筑安装工程费使用。

② 第Ⅲ栏根据《信息通信建设工程费用定额》相关规定，填写第Ⅱ栏各项费用的计算依据和方法。

③ 第Ⅳ栏填写第Ⅱ栏各项费用的计算结果。

（5）表三填写说明

① 表三甲填写说明：

a．本表供编制工程量，并计算技工和普工总工日数量使用。

b．第Ⅱ栏根据《信息通信建设工程预算定额》，填写所套用预算定额子目的编号。若需临时估列工作内容子目，在本栏中标注“估列”两字；“估列”条目达到两项，应编写“估列”序号。

c．第Ⅲ、Ⅳ栏根据《信息通信建设工程预算定额》分别填写所套定额子目的名称、单位。

d．第Ⅴ栏填写对应该子目的工程量数值。

e．第Ⅵ、Ⅶ栏填写所套定额子目的单位工日定额值。

f．第Ⅷ栏为第Ⅴ栏与第Ⅵ栏的乘积。

g．第Ⅸ栏为第Ⅴ栏与第Ⅶ栏的乘积。

② 表三乙填表说明：

a．本表供计算机械使用费使用。

b．第Ⅱ、Ⅲ、Ⅳ和Ⅴ栏分别填写所套用定额子目的编号、名称、单位，以及对应该子目的工程量数值。

c．第Ⅵ、Ⅶ栏分别填写定额子目所涉及的机械名称及机械台班的单位定额值。

d．第Ⅷ栏填写根据《信息通信建设工程施工机械、仪表台班单价》查找到的相应机械台班单价值。

e．第Ⅸ栏填写第Ⅶ栏与第Ⅴ栏的乘积。

f．第Ⅹ栏填写第Ⅷ栏与第Ⅸ栏的乘积。

③ 表三丙填写说明：

a．本表供计算仪表使用费使用。

b．第Ⅱ、Ⅲ、Ⅳ和Ⅴ栏分别填写所套用定额子目的编号、名称、单位，以及对应该子目的工程量数值。

c．第Ⅵ、Ⅶ栏分别填写定额子目所涉及的仪表名称及仪表台班的单位定额值。

d．第Ⅷ栏填写根据《信息通信建设工程施工机械、仪表台班单价》查找到的相应仪表台班单价值。

e．第Ⅸ栏填写第Ⅶ栏与第Ⅴ栏的乘积。

f．第Ⅹ栏填写第Ⅷ栏与第Ⅸ栏的乘积。

（6）表四填写说明

① 表四甲填表说明：

a．本表供编制本工程的主要材料、设备和工器具费使用。

b．本表可根据需要拆分成主要材料表、需要安装的设备表和不需要安装的设备、仪表、工器具表。表格标题下面括号内根据需要填写“主要材料”“需要安装的设备”“不需要安装的设备、仪表、工器具”字样。

c. 第Ⅱ、Ⅲ、Ⅳ、Ⅴ、Ⅵ栏分别填写名称、规格程式、单位、数量、单价。第Ⅵ栏为不含税单价。

d. 第Ⅶ栏填写第Ⅵ栏与第Ⅴ栏的乘积。第Ⅷ、Ⅸ栏分别填写合计的增值税及含税价。

e. 第Ⅹ栏填写需要说明的有关问题。

f. 依次填写上述信息后，还需计取下列费用：小计、运杂费、运输保险费、采购及保管费、采购代理服务费、合计。

g. 用于主要材料表时，应将主要材料分类后按上述第 c 点计取相关费用，然后进行总计。

② 表四乙填表说明：

a. 本表供编制进口的主要材料、设备和工器具费使用。

b. 本表可根据需要拆分成主要材料表、需要安装的设备表和不需要安装的设备、仪表、工器具表。表格标题下面括号内根据需要填写“主要材料”“需要安装的设备”“不需要安装的设备、仪表、工器具”字样。

c. 第Ⅵ、Ⅶ、Ⅷ、Ⅸ、Ⅹ、Ⅺ栏分别填写对应的外币金额及折算人民币的金额，并按引进工程的有关规定填写相应费用。其他填写方法与表四甲基本相同。

（7）表五填写说明

① 表五甲填写说明：

a. 本表供编制国内设备工程所需计列的工程建设其他费使用。

b. 第Ⅲ栏根据《信息通信建设工程费用定额》相关费用的计算规则填写。

c. 第Ⅷ栏填写需要补充说明的内容事项。

② 表五乙填写说明：

a. 本表供编制进口设备工程所需计列的工程建设其他费使用。

b. 第Ⅲ栏根据国家及主管部门的相关规定填写。

c. 第Ⅳ、Ⅴ、Ⅵ、Ⅶ栏分别填写各项费用的外币与人民币数值。

d. 第Ⅷ栏根据需要填写补充说明的内容事项。

（四）概预算的编制程序

信息通信建设工程概预算采用实物工程量法编制。实物工程量法是首先根据工程设计图纸分别计算出分项工程量，然后套用相应的人工、材料、机械台班、仪表台班的定额用量；再以工程所在地或所处时段的基础单价计算出人工费、材料费、机械使用费和仪表使用费，进而计算出直接工程费；根据信息通信建设工程费用定额给出的各项费用的计费原则和计算方法，计算其他各项，最后汇总单项或单位工程总费用。

实物法编制工程概预算的步骤如图 7-1-5 所示。

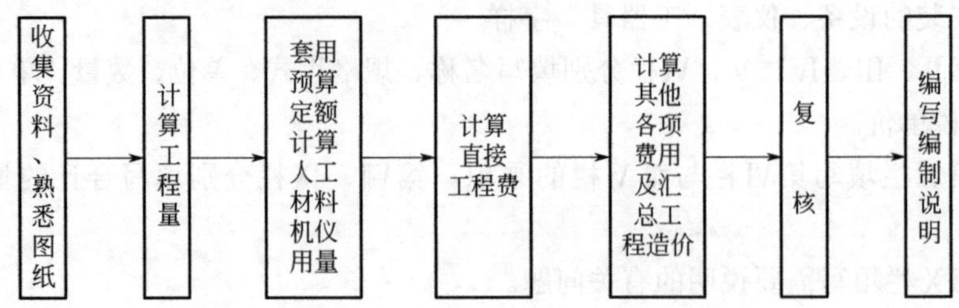

图 7-1-5 实物法编制概预算的步骤

1. 收集资料、熟悉图纸

在编制概预算前，针对工程具体情况和所编概预算内容收集有关资料，包括概预算定额、费用定额以及材料、设备价格等，并对施工图进行一次全面详细的检查，查看图纸是否完整，明确设计意图，检查各部分尺寸是否有误，以及有无施工说明。

2. 计算工程量

工程量计算是一项繁重而又十分细致的工作。工程量是编制概预算的基本数据，计算准确与否直接影响工程造价的准确度。计算工程量时要注意以下几点：

（1）首先要熟悉图纸的内容和相互关系，注意搞清有关标注和说明。

（2）计算单位应与所要依据的定额单位相一致。

（3）计算过程一般可依照施工图顺序由下而上、由内而外、由左而右依次进行。

（4）要防止误算、漏算和重复计算。

（5）最后将同类项加以合并，并编制工程量汇总表。

3. 计算人工、材料、机械台班、仪表台班用量

工程量经核对无误方可套用定额。套用相应定额时，由工程量分别乘以各子目人工、材料、机械台班、仪表台班的定额消耗量，计算出各分项工程的人工、材料、机械台班、仪表台班的工程用量，然后汇总得出整个工程各类实物的消耗量。套用定额时应核对工程内容与定额内容是否一致，以防误套。

4. 选用价格计算直接工程费

用当时、当地或行业标准的基础单价乘以相应的人工、材料、机械台班、仪表台班的消耗量，计算出人工费、材料费、机械使用费、仪表使用费，并汇总得出直接工程费。

5. 计算其他各项费用及汇总工程造价

按照工程项目的费用构成和通信建设工程费用定额规定的费率及计费基础，分别计算各项费用，然后汇总出工程总造价，并以《信息通信建设工程概预算编制规程》所规定的表格形式，编制出全套概算或预算表格。

6．复核

对上述表格内容进行一次全面检查，检查所列项目、工程量计算结果、套用定额、选用单价、计费标准以及计算数值等是否正确。

7．编写说明

复核无误后，进行对比、分析，撰写编制说明。凡是概预算表格不能反映的一些事项以及在编制中必须说明的问题，都应用文字表达出来，以供审批单位审查。在上述步骤中，3、4、5 是形成全套概算或预算表格的过程，根据单项工程费用的构成，各项费用与表格之间的嵌套关系如图 7-1-6 所示。

根据图 7-1-6 的结构层次，在编制全套表格的过程中应按图 7-1-7 的顺序进行。

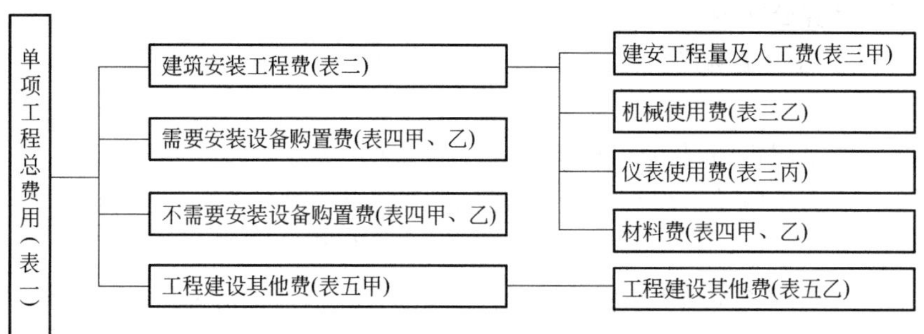

图 7-1-6　单项工程概预算表格间的关系

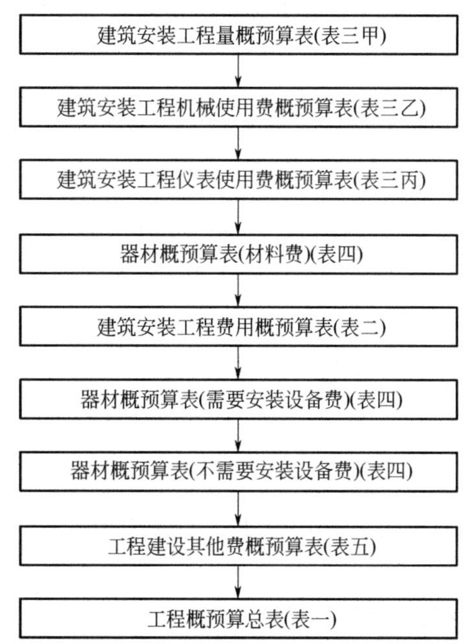

图 7-1-7　概预算表格填写顺序

（五）引进通信设备安装工程概预算的编制

1．引进设备安装工程概预算编制依据

引进设备安装工程概预算的编制依据，除参照上条所列依据外，还应依据国家和相关部门批准的引进设备工程项目订货合同、细目及价格，以及国外有关技术经济资料和相关文件等。

2．引进设备购置费的计算

引进设备购置费用的计算，除按订货合同所规定的计价货币计算引进设备价款外，还应以引进设备到岸价折成人民币的价格，计算入关各项手续费和国内运输及保管等费用，具体计算公式为：

引进设备购置费=到岸价+入关各项手续费+国内运输及保管费

其中：

到岸价=货价+国际运费+国际运输保险费

入关各项手续费=关税+增值税+工商统一费
+海关监管费+外贸手续费+银行手续费

国内运输及保管等费用=国内运杂费+国内运输保险费
+采购保管费+采购代理服务费

3．货币表示

编制引进设备安装工程概预算，在计算设备安装费和费用定额所规定的相关费用时，与国产设备安装工程的概预算编制方法相同，但引进设备安装工程的概预算应用外币和人民币两种货币形式表现，其外币表现形式可用美元或订货合同标注的计价货币。

第二节　工程造价

一、建设工程造价基本理论

1．工程投资

（1）投资的含义

投资是指投资主体在经济活动中为实现某种预定的生产、经营目标而预先垫付资金的经济行为。

（2）投资的分类，见图 7-2-1。

2．建设项目总投资

建设项目总投资是指投资主体为获取预期收益，在选定的建设项目上投入所需的全部资金的经济行为。生产性建设项目总投资分为固定资产投资和包括铺底流动资金在内的流动资产投资两部分。而非生产性建设项目总投资只有固定资产投资，不含上述流动资产投资。建设项目总投资中的固定资产投资总额就是建设项目的工程造价。

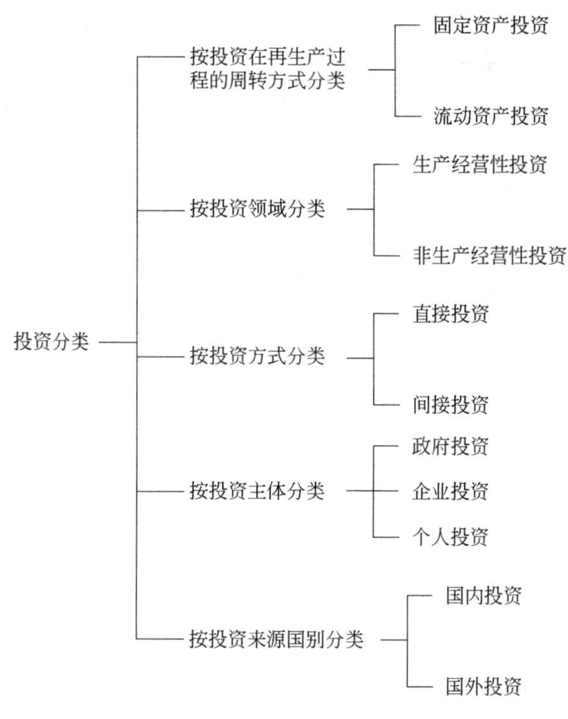

图 7-2-1　投资分类

3．建设工程概预算及与工程造价的关系

建设工程概预算是对基本建设工程从宏观和微观上，在动工兴建之前，事先对其所需要的物化劳动和活劳动的耗费进行周密的计算，即以货币指标确定基本建设工程从筹建到正式建成投产或竣工验收所需的全部建设费用的经济性文件。由此所确定的每一个建设项目、单项工程或单位工程的建设费用实质上就是相应的建设项目、单项工程、单位工程的计划价格。从这个意义上讲，建设工程造价与工程概预算具有类同的含义。

工程概预算是以建设项目为前提，围绕建设项目分层次的工程价格构成体系，是由建设项目总概预算（即建设项目总造价）、单项工程综合概预算（即单项工程造价）、单位工程施工图预算或单位工程工程量清单计价预算价（即单位工程造价）等构成的计划价格体系。

工程概预算作为一种专业术语，实际上存在两种理解。广义理解应指工程造价编制的过程；狭义理解则指这一过程必然产生的结果，即工程概预算工程造价文件。

建设工程概预算与基本建设程序的关系如图 7-2-2 所示。

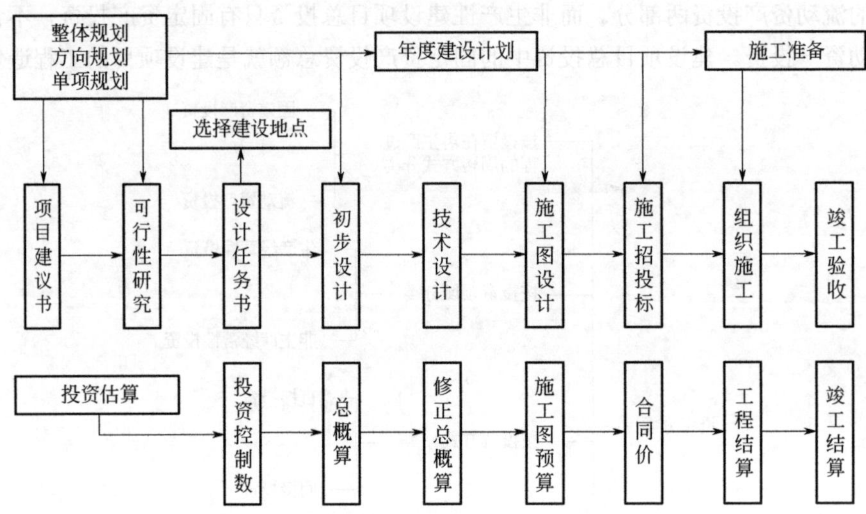

图 7-2-2　建设工程概预算与基本建设程序的关系

4．工程成本与工程造价的关系

（1）工程成本的定义

成本就是为达到一定目标所耗费资源的货币体现。它是围绕工程而发生的资源耗费的货币体现，包括了工程生命周期各阶段的资源耗费。

（2）工程成本与工程造价的关系

区别在于：造价除了包括成本，还包括创造出来的利润税金，即造价是成本、税金及利润之和，但狭义的造价与成本的概念是等同的。

共同点主要体现在：两者构成上有相同之处、两者均影响项目利润。因此，在很多地方两者是混用的。

5．工程成本与工程投资的关系

工程投资与工程成本均是为达到一定目标而发生的支出，二者之间的界线在某些情况下是较模糊的，在一定情况下可以相互转化。

6．工程成本与工程费用

为了避免提到立场，而是纯粹探讨管理本身的方法，有的人提出“费用”一词，认为费用是一个较中性的词，脱离立场，不过分强调业主或承包商，只是强调完成工程所必需的付出。

因此，我们将工程成本管理和工程投资管理统统用工程造价管理来理解。

7．工程造价的特点

（1）工程造价的大额性

建设项目由于体积庞大，而且消耗的资源巨大，因此，一个项目少则几百万元，多则数千万乃至数亿元。工程造价的大额性事关有关方面的重大经济利益和效益，另一方面也使工程承受了重大的经济风险。因此，应当高度重视工程造价的大额性特点。

（2）工程造价的个别性和差异性

任何一项工程项目都有特定的用途、功能、规模，这导致了每一个工程项目的结构、造型、内外装饰等都会有不同的要求，直接表现为工程造价上的差异性。即使是相同的用途、功能、规模的工程项目，由于处在不同的地理位置或不同的建造时间，其工程造价都会有较大差异。工程项目的这种特殊的商品属性，具有单件性的特点，即不存在完全相同的两个工程项目。

（3）工程造价的动态性

工程项目从决策到竣工验收再到交付使用，都有一个较长的建设周期，而且由于来自社会和自然的众多不可控因素的影响，必然会导致工程造价的变动。例如，物价变化、不利的自然条件、人为因素等均会影响到工程造价。因此，工程造价在整个建设期内都处在不确定的状态之中，直到竣工结算才能最终确定工程的实际造价。

（4）工程造价的层次性

工程造价的层次性取决于工程项目的层次性。一个建设项目往往含有多个能够独立发挥设计效能的单项工程；一个单项工程又是由能够独立组织施工、各自发挥专业效能的单位工程组成。与此相适应，工程造价可以分为：建设项目总造价、单项工程造价和单位工程造价。单位工程造价还可以细分为分部工程造价和分项工程造价。

（5）工程造价的兼容性

工程造价的兼容性特点是其内含的丰富性所决定的。工程造价既可以指建设项目的固定资产投资，也可以指建筑安装工程造价；既可以指招标的标底，也可以指投标报价。同时，工程造价的构成因素非常广泛、复杂，包括成本因素、建设用地支出费用、项目可行性研究和设计费用等。

二、工程造价的构成

（一）工程造价的含义

工程造价是指建设工程产品的建造价格。工程造价本质上属于价格范畴，在市场经济条件下，工程造价有两种含义：第一种含义是从投资者的角度来定义，建设项目工程造价是指建设项目的建设成本，即建设项目预期开支或实际开支的全部费用，包括建筑工程、安装工程、设备及相关费用；第二种含义是从建设市场的角度来看，是指建设工程的承包价格，即工程价格，是在建设某项工程，预计或实际在土地市场、设备市场、技术劳务市场、承包市场等交易活动中所形成的工程承包合同价和建设工程总造价。

（二）建设项目投资的构成

1．建设项目总投资

建设项目总投资是指投资主体为获取预期收益，在选定的建设项目上投入所需全部资金的经济行为。生产性建设项目总投资包括固定资产投资和包含铺底流动资金在内的流动资产投资两部分，而非生产性建设项目总投资只有固定资产投资，不含流动资产投资。

2．静态投资与动态投资

静态投资是以某一基准年、月的建设要素的价格为依据计算出来的建设项目投资的瞬时值，但它含因工程量误差而引起的工程造价的增减。静态投资包括建筑安装工程费、设备和工器具购置费、工程建设其他费用、基本预备费等。

动态投资是指为完成一个工程项目的建设，预计投资需要量的总和。它除了包括静态投资所含的内容之外，还包括建设期贷款利息、涨价预备费、新开征税费以及汇率变动部分。动态投资适应了市场价格运行机制的要求，使投资的计划、估算、控制更加符合实际，符合经济运动规律。

静态投资和动态投资虽然内容有所区别，但二者有密切联系。动态投资包含静态投资，静态投资是动态投资最主要的组成部分，也是动态投资的计算基础，如图 7-2-3 所示。

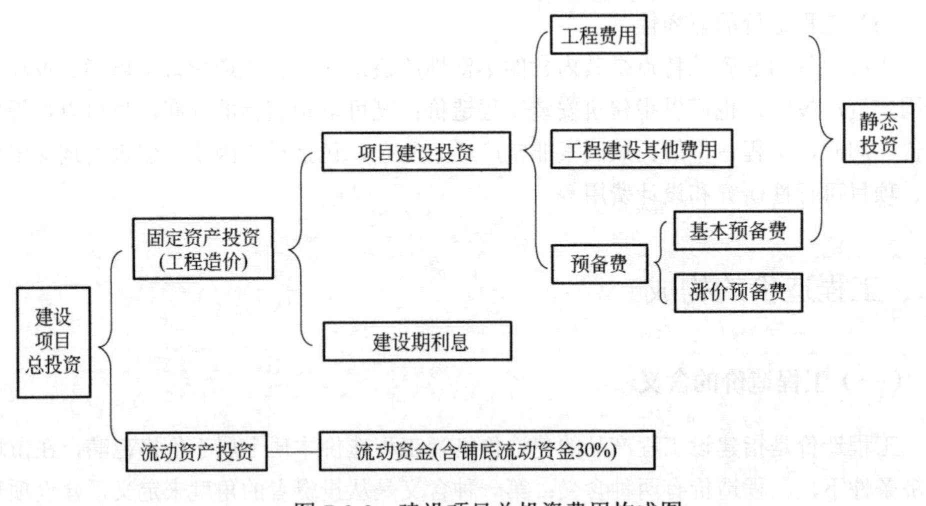

图 7-2-3　建设项目总投资费用构成图

（三）工程造价的构成

工程造价的构成是按工程项目建设过程中各类费用支出或花费的性质、途径等来确定的，是通过费用划分和汇集所形成的工程造价的费用分解结构。工程造价基本构成中，包括用于购买工程项目所含各种设备的费用，用于建筑施工和安装施工所需支出的费用，用于委托工程勘察设计应支付的费用，用于购置土地所需的费用，也包括用于建设单位自身进行项目筹建和项目管理所需费用等。总之，工程造价是工程项目按照确定的建设内容、建设规模、建设标准、功能要求和使用要求等全部建成并验收合格交付使用所需的全部费用。

我国现行工程造价的构成主要分为设备及工器具购置费、建筑安装工程费、工程建设其他费、预备费、建设期贷款利息等几项，具体构成内容如图 7-2-4 所示。

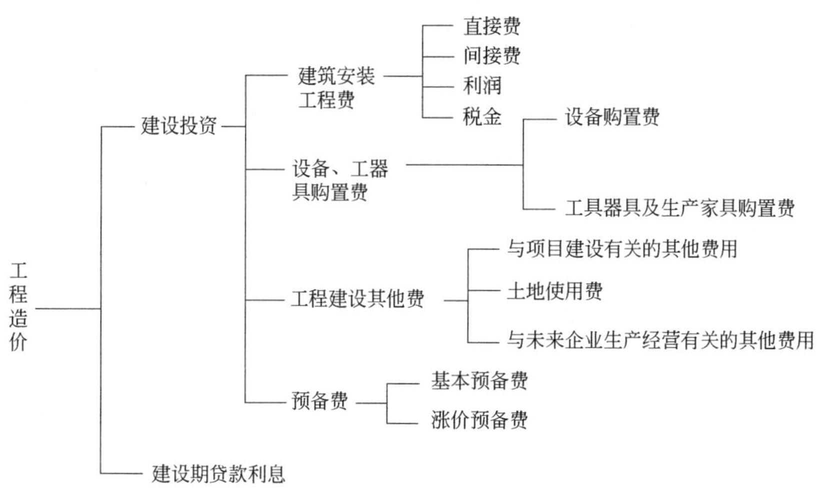

图 7-2-4　工程造价构成图

（四）信息通信建设工程项目总费用的构成

为了适应信息通信建设行业发展的需要，合理有效控制信息通信建设工程投资，工业和信息化部发布的《信息通信建设工程费用定额》规定了信息通信建设工程项目总费用的构成。信息通信建设工程总费用由各单项工程总费用构成。各单项工程总费用由工程费、工程建设其他费、预备费、建设期利息四部分构成，如图 7-2-5 所示。

下面以《信息通信建设工程费用定额》为依据，分别介绍通信建设单项工程总费用的各组成部分。

（五）设备、工器具购置费构成

1．设备、工器具购置费概念及构成

设备、工器具购置费是指为工程建设项目购置或自制的达到固定资产标准的设备、工器具及家具的费用。目前确定固定资产的标准是：使用年限在一年以上、单位价值在 2000 元以上的资产。新建项目和扩建项目中的新建车间或机房，所购置或自制的全

部设备、工器具，不论是否达到固定资产标准，均计入设备、工器具购置费用中。

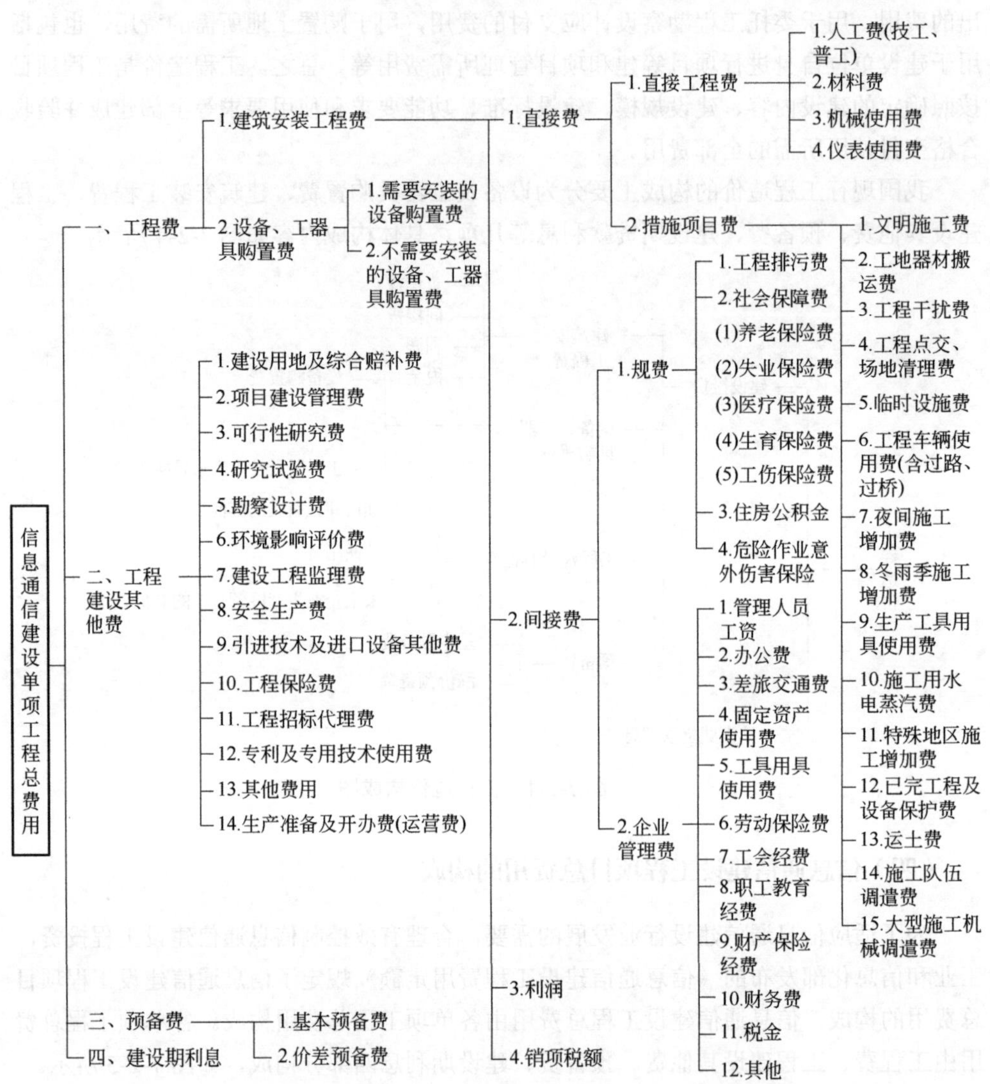

图 7-2-5　信息通信工程建设项目单项工程总费用构成图

《信息通信建设工程费用定额》规定：

信息通信工程建设项目设备、工器具购置费是指根据设计提出的设备（包括必需的备品备件）、仪表、工器具清单，按设备原价、运杂费、采购及保管费、运输保险费和采购代理服务费计算的费用。

信息通信工程建设项目设备、工器具购置费用是由需要安装设备购置费和不需要安装设备、工器具购置费组成。需要安装设备是指必须将其整体或几个部位装配起来，安装在基础上或建筑物支架上才能使用的设备。不需要安装设备是指不必固定在一定位置或支架上就可以使用的设备。

计算方式为：设备、工器具购置费=设备原价+相关附加费（设备运杂费、运输保险费、采购及保管费、采购代理服务费等）。其中，设备原价是指国产设备原价、进口设备原价；相关的附加费是指除设备原价之外的关于设备采购、运输、保险、途中包装及仓库保管等方面支出的费用，包括设备运杂费、运输保险费、采购及保管费、采购代理服务费等费用。

2．设备原价

（1）国产设备原价

国产设备原价是指设备制造厂的交货价，即出厂价、供应价、供货地点价，或订货合同价等多种表现形式。它一般根据生产厂商或供应商的询价、报价、合同价来确定，或采用一定的方法通过计算确定。

（2）进口设备原价

进口设备原价是指进口设备的抵岸价，即抵达买方国家的边境港口或边境车站，且交完关税后所形成的价格。

3．相关附加费

信息通信工程建设项目设备、工器具购置费中的相关附加费包括设备运杂费、运输保险费、采购及保管费、采购代理服务费等费用。

（1）设备运杂费

国产设备运杂费是指由制造厂仓库或交货地点运至施工工地仓库（或指定堆放地点），所发生的运费、装卸费及杂项费用。进口设备国内运杂费是指进口设备由我国到岸港口或边境车站起到工地仓库止，所发生的运输及杂项费用。

（2）运输保险费

运输保险费是指设备、工器具自来源地运至工地仓库（或指定堆放地点）所发生的保险费用。

（3）采购及保管费

采购及保管费是指设备管理部门在组织采购、供应和保管设备过程中所需的各种费用，包括设备采购及保管人员的工资、职工福利费、办公费、差旅交通费、固定资产使用费、检验试验费等。

（4）采购代理服务费

采购代理服务费是指委托中介采购代理服务的费用。采购代理服务费根据工程项目实际情况按实计列。

（六）建筑安装工程费构成

建筑安装工程费是指在建设项目实施过程中发生的，列入建筑安装工程施工预算内的各项费用。依据《信息通信建设工程费用定额》规定，我国信息通信工程建设项目现行建筑安装工程费用由直接费、间接费、利润及销项税额四大部分构成。

1．直接费

直接费即工程的直接成本，由直接工程费和措施费组成，各项费用均为不包括增值税可抵扣进项税额的税前造价。

（1）直接工程费

直接工程费指施工过程中耗用的构成工程实体和有助于工程实体形成的各项费用，包括人工费、材料费、机械使用费、仪表使用费。

① 人工费，指直接从事建筑安装工程施工的生产人员开支的各项费用，包括生产工人基本工资、工资性补贴、生产工人辅助工资、职工福利费及劳动保护费。

② 材料费，指为完成建筑安装工程施工过程中所耗用的构成工程实体的原材料、辅助材料、构配件、零件、半成品的费用和周转材料的摊销，以及采购材料所发生的费用总和，包括材料原价、运杂费、运输保险费、采购及保管费、采购代理服务费等。

a．材料原价，指供应价或供货地点价。

b．运杂费，指材料（或器材）自来源地运至工地仓库（或指定堆放地点）所发生的费用。

c．运输保险费，指材料（或器材）自来源地运至工地仓库（或指定堆放地点）所发生的保险费用。

d．采购及保管费，指为组织材料采购及材料保管过程中所需要的各项费用。

e．采购代理服务费，指委托中介采购代理服务的费用。

f．辅助材料费，指对施工生产起辅助作用的材料。

③ 机械使用费，指在建筑安装施工过程中，使用施工机械作业所发生的机械使用费及机械安拆费，包括折旧费、大修理费、经常修理费、安拆费、人工费、燃料动力费、税费。

④ 仪表使用费，指施工作业中所发生的属于固定资产的仪表使用费，包括折旧费、经常修理费、年检费、人工费。

（2）措施项目费

措施项目费指为完成工程项目施工，发生于该工程前和施工过程中非工程实体项目的费用。措施项目费所包含的内容如下。

① 文明施工费，指施工现场为达到环保要求及文明施工所需要的各项费用。

② 工地器材搬运费，指由工地仓库至施工现场转运器材而发生的费用。

③ 工程干扰费，指信息通信工程由于受市政管理、交通管制、人流密集、输配电设施等影响工效的补偿费用。

④ 工程点交、场地清理费，指按规定编制竣工图及资料、工程点交、施工现场清理等发生的费用。

⑤ 临时设施费，指施工企业为进行工程施工所必须设置的生活和生产用的临时建筑物、构筑物和其他临时设施费用等，包括临时设施的租用或搭建费、维修费、拆除费或摊销费。

⑥ 工程车辆使用费，指工程施工中接送施工人员、生活用车等（含过路、过桥）费用，包括生活用车、接送工人用车和其他零星用车，不含直接生产用车。直接生产用车包括在机械使用费和工地器材搬运费中。

⑦ 夜间施工增加费，指因夜间施工所发生的夜间补助费、夜间施工降效、夜间施工照明设备摊销及照明用电等费用。此项费用不考虑施工时段均按相应费率计取。

⑧ 冬雨季施工增加费，指在冬季、雨季施工期间，为了确保工程质量，采取的防冻、保温、防雨、防滑等安全措施及因工效降低所增加的费用。

⑨ 生产工具用具使用费，指施工所需的不属于固定资产的工具用具等的购置、摊销、维修费用。

⑩ 施工用水电蒸汽费，指施工生产过程中使用水、电、蒸汽所发生的费用。

⑪ 特殊地区施工增加费，指在原始森林地区、海拔 2000m 以上的高原地区、沙漠地区、山区无人值守站、化工区、核工业区等特殊地区施工所需增加的费用。

⑫ 已完工程及设备保护费，指竣工验收前，对已完工程及设备进行保护所需的费用。

⑬ 运土费，指工程施工中，需要从远离施工地点取土或向外倒运出土方所发生的费用。

⑭ 施工队伍调遣费，指因建设工程的需要，应支付施工队伍的调遣费用，包括调遣人员的差旅费、调遣期间的工资、施工工具与用具的运费等。

⑮ 大型施工机械调遣费，指大型施工机械调遣所发生的运输费用。

2．间接费

间接费指建筑安装企业为组织施工和进行经营管理以及间接为建筑安装生产服务的各项费用，属于建设项目的间接成本。间接费由规费、企业管理费构成。各项费用均为不包括增值税可抵扣进项税额的税前造价。

（1）规费

规费指政府和有关部门规定必须缴纳的费用，包括工程排污费、社会保障费、住房公积金、危险作业意外伤害保险。

① 工程排污费，指施工现场按规定缴纳的工程排污费。

工程排污费根据施工所在地政府部门相关规定来计算。

② 社会保障费，指施工企业按照规定标准为职工缴纳的养老保险费、失业保险费、医疗保险费、生育保险费、工伤保险费。

a．养老保险费，指企业按照规定标准为职工缴纳的基本养老保险费。

b．失业保险费，指企业按照规定标准为职工缴纳的失业保险费。

c．医疗保险费，指企业按照规定标准为职工缴纳的基本医疗保险费。

d．生育保险费，指企业按照规定标准为职工缴纳的生育保险费。

e．工伤保险费，指企业按照规定标准为职工缴纳的工伤保险费。

③ 住房公积金，指施工企业按照规定标准为职工缴纳的住房公积金。

④ 危险作业意外伤害保险，指施工企业为从事危险作业的建筑安装施工人员支付的意外伤害保险费。

（2）企业管理费

企业管理费指施工企业组织施工生产和经营管理所需费用，包括管理人员工资、办公费、差旅交通费、固定资产使用费、工具用具使用费、劳动保险费、工会经费、职工教育经费、财产保险费、财务费、税金和其他。

3．利润

利润指施工企业完成所承包工程获得的盈利。

4．销项税额

销项税额指按国家税法规定应计入建筑安装工程造价内的增值税销项税额。

（七）工程建设其他费用构成

工程建设其他费用是指从工程筹建到工程竣工验收交付使用的整个建设期间内，除建筑安装工程费用和设备及工器具购置费用以外的，为保证工程建设顺利完成和交付使用后能够正常发挥效用而发生的，应在建设投资中开支的固定资产其他费用、无形资产费用和其他资产费用。

工程建设其他费用按其内容大体可分为三类：第一类指与土地使用相关的费用；第二类指与建设项目有关的其他费用；第三类指与未来企业生产经营有关的其他费用。以下分类列出了《信息通信建设工程费用定额》规定的信息通信工程项目工程建设其他费用计费项目和计算规则。

1．与土地使用相关的费用

建设用地及综合赔补费，指按照《中华人民共和国土地管理法》等规定，建设项目征用土地或租用土地应支付的费用，包括土地征用及迁移补偿费、征用耕地按规定一次性缴纳的耕地占用税、建设单位租用建设项目土地使用权而支付的租地费用和建设单位因建设项目期间租用建筑设施、场地费用等。

2．与项目建设有关的其他费用

（1）项目建设管理费

项目建设管理费指项目建设单位从项目筹建之日起至办理竣工财务决算之日止发生的管理性质的支出，包括不在原单位发工资的工作人员工资及相关费用、办公费、办公场地租赁费、差旅交通费、劳动保护费、工具用具使用费、固定资产使用费、招募生产工人费、技术图书资料费（含软件）、业务招待费、施工现场津贴、竣工验收费和其他管理性质开支。

（2）可行性研究费

可行性研究费指在建设项目前期工作中，编制和评估项目建议书（或预可行性研究报告）、可行性研究报告所需的费用。

（3）研究试验费

研究试验费指为本建设项目提供或验证设计数据、资料等进行必要的研究试验及按照设计规定在建设过程中必须进行试验、验证所需的费用。

（4）勘察设计费

勘察设计费指委托勘察设计单位进行工程勘察、工程设计所发生的各项费用。

（5）环境影响评价费

环境影响评价费指按照《中华人民共和国环境保护费》《中华人民共和国环境影响评价法》等规定，为全面、详细评价本建设项目对环境可能产生的污染或造成的重大影响所需的费用，包括编制环境影响报告书（含大纲）、环境影响报告表和评估环境影响报告书（含大纲）、评估环境影响报告表等所需的费用。

（6）建设工程监理费

建设工程监理费指建设单位委托工程监理单位实施工程监理的费用。

（7）安全生产费

安全生产费指施工企业按照国家有关规定和建筑施工安全标准，购置施工防护用具、落实安全施工措施以及改善安全生产条件所需要的各项费用。

参照《关于印发〈企业安全生产费用提取和使用管理办法〉的通知》（财企［2012］16 号）、《关于调整通信工程安全生产费取费标准和使用范围的通知》（工信部通函［2012］213 号）等文件规定执行。

（8）引进技术和引进设备其他费

引进技术和引进设备其他费包括引进项目图纸资料翻译复制费、备品备件测绘费、出国人员费用、来华人员费用、银行担保及承诺费。

（9）工程保险费

工程保险费指建设项目在建设期间根据需要对建筑工程、安装工程及机器设备进行投保而发生的保险费用，包括建筑安装工程一切保险、引进设备财产和人身意外伤害险等。

（10）工程招标代理费

工程招标代理费指招标人委托代理机构编制招标文件、编制标底、审查投标人资格、组织投标人踏勘现场并答疑，组织开标、评标、定标，以及提供招标前期咨询、协调合同的签订等业务所收取的费用。

（11）专利及专用技术使用费

专利及专用技术使用费的内容包括：

① 国外设计及技术资料费、引进有效专利、专有技术使用费和技术保密费。

② 国内有效专利、专有技术使用费等。

③ 商标使用费、特许经营权费等。

（12）其他费用

其他费用指根据建设任务的需要，必须在建设项目中列支的其他费用。

根据《关于进一步放开建设项目专业服务价格的通知》（发改价格［2015］299 号）文件要求，可行性研究服务收费、工程勘察设计服务收费、环境影响评咨询服务收费、建设工程监理服务收费和工程招标代理服务收费实行市场调节价，可参照相关标准作为计价基础。

3．与未来企业生产经营有关的其他费用

生产准备及开办费，指建设项目为保证正常生产（或营业、使用）而发生的人员培训费、提前进场费以及投产使用初期必备的生产生活用具、工器具等购置费用，包括：

① 人员培训费及提前进厂费。

② 为保证初期正常生产、生活（或营业、使用）所必需的生产办公、生活家具用具购置费。

③ 为保证初期正常生产（或营业、使用）必需的第一套不够固定资产标准的生产工具、器具、用具购置费（不包括备品备件费）。

（八）预备费、建设期利息构成

1．预备费

预备费包括基本预备费和价差预备费。

（1）基本预备费

基本预备费指在初步设计文件及概算中难以事先预料，而在建设期间可能发生的工程费用，包括：

① 在技术设计、施工图设计和施工过程中，在批准的初步设计范围内所增加的工程费用，设计变更、局部地基处理等增加的费用。

② 由于一般性自然灾害造成的损失和预防自然灾害所采取的预防措施费用。

③ 竣工验收时，竣工验收组织为鉴定工程质量，必须开挖和修复隐蔽工程的费用。

（2）价差预备费

价差预备费指建设项目在建设期间内由于价格等变化引起工程造价变化的预测预留费用。价差预备费用内容包括人工、设备、材料、施工机械的价差费；建筑安装工程费及工程建设其他费用调整，利率、汇率调整等增加的费用。

2．建设期利息

建设期利息指基本建设项目投资的资金来源由国家预算拨款改为银行贷款后，建设期间贷款应付银行的利息。该项利息及相关财务费用，按规定应列入建设项目投资之内。

建设期贷款利息包括向国内银行和其他非银行金融机构贷款、出口信贷、外国政府贷款、国际商业银行贷款以及在境内外发行的债券等在建设期间内应偿还的借款利息。建设期贷款利息实行复利计算。

三、工程造价的计价原理及方法

建设工程造价计价就是计算和确定建设项目的工程造价，简称工程计价，也称工程估价。具体是指工程造价人员在项目实施的各个阶段，根据各个阶段的不同要求，遵循计价原则和程序，采用科学的计价方法，对投资项目最可能实现的合理价格做出科学的计算，从而确定投资项目的工程造价，编制工程造价的经济文件。

（一）建设工程造价计价的基本原理

由于建设工程项目的技术经济特点，如单件性、体量广、周期长、价值高以及交易在先、运行在后等，使得建设项目工程造价形成过程和机制与其他商品不同。只能采用特殊的计价程序和计价方法，即将整个项目逐项进行分解，划分为可以按有关技术经济参数测算价格的基本单元子项，即分项工程，这是既能够用较为简单的施工过程生产出来，又可以用适当的计量单位计算并测定或计算出工程的基本构造要素，也称为“假定的建设工程产品”。找到适当的计量单位，找到其当时当地的单价，就可以采取一定的计价方法，进行分项分部组合汇总，计算出某工程的工程总造价。

工程计价的基本原理是：先分解结构——假定产品基本构造要素（如分项工程）——计量——估价——逐层汇总组合——直到工程造价。

工程计价从分解到组合的特征是和建筑项目的组合性有关。一个建设项目是一个工程综合体，这个综合体可以分解为许多有内在联系的独立和不独立的工程，那么建设工程的计价过程就是一个逐步组合、逐步深化、逐步细化、逐步接近实际造价的过程，如图 7-2-6 所示。

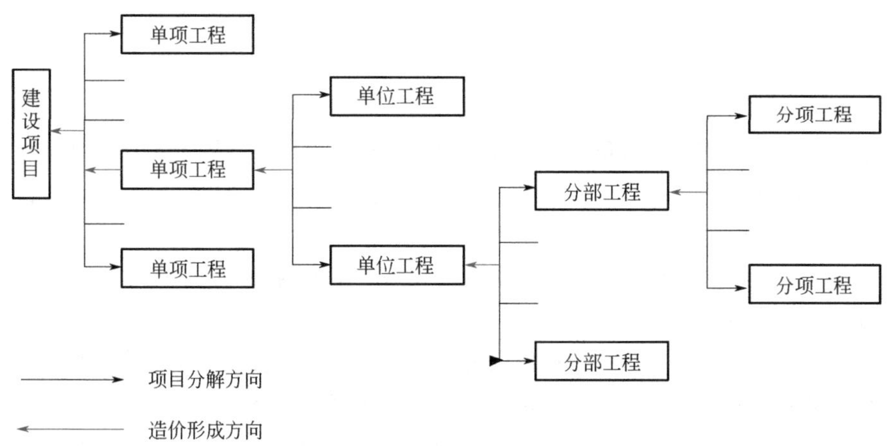

图 7-2-6　建设项目分解、组合

工程造价计价，即是对投资项目造价（或价格）的计算，也称之为工程估价。由于工程项目的技术经济特点，如单件性、组合性、项目体积大、生产周期长、价值高以及交易在先、生产在后等，使得工程项目造价的形成过程与机制和其他普通商品有很大的不同，不能批量生产、批量定价或按整个建设项目确定单一价格，只能以特殊的计价程序和计价方法，逐步计算、多次计价。

工程造价计价的基本原理是建设项目的分解与组合。首先要将整个建设项目进行分解，划分为一个个可以按一些技术经济参数进行价格测算的基本单元子项，也就是一些既能够用较为简单的施工过程完成，又可以用适当的计量单位计量工程量，并便于测定或计算单位工程造价的基本构成要素。然后，就可以采用一定的计价方法，再进行逐步的分部组合汇总，最终计算出建设项目的全部工程造价。

因此，工程造价计价过程的主要特点就是按工程分解结构进行，将一个建设项目逐步分解至容易计算费用的基本子项。一个建设项目可以分解为一个或几个单项工程。单项工程又可以分解为单位工程，单位工程再分解为分部、分项工程。一般来说，分解结构层次越多，基本子项越细，计算也更精确。

（二）工程造价计价的基本方法

工程造价计价的形式和方法有多种，各不相同，但工程造价计价的基本过程和原理是相同的，就是一个从分解到组合的过程。因此，工程造价计价的顺序一般就是：分部、分项工程单价——单位工程造价——单项工程造价——建设项目总造价。

在这个过程中，影响工程造价的主要因素有两个：基本构成要素的单位价格和基本构成要素的实物工程数量，可用下列基本计算式表达：

$$\text{工程造价}=\sum_{i}^{n}(\text{实物工程数量}\times\text{单位价格})$$

式中，i 为第 i 个基本子项；n 为建设项目分解得到的基本子项数目。

在进行工程计价时，基本子项的实物工程数量大，工程造价也就大。基本子项的单位价格高，工程造价也就高。

基本子项的实物工程数量可以通过工程量计算规则和设计图纸统计计算得到，它直接反映工程项目的规模和内容。在进行工程计价时，基本子项就是指建设项目分解的最小单元，一般是指分部、分项工程项目。

基本子项的单位价格主要有直接费单价和综合单价两种形式。

（1）直接费单价

如果分部、分项工程单位价格仅仅考虑人工、材料、机械、仪表等资源要素的消耗量和价格而形成的单价，就是直接费单价。其计算公式是：

$$\text{直接费单价}=\Sigma(\text{分部、分项工程的资源要素消耗量}\times\text{资源要素的价格})$$

分部、分项工程的资源要素消耗量与企业劳动生产率、社会生产力水平、技术和管理水平都密切相关。在市场经济体制下，业主方在编制工程概、预算时，一般会从反映的是社会平均水平的行业或地区统一工程建设定额中获取资源要素消耗量。而工程项目承包方进行计价时，往往会采用反映的是该企业技术与管理水平的企业定额。

资源要素的价格也是影响工程造价的关键因素。在市场经济体制下，工程造价计价时采用的资源要素的价格应该是市场价格。

（2）综合单价

综合单价是指完成单位的分部、分项工程所需的人工费、材料费、机械（仪表）台班使用费、企业管理费、利润，以及一定范围内风险费用的总和。由于规费和税金等不可竞争费用不包括在综合单价构成中，因此，综合单价仍然是一种不完全的综合单价。

不同的单价形式形成不同的计价方法。计价方法主要有定额计价法和工程量清单计价法。定额计价法一般采用分部、分项工程的直接费单价。工程量清单计价法则采用分部、分项工程的综合单价。

① 定额计价法。

定额计价法是一种传统的确定工程造价的方法。定额计价法最基本的依据是建设工程定额。定额计价法的基本过程概括地说，就是造价人员依据一个工程项目的设计图纸、施工组织设计、工程量计算规则等，完成统计工程量，再套用概、预算定额以及相应的费用定额和工程资源要素的价格，汇总计算出工程项目价格的方法。

目前信息通信建设工程在编制建设项目概、预算时，一般采用的是定额计价法。

② 工程量清单计价法。

工程量清单计价是改革和完善工程价格的管理体制的一个重要组成部分。工程量清单计价法相对于传统的定额计价方法是一种新的计价模式，或者说是一种市场定价模式，是由建设产品的买方和卖方在建设市场上根据供求状况、信息状况进行自由竞价，从而最终能够签订工程合同价格的方法。在工程量清单的计价过程中，工程量清单为建设市场的交易双方提供了一个平等的平台，其内容和编制原则的确定是整个计价方式改革中的重要工作。

招标投标实行工程量清单计价，是指招标人公开提供工程量清单，投标人自主报价或招标人编制标底及双方签订合同价款、工程竣工结算等活动。工程量清单计价结果，应包括完成招标文件规定的工程量清单项目所需的全部费用，包括分部、分项工程费，措施项目费，其他项目费，规费，税金等。其中，计算分部、分项工程费用则需要采用分部、分项工程的综合单价完成。综合单价的产生是使用工程量清单计价方法的关键。投标报价中使用的综合单价应由企业编制的企业定额产生。

定额计价法和工程量清单计价法这两种工程造价的计价方法也不是完全孤立或者

相互对立的关系，而是两者各有侧重、相互补充，有着密不可分的联系。

（三）工程造价的计价特征

工程造价的特点，决定了工程造价的计价特征。了解这些特征，对工程造价的确定与控制是非常必要的。

1．计价的单件性特征

产品的差别性决定了每项工程都必须依据其差别单独计算造价。这是因为每个建设项目所处的地理位置、地形地貌、地质结构、水文、气候、建筑标准以及运输、材料供应等都有它独特的形式和结构，需要一套单独的设计图纸，并采取不同的施工方法和施工组织，不能像对一般工业产品那样按品种、规格、质量等进行成批地定价。

2．计价的多次性特征

建设工程周期长、规模大、造价高，因此要按建设程序分阶段实施，在不同的阶段影响工程造价的各种因素逐步被确定，适时地调整工程造价，以保证其控制的科学性。多次性计价就是一个逐步深入、逐步细化和逐步接近实际造价的过程。工程多次性计价的过程如图 7-2-7 所示。

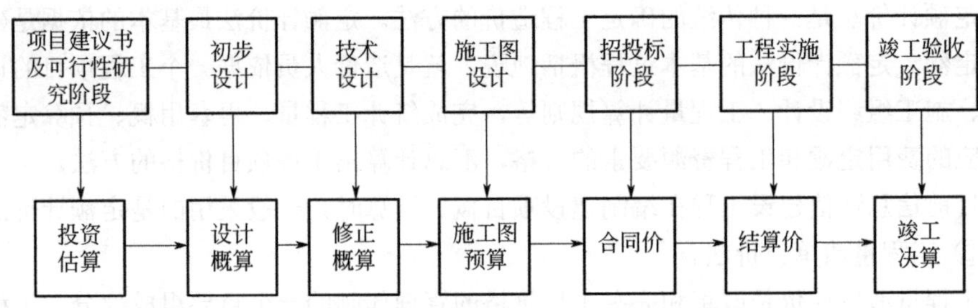

图 7-2-7　工程造价多次计价过程示意图

（1）投资估算

投资估算指在项目建议书或可行性研究阶段，对拟建项目通过编制估算文件确定的项目总投资额，或称估算造价。投资估算是决策、筹资和控制建设工程造价的主要依据。

（2）设计概算

设计概算指在初步设计阶段，根据设计意图，通过编制工程概算文件，预先测算和限定的工程造价。概算造价较投资估算造价的准确性有所提高，但它受估算造价的控制。概算造价的层次性十分明显，分为建设项目总概算、单项工程概算和单位工程概算等。

（3）修正概算

修正概算指在采用三阶段设计的技术设计阶段，根据技术设计的要求，通过编制修正概算文件预先测算和限定的工程造价。它对初步设计概算进行修正调整，比概算造价准确，但受概算造价控制。

（4）施工图预算

施工图预算指在施工图设计阶段，根据施工图纸，通过编制预算文件，预先测算和限定的工程造价。它比概算造价和修正概算造价更为详尽和准确，但同样要受前一阶段所限定的工程造价的控制。

（5）合同价

合同价指在工程招投标阶段，通过签订总承包合同、建筑安装承包合同、设备采购合同，以及技术和咨询服务合同等确定的价格。合同价属于市场价格的性质，它是由承发包双方根据市场行情共同议定和认可的成交价格，但它并不等同于最终决算的实际工程造价。按计价方法不同，建设工程合同有多种类型，不同类型合同价内涵也有所不同。

（6）结算价

结算价指在合同实施阶段，在工程结算时，按照合同的调价范围和调价方法，对实际发生的工程量增减、设备和材料价差等进行调整后计算和确定的价格。

（7）竣工决算

竣工决算指在竣工决算阶段，通过为建设项目编制竣工决算，最终确定该工程的实际工程造价。

以上内容说明，多次性计价是一个由粗到细、由浅入深、由概略到精细的过程，也是一个复杂而重要的管理系统工程。

3．计价的组合性特征

工程造价的计算是分步组合而成，这一特征和建设项目的组合性有关。一个建设项目是一个工程综合体，这个综合体可以分解为许多有内在联系的独立和不能独立的工程。建设项目分解为单项工程，单项工程分解为单位工程，单位工程的造价可以分解出分部、分项工程的造价。从计价和工程管理的角度，分部、分项工程还可以再分解。由此可以看出，建设项目的这种组合性决定了计价的过程是一个逐步组合的过程。这一特征在计算概算造价和预算造价时尤为明显，同时也反映到了合同价和结算价中。

4．计价方法的多样性特征

为适应多次性计价以及各阶段对造价的不同精确度要求，计算和确定工程造价的方法有综合指标估算法、单位指标估算法、套用定额法、设备系数法等。不同的方法各有利弊，适应条件也不同，所以计价时要加以选择。

5．计价依据的复杂性特征

由于影响造价的因素多，计价依据复杂，种类繁多，主要可分为以下7类：

（1）计算设备和工程量依据，包括项目建设书、可行性研究报告、设计图纸等。

（2）计算人工、材料、机械等实物消耗量依据，包括投资估算指标、概算定额、预算定额等。

（3）计算工程单价的价格依据，包括人工单价、材料价格、机械（仪表）台班价格等。

（4）计算设备单价依据，包括设备原价、设备运杂费、进口设备关税等。

（5）计算措施费、间接费和工程建设其他费依据，主要是相关的费用定额和指标。

（6）政府规定的税、费。

（7）物价指数和工程造价指数。

依据的复杂性不仅使计算过程复杂，而且要求计价人员熟悉各类依据，并要正确加以利用。

四、工程造价计价依据

确定合理的工程造价，要有科学的工程造价依据。在市场经济条件下，工程造价的依据会变得越来越复杂，但其必须定性描述清晰，便于计算，符合实际。掌握和收集大量的工程造价依据资料，将有利于更好地确定和控制工程造价，从而提高投资的经济效益。

工程造价计价依据是计算工程造价各类基础资料的总称。由于影响工程造价的因素很多，每一项工程的造价都要根据工程的用途、类别、规模尺寸、结构特征、建设标准、所在地区和坐落地点、市场价格信息和涨跌趋势以及政府的产业政策、税收政策和金融政策等做具体计算。因此就需要将与确定上述各项因素相关的各种量化的资料等作为计价的基础。

工程造价计价依据的内容包括：

（1）计算设备数量和工程量的依据

计算设备数量和工程量的依据包括：可行性研究资料，初步设计、技术设计、施工图设计的图纸和资料，工程量计算规则，通用图、标准图，施工组织设计或施工方案，工程施工规范、验收规范，等等。

（2）计算分部、分项工程人工、材料、机械（仪表）台班消耗量及相关费用的依据

计算分部、分项工程人工、材料、机械（仪表）台班消耗量及费用的依据包括：概算指标、概算定额、预算定额、费用定额、企业定额，人工费单价、材料预算单价、机械（仪表）台班单价，相关合同、协议，等等。

（3）计算设备费的依据

计算设备费的依据包括：设备相关技术指标、设备采购合同、协议等。

（4）计算工程造价相关的法规和政策

计算工程造价相关的法规和政策包括：在工程造价内的税种、税率，与产业政策、能源政策、环境政策、技术政策和土地等资源利用政策有关的取费标准，利率和汇率，其他计价依据，等等。

五、工程造价计价模式

（一）建设工程定额计价模式

在计价中以定额为依据，按定额规定的分部、分项工程，逐项计算工程量，套用定额单价（或单位估价表）确定直接费，然后按规定取费标准确定构成工程价格的其他费用和利税，获得建筑安装工程造价。建设工程概（预）算书就是根据不同设计阶段设计图纸和国家规定的定额、指标及各项费用取费标准等资料，预先计算的新建、扩建、改建工程的投资额的技术经济文件。由建设工程概（预）算书所确定的每一个建设项目、单项工程或单位工程的建设费用，实质上就是相应工程的计划价格。

用这种方法计算和确定工程造价过程简单、快速、比较准确，也有利于工程造价管理部门的管理。但预算定额中人工、材料、机械（仪表）台班的消耗量是根据“社会平均水平”综合测定的，费用标准是根据不同地区平均测算的，因此企业采用这种模式报价时就会表现为平均主义，企业不能结合项目具体情况、自身技术优势、管理水平和材料采购渠道价格进行自主报价，不能充分调动企业加强管理的积极性，也不能充分体现市场公平竞争的基本原则。

（二）工程量清单计价模式

工程量清单计价模式，是建设工程招投标中，按照国家统一的工程量清单计价规范，招标人或其委托的有资质的咨询机构编制反映工程实体消耗和措施消耗的工程量清单，并作为招标文件的一部分提供给投标人，由投标人依据工程量清单，根据各种渠道所获得的工程造价信息和经验数据，结合企业定额自主报价的计价方式，如图 7-2-8 所示。

采用工程量清单计价，能够反映出承建企业的工程个别成本，有利于企业自主报价和公平竞争。同时，实行工程量清单计价，工程量清单作为招标文件和合同文件的重要组成部分，对于规范招标人计价行为，在技术上避免招标中弄虚作假和暗箱操作，及保证工程款的支付结算都会起到重要作用。

目前，我国建设工程造价实行“双轨制”计价管理办法，即定额计价模式和工程量清单计价模式同时实行。工程量清单计价模式作为一种市场价格的形成机制，主要在工程招投标和结算阶段使用。

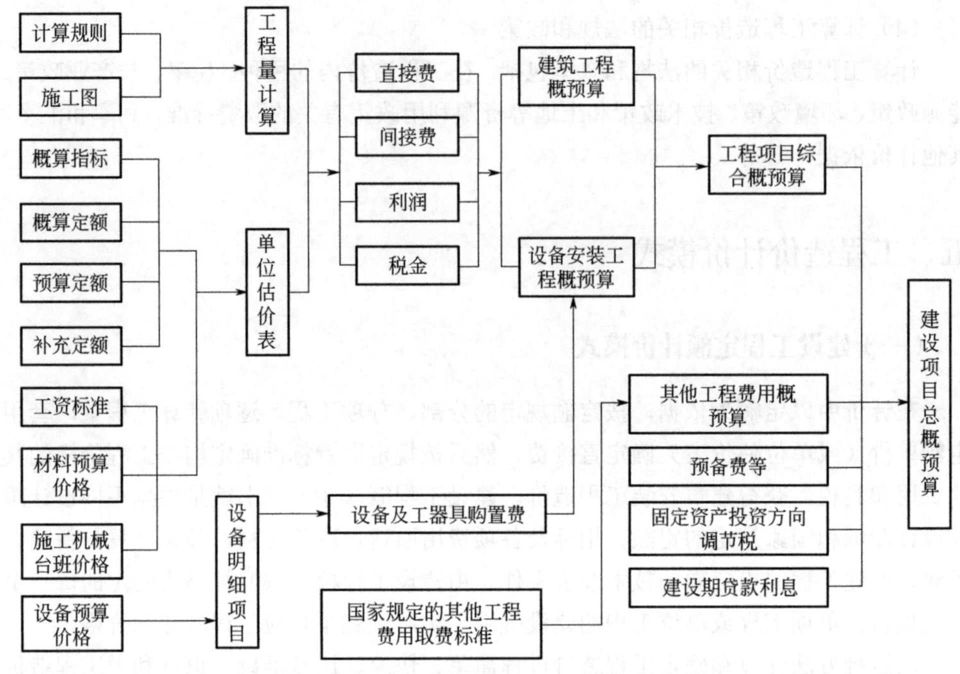

图 7-2-8 工程量清单计价模式

第三节 全过程工程造价管理

一、建设工程造价管理理论

1. 工程造价管理的概念、目标、任务、对象

（1）工程造价有两种含义，相应地建设工程造价管理也有两种管理：一是建设工程投资费用管理，二是工程价格管理。第一种管理属于工程建设投资管理范畴。工程建设投资管理是指为了实现投资的预期目标，在拟定的规划、设计方案的条件下，预测、计算、确定和监控工程造价及其变动的系统活动。第二种管理属于价格管理范畴。在市场经济条件下，工程造价管理分为宏观价格管理和微观价格管理两个层次。宏观价格管理是指国家根据社会经济发展的要求，利用法律手段、经济手段和行政手段，通过建筑市场管理、规范市场主体计价行为，对工程价格进行管理和调控的系统行为。微观价格管理是指业主对某一工程项目建设成本的管理以及发、承包双方对工程承包价格的管理。

（2）工程造价管理的目标：按照经济规律的要求，根据市场经济的发展形势，利用科学管理方法和先进管理手段，合理地确定造价和有效地控制造价，以提高投资效益和建筑安装企业经营效果。

（3）工程造价管理的任务：①工程造价的预测；②工程造价的优化；③工程造价的控制；④工程造价的分析评价；⑤工程造价的监督。

（4）工程造价管理的对象：建设工程造价管理的对象分客体和主体。客体是建设工程项目，而主体是业主或投资人（建设单位）、承包商或承建商（设计单位、施工单位、项目管理单位）以及监理、咨询等机构及其工作人员。

2．建设工程造价管理的基本内容

（1）工程造价的合理确定

所谓工程造价的合理确定，就是在建设程序的各个阶段，合理确定投资估算造价、概算造价、预算造价、承包合同价、结算价、竣工决算价。

（2）工程造价的有效控制

所谓工程造价的有效控制，就是在优化建设方案、设计方案的基础上，在建设程序的各个阶段，采用一定的方法和措施把工程造价的发生控制在合理的范围和核定的造价限额以内。具体地说，就是要用投资估算价控制设计方案的选择和初步设计概算造价；用概算造价控制技术设计和修正概算造价；用概算造价或修正概算造价控制施工图设计和预算造价。以求合理使用人力、物力和财力，取得较好的投资效益。

合理确定和有效控制工程造价涉及工程项目建设的全过程造价管理，即项目建议书、可行性研究、初步设计、技术设计、施工图设计、招投标、合同实施、竣工验收等阶段的工程造价管理。

3．工程造价控制的三项原则

（1）以设计阶段为重点的建设全过程造价控制。工程造价控制的关键在于施工前的投资决策和设计阶段，而在项目做出投资决策后，控制工程造价的关键就在于设计。据分析，设计费一般只相当于建设工程全寿命费用的 1%以下，但对工程造价的影响度占 75%以上。

（2）主动控制，以取得令人满意的结果。主动控制就是事先主动地采取决策措施，以尽可能地降低目标值与实际值的偏离，也就是说，我们的工程造价控制，要能主动地影响投资决策，影响设计、发包和施工，主动地控制工程造价。

（3）技术与经济相结合是控制工程造价最有效的手段。要有效地控制工程造价，应从组织、技术、经济等多方面采取措施。从组织上采取措施，包括明确项目组织结构，明确造价控制者及其任务，明确管理职能分工；从技术上采取措施，包括重视设计多方案选择，严格审查监督初步设计、技术设计、施工图设计、施工组织设计，深入技术领域研究节约投资的可能；从经济上采取措施，包括动态地比较造价的计划值和实际值，严格审核各项费用支出，采取对节约投资的有力奖励措施等。

4．工程造价管理的特点

建筑产品作为特殊的商品，具有不同于一般商品的特征，如建设周期长、资源消耗大、参与建设人员多、计价复杂等。相应地，反映在工程造价管理上则表现为以下特点：

（1）工程造价管理的参与主体多。

（2）工程造价管理的多阶段性。

（3）工程造价管理的动态性。

（4）工程造价管理的系统性。

5．工程造价管理的组织

工程造价管理组织有三个系统：

（1）政府行政管理系统：政府在工程造价管理中既是宏观管理主体，也是政府投资项目的微观管理主体。

（2）企、事业机构管理系统：企、事业机构对工程造价的管理，属微观管理的范畴。

（3）行业协会管理系统。

6．全过程（寿命）工程造价管理

全过程（寿命）工程造价管理作为一种新的造价管理范式，强调建设项目是一个过程，建设项目造价的确定与控制也是一个过程，是一个项目造价决策和实施的过程，人们在项目建设全过程中都需要开展建设项目造价管理的工作。

其核心是多主体的参与和投资效益最大化：全过程造价管理范式的根本指导思想是通过这种管理方法，使得项目的投资效益最大化以及合理地使用项目的人力、物力和财力以降低工程造价；全过程造价管理范式的根本方法是整个项目建设过程中的各有关单位共同分工合作去承担建设项目全过程的造价控制工作。全过程造价管理要求项目全体相关利益主体的全过程参与，这些相关利益主体构成了一个利益团队，他们必须共同合作和分别负责整个项目建设过程中各项活动造价的确定与控制责任。

二、全过程工程造价管理的概念

1．全过程工程造价管理的定义

（1）通过制定工程计价依据和管理方法，对项目从决策、设计、交易、施工至竣工验收全过程造价，实施合理确定与有效控制的理论和方法。

（2）全过程工程造价管理是按照一套基于活动的方法来做好建设项目造价确定和有效控制的理论与方法。

这两个定义的特点：一是特别强调对项目前期的管理与控制；二是“合理确定与有效控制”是其主要内容。

2．全过程造价管理的内涵

（1）多主体的参与和投资效益最大化

全过程造价管理的根本指导思想是通过多主体的参与，使得项目的投资效益最大化以及合理地使用项目的人力、物力和财力以降低工程造价。

（2）强调全过程的协作和配合

全过程造价管理作为一种新的造价管理模式，强调建设项目是一个过程，是一个项目造价决策和实施的过程，在全过程的各个阶段需要协作配合。

（3）基于活动的造价确定方法

这种方法是将一个建设项目的工作分解成项目活动清单，然后使用工料机计量方法确定出每项活动所消耗的资源，最终根据这些资源的市场价格信息确定出一个建设项目的造价。

（4）基于活动的造价控制方法

这种方法强调一个建设项目的造价控制必须从项目的各项活动及其活动方法的控制入手，通过减少和消除不必要的活动去减少资源消耗，从而达到降低和控制建设项目造价的目的。

3．全过程工程造价管理的基本内容

全过程造价管理具有两项主要内容：一是造价的合理确定，二是造价的有效控制。

（1）造价的合理确定

全过程造价管理范式中的造价确定是按照基于活动的项目成本核算方法进行的。这种方法的核心指导思想是：任何项目成本的形成都是由于消耗或占用一定的资源造成的，而任何这种资源的消耗和占用都是由于开展项目活动造成的，所以只有确定了项目的活动才能确定项目所需消耗的资源，而只有在确定了项目活动所消耗和占用的资源以后才能科学地确定项目活动的造价，最终才能确定一个建设项目的造价。这种确定造价的方法实际上就是国际上通行的基于活动的成本核算的方法，也叫工程量清单法或工料测量法。

（2）造价的有效控制

全过程造价管理范式中的造价控制是按照基于活动的项目成本控制方法进行的。这种方法的核心指导思想是：任何项目成本的节约都是由于项目资源消耗和占用的减少带来的，而项目资源消耗和占用的减少只有通过项目减少或消除项目的无效或低效活动才能做到。所以，只有减少或消除项目无效或低效活动，以及改善项目低效活动的方法，才能够有效地控制和降低建设项目的造价。这种造价控制的技术方法就是国际上流行的基于活动（或过程）的项目造价控制方法。

（3）二者关系

造价的合理确定是造价有效控制的基础和载体；造价的有效控制贯穿于造价确定的全过程，造价的合理确定过程也就是造价有效控制的过程。

4. 全过程工程造价管理的流程

每一个项目建设的全过程都是由一系列的实施阶段和每个阶段的具体项目活动构成的，因此，全过程造价管理首先要求对建设项目进行工作分解与活动分解。

（1）项目建设全过程的阶段划分，如图 7-3-1 所示。

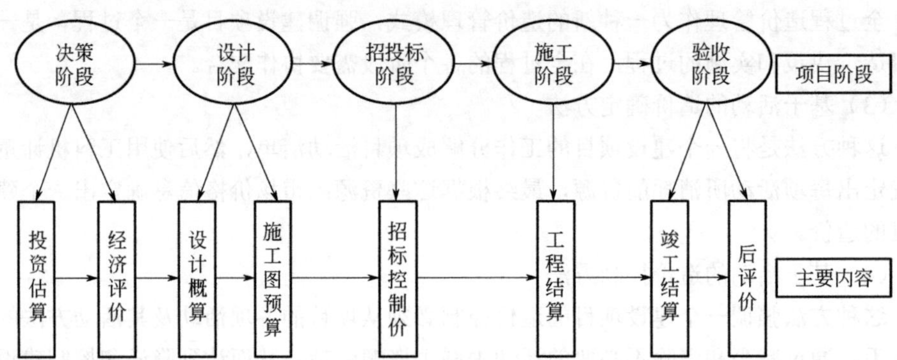

图 7-3-1　项目建设全过程的阶段划分

（2）项目建设各阶段活动的进一步划分，如图 7-3-2 所示。

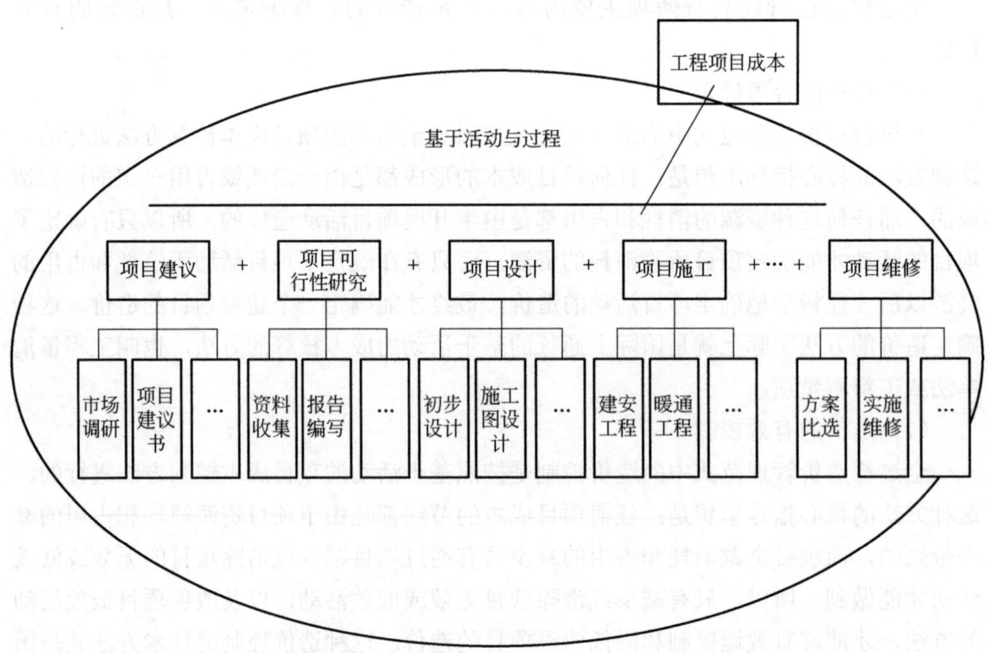

图 7-3-2　项目建设各阶段活动的进一步划分

5．全过程工程造价确定技术方法

（1）建设项目各阶段造价的确定。

（2）建设项目各阶段造价活动的造价确定。项目每个阶段的造价都是由其中的项目活动造价累计而成的。

（3）建设项目全过程造价的确定。项目全过程的造价是由项目各个不同阶段的造价构成的，而项目各个不同阶段的造价又是由每一项目阶段中的项目活动造价构成的。所以，在全过程造价的确定过程中必须按照项目活动分解的方法首先找出一个项目的项目阶段、项目工作分解结构和项目活动清单，然后按照自下而上的方法得到一个项目的全过程造价。

6．全过程工程造价控制技术方法

（1）建设项目各阶段造价的控制。

（2）建设项目各阶段资源的控制。其一是项目各种资源的物流等方面的管理，即资源的采购和物流等方面的管理，其主要目的是降低项目资源在流通环节中的消耗和浪费；其二是各种资源的合理配置方面的管理，即项目资源的合理调配和项目资源在时间和空间的科学配置，其主要目的是消除各种停工待料或资源积压与浪费。

（3）全过程的造价结算控制。全过程的造价结算控制是一种间接控制造价的方法，可以减少项目贷款利息或汇兑损益以及提高资金的时间价值。例如，正确选择付款方式和时间去降低项目物料和设备采购或进口方面的成本。

7．全过程工程造价管理的技术方法

（1）全要素集成造价管理技术方法

全过程的造价管理需要从管理影响项目造价的全部要素入手，建立一套涉及全要素集成造价控制的项目造价管理方法。在项目建设的全过程中影响造价的基本要素有四个：其一是建设项目范围；其二是建设项目工期；其三是建设项目质量；其四是建设项目造价。

（2）全风险造价管理管理技术方法

项目的实现过程是在一个存在许多风险和不确定性因素的外部环境和条件下进行的，这些不确定性因素的存在会直接导致项目造价的不确定性。因此，项目的全过程造价管理还必须综合管理项目的风险性因素及风险性造价。项目造价的不确定性主要表现在三个方面：其一是项目活动本身存在的不确定性；其二是项目活动规模及其所消耗和占用资源数量方面的不确定性；其三是项目所消耗和占用资源价格的不确定性。

（3）全团队造价管理技术方法

在项目的实现过程中会涉及多个不同的利益主体，包括项目法人、设计单位、咨询单位、承包商、供应商等，这些利益主体一方面为实现一个建设项目而共同合作，另一方面依分工去完成项目的不同任务并获得各自的收益。在项目的实现过程中，这些利益主体都有各自的利益，甚至有时候这些利益主体之间还会发生利益冲突。这就要求在项目的全过程造价管理中必须协调好他们之间的利益和关系，从而将这些不同的利益主体联合在一起构成一个全面合作的团队，并通过这个团队的共同努力去实现造价管理的目标。

8．全过程工程造价管理的有效手段

全过程工程造价管理的途径是多方面的，包括组织、技术、经济、合同等多种手段。其中，组织手段可以从结构、人员、分工、工作流程等方面着手；技术手段可以从方案竞赛、比选优化，施工方案、材料和设备选择，生产工艺等方面着手；经济手段可以从目标、规划、价值工程、计划/实际比较、支出审查等方面着手；合同手段可以从模式、结构、条款、索赔、变更等方面着手。

三、建设项目投资决策阶段工程造价管理

（一）投资决策阶段工程造价管理概述

1．建设项目投资决策的含义

建设项目投资决策是指建设项目投资者按照自己的意图目的，在调查分析、研究的基础上，在一定约束条件下，对拟建项目的必要性和可行性进行技术经济论证，对不同建设方案进行技术经济分析、比较及做出判断和决定的过程。

项目投资决策是投资行动的前提和准则。项目决策的正确与否，是合理确定与控制工程造价的前提，它关系到工程造价的高低及投资效果的好坏，并直接影响项目建设的成败。因此，加强建设项目决策阶段的工程造价管理意义重大。

2．投资决策阶段与工程造价的关系

（1）建设项目投资决策的正确性是工程造价管理的前提。

（2）建设项目投资决策的工作内容是决定工程造价的基础。

（3）工程造价的高低也影响项目的最终决策。

（4）项目投资决策的深度影响投资估算的精确度，也影响工程造价的控制效果。

3．投资决策阶段影响工程造价的因素

（1）项目的建设规模

合理确定项目的建设规模，不仅要考虑项目内部各因素之间的数量匹配、能力协调，还要使所有生产力因素共同形成的经济实体在规模上大小适应，以合理确定和有效控制工程造价。

（2）项目建设标准

建设标准能否起到控制工程造价、指导建设的作用，关键在于标准水平定得是否合理。建设标准水平应从目前的发展水平出发，区别不同地区、不同规模、不同等级、

不同功能及任务变化需求，合理确定。

（3）项目建设地点

在项目建设地点选择上要从项目投资费用和项目建成后的使用费用两个方面权衡考虑，使项目全寿命费用最低。

（4）项目生产工艺和设备方案

一般把工艺先进适用、经济合理作为选择工艺流程的基本标准。

（二）投资决策阶段工程造价管理的主要内容

1．分析确定影响建设项目投资决策的主要因素

（1）确定建设项目的资金来源。

（2）选择资金筹集方法。

（3）合理处理影响建设项目工程造价的主要因素。

2．建设项目投资决策阶段的投资估算方法

（1）生产能力指数法。

（2）系数估算法。

（3）比例估算法。

（4）混合法。

（5）指标估算法。

3．建设项目投资决策阶段的经济评价

进行项目经济评价就是在项目决策的可行性研究和评价过程中，采用经济分析方法，对拟建项目内投入产出等诸多因素进行调查、预测、研究、计算和论证，做出全面的客观评价，提出投资决策的经济依据，确定最佳投资方案。

4．经济评价与社会效益评价

经济评价是按照资源合理配置的原则，从国家整体角度考虑项目的效益和费用，用货物影子价格、影子工资、影子汇率和社会折现率等经济参数分析、计算项目对国民经济的净贡献，评价项目的经济合理性。

社会效益评价以定性分析为主，主要分析项目建成投产后，对环境保护和生态平衡、对提高地区和部门科学技术水平、对提供就业机会、对提高人民物质文化生活及社会福利生活、对提高资源利用率等方面的影响。

5．建设项目决策阶段的风险管理

提出建设投资决策阶段的风险防范措施，提高建设项目的抗风险能力。

（三）投资决策阶段工程造价管理的程序

建设项目投资决策阶段工程造价管理的程序如图 7-3-3 所示。

（四）投资决策阶段工程造价合理确定与有效控制

1．估算的合理确定

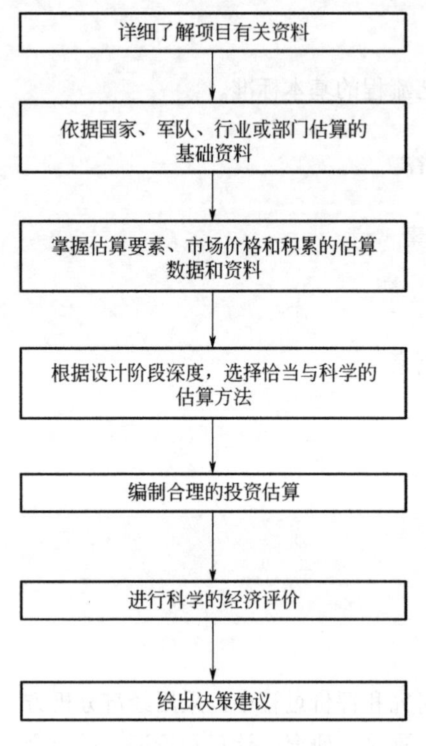

图 7-3-3　造价管理程序

（1）选择合理的投资估算方法。

（2）各种计价依据、市场要素价格要充分合理。

（3）工程内容和费用构成齐全完整，不提高或者降低估算标准，不漏项、不少算。

（4）选用指标与具体工程之间存在标准或者条件差异时，应进行必要的换算或调整。

（5）投资估算精度应能满足控制设计概算要求。

2．估算的有效控制

（1）核对工程项目特征及主要工程量，并坚持三级审核。

（2）编制单位应建立质量管理体系，要有具体的编制、审核、修改程序和制度。

（3）保证收集造价资料和编制依据全面、现行、有效，并对其进行有效性和合理性审核。

（4）估算编制者应对建设项目内容、工艺流程、标准等充分了解，以避免高估或低算。

（5）注意对已完工程造价资料的积累和分析，建立起完善的工程造价数据库体系。

3．科学地进行项目经济评价

（1）采用合适的评价方法及评价指标体系。

（2）了解国家、有关财政部门等方面的政策。

（3）熟悉行业的发展现状，市场开发和市场分析需要预测及经济评价的参数与方法等。

（4）掌握企业和项目生产成本费用、销售收入及市场价格、资源条件、投资分配等情况。

4．项目经济评价的有效控制

（1）对建设投资要进行合理的投资分配。

（2）注意采用的各种评价参数的时效性。

（3）注意各种经济评价指标的适用范围及特点。

（4）要将现代风险分析和决策理论应用于项目经济评价中，可以取得很好的评价效果。

四、建设项目设计阶段工程造价管理

（一）设计阶段工程造价管理的重要意义

在拟建项目经过投资决策阶段后，设计阶段就成为项目工程造价控制的关键环节。它对建设项目的建设工期、工程造价、工程质量及建成后能否发挥较好的经济效益，起着决定性的作用。

（1）在设计阶段进行工程造价的计价分析可以使造价构成更合理，提高资金利用效率。设计阶段工程造价的计价形式是编制设计概预算，通过设计概预算可以了解工程造价的构成，分析资金分配的合理性，并可以利用价值工程理论分析项目各个组成部分功能与成本的匹配程度，调整项目功能与成本，使其更趋于合理。

（2）在设计阶段进行工程造价的计价分析可以提高投资控制效率。编制设计概算并进行分析，可以了解工程各组成部分的投资比例。对于投资比例大的部分应作为投资控制的重点，这样可以提高投资控制效率。

（3）在设计阶段控制工程造价会使控制工作更主动。在设计阶段控制工程造价，可以先按一定的质量标准，列出新建建筑物每一部分或分项的估算造价，对照造价计划中所列的指标进行审核，预先发现差异，主动采取一些控制方法消除差异，使设计更经济。

（4）在设计阶段控制工程造价便于技术与经济相结合。在设计阶段吸收造价工程师参与全过程设计，使设计从一开始就建立在健全的经济基础之上，在做出重要决定时能充分认识其经济后果；另外投资限额一旦确定以后，设计只能在确定的限额内进行，有利于建筑师发挥个人创造力，选择一种最经济的方式实现技术目标，从而确保设计方案能较好地体现技术与经济的结合。

（5）在设计阶段控制工程造价效果最显著。工程造价控制贯穿于项目建设全过程，这一点是毫无疑问的，但是进行全过程控制还必须突出重点。

（二）设计阶段工程造价管理的内容和程序

（1）方案设计阶段

根据方案图纸和说明书，做出详尽的工程造价估算书。

（2）初步设计阶段

根据初步设计方案图纸和说明书及概算定额编制初步设计总概算。概算一经批准，即为控制拟建项目工程造价的最高限额。

（3）技术设计阶段（扩大初步设计阶段）

根据技术设计的图纸和说明书及概算定额编制初步设计修正总概算。

（4）施工图设计阶段

根据施工图纸和说明书及预算定额编制施工图预算，用以核实施工图阶段造价是否超过批准的初步设计概算。以施工图预算为基础进行招标投标的工程，则是以中标的施工图预算价作为确定承包合同价的依据，同时也是作为结算工程价款的依据。

（5）设计交底和配合施工

设计单位应负责交代设计意图，进行技术交底，解释设计文件，及时解决施工中设计文件出现的问题，参加试运行和竣工验收、投产及进行全面的工程设计总结。

设计阶段的造价控制是一个有机联系的整体，各设计阶段的造价（估算、概算、预算）相互制约、相互补充，前者控制后者，后者补充前者，共同组成工程造价的控制系统。

（三）设计阶段工程造价控制的措施和方法

（1）方案的造价估算、设计概算和施工图预算的编制与审查。

（2）设计方案的优化和比选。

（3）限额设计和标准设计的推广。

（4）推行设计索赔及设计监理等制度，加强设计变更管理。

（四）设计阶段工程造价的合理确定

1．造价确定方法

（1）概算的编制方法

① 概算定额法。

② 概算指标法。

③ 类似工程概算编制法。

④ 预算单价法。

⑤ 扩大单价法。

⑥ 安装设备百分比法。

⑦ 综合吨位指标法。

（2）施工图预算的编制方法

① 单价法。

② 实物法。

2．设计阶段造价合理确定注意事项

（1）设计概算的合理确定

① 以投资估算金额为概算额度的上限。

② 选择合理的概算编制方法。

③ 各种计价依据、市场要素价格要充分合理。

④ 工程内容和费用构成齐全完整，不得高估毛算，不得故意压价。

⑤ 概算精度应能满足控制施工图预算要求。

⑥ 设计概算应委托有资质的单位编制，编制人员应具备相应职业资格。

（2）施工图预算的合理确定

① 以概算为限编制施工图预算。

② 施工图预算应按项目所在地的要素市场价格水平编制，并充分考虑项目其他因素对工程费用的影响。

③ 施工图预算编制内容要齐全完整。

④ 施工图预算精度应能满足控制工程结算的要求。

⑤ 施工图预算应委托有资质的单位编制，编制人员应具有相应职业资格。

（3）设计阶段的造价控制

① 加强对初步设计概算和施工图预算的审查。

② 建立健全相关的管理制度体系与考核奖励机制。

③ 必须加强设计人员与概算编制人员的联系与沟通。

④ 提高从业人员的综合素质，加强责任心，多深入实际。

⑤ 编制单位要有相应的资质，编制人员要有执业资格。

五、建设项目招投标阶段工程造价管理

（一）工程招投标的相关概念

工程招投标是运用于建设工程交易的一种方式。它的特点是由固定买主设定包括以商品质量、价格、工期为主的标的，邀请若干卖主通过秘密报价竞标，由买主选择优胜者后，与其达成交易协议，签订工程承包合同，然后按合同实现标的竞争过程，又叫工程项目采购。

（1）招标

指招标人通过招标公告或投标邀请书等形式，招请具有法定条件和具有承建能力的投标人参与投标竞争。

（2）投标

指经资格审查合格的投标人，按招标文件的规定填写投标文件，按招标条件编制投标报价，在招标限定的时间内送达招标单位。

（3）授标

指经开标和评标等程序，选定中标人，并以中标通知的方式，接受其投标文件和投标报价。

（4）签订合同

指自中标通知书发出后 30 天之内，就招标文件和投标文件存在的问题进行谈判，并签订合同协议书。

（二）招投标阶段工程造价管理的内容

（1）发包人选择合理的招标方式。《招投标法》允许的招标方式有公开招标和邀请招标。

（2）发包人选择合理的承包模式。常见的承包模式包括总分包模式、平行承包模式、联合体承包模式和合作承包模式。

（3）发包人编制招标文件，确定合理的工程计量方法和投标报价方法，确定工程标底。

（4）发包人确定合理的合同类型。

（5）承包人编制投标文件，合理确定投标报价。

（6）发包人选择合理的评标方式进行评标，在正式确定中标单位之前，对潜在中标单位进行询标。

（7）发包人通过评定标，选择中标单位，签订承包合同，选择合同计价方法、确定合同价。

（三）招投标阶段工程造价确定的方法

（1）标底控制价及投标报价的确定方法

我国目前工程标底控制价、投标报价的编制，主要采用定额计价和工程量清单计价两种形式来编制。

① 定额计价法。定额计价法套用定额，同施工图预算编制法。

② 工程量清单计价法。采用工程量清单计价后，标底控制价的作用有所淡化。但作为招标人对拟建项目的投资期望，标底控制价仍有一些独特作用。

（2）标底控制价及投标报价的控制

① 审查控制价及报价计价内容：承包范围、招标文件规定的计价方法及招标文件的其他有关条款。

② 审查控制价及报价价格组成内容：工程量清单及其单价组成、直接工程费、措施费、间接费、利润、税金、主要材料、设备需用数量等。

③ 审查控制价及报价价格相关费用：人工、材料、市场价格、现场因素费用、不可预见费。

④ 委托有资质的单位和有执业资格的从业人员来编制和审查标底控制价及投标报价。

（四）全过程造价管理与工程招投标、工程合同管理的关系（图 7-3-4）

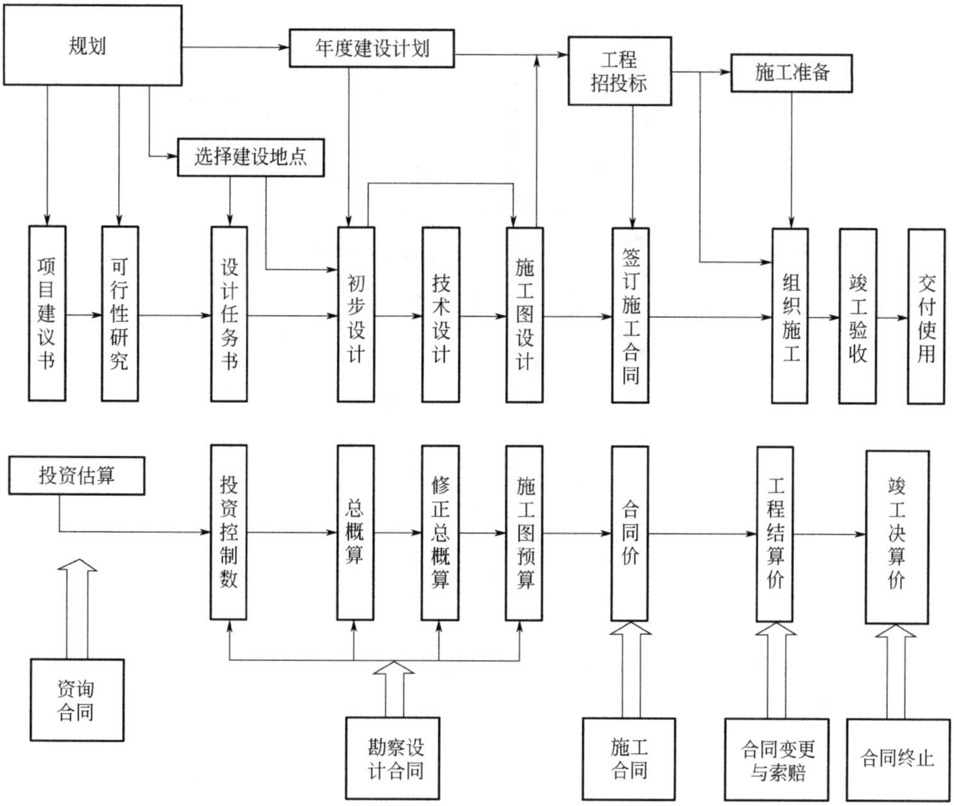

规划
年度建设计划
工程招投标
施工准备
选择建设地点
项目建议书
可行性研究
设计任务书
初步设计
技术设计
施工图设计
签订施工合同
组织施工
竣工验收
交付使用
投资估算
投资控制数
总概算
修正总概算
施工图预算
合同价
工程结算价
竣工决算价
资询合同
勘察设计合同
施工合同
合同变更与索赔
合同终止

图 7-3-4　全过程造价管理与工程招投标、工程合同管理的关系

（1）工程项目管理、工程造价管理与工程合同管理的关系（图 7-3-5）

工程项目管理
进度管理
造价管理
质量管理
造价的确定
造价的控制
手段和工具
方法和保障
合同管理
进度目标
造价目标
质量目标
工程项目目标

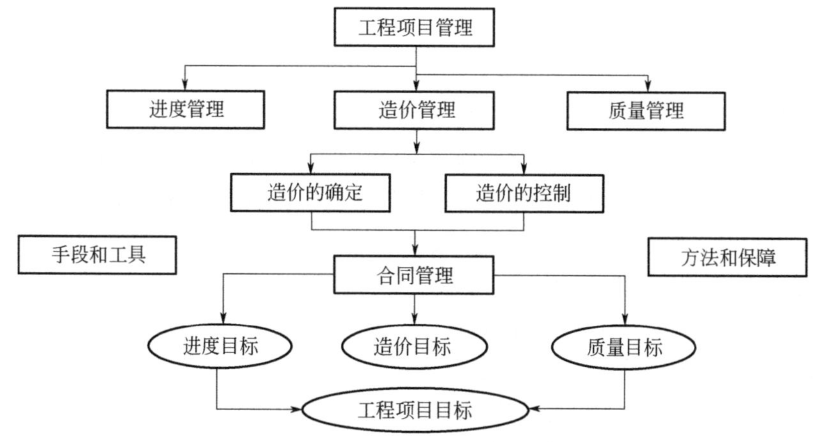

图 7-3-5　工程项目管理、工程造价管理与工程合同管理的关系

（2）工程项目管理中合同管理的主体（图 7-3-6）

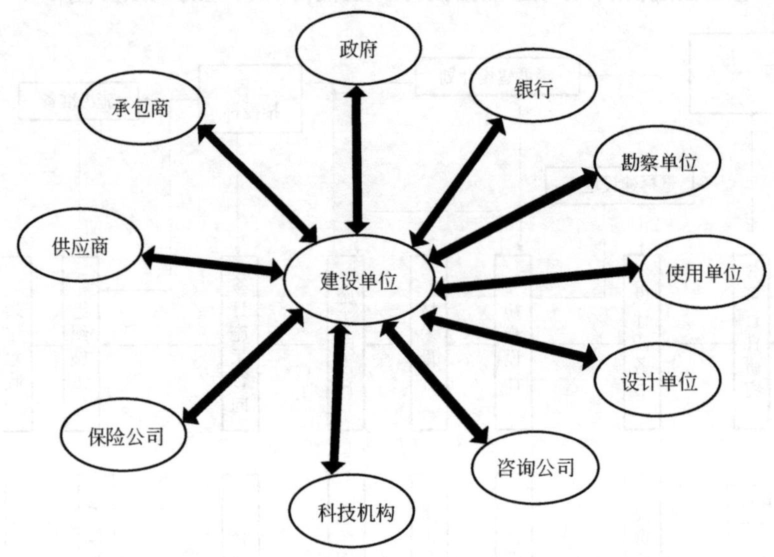

图 7-3-6　工程项目管理中合同管理的主体

（五）工程招投标与合同管理

1．合同管理的目标

工程合同管理是为项目总目标和建设单位总目标服务的，保证项目总目标和建设任务总目标的实现。具体目标包括：

（1）使整个工程项目在预定的成本（投资）、工期范围内完成，达到预定的质量和功能要求，实现工程项目的三大目标。

（2）使项目的实施过程顺利，合同争议较少，合同各方面能互相协调，都能够圆满地履行合同责任。

（3）保证整个工程合同的签订和实施过程符合法律的要求。

（4）在工程结束时使双方都感到满意，业主按计划获得一个合格的工程，达到投资目的；承包商不但获得合理的利润，还赢得了信誉，建立双方友好合作关系。这是经营管理和发展战略对合同管理的双赢要求。

2．工程管理中合同管理的主要内容

（1）工程项目管理中合同总体策划。

（2）工程招投标阶段的合同管理。

（3）工程合同履行阶段的合同管理。

（4）工程合同的常见争议的处理。

下面将重点讲解合同总体策划和工程招投标阶段的合同管理。

3．工程项目管理中合同总体策划

（1）合同总体策划的基本概念

合同总体策划就是在建筑工程项目的开始阶段，对整个工程、对整个合同的签订和实施有重大影响的带根本性和方向性的问题进行研究的过程。它主要确定如下一些重大问题：

① 如何将项目分解成几个独立的合同?每个合同有多大的工程范围?

② 采用什么样的委托方式和承包方式?

③ 采用什么样的合同种类、形式及条件?

④ 合同中一些重要条款的确定。

⑤ 合同签订和实施过程中一些重大问题的决策。

⑥ 工程项目相关各个合同在内容、时间、组织和技术等方面的协调等。

（2）项目承包模式的选择

① 项目工作分解如图 7-3-7 所示。

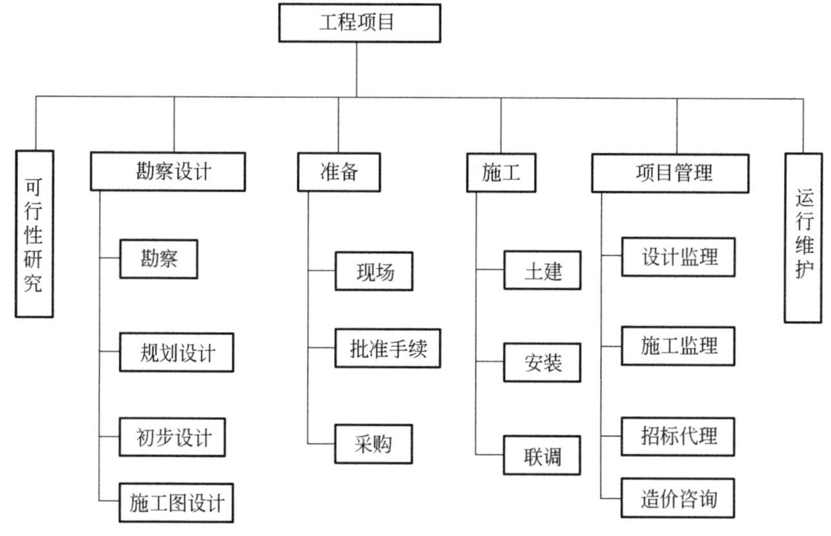

图 7-3-7　项目工作分解图

② 常见的承包模式有：施工总包模式、施工分项直接发包模式、建设总承包（EPC）模式。

a．施工总包模式如图 7-3-8 所示。

b．施工分项直接发包模式如图 7-3-9 所示。

c．建设总承包（EPC）模式如图 7-3-10 所示。

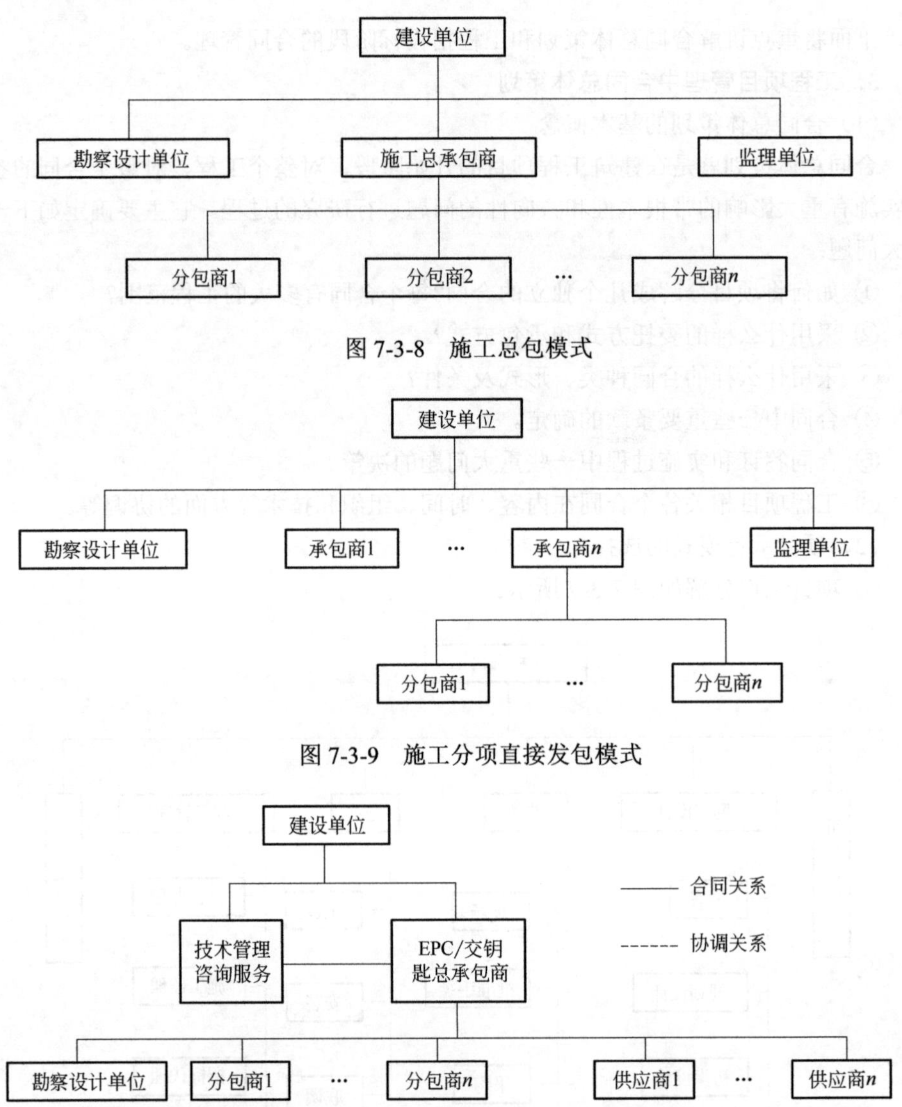

图 7-3-8　施工总包模式

图 7-3-9　施工分项直接发包模式

图 7-3-10　建设总承包（EPC）模式

（3）招标方式的确定

招标方式一般有公开招标、邀请招标、直接指定等方式，通常根据承包形式、合同类型、建设单位所拥有的招标时间（工程紧迫程度）、建设单位的项目管理能力和期望控制工程建设的程度等决定。

① 公开招标。建设单位选择范围大，承包商之间充分地平等竞争，有利于降低报价，提高工程质量，缩短工期。但招标期较长，建设单位有大量的管理工作，如准备

许多资格预审文件和招标文件。

② 邀请招标。建设单位根据工程的特点，有目标、有条件地选择几个承包商，邀请他们参加工程的投标竞争，这是经常采用的招标方式。采用这种招标方式，建设单位的事务性管理工作较少，招标所用的时间较短，费用低，同时建设单位可以获得一个比较合理的价格。

③ 议标。即建设单位直接与一个承包商进行合同谈判。一般在如下一些特殊情况下采用：a. 建设单位对承包商十分信任，工程标的总额低，承包商资信很好；b. 工程具有特殊性，如保密工程、特殊专业工程和仅由一家承包商控制的专利技术工程等。

④ 有些采用成本加酬金合同的情况。在此类合同谈判中，建设单位比较省事，仅一对一谈判，无须准备大量的招标文件，无须复杂的管理工作，时间又很短，能够大大地缩短项目周期。甚至许多项目一边议标，一边开工。

（4）合同类型的选择

① 单价合同。

② 固定总价合同。

③ 成本加酬金合同。

（5）合同条件的选择

① 国内勘察、设计、施工、监理合同示范文本。

② FIDIC 合同条件。

（6）合同体系的协调

合同体系的协调又称为合同网络协调，使项目所涉及的各合同之间关系得到恰当的安排与协调。包括的内容有：

① 工程和工作内容的完整性。

② 技术上的协调。

③ 价格上的协调。

④ 时间上的协调。

⑤ 合同管理的组织协调。

六、建设项目施工阶段工程造价管理

（一）施工阶段与工程造价的关系

建设项目施工阶段的造价管理一直是工程造价管理的重要内容。承包商通过施工生产活动完成建设工程产品的实物形态，建设项目投资的绝大部分支出花费都在这个阶段上。由于建设项目施工是一个动态系统的过程，涉及环节多、难度大、式样多样，另外设计图纸、施工条件、市场价格等因素的变化都会直接影响工程的实际价格，加上建设项目实施阶段是建设单位和承包商工作的中心环节，也是建设单位和承包商工程造价管理的中心，各类工程造价从业人员的主要造价工作就集中于这一阶段，所以，这一阶段的工程造价管理最为复杂，是工程造价确定与控制理论和方法的重点和难点所在。

建设项目施工阶段工程造价控制的目标，就是把工程造价控制在承包合同价或施工图预算内，并力求在规定的工期内生产出质量好、造价低的建设工程产品。

（二）施工阶段影响工程造价的因素

（1）工程变更与合同价调整

由于设计变更，将会导致原预算书中某些分部、分项工程量的增多或减少，所有相关的原合同文件要进行全面的审查和修改，因此合同价要进行调整，从而引起工程造价的增加或减少。

（2）工程索赔

当合同一方违约或由于第三方原因，使另一方蒙受损失，则发生工程索赔。工程索赔发生后，工程造价必然受到严重的影响。

（3）工期

工期与工程造价有着对立统一的关系，加快工期需要增加投入，而延缓工期则会导致管理费的提高进一步影响工程造价，这些都会影响工程造价。

（4）工程质量

工程质量与工程造价也有着对立统一的关系，工程质量有较高的要求，应做财务上的准备，较多地增加投入。而工程质量降低，则意味着故障成本的提高。

（5）人力及材料、机械设备等资源的市场供求规律的影响。

（6）材料代用。

（三）施工阶段与工程造价管理的内容

（1）按施工设计进度编制资金使用计划，与实际进度款作对比，分析产生偏差的原因，并提出建议。

（2）在工程开工前，按照相关规定，支付工程预付款。

（3）依合同约定，按照工程实际进度支付工程进度款，审核提交。

（4）做好设计变更、工程洽商及工程索赔处理事宜。

（5）计算索赔费用及工程变更价款，不断对已完施工进行价格调整。

（6）及时办理工程结算。

（四）施工阶段工程造价管理的程序（图 7-3-11）

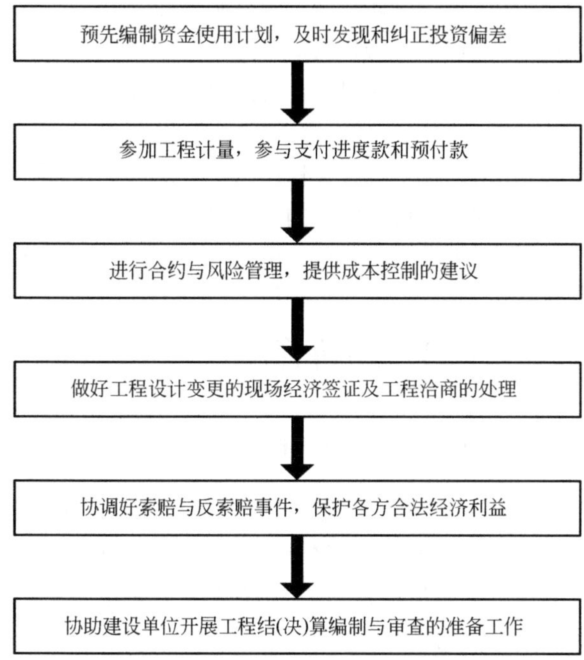

图 7-3-11　施工阶段工程造价管理程序

（五）施工阶段工程造价控制的措施

1．组织措施

（1）在项目管理班子中落实从投资控制角度进行施工跟踪的人员，并进行任务分工和职能分工。

（2）编制本阶段投资控制工作计划和详细的工作流程图。

2．经济措施

（1）编制资金使用计划，确定、分解投资控制目标。对工程项目造价目标进行风险分析，并制定防范性对策。

（2）进行工程计量。

（3）复核工程付款账单，签发付款证书。

（4）在施工过程中进行投资跟踪控制，定期地进行投资实际支出值与计划目标值的比较，发现偏差，分析产生偏差的原因，采取纠偏措施。

（5）协商确定工程变更价款，审核竣工结算。

（6）对工程施工过程中的投资支出做好分析与预测，经常或定期向建设单位提交项目投资控制及其存在问题的报告。

3．技术措施

（1）对设计变更进行技术经济比较，严格控制设计变更。

（2）继续寻找通过设计挖潜节约投资的可能性。

（3）审核承包商编制的施工组织设计，对主要施工方案进行技术经济分析。

4．合同措施

（1）做好工程施工记录，保存各种文件图纸，特别是注有实际施工变更情况的图纸，注意积累素材，为正确处理可能发生的索赔提供依据，参与处理索赔事宜。

（2）参与合同修改、补充工作，着重考虑它对投资控制的影响。

七、建设项目竣验阶段工程造价管理

（一）竣验阶段工程造价管理的重要性

竣工验收阶段是工程建设的最后阶段，也是对建设成果和投资效果的总检验阶段。在这个阶段造价管理的主要任务是全面收集整理建设工程的有关资料（包括技术的、经济的），进行工程的竣工结算和决算。有效地控制这一阶段的工程造价，对工程的最后造价的确定具有十分重要的意义。

（二）竣验阶段工程造价管理的工作程序（图 7-3-12）

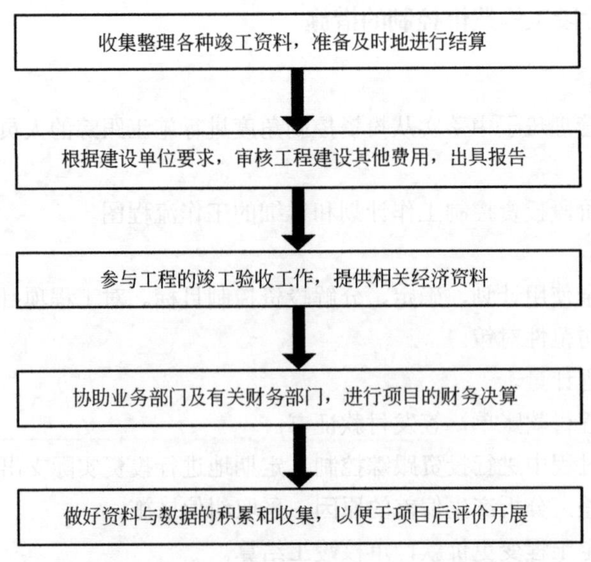

图 7-3-12　竣验阶段工程造价管理的工作程序

（三）竣验阶段工程造价确定的方法

1．结（决）算的编制方法

（1）合同价格包干法。

（2）合同价增减法。

（3）预算签证法。

（4）竣工图计算法。

（5）平方米造价包干法。

（6）工程量清单计价法。

2．决算的编制方法

在相应的结算方法后，加上决算的费用。

3．竣工结算的确定

（1）工程结算应以施工发承包合同为基础，按合同约定的工程价款调整方式对原合同价款进行调整。

（2）工程结算应核查设计变更、工程洽商等工程资料的合法性、有效性、真实性和完整性。

（3）建设项目由多个单项工程或单位工程构成，应按项目划分标准，按要求汇总竣工结算，编制工程结算书。

（4）实行分阶段结算的工程，应将各阶段工程结算汇总，编制工程结算书。

（5）实行专业分包结算的工程，应将各专业分包结算汇总在相应的单位工程或单项工程结算内。

4．竣工决算的确定流程

（1）收集、整理和分析有关依据资料。

（2）清理各项财务、债务和结余物资。

（3）填写竣工决算报表。

（4）编制建设工程竣工决算说明。

（5）做好工程造价对比分析。

（6）清理、装订竣工图。

（四）竣验阶段工程造价的控制

1．竣工结算的控制

（1）核对合同条款，审核结算编制的工程及费用范围。

（2）审核竣工内容是否符合合同要求、验收是否合格。

（3）审核结算方法、计价方法、优惠条款是否符合合同要求。

（4）按照规定的标准逐项核对竣工图工程量及工程取费标准。

（5）严格审查设计变更、工程洽商与现场签证等，看是否符合合同规定的要求。

2．竣工决算的控制

（1）收集、整理和分析有关资料依据是否充分。

（2）认真清理各项财务、债务和结余物资。

（3）严格核实工程变动情况。

（4）做好竣工决算说明、各种报表、图纸审核工作。

（5）做好工程造价对比分析。

八、工程造价咨询理论、技术与管理创新

（一）工程造价咨询相关概念及理论

（1）咨询

咨询是以信息为基础，依靠专家知识和经验，对客户委托的任务进行分析、研究，提出建议、方案和措施，并在需要时协助实施的一种智力密集型的服务。

咨询分为五类：

① 决策咨询。

② 管理咨询。

③ 工程咨询。

④ 技术咨询。

⑤ 专业咨询。

（2）工程咨询

工程咨询是受客户的委托，将知识和技术应用于工程领域，为寻求解决实际问题的最佳途径而提供服务。

（3）工程造价咨询

工程造价咨询是指在工程建设的全过程中，全过程、全方位、多层次地运用技术经济管理及法律等手段，解决工程建设中造价的确定与控制、经营管理、技术经济分析等实际问题，尽可能使工程投资获得最大投资效果的咨询服务。

（4）工程造价咨询业的特点

① 服务性。

② 知识性。

③ 独立性、公正性。

④ 综合性。

⑤ 系统性。

（5）工程造价咨询的重要性

① 是节省工程建设投资的渠道。

② 对工程建设全过程进行有效控制。

③ 是实现基本建设宏观调控的重要手段之一。

（二）我国工程造价咨询业存在的问题及对策

（1）问题

① 工程造价咨询公司组织体系及人员结构不健全。

② 工程造价咨询对项目的造价控制远远不够。

③ 对工程造价咨询业的认同度不够。

④ 相关法律法规不完善。

⑤ 多头管理与专业划分过细。

⑥ 造价咨询服务狭窄。

⑦ 从业人员素质参差不齐。

⑧ 对工程造价资料的积累重视不够。

⑨ 缺乏统一的职业标准和评价标准。

（2）对策

① 专业型的工程造价咨询企业应向价格鉴证机构发展。

② 积极发展全过程工程造价咨询。

③ 积极探索新的造价咨询理论——全生命周期造价管理和全面造价管理。

思考与练习

（1）什么是定额？定额有哪些特点？

（2）工程造价计价的依据是什么？

第八章

信息通信工程验收与交付

工程验收贯穿整个施工阶段。材料进场检验、施工过程质量检查、单项工程验收、工程完工后的自检和预验收等，都是工程验收的过程。工程质量是靠精心施工做出来的，不是靠监理工程师监理出来的，更不是靠工程验收检查出来的。

工程验收根据工程规模、施工项目特点，一般分为初步验收和竣工验收。按工程验收规范，可分为随工检验、工程初步验收、工程试运行及竣工验收几个阶段。随工检验，监理人员应对工程隐蔽部分边施工边验收，竣工验收时一般可不再对隐蔽工程进行复查。当初步验收合格后便转入试运行，试运行由建设单位组织维护部门或代维修部门具体负责实施，竣工验收时提供试运行报告。

第一节　验收工作

一、验收组织

信息通信工程竣工验收由相应的各级工程建设主管部门组织，设计、施工、监理、建设、使用、维护等部门参加，视情况邀请上级工程建设主管部门和同级财务部门参加，必要时邀请配套工程施工单位和地方有关部门参加。

初步验收和正式验收应当成立工程验收委员会或者工程验收组。验收委员会（组）设主任委员（组长）1 人、副主任委员（副组长）1～2 人、委员（组员）若干人。成立技术测试、工艺检查、竣工资料审查和工程经费决算审核等单项验收小组。

二、验收依据

信息通信工程验收的主要依据如下：

（1）上级工程建设主管部门批准的工程建设计划、设计任务书及其他有关建设文件。

（2）初步设计文件、施工图设计文件、工程概预算、会审纪要和设备技术说明书等。

（3）国家、行业现行工程建设施工及验收规范、标准，以及工程质量监督等有关规定。

（4）工程承包合同、订货合同及相关协议等。

第二节　初步验收

信息通信建设工程初步验收，简称为初验。一般大型工程按单项工程进行，或按系统工程一并进行。工程初验应在施工完毕，并在自检及监理预检合格的基础上，由工程建设主管部门组织。

初验工作应由监理工程师依据设计文件及施工合同，对施工单位报送的竣工技术文件进行审查，并按工程验收规范要求的项目内容进行检查和抽测。

对初验中发现的问题，应及时要求施工单位整改，整改完毕后由监理工程师签署整改意见。

一、初步验收条件

信息通信工程初步验收应当符合下列条件：

（1）按照批准设计文件所规定的内容完成建设任务，施工过程中出现的问题处理完毕，初步具备使用条件。

（2）系统的性能指标经检验和测试后，基本符合要求。

（3）工程文件、图纸、技术资料等相关工程技术档案编制整理完毕。

二、初步验收准备

工程符合初步验收条件后，由建设单位或者施工单位提出申请，相应的工程建设主管部门组织初步验收。初步验收前应当做好下列准备：

（1）拟制初步验收计划，编制初步验收大纲。

（2）准备验收的相关标准、规范和有关技术资料。

（3）准备验收所需要的工具、仪表等。

三、初步验收内容

初步验收主要包括下列内容：

（1）工程建设任务的完成情况和工程建设程序的执行情况。

（2）系统配置、系统性能、系统功能和安装工艺等。

（3）随工验收记录、设计变更、重大问题的处理情况等。

（4）工程资料、图纸、文件的整理情况等。

四、初步验收程序

初步验收按照下列程序实施：

（1）验收委员会（组）听取建设单位或者施工单位建设情况汇报，审定初步验收计划和验收大纲。

（2）各单项验收小组按照初步验收计划和初步验收大纲规定的程序和内容，进行测试和检查，向验收委员会（组）提交小组验收报告。

（3）验收委员会（组）听取验收小组汇报，审查小组验收报告，做出初步验收评价，汇总并提出有关问题的处理意见，向工程建设主管部门呈报初步验收报告和会议纪要。

第三节　试运行

工程通过初步验收，将存在问题处理完毕，由建设单位或者施工单位提出申请，相应的工程建设主管部门组织试运行。试运行期间发现的问题应由监理工程师督促施工单位及时整改，整改合格后由监理工程师签认。

试运行时间不少于 3 个月。试运行结束后应由维护部门提交试运行报告。

试运行按照下列程序实施：

（1）工程建设主管部门组织使用单位、维护单位和施工单位，制定试运行计划，确定试运行方案，编制试运行测试大纲。

（2）使用单位、维护单位、施工单位和设备生产厂家的有关人员，按照试运行计划和试运行方案的要求，依据相关技术规范，加载相关业务，进行性能测试和功能检验，并做好相关记录。

（3）试运行结束后，使用单位、维护单位和施工单位汇总相关情况，编写试运行报告，报送工程建设主管部门。

第四节　竣工验收

竣工验收简称终验，是基本建设的最后一个程序，是全面考核建设成果，检验工程设计、施工、监理质量以及工程建设管理的重要环节。对于中小型工程项目，可以视情况适当简化手续，可以将工程初验与终验合并进行。

终验可对系统性能指标进行重点抽测。

项目监理机构应参加由工程建设主管部门组织的工程终验，并提供相关监理资料。对验收中提出的问题，项目监理机构应要求施工单位整改。工程质量符合要求时，由总监理工程师会同参加验收的各方签署竣工验收报告。

工程终验合格后颁发验收证书。

一、竣工验收条件

信息通信工程竣工验收应当符合下列条件：

（1）试运行结束后，将发现的问题处理完毕，系统各项性能、功能指标符合要求，具备了使用条件。

（2）竣工文件、图纸、技术资料等工程技术档案内容齐全，图表文字清晰、准确，分类装订成册，符合归档要求。

（3）工具、仪表及备品备件已按工程要求基本配齐。

（4）按工程要求，使用人员和维护人员已通过相关技术培训。

二、竣工验收准备

工程符合竣工验收条件后，建设单位或施工单位提出申请，由相应的工程建设主管部门组织竣工验收。竣工验收前应当做好下列准备：

（1）拟制验收计划，编制验收大纲。

（2）组织有关人员，对初步验收和试运行期间发现问题的处理情况进行一次全面检查。

（3）编制工程竣工报告、工程建设情况报告、工程测试报告、工程试运行报告、工程经费决算报告和工程档案报告。

（4）准备验收所需的工具、仪表等。

三、竣工验收内容

竣工验收主要包括下列内容：

（1）对系统的性能和功能指标、施工工艺进行抽测，重点复查初步验收和试运行期间发现的问题。

（2）对工程档案的完备性、规范性、准确性进行检查验收。

（3）对工程决算进行审查，重点审查经费的使用和管理情况，对综合经济指标进行核算。

四、竣工验收程序

竣工验收按下列程序实施：

（1）工程建设主管部门组织成立测试组，按照正式验收测试大纲要求，组织先期测试。

（2）先期测试完成后，工程建设主管部门组织召开工程竣工验收会议，成立竣工验收委员会（组）和单项验收小组，听取建设单位对工程建设情况汇报，审定验收计划。

（3）各验收小组按照验收计划，对验收内容进行检查和评定，向竣工验收委员会（组）提交小组验收报告。

（4）竣工验收委员会（组）听取各验收小组汇报，审查竣工文件报告，评价设计水平、效益，评定工程质量等级；对验收中发现的问题，协调确定处理方案；通过会议纪要，正式办理工程移交手续。

（5）工程建设主管部门根据竣工验收纪要，明确有关问题的处理意见，通知相关单位。

第五节　工程档案及保修

一、工程档案

信息通信工程档案应当包括下列内容：

（1）工程建设计划、设计任务书、设计文件、会审纪要、设计变更、竣工图纸等。

（2）竣工验收会议文件、随工验收资料、工程重大障碍和事故处理记录、工程质量监督档案等。

（3）订货合同、技术资料、工程建设来往文件、与地方政府及有关单位签订的合同协议等。

各级工程建设主管部门应当加强对工程档案资料的管理。工程建设单位应当对工程档案系统整理，分类立卷，按级报送，统一保管。

二、工程保修

（一）工程质量的保修服务

1. 保修责任范围

在保修期间，施工单位应对由于施工方原因而造成的质量问题负责无偿修复，并请建设单位按规定对修复部分进行验收。施工单位对由于非施工单位原因而造成的质量问题，应积极配合建设单位、运行维护单位分析原因，进行处理。工程保修期间的责任范围如下：

（1）由于施工单位的施工责任、施工质量不良或施工方其他原因造成的质量问题，施工单位负责修复并承担费用。

（2）由于多方的责任原因造成的质量问题，应协商解决，商定各自的经济责任，施工单位负责修复。

（3）由于设备材料供应单位提供的设备、材料等质量问题，由设备、材料提供方承担修复费用，施工单位协助修复。

（4）如果质量问题的发生是因为建设单位或用户的责任，修复费用应由建设单位或用户承担。

2．保修时间

根据《通信建设工程价款结算暂行办法》（信部规［2005］418 号）的有关规定，通信建设工程实行保修的期限为 12 个月。具体工程项目的保修期应在施工承包合同中约定。

3．保修程序

（1）发送保修证书。在工程竣工验收的同时，施工单位应向建设单位发送保修证书，其内容包括：工程简况，使用管理要求；保修范围和内容；保修期限，保修情况记录；保修说明；保修单位名称、地址、电话、联系人等。

（2）建设单位或用户检查和修复时发现质量不良，如是施工方的原因，可以以口头或书面的方式通知施工单位，说明情况，要求施工单位予以修复。施工单位应尽快派人前往检查，并会同建设单位做出鉴定，提出修复方案，并尽快组织好人力、物力进行修复。

（3）验收。在发生问题的部位修复完毕后，在保修证书内做好保修记录，并经建设单位验收签认，以表示修理工作完成且符合要求。

4．投诉的处理

（1）施工单位对用户的投诉应迅速、及时处理，切勿延拖。

（2）施工单位应认真调查分析，尊重事实，做出适当处理。

（3）施工单位对所有投诉都应给予热情、友好的解释和答复。

（二）工程交付后的管理

1．工程回访

工程回访属于工程交工后的管理范畴。施工单位在施工之前应为用户着想，施工过程中应对用户负责，竣工后应使建设单位满意，因此回访必须认真进行。

（1）回访内容

① 了解工程使用情况，使用或生产后工程质量的变异。

② 听取各方面对工程质量和服务的意见。

③ 了解所采用的新技术、新材料、新工艺、新设备的使用效果。

④ 向建设单位提出保修后的维护和使用等方面的建议和注意事项。

⑤ 处理遗留问题，巩固良好的合作关系。

（2）参加工程回访的人员及回访时间

一般由项目负责人以及技术、质量、经营等有关人员参加回访。工程回访一般在保修期内进行。回访可以是定期的，也可以根据需要随时进行回访。一般有季节性回访、技术性回访、保修期满前的回访。回访对象包括建设单位、运行维护单位和项目所在地的相关部门。

（3）工程回访的方式

工程回访可采用由施工单位组织座谈会、听取意见会或现场拜访查看等方式进行，也可采用邮件、电话、传真等信息传递方式进行。

（4）工程回访的要求

回访过程必须认真实施，应做好回访记录，必要时写出回访纪要。回访中发现的施工质量缺陷，如在保修期内要采取措施，迅速处理；如已过保修期，要协商处理。

2．回访后的工作

（1）已交付使用的项目如果发现非施工质量缺陷，施工单位可配合建设单位、运行维护单位进行处理。

（2）对已发生的质量故障进行分析，找出产生故障的原因，制定预防和改进措施，防止类似故障今后再次发生。

（3）对在保修期内的工程，施工单位应在人力、物力、财力上有所准备，随时应对保修。

思考与练习

（1）信息通信工程验收的依据主要包括哪些？

（2）信息通信工程初步验收主要有哪些内容？

附件：信息通信工程建设主要标准及规范

工程建设标准是为在工程建设领域内获得最佳秩序，对建设工程的勘察、规划、设计、施工、安装、验收、运营维护及管理等活动和结果需要协调统一的事项所制定的共同的、重复使用的技术依据和准则，对促进技术进步，保证工程的安全、质量，保障环境和公众利益，实现最佳社会效益等，具有直接作用和重要意义。

信息通信工程建设引用的标准和规范主要参考邮电通信工程建设相关要求，包括通用标准、专业标准等。

通用工程建设标准

GB 50314—2015 智能建筑设计标准：

本标准适用于新建、扩建和改建的住宅、办公、旅馆、文化、博物馆、观演、会展、教育、金融、交通、医疗、体育、商店等民用建筑及通用工业建筑的综合体建筑智能化系统工程设计，以及多功能组合的综合体建筑智能化系统工程设计。

GB 50057—2010 建筑物防雷设计规范：

本规范适用于新建、扩建和改建建（构）筑物的防雷设计。

GB 50689—2011 通信局（站）防雷与接地工程设计规范：

本规范适用于新建、改建和扩建的通信局（站）防雷与接地工程的设计。

GB 51120—2015 通信局（站）防雷与接地工程验收规范：

本规范适用于新建、扩建和改建通信局（站）防雷与接地工程的验收。

GB 50016—2014 建筑设计防火规范：

本规范适用于新建、扩建和改建建筑防火设计要求。

GB 51194—2016 通信电源设备安装工程设计规范：

本规范适用于新建、扩建和改建的通信电源设备安装工程的设计。

GB 51199—2016 通信电源设备安装工程验收规范：

本规范适用于新建、扩建和改建的通信电源设备安装工程的验收。

YD 5059—2005 电信设备安装抗震设计规范：

本规范适用于抗震设防烈度为 6～9 度地区的新建电信设备安装工程及安装在屋顶上或屋顶塔上的微波天馈线、移动天馈线的抗震设计。改建、扩建电信设备安装工程参照执行。

YD 5054—2019 通信建筑抗震设防分类标准：

本标准适用于抗震设防区通信建筑工程的抗震设防分类，主要内容包括抗震设防类别、抗震设防标准。

YD 5039—2009 通信工程建设环境保护技术暂行规定：

本暂行规定适用于新建通信工程建设项目，改建、扩建项目可参照执行。

YD 5003—2014 通信建筑工程设计规范：

本规范适用于新建、扩建、改建的通信建筑工程设计。

YD 5201—2014 通信建设工程安全生产操作规范设计规范：

本规范适用于各类通信建设工程项目的施工、监理及监督检查。

光（电）缆线缆工程建设标准

GB 51158—2015 通信线路工程设计规范：

本规范适用于新建、改建和扩建陆地通信传输系统的室外线路工程设计。

GB 51171—2016 通信线路工程验收规范：

本规范适用于陆地新建、改建、扩建通信线路工程的验收。

GB 50373—2019 通信管道与通道工程设计标准：

本标准适用于城市地下通信管道及通信工程的设计。

GB 50374—2018 通信管道工程施工及验收标准：

本规范适用于新建、改建、扩建通信管道工程的施工和验收。

YD 5123—2021 通信线路工程施工监理规范：

本规范适用于通信线路工程施工阶段的监理工作。

YD 5072—2017 通信管道工程施工监理规范：

本规范适用于通信管道工程施工监理工作。

YD 5148—2007 架空光（电）缆通信杆路工程设计规范：

本规范适用于新建、扩建和改建长途和本地通信架空光（电）缆线路工程的杆路设计。

YD 5102—2010 通信线路工程设计规范：

本规范适用于新建陆地通信传输系统的线路工程设计，改建、扩建及其他类似线路工程可参照执行。

YD 5121—2010 通信线路工程验收规范：

本规范适用于陆地新建长途、本地、接入网通信线路光（电）缆工程施工质量验收，改建、扩建及其他光（电）缆线路工程也应参照执行。

设备安装工程标准规范

GB 51194—2016 通信电源设备安装工程设计规范：

本规范适用于新建、改建、扩建通信电源设备安装工程的设计。

GB 51199—2016 通信电源设备安装工程验收规范：

本规范适用于新建、改建、扩建通信电源设备安装工程的验收。

GB/T 51242—2017 同步数字体系（SDH）光纤传输系统工程设计规范：

本规范适用于 SDH 和基于 SDH 的多业务传送平台的光纤传输系统工程设计。

YD 5125—2014 通信设备安装工程施工监理规范：

本规范适用于新建通信设备安装的施工监理，对于扩建、改建工程施工监理可参照本规范执行。

YD 5044—2014 同步数字体系（SDH）光纤传输系统工程验收规范：

本规范适用于同步数字体系（SDH）光纤传输系统工程的施工质量检验、随工验收和竣工验收。

YD 5208—2014 光传送网（OTN）工程设计暂行规定：

本暂行规定适用于采用 OTN 技术新建或扩建的光传送网（OTN）工程设计。

YD 5209—2014 光传送网（OTN）工程验收暂行规定：

本暂行规定是光传送网（OTN）工程施工质量检查、随工检验和工程竣工验收等工作的技术依据，适用于新建的光传送网（OTN）系统工程。

综合布线工程标准规范

GB/T 51217—2017 通信传输线路共建共享技术规范：

本规范适用于通信传输线路共建共享的新建、改建和扩建工程项目。

GB 50311—2016 综合布线系统工程设计规范：

本规范适用于新建、扩建、改建建筑与建筑群综合布线系统工程的设计。

GB/T 50312—2016 综合布线系统工程验收规范：

本规范适用于新建、扩建、改建建筑与建筑群综合布线系统工程的验收。

YD 5124—2005 综合布线系统工程施工监理暂行规定：

本暂行规定适用于新建建筑与建筑群综合布线系统工程施工阶段监理工作，扩建、改建工程参照本规定执行。

YDJ 44—1989 电信网光纤数字传输系统工程施工及验收暂行技术规定：

本暂行规定适用于长途、室内通信的新建、改建和扩建的光缆线路和传输设备安装工程。

YDJ 8—1985 室内电话线路工程设计规范：

本规范适用于县级县以上城市市内电话线路的新建、扩建工程，改建工程可参照使用。

卫星地球站工程标准规范

YD/T 5050—2018 国内卫星通信地球站工程设计规范：

本规范适用于卫星固定业务国内卫星通信 C 频段（6/4GHz）和 Ku 频段（14/12GHz）地球站的工程设计。Ka 频段（30/20GHz）卫星通信地球站工程设计可参照执行。

YD/T 5017—2005 国内卫星通信地球站设备安装工程验收规范：

本规范适用于新建国内卫星通信建设工程和国内卫星通信小型地球站（VSAT）工程，扩建、改建工程参照执行。

YD/T 5028—2018 国内卫星通信小型地球站（VSAT）通信系统工程设计规范：

本规范适用于 C 频段(6/4GHz)和 Ku 频段(14/12GHz)数据传输、图像传输和话音等业务的 VSAT 网的设计，对于 Ka 频段(30/20GHz)VSAT 网的设计也可参照执行。

GJB 367A—2001 军用通信设备通用规范：

本规范适用于设备以及相配套设备（或模块）的论证、设计、制造、检验、验收、包装、运输、存贮、安装、使用和维护等寿命周期全过程。

GJB 2812—1997 军用卫星通信地球站通信设备安装工程设计规范：

本规范规定了军用卫星通信地球站通信设备安装工程设计内容和要求。本规范适用于新建工程，扩建和改建工程参照本规范执行。

GJB 1632—1993 军用卫星通信地球站通信设备安装工程施工及验收技术规范：

本规范规定了军用卫星通信地球站通信设备安装工程施工及验收的依据。本规范适用于 C 波段军用卫星通信地球站的新建、扩建和改建工程。

无线通信工程标准规范

YDJ 40—1984 无线电短波通信工程施工及验收技术规范：

本规范是无线电短波通信设备（包括接收机、发信机、终端机、天线转换开关及其附属设备）安装工程中，施工、质量检查、随工检验和竣工验收的技术依据。本规范适用于新建、扩建和改建工程。

电磁频谱管理工程建设标准规范

GB/T 25003—2010 VHF/UHF 频段无线电监测站电磁环境保护要求和测试方法：

本标准适用于工作在 30～3000MHz 频段内的无线电监测站。

GB 13614—2012 短波无线电收信台（站）及测向台（站）电磁环境要求：

本标准适用于频率为 1.5～30MHz 的固定无线电集中收信台（站）和固定无线电测向台。

GJB 20164—93 军用甚高频/特高频无线电测向装备技术要求和测量方法：

本规范是电磁频谱管理工程建设体系（战场频谱管控、电磁环境感知、频谱信息服务等三大类系统）建设的技术依据。本规范适用于新建、扩建和改建工程。

参考文献

[1] 中国建设监理协会. 建设工程质量控制 [M]. 北京：中国建筑工业出版社，2017.

[2] 中国建设监理协会. 建设工程监理概论 2008 [M]. 第 2 版. 北京：知识产权出版社，2007.

[3] 中国建设监理协会. 建设工程合同管理 2008 [M]. 第 2 版. 北京：知识产权出版社，2007.

[4] 宁素莹. 建设工程招标投标与管理 [M]. 北京：中国建材工业出版社，2002.

[5] 中国建设监理协会. 全国监理工程师培训考试教材：建设工程投资控制 [M]. 北京：知识产权出版社，2006.

[6] 全国监理工程师培训教材编写委员会，全国监理工程师培训教材审定委员会. 工程建设质量控制 [M]. 北京：中国建筑工业出版社出版，2002.

[7] 刘尚温. 工程建设组织协调 [M]. 北京：中国计划出版社，2006.

[8] 孙青华. 通信工程项目管理与监理 [M]. 北京. 人民邮电出版社，2013.

[9] 信息产业部综合规划司. 工程建设标准强制性条文（信息工程部分）、宣贯辅导教材 [M]. 北京：北京邮电大学出版社，2007.

[10] 中国通信企业协会通信设计施工专业委员会通信建设监理工程师教材编写组. 通信建设监理管理与实务 [M]. 北京：北京邮电大学出版社，2009.

[11] 杜思深. 通信工程设计与案例 [M]. 第 3 版. 北京：电子工业出版社，2016.

[12] 杜思深. 综合布线工程实践 [M]. 西安：西安电子科技大学出版社，2014.

[13] 庄绪春，杜思深. 通信基础网设备与运用 [M]. 西安：西安电子科技大学出版社，2015.

[14] 张庆海. 通信工程综合实训 [M]. 北京：电子工业出版社，2010.

[15] 黄艳华，冯友谊. 现代通信工程制图与概预算 [M]. 第 3 版. 北京：电子工业出版社，2017.

[16] 陈运良. 2006 年最新电线电缆施工及综合布线工艺 [M]. 西宁：青海人民出版社，2006.

[17] 丁龙刚. 通信工程施工与监理 [M]. 北京：电子工业出版社，2006.

[18] 刘裕城，韩志强. 通信防雷技术手册 [M]. 北京：人民邮电出版社，2015.

[19] 孙勇军. 电磁脉冲武器原理及其防护 [J]. 空间电子技术，2004（3）：21-24.

[20] 王旭. 计算机网络防雷工程技术与 SPD 的应用 [J]. 信息技术与信息化，2014（7）：137-138.

[21] GB 50057—2010. 建筑物防雷设计规范 [S]. 北京：中国计划出版社，2011.

[22] GB 50343—2012. 建筑物电子信息系统防雷设计规范 [S]. 北京：中国建筑工业出版社，2012.

[23] 吴勇. 弱电系统中接地干扰及其抑制措施 [J]. 电器应用，2010，29（19）：34-38，47.

[24] 张新社. 光网络技术 [M]. 西安：西安电子科技大学出版社，2012.
[25] 袁建国，叶文伟. 光网络信息传输技术 [M]. 北京：电子工业出版社，2012.
[26] 黄善国，张杰. 光网络规划与优化 [M]. 北京：人民邮电出版社，2012.
[27] 拉吉夫. 光网络 [M]. 第3版. 徐安士，吴德明，何永琪，译. 北京：电子工业出版社，2013.
[28] 谢桂月，陈雄，曾颖. 有线传输通信工程设计 [M]. 北京：人民邮电出版社，2010.
[29] 王元杰. 电信网传输系统维护实战 [M]. 北京：电子工业出版社，2012.
[30] 王海. 传输网技术的研究与发展方向 [J]. 科技情报开发与经济，2010，20（25）：132-134.
[31] 李慧明，邹仁淳. 光传输网的发展与趋势 [J]. 中国新通信，2010，12（13）：27-30.
[32] 张建全，宋育乐. 集团大客户专线接入的发展及演进 [J]. 信息通信技术，2013，7（6）：87-92.
[33] 杨小乐. IPRAN技术的优劣与应用前景初探 [J]. 科技创新与应用，2014（14）：64.
[34] 左青云，陈鸣，赵广松，等. 基于OpenFlow的SDN技术研究 [J]. 软件学报，2013，24（05）：1078-1097.
[35] 张彦芳，王春艳，智会云. 浅析自动交换光网络ASON技术 [J]. 科技咨询导报，2007（30）：14，16.
[36] 汤进凯，王建. PTN技术发展与网络架构探讨 [J]. 电信科学，2011，27（S1）：177-181.
[37] 胡长红，贾坤荣. IPRAN在本地传送网中的具体应用 [J]. 无线互联科技，2013（7）：14，16.
[38] 夏娟. 关于通信传输与接入技术的思考 [J]. 信息通信，2014（5）：184-185.
[39] 唐雄燕，简伟，张沛. 新一代移动承载网：IPRAN网络 [J]. 中兴通讯技术，2012，18（6）：38-41.
[40] 黄启邦. 100G OTN关键技术探讨 [J]. 中国新通信，2014，16（16）：75-76.
[41] 宋建东. 电信级骨干网传输技术 [J]. 计算机光盘软件与应用，2012（8）：51.
[42] 丁薇，施社平. 100G光传输设备技术现状和演进趋势 [J]. 通信世界，2013（18）：42.
[43] 钱磊，吴东，谢向辉. 基于硅光子的片上光互联技术研究 [J]. 计算机科学，2012，39（5）：304-309.